總有一天，我們會面對父母、配偶、親人，
甚至是自己的老化、照護問題……

圖解 | 2023 經典暢銷修訂版

居家長期照護全書

當家人生病．住院，需自我照顧或協助照顧的實用生活指南

台北／台中／高雄榮總
35位高齡醫學團隊◎合著

台北市立關渡醫院院長
陳亮恭◎總策劃

/目錄/ contents

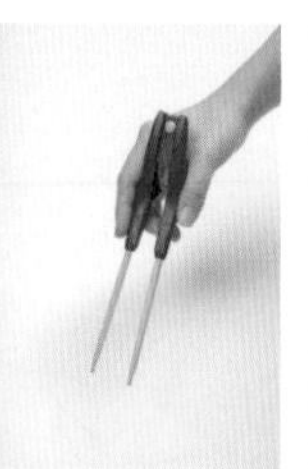
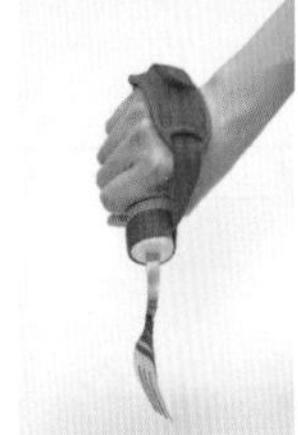
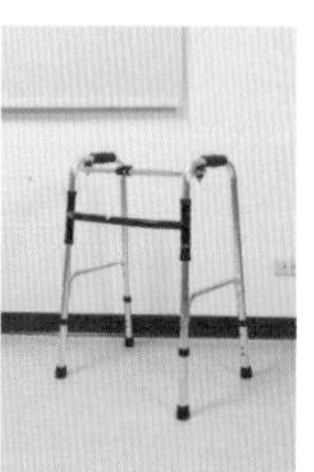
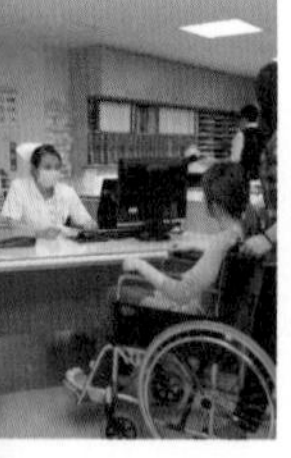
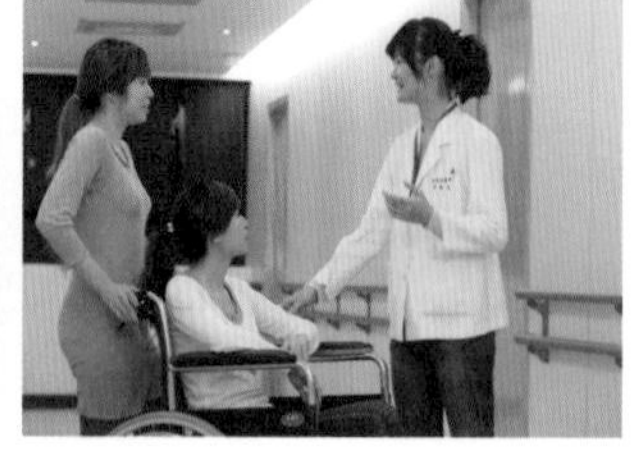

Part 2 居家照護篇 做家人的護理師

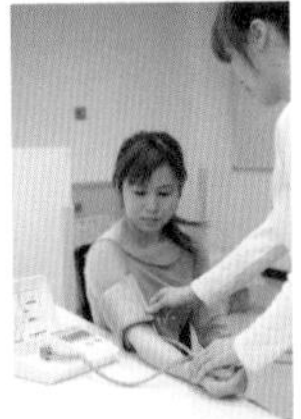
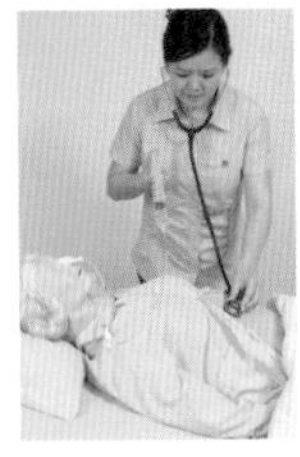
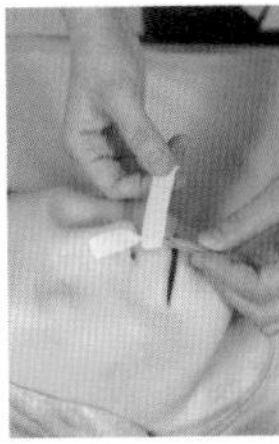
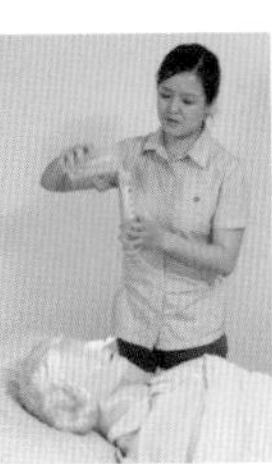
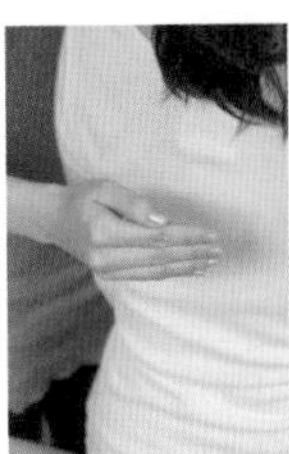
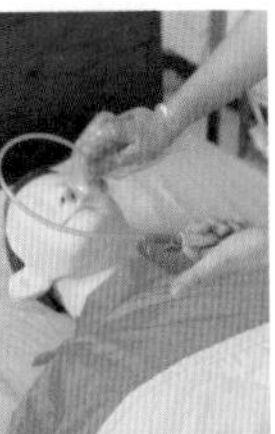
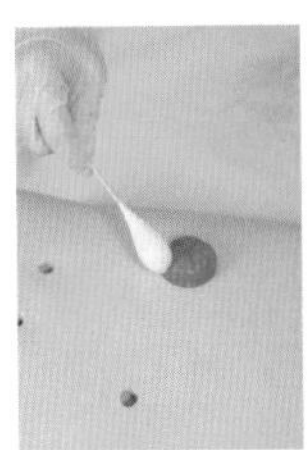
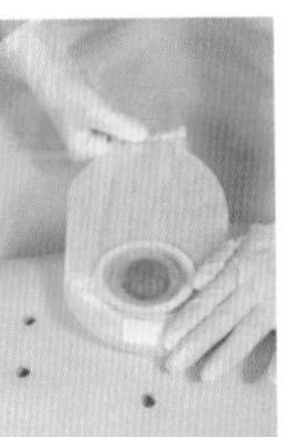
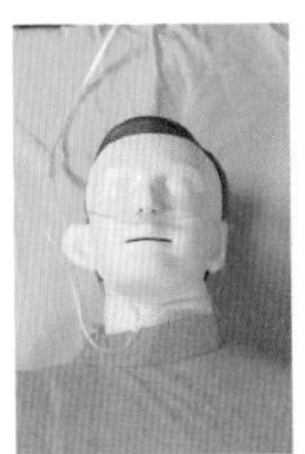
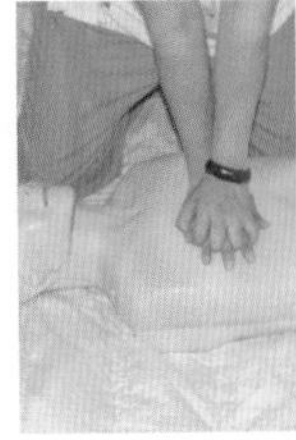
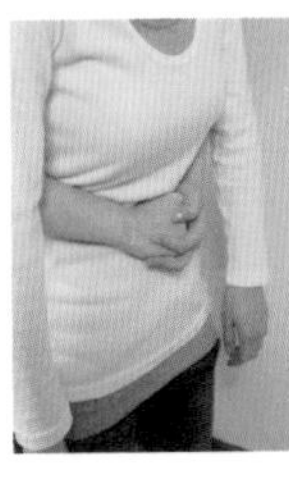

Part 3 衛生照護篇 保持身體乾淨、清爽與舒適

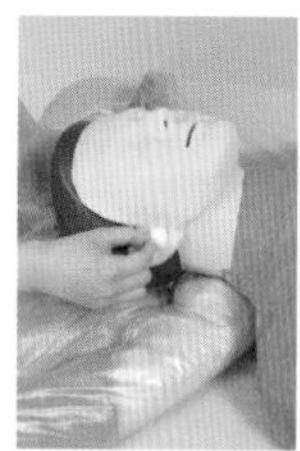
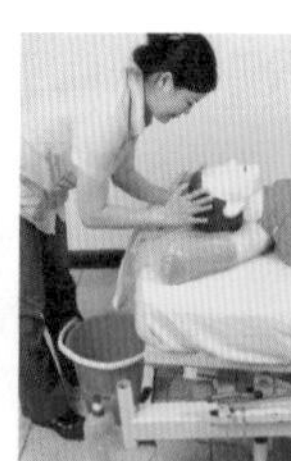

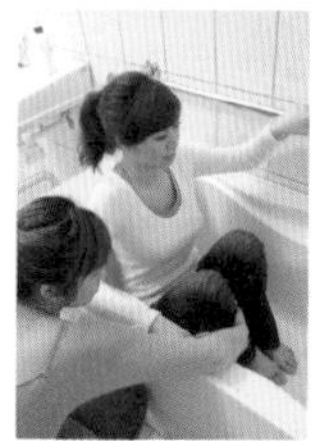

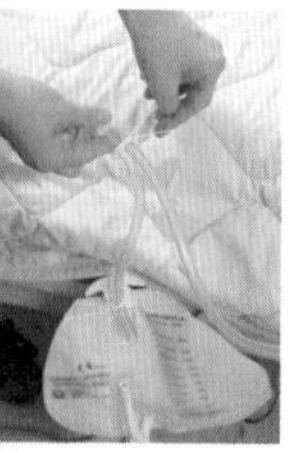
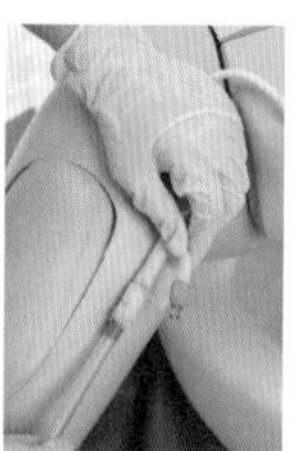

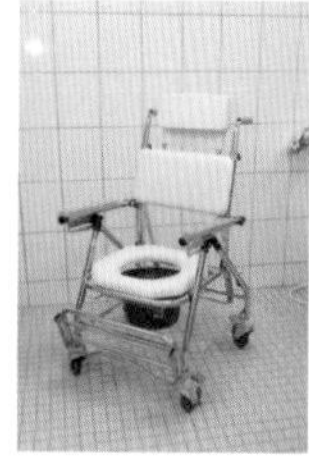

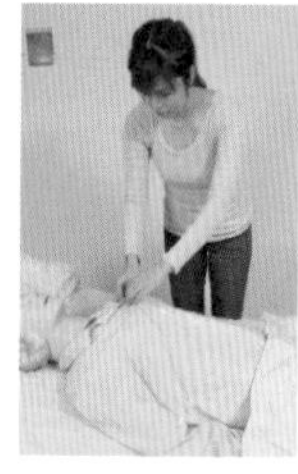
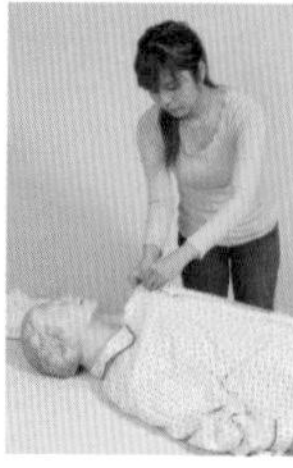

Part 4 行動照護篇 站、坐、臥、移位、褥瘡照護

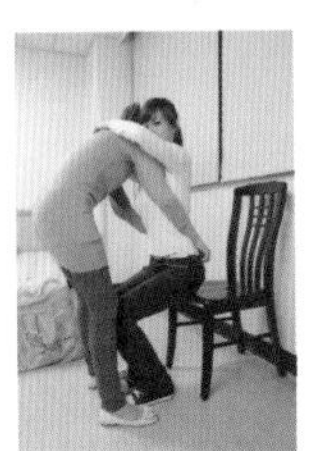

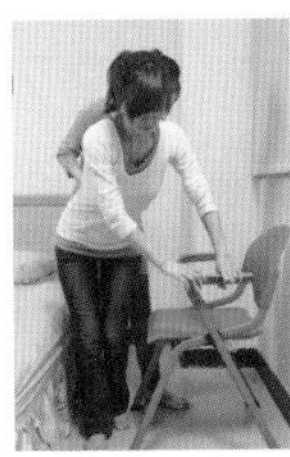

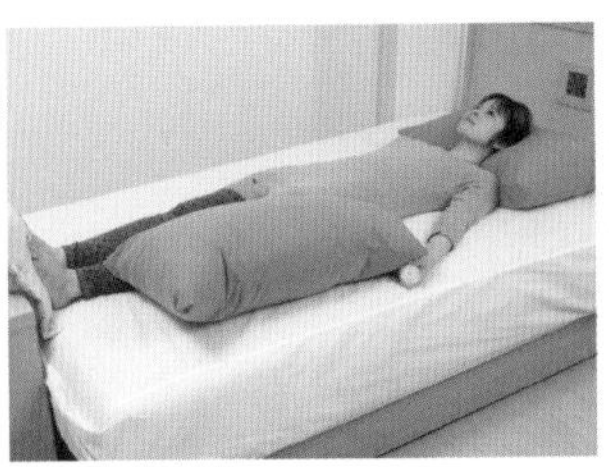

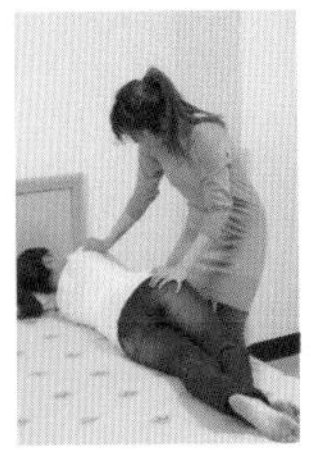
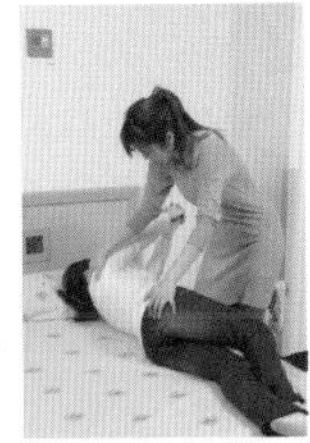

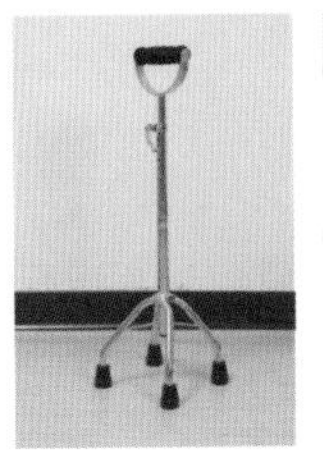
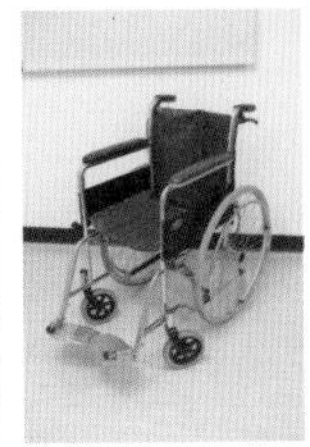

/ 目錄 /
contents

Part5 運動照護篇　做家人的物理治療師

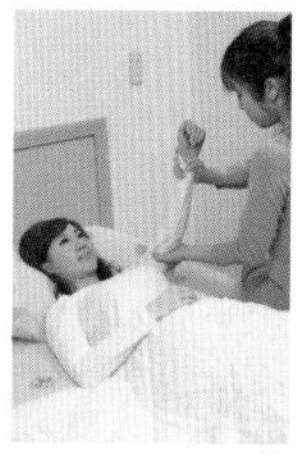
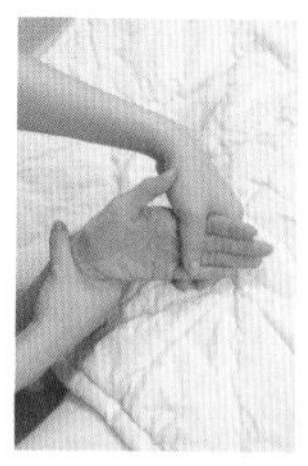

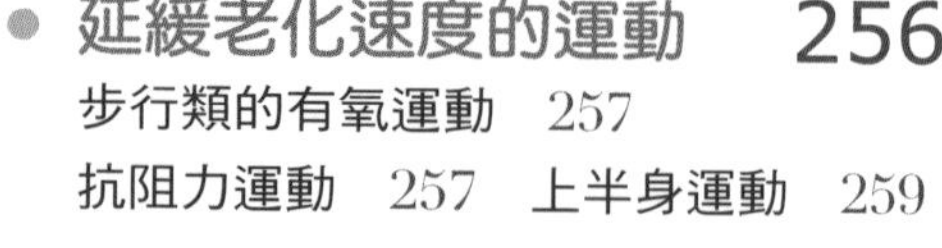

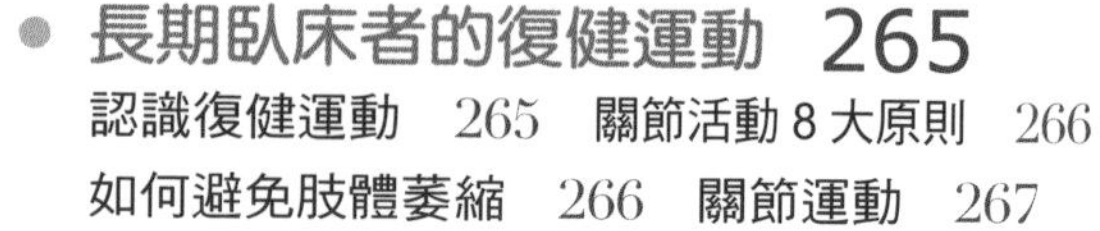

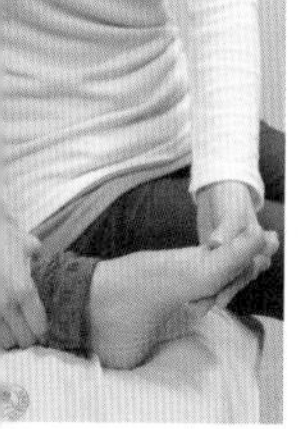
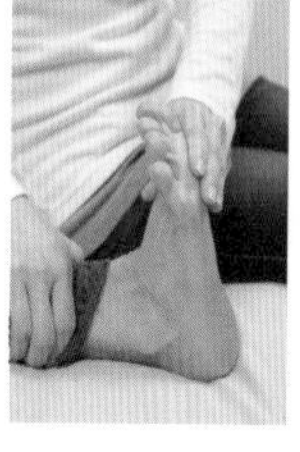
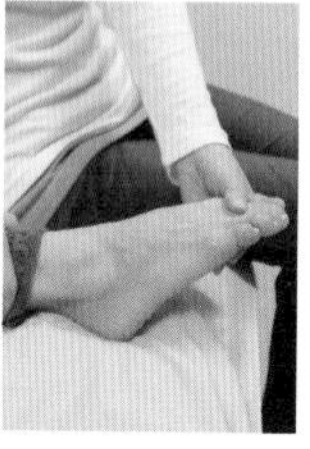

Part6 飲食照護篇　做家人的營養師

Part 7 疾病照護篇 常見慢性疾病照護指南

Part 8 貼心收錄篇　家庭長期照護備忘錄

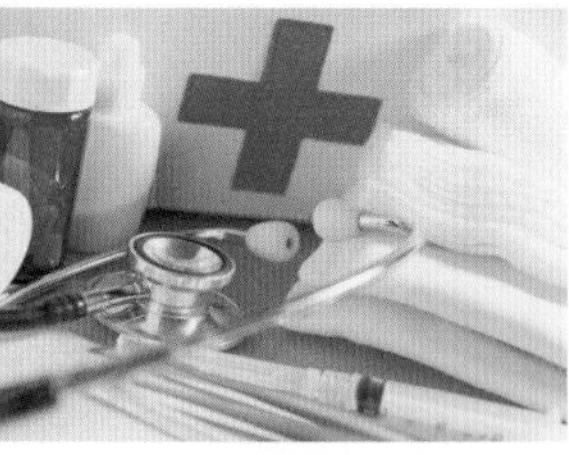

Part 9 相關資源篇　可以找到協助的地方

作者群簡介（以下依姓氏筆畫排序）

作者	現任	學經歷
王勁慧	・高雄榮民總醫院出院準備服務個管師 ・高雄榮民總醫院兼任居家護理師	・高雄長庚醫院胃腸肝膽科臨床護理師 ・高雄榮民總醫院一般外科、胃腸肝膽科臨床護理師 ・高雄榮民總醫院神經外科加護病房臨床護理師 ・輔英科技大學護理系碩士班
吳孟嬪	・台北市立聯合醫院院本部護理部部主任	・國立台北護理學院護理系碩士 ・台北市立聯合醫院陽明院區護理部主任 ・台北市政府衛生局醫護管理處特殊照護股股長 ・台北市立聯合醫院陽明院區督導 ・台北市立聯合醫院陽明院區社區組督導 ・台北市立陽明醫院士林長照中心、居家護理、出院準備服務護理長 ・台北市立聯合醫院中興院區護理科主任 ・台北市立聯合醫院社區安寧發展中心副主任
沈秀祝	・高雄榮民總醫院內科部神經內科主治醫師 ・教育部部定助理教授	・高雄榮民總醫院內科部神經內科醫師 ・台北榮總高齡醫學中心臨床研究員 ・高雄榮總高齡醫學中心臨床研究員 ・老年醫學專科醫師
沈葭蔚	・安禾診所	・高雄醫學大學醫學系 ・高雄榮民總醫院家庭醫學部醫師
沈佩瑤	・前台北榮民總醫院高齡醫學中心研究助理	・國立台北護理學院護理系學士 ・振興復健醫學中心心臟加護病房護士
林文綾	・台中榮民總醫院精神科病房護理長	・國防醫學院護理研究所護理碩士 ・中山醫學大學護理系兼任講師 ・空中大學生活科學系兼任講師 ・台中榮民總醫院內科專科護理師指導者 ・台中榮民總醫院內外科病房副護理長 ・台灣腎臟護理學會編輯委員會委員
林宜璁	・板橋榮譽國民之家保健組醫師 ・國立陽明大學醫學系兼任講師	・台北榮民總醫院家庭醫學部總醫師 ・台北榮民總醫院高齡醫學中心研究員 ・台北榮民總醫院家醫部特約主治醫師

作者群簡介

作者	現任	學經歷
林倩伶	• 東元醫療社團法人東元綜合醫院口腔外科主任	• 台大臨床牙醫研究所口腔外科組碩士 • 台大醫院口腔外科總醫師 • 中華民國口腔顎面外科專科醫師 • 新竹馬偕醫院口腔外科主治醫師
林鉅勝	• 台中榮民總醫院家庭醫學部、高齡醫學中心科主任 • 國立陽明交通大學兼任講師 • 台灣整合照護學會監事	• 中山醫學大學醫學士 • 台中榮民總醫院家庭醫學科住院醫師 • 台北榮民總醫院高齡醫學中心研究醫師 • 台中榮民總醫院家庭醫學科總醫師、研究醫師 • 家庭醫學科專科醫師 • 安寧緩和醫學專科醫師 • 老年醫學專科醫師
周上琳	• 輔英科技大學附設醫院主任秘書 • 輔英科技大學附設醫院急診醫學科主治醫師 • 台灣急診醫學會理事 • 台灣急診管理學會監事 • 台灣急診醫學會急診高齡照護小組委員 • 教育部部定講師 • 屏東縣政府消防局醫療指導醫師 • 屏東縣政府消防局緊急醫療救護顧問委員會副主委 • 屏東縣政府衛生局緊急醫療諮詢委員會委員 • 高雄市政府消防局緊急救護委員會委員 • 高雄市政府衛生局緊急醫療諮詢委員會委員	• 國立陽明大學醫學士 • 台北榮民總醫院急診部臨床研究員、總醫師 • 中華民國急診專科醫師
周明岳	• 高雄榮民總醫院高齡整合照護科主任 • 教育部部定助理教授 • 台灣整合照護學會常務理事 • 台灣高齡照護暨教育協會秘書長	• 國立陽明大學公共衛生研究所博士 • 國立陽明大學醫學院醫學士 • 台北榮民總醫院高齡醫學中心臨床研究員 • 台灣家庭醫學會專科醫師 • 台灣老年醫學會專科醫師
柯玉潔	• 台北榮民總醫院眼科部青光眼科主任 • 國立陽明交通大學醫學系助理教授	• 國立陽明大學醫學系 • 國立陽明大學臨床醫學研究所碩士 • 台北榮總眼科部總醫師 • 美國哈佛醫學院眼科研究員 • 國立陽明大學眼科兼任講師 • 國防醫學院臨床講師

作者群簡介

作者	現任	學經歷
胡曼文	• 普洛邦物理治療所院長	• 英國 Loughborough University 人因工程之通用設計碩士 • 中山醫學大學物理治療學系 • 台北榮民總醫院高齡醫學中心
侯慧明	• 台台中榮民總醫院小兒科病房護理長	• 中國醫藥大學護理學研究所成人護理組 • 仁德醫專護理科兼任講師 • 台中榮民總醫院內外科病房護理長 • 弘光科技大學兼任講師
高崇蘭	• 國立陽明交通大學醫學系教授 • 台北榮民總醫院復健醫學部部主任	• 國立陽明大學醫學系 • 邁阿密大學醫學院神經學及前庭復健研究員 • 國立陽明大學醫學院臨床醫學研究所博士 • 台北榮民總醫院復健醫學部住院醫師 • 台北榮民總醫院復健醫學部住院總醫師、主治醫師 • 台北榮總復健醫學部一般復健科主任 • 國立陽明大學醫學系副教授 • 台北榮民總醫院復健醫學部骨骼關節復健科主任
翁碩駿	• 台中榮民總醫院腎臟科主治醫師 • 台中榮民總醫院高齡醫學中心主治醫師	• 中國醫藥大學中西醫學士 • 國立陽明大學臨床醫學研究所博士候選人 • 94、95 年專技高考中醫師及格 • 台中榮民總醫院內科部住院醫師 • 台中榮民總醫院內科部總醫師 • 98 年內科專科醫師及格 • 台中榮民總醫院高齡醫學中心訓練醫師 • 99 年高齡醫學專科醫師及格 • 台中榮民總醫院腎臟科總醫師 • 101 年腎臟專科醫師及格
張丹妍	• 前台北榮民總醫院高齡醫學中心研究助理	• 義守大學職能治療學系
梁志光	• 高雄榮民總醫院高齡醫學中心主治醫師 • 高雄榮民總醫院內科部神經內科兼任主治醫師 • 國立陽明交通大學醫學系助理教授 • 台灣整合照護學會監事	• 國立陽明大學醫學系學士 • 美國國家衛生研究院交換學者 • 內科專科醫師 • 老年醫學專科醫師 • 神經內科專科醫師

作者群簡介

作者	現任	學經歷
陳一銘	· 台中榮民總醫院醫學研究部轉譯醫學研究科主任 · 國立陽明交通大學內科系助理教授 · 國防醫學院內科助理教授	· 台北榮民總醫院高齡醫學中心臨床研究員 · 台中榮民總醫院過敏免疫風濕科總醫師 · 台中榮民總醫院內科住院醫師 · 國立陽明大學醫學士 · 國立陽明大學臨床醫學研究所博士 · 台中榮民總醫院過敏免疫風濕科主治醫師 · 國立陽明大學內科系部定講師 · 國防醫學院內科臨床講師
陳怡村	· 前台北榮民總醫院高齡醫學中心主治醫師	· 台北市立聯合醫院和平院區家醫科醫師 · 退輔會員山榮民醫院家醫科醫師 · 退輔會台北榮民總醫院高齡醫學中心研究醫師 · 退輔會台北榮民總醫院家醫部總住院醫師 · 淡水衛生所兼任醫師
陳芝瑜	· 高雄市阿蓮區衛生所主任	· 國立陽明大學醫學院醫學士 · 高雄榮民總醫院家醫部總醫師 · 高雄榮民總醫院家醫部主治醫師
陳亮恭	· 台北市立關渡醫院院長 · 國立陽明交通大學醫學系教授	· 國立陽明大學醫學士 · 國立陽明大學衛生福利研究所博士 · 員山榮民醫院骨外科 · 台北榮民總醫院高齡醫學中心部主任 · 台北榮民總醫院家庭醫學部住院醫師、總醫師、主治醫師 · 台北市立陽明醫院社區醫學科主任 · 英國牛津大學臨床老人醫學科訪問學者 · 台北市立聯合醫院老人醫學科召集人 · 台灣整合照護學會理事長 · 亞太臨床老年病學暨高齡醫學聯盟主席 · 台北中華醫學會副祕書長 · 台灣老年學暨老年醫學會理事 · Journal of Clinical Gerontology and Geriatrics 主編 · Journal of Nutrition Health and Aging 副主編 · Journal of Frailty and Aging 副主編 · BMC Geriatrics 副主編
陳韋達	· 衛福部基隆醫院副院長 · 國立陽明交通大學醫學系教授 · 台灣頭痛學會理事長 · 台灣神經學會理事	· 國立陽明大學神經科學研究所博士 · 國立陽明大學醫學院醫學系畢業 · 台北醫學大學附設醫院神經科主治醫師 · 竹東榮民醫院神經內科主任 · 台灣頭痛學會秘書長 · 美國哈佛大學醫學院 / 麻省總醫院研究員 · 台北榮民總醫院神經醫學中心主治醫師

作者群簡介

作者	現任	學經歷
張靜雯	• 台中榮民總醫院一般醫學內科病房護理長	• 中山醫學大學護理研究所護理碩士 • 中台科技大學護理系兼任講師 • 台中榮民總醫院內科專科護理師指導者 • 台中榮民總醫院高齡醫學病房護理長
彭莉甯	• 台北榮民總醫院高齡醫學中心高齡醫學科主任 • 國立陽明交通大學醫學系副教授	• 國立陽明大學公共衛生研究所博士 • 國立陽明大學醫務管理所碩士 • 台北醫學大學醫學系 • 台北榮民總醫院高齡醫學中心主治醫師
賈佳平	• 岡山榮譽國民之家保健組醫師	• 國防大學醫學院醫學系畢業 • 高雄榮民總醫院家庭醫學部總醫師 • 高雄榮民總醫院高齡醫學中心臨床研究員 • 英國劍橋大學 Addenbrooke's Hospital 臨床老人醫學科訪問學者 • 台灣家庭醫學科專科醫師 • 台灣老年醫學會專科醫師 • 台灣安寧緩和醫學會專科醫師
楊子瑩	• 高雄榮民總醫院附設居家護理所所長 • 高雄榮民總醫院門診副護理長	• 台大醫院內科臨床護理師 • 高雄榮民總醫院外科臨床護理師 • 高雄榮民總醫院附設居家護理所居家護理師 • 高雄榮民總醫院附設居家護理所安寧居家護理師
楊棻華	• 高雄榮民總醫院居家護理師	• 義守大學護理系畢業 • 協和醫院 - 內外科 • 阮綜合醫院 - 腸胃內外科 • 高雄榮民總醫院 - 胸腔科 • 高雄榮民總醫院 - 感染科 • 高雄榮民總醫院 - 居家照護小組
楊淑慧	• 台中榮民總醫院門診暨個案管理師組副護理長	• 中山醫學大學醫學研究所護理組碩士 • 美和科技大學護理系兼任講師 • 仁德醫專護理科兼任講師 • 台中榮民總醫院高齡醫學中心護理師 • 高齡醫學個案管理師

作者群簡介

作者	現任	學經歷
楊雀戀	• 前台北榮民總醫院營養部主任	• 輔仁大學食品營養系碩士 • 輔仁大學食品營養研究所碩士 • 台北市營養營養師公會理事長 • 中華民國營養師公會全聯會常務理事 • 台灣靜脈暨腸道營養醫學會理事 • 中華民國糖尿病衛教學會教育委員會委員、理事 • 中華膳食營養學會監事 • 醫策會教學醫院教學費用補助計畫營養專業審查委員 • 行政院衛生署罕見疾病及藥物審議委員會委員 • 台北榮民總醫院營養部主任
劉秀華	• 台中榮民總醫院內外科病房護理長 • 台灣護理學會護理專案審查委員 • 台灣護理學會護理個案報告審查委員 • 弘光科技大學兼任教師	• 弘光科技大學護理行政碩士 • 台中榮總護士 • 台中榮總重症護理護理師
蔡佳芬	• 台北榮民總醫院精神醫學部老年精神科主任	• 美國南加州大學阿茲海默氏症失智中心訪問學者研究員 • 台北榮民總醫院精神部住院醫師 • 台北榮民總醫院高齡醫學中心精神科醫師 • 台灣老年精神醫學會副祕書長 • 台灣臨床失智症學會副祕書長
魯英屏	• 高雄榮民總醫院出院準備服務個案管理師 • 高雄榮民總醫院兼任居家護理師	• 輔英科技大學護理系社區老人研究所 • 高雄醫學大學護理系 • 高雄榮民總醫院急診室護理師 • 高雄榮民總醫院護理部資訊協調師
蔡馨儀	• 晶亮眼科診所院長	• 國立陽明大學臨床醫學研究所碩士 • 竹東榮民醫院眼科主任 • 台北榮民總醫院眼科部總醫師 • 國立陽明大學醫學系
賴秀昀	• 國立台灣大學醫學院附設醫院新竹分院老年醫學科主任	• 國立陽明大學醫學系學士 • 國家衛生研究院老年醫學次專科研究醫師 • 台大醫院家庭醫學部住院醫師 • 國立台灣大學醫學院附設醫院新竹分院社區及家庭醫學部主任

推薦序1

提供照顧者信心與能量的工具書

高三大學聯考前一百天，當我正在學校考模擬考時，我大姊大學畢業旅行在花蓮海邊出車禍，成為終生必須坐輪椅的脊髓損傷者，我們的家庭生活從此變調。為了不放棄希望，我們從西醫、中醫、針灸、中藥、按摩、整脊、算命師父、乩童，只要有人報，我們就去掛號。

面對到家裡來騙錢的江湖術士，我很無法諒解父母的作法。有次我直接面質父親，他說：「我何嘗不知道？但是他至少給我們一線希望！」面對自己親愛的家人生病，照顧的背後所依靠的就是一線希望。

我的母親整天煮中藥，幫我大姊按摩、推拿，好似斷了的神經會隨著我們的手多長一些。我的母親以淚洗面，哭到醫生警告她，「不准再哭，不然眼睛會瞎掉。」與好朋友聚餐時，原本樂觀愛笑的她不敢開懷的笑，原因是她「怕別人會說，女兒變成這樣，你還笑得出來？」她調適了好久，在我們的鼓勵下，母親才慢慢放下自責的心情，開始願意讓自己有放鬆的時間。只是在照顧我大姊十年後，我的母親就因為乳癌過世，她一生沒有機會享福，反倒都在照顧別人的日子中度過。

做為一個身心障礙者的家屬，我深刻地體會到，台灣這個社會沒有給身心障礙者生存的機會。「推著輪椅在崎嶇不平的騎樓舉步維艱」的景象正好諷喻台灣家庭照顧者面對充滿障礙的困境：要找可以讓輪椅進去的廁所，要避開路人異樣的眼光，要反駁這是祖上不積德的因果報應說法。大學畢業後，我告訴自己：「台灣不缺好的工程師，但缺一個好的社會工作者。」於是，當完兵，我出國改念社會工作，直到今天，仍堅持做個促進公平正義的社會工作者。所以，在大學教授、社工人員這些頭銜下面，我從事社會服務的動力來自於我身為家屬的經驗。如果教書不再讓我可以從事改革社會制度的工作，我寧可不教書；如果社工專業不再認同社會改革與公平正義，我不會稱自己為社工。同樣地，我期待「家庭照顧者關懷總會」可以為台灣家庭照顧者建構更支持與友善的制度，幫助他們就像幫助當年我求助無門而致勞累犧牲的母親一樣。

過去十五年社會福利立法在民間團體的推動下，國家照顧服務體系已稍有格局。但是，這個服務體系基本上還是沒有看見家庭照顧者的「需求」，而把家庭照顧者當成是理所當然的「資源」而非潛在的「個案」。其次，目前的服務體系越來越強調管理與專業，層層體制的管理與制度之間的切割反而造成家庭照顧者使用上的困難與障礙，讓社會福利成為看的到、吃不到的餅。從家庭照顧者的使用經驗檢視現有照顧體系，不是從專業人員的角度檢視服務體系，是我們責無旁貸的任務。當我們看到越來越多長期照顧家人的照顧者，多年後成為沒積蓄、沒健康、對未來無助、社交窄化的人後，我們深信長期的照顧工作已經不再是個人或家庭可以單獨承受的重擔。我們認為無論是照顧家人與被家人照顧都是基本人權，不能再把家庭照顧者看成是理所當然的資源，照顧工作應該是一種選擇，而不是義務，在「照顧責任公共化」的原則下，期待由國家與社會共同支持家庭照顧者，分擔家庭照顧負荷，提供更多元的選擇，也促進兩性平等和社會公平正義。

很高興看到這本書的問世，鉅細靡遺的將照顧者可能會遇到的問題，以深入淺出的方式呈現，從事前的準備工作、常見慢性疾病的照護細節、到家庭專業知識的提供。我相信能夠幫助家庭照顧者預先做好心理準備及面對問題時有參考的方向。這本書的特色就是由生活最細節的事情著手介紹，以家庭照顧者的立場認識照顧的工作，幫助家人得到舒適的生活品質，降低因不了解或疏忽導致的感染或傷害，是一本輕鬆上手的工具書。我相信這一本好書能提供照顧者信心與能量，也邀請大家一同來閱讀。

王增勇
政治大學社會工作研究所教授暨所長

推薦序2

居家照護的好幫手

生病由家人照護，乍聽「天經地義」，然在現代生活與醫療框架下，卻常成侈言。

姑且不論社會與家庭結構諸多不利因素，現代醫療科技大大改變病程，使數十年前許多「不治之症」，變成照護技術複雜程度不一的慢性病，挑戰照護者的能力與耐力。

我天性雞婆，喜歡親自「動手」，即便當上主治醫師，從不排拒「出手」打針換藥，更不認為自己和基本照護脱節。直到前年（2008）中媽媽因罹患胰臟癌動了一場大手術，出院後照顧如何接續，家庭成員生活又各該怎麼重上軌道，仍不免一段「陣痛（盪？）期」，體悟居家照護「知易行難」之味。

儘管卑微地期待與癌共存，癌細胞卻毫不退讓。才摸索出手術後與化療中飲食起居該怎麼安排，一年不到卻得打起精神學全靜脈營養（total parental nutrition），幫胃腸被腫瘤塞住的媽媽守住體力「基本盤」，家中陳設也要來個大改造，好符合媽媽生活需求，還要著手找可靠的仲介申請外籍看護……對照本書九大單元，除了遺憾媽媽沒能讓我演練高齡者照護相關內容，其他章節讀來真是「不可或缺」！

常人總詬病入院床位難求，但我以為返家照護千頭萬緒，若未及早擘劃，恐怕才是真正的夢魘。《圖解居家長期照護全書》作者們一定有此深刻體認，才會在臨床工作之餘，榨出寶貴且有限的時間與精力，群策群力完成本書。在圖文並茂的編排下，雖難脱教科書身影，但足以讓家有慢性病或年邁親屬的照護者按圖索驥、照表操課，速速上手做家人的護理師；從此，「老有所終」和「鰥、寡、孤、獨、廢、疾者皆有所養」，不再紙上談兵。

吳佳璇

精神科醫師、《罹癌母親給的七堂課》作者

推薦序3
延伸醫療照護的專業

台灣的人口老化速度現高居世界第二，隨時可能超越日本成為全世界人口老化速度最快的國家，這是一個社會無可避免的沉重挑戰。人口老化對於國家社會的影響相當廣泛，其中，醫療照護是受到衝擊很大的。

目前全世界對於高齡長者的照護建議傾向採取「在地安老」的模式，讓高齡長者在他所熟悉的社區環境中輕鬆自在的生活著，然而，要達到這個目標具有相當多的挑戰，尤其是針對具有各種慢性病以及失能狀況的高齡長者，要藉由優質的居家照護方能達成「在地安老」的目的。

至於要如何支持居家照顧者來提供優質的居家照護呢？雖然目前健保有居家照護的服務，而十年長照計劃與未來的長照保險都提供了各種的居家照護服務，但是，第一線實際的居家照顧者所承受的照護壓力恐怕都不是這些服務可以完全解決。因此，這本《圖解居家長期照護全書》的付梓，相信可以對第一線的居家照顧者有相當大的幫助。

這本書由台北榮民總醫院陳亮恭主任，邀集了榮民醫療體系高齡醫學的團隊來共同撰寫，由專業文章出發到生動豐富的圖片與相片，相信可以深入淺出地，為居家照護所須注意的要點做完整的說明。除了照顧服務的技巧之外，本書也針對居家的營養照護與復健等應注意事項，做了詳細的說明。

這本書較一般坊間的居家照護書深入也涵蓋較廣，而且集合整個榮民醫療體系的高齡醫學專業團隊來撰寫，也算是總結各方的照護經驗，而大量的圖解說明也讓這些照護技巧的介紹更為簡單而生動。

榮民醫療體系的高齡醫學團隊，是目前國內實際從事高齡醫療照護最好的專家，具有相當深厚的學養基礎與照護理念。尤有甚者，這個團隊充滿了提升高齡長者照顧品質的熱誠。近年來這個團隊也推動了許多的創新醫療服務模式，提供高齡長者優質的醫療服務。陳亮恭主任帶領整個團隊來撰寫這本《圖解居家長期照護全書》，正代表著將醫療照護專業延伸的作法，讓高齡長者能盡量在他／她所熟悉的居家與社區環境中生活，也可以讓長者的心靈得到支持，協助這些居家照護個案達成「在地安老」的目的，進而達到「老吾老以及人之老」的大同境界。

謹以為序。

林芳郁
亞東紀念醫院院長室顧問
前台北榮民總醫院院長

推薦序4

獻給你我最好的一份禮物

美國前第一夫人羅莎琳在照顧母親數十寒暑之後，有感而發地說出：「人，終其一生至少都要扮演一種角色：(1) 曾經是個照顧者，(2) 現在就是個照顧者，或是 (3) 未來將是個照顧者。」然而，假若您幸運地都不屬於前三項，則極可能成為 (4) 被照顧者的角色。

不管您將扮演照顧者或是被照顧者，陳亮恭主任總策劃的這本《圖解居家長期照護全書》就是在「照護」這條漫長路上，最佳的人生指引，給每一位照顧家人以及要為自己做好未來準備的你，最好的一份禮物（寶典）。

敝人曾擔任美國失智症協會的政策委員，美國白宮老人高峰會的全國代表，以及許多亞洲族裔的照顧關懷指導與訓練工作，發現照顧者在面對家人疾病的認識，自己的身心調適，與社會資源連結的三大層面都需要實質的協助；而《圖解居家長期照護全書》的編排涵蓋的九個面向（「照護準備篇」、「居家照護篇」、「衛生照護篇」、「行動照護篇」、「運動照護篇」、「飲食照護篇」、「疾病照護篇」、「貼心收錄篇」、「相關資源篇」），在這三大層面的說明非常完整。

不管是在知識、技術、心靈撫慰、或自我成長都給予詳細的說明，貼近照顧者的心，而且淺顯易懂。對於照顧者時常感到困擾不知如何尋找的社會資源，或是與醫事人員的溝通，藉由此書也提供很好的資訊與幫助。

期待這本書的大賣，也大力推薦這本書。希望《圖解居家長期照護全書》能帶給臺灣現今辛苦忙碌於家庭照顧的照顧者，以及未來 20 年每四人就有一位被照顧者的照顧家庭，在面對照顧問題時最大的精神食糧與生活力量。

郭慈安
中華民國家庭照顧者關懷總會常務理事

總策劃序

期許讓居家照顧者都能得到幫助

在醫療體系服務的經驗中，面對過許多高齡長者的照護問題，有非常多令人深思的啓發——

年輕的黃小姐長年來一直擔負照顧家中老阿嬤的責任，阿嬤是一位失智症的患者，已經慢慢因為失能而臥床了，整體居家照護的時間長達七、八年。在阿嬤失能的初期，家屬尋求醫院居家照護的協助，隨著失能的進展，阿嬤已放置了鼻胃管與尿管，但是照顧的時間一久，這位黃小姐連鼻胃管放置與尿管放置都自己學會而不再需要居家護理的協助，但是因為用藥的緣故，黃小姐還是每三個月到門診與我討論阿嬤的病情，在七、八年的過程中，黃小姐慢慢出現了皺紋與白髮，但他總是正面而開朗。幾次關心的探詢之下，才知道他為了照顧阿嬤而放棄了工作與愛情，全心在家照顧阿嬤，放棄了自己的社交生活。由他每次代阿嬤就診的問答就可以知道他對於照顧服務工作的投入，直到有一天，黃小姐來門診代阿嬤跟我告別，阿嬤因為肺炎走了，喪事方才安排妥當。

雖然已經照顧阿嬤七、八年了，黃小姐在診間依然痛哭失聲，完全不像是長期從事居家照顧而疲乏的模樣。問到她現在要怎麼安排生活，她搖搖頭的說：「這些年沒有在外工作，也沒有太多朋友……」，但她馬上擦乾眼淚，以堅定的眼神微笑看著我說：「要開始找工作了！這幾年下來，阿嬤一定很感謝你用心的照顧她，所以我夢到阿嬤叫我要來跟你道謝，謝謝你這幾年來的幫助。」

我不太知道我能再多說什麼，這七、八年下來我處理了阿嬤大大小小的醫療問題，也提供了照顧服務的協助，但恐怕不如黃小姐所投注心力的百分之一吧？就是因爲台灣有這樣的家人在從事居家照護，所以堅定了我出版這本書的意志，或許我們沒辦法對這些家屬給予各式各樣所需的支持與協助，至少在專業上給予些建議與各個狀況的協助，能夠讓從事居家照護的人更有信心的堅持「在地安老」的照護模式。

2005年我到英國牛津大學進修時改變了我對老人照護的很多想法，傳統思維上我們認為台灣的急性醫療做得不錯，民眾就醫的權益得到相當的保障，而且健保的經營相當有效率，同時也具有長期照護的服務網絡。

實際上到了英國了解他們的服務內容，才知道我們廣義上所有的各項服務其實相當片斷也不完全符合老年人的需求，並非完全以使用者的角度去設計的。舉例而言，英國社區所謂的「地段護士」與台灣衛生所體系的「地段護士」扮演的角色大不相同，英國社區的地段護士主要執行的是護理工作，針對社區中需要照顧的民眾提供健康照護服務，包括居家訪視與執行若干的治療，甚至於可以一天訪視三次提供護理照護服務。台灣的地段護士目前主要執行的是公共衛生業務，並不直接進行護理的照顧，而健保所支付的居家護理原則上僅能支付個案每兩週一次的居家訪視。別說醫療體系的設計對於老年人就醫的不便，光是支持病患成功返回社區健康的生活就已經顯現出我國體系上的不足。

我國照護制度的設計或許必須更加審酌使用者的照護需求，但是醫療照護體系的改變非一蹴可及，而民眾健康照護的需求是無法等待的，所以出版這本書的理由就更為殷切了。

台北榮總高齡醫學的推動自2005年起便成為榮民醫療體系發展的重點，台北榮總就診病患的平均年齡比起台大醫院與林口長庚醫院整體高出十歲，老年病患占所有門住診病患的比例達五成以上，這些數字都凸顯了台北榮總在治療老年病患的經驗。而台北榮總高齡醫學中心自2006年掛牌成立運作至今日漸茁壯，在2010年已經成為一個完全獨立運作的臨床單位，近年來推動高齡病患整合門診屢獲各界好評，發展經驗成為健保局自2009年底推出慢性病整合門診的參考，而2010年四月所開幕的高齡醫學病房，更是亞洲地區最大的專屬老人醫療病房，我們持續推動的便是一個以「人」為中心的持續性照護，而且針對社區當中具有照護困難的高齡病患提供整體性的照顧服務，而且透過持續的照顧服務資源整合，給與整合性的照護。

台北榮總成功的經驗也逐漸的推廣至國內其他的醫療院所，尤其是台中榮總與高雄榮總，緊接著台北榮總的成功經驗推廣到中南部。然而，無論醫療體系的服務如何整合，居家照護的個人服務部分是我們所無法達成的部分，需要家庭照顧者的積極參與，所以三所榮總的高齡醫學團隊集結全力出版這本書就是希望可以讓家庭照顧者能夠有所依循，減少照護困難。

本書並不是一般的健康養生書，而是針對中、老年人常見的疾病與失能狀況編寫居家照護的注意事項，而且還參酌我國現有的福利體系與照顧服務資源撰寫使用的方式，也針對外勞的聘用撰寫注意事項等等居家常見的照顧服務需求。

這本書的撰寫仰賴整個榮總體系的高齡醫學團隊以及台北市立聯合醫院陽明院區的協助，然而，這本書能順利出版完全仰賴作者群的努力，在大家繁忙的臨床工作之中，能挪撥時間進行一般衛教文章的撰寫也是很大的成就，因為要醫師以一般民眾能了解的言語進行高度專業的醫療照護問題撰寫文章實在很困難，每一個專有名詞的使用必須反覆的思量與斟酌，沒有這些作者對於提供民眾居家照護指引的熱誠，這本書應該也無法問世。

最後感謝台北榮總高齡醫學中心的沈佩瑤護理師，以她護理的專業背景與出版社之間做了最好的連繫，並且在這一大群的作者之間反覆的確認文章內容；及台北榮總高齡醫學中心與台北市立聯合醫院陽明院區的居家照護小組協助，尤其是何璇護理師的積極主動配合。

這本書的出版是數十位專業醫護工作者的心血結晶，希望可以讓居家照護者在不同的狀況之下都能得到幫助，此外，也呼籲有長期照顧需求的家庭，應注意身邊的家庭照顧者，並持續的給予關懷與支持，必要時可以撥打0800-580-097（我幫您，您休息）照顧者諮詢專線，尋求協助。

陳亮恭
台北市立關渡醫院院長

【暢銷修訂版總策劃序】陳亮恭

創造超高齡台灣優質居家照護

《圖解居家長期照護全書》自2014年出版以來，於2017年首次改版，隨著病人自主權利法及長照2.0，我們在2019年第2次改版，而很快地在2021年又再次改版。

長期照護的學理與照護技巧更新速度並沒有這麼快，不過政府資源與制度在這幾年有許多變化，自2017年推動的長照2.0歷經滾動式修正，也進入一個相對穩定的階段，只是資源依然未能完全契合所有家庭的需求，量能也尚未能全然普及，在推動落實在地安老的目標之下，居家照顧在長照的發展中，還是最重要的模式。

雖然長照2.0的服務使用，會區隔是否聘有移工看護，但對於家庭而言，能盡量結合多元的資源，以最好的照護技巧提供家中長者照護，還是最重要的關鍵，也感謝我的同事與朋友共同撰寫《圖解居家長期照護全書》，能夠為台灣的未來盡些努力。

台灣在2025年將成為高齡人口兩成的超高齡社會，快速增加的高齡人口帶來各種系統性的風險，包括經濟安全的年金、健康醫療的健保以及長照，這是超高齡社會永續發展的三大基石，也是政府無法迴避的挑戰。

長照2.0為民眾建構了一個失能服務的網絡，以居家跟社區服務為主，並開始對於住宿型機構的個案有所補助，家庭照護者在所謂「長照四包錢」的設計之下，獲得較多的服務，但長照目前還是高度仰賴家庭照顧者，就算有各項的服務，具備照顧知識與技巧對照護品質還是必須，或許這也是本書持續受到讀者關注的理由。

世界衛生組織在2015年出版《全球老化與健康報告》，提出相當前瞻的觀點，**面對老化，我們應該以生命歷程觀點面對之，時時以晚年的生活狀態為考量，在不同的年紀與生命歷程中自我準備，也必須把失能與失智的預防置於人生的重點課題**，對於家庭照顧者而言或許更有感受，唯有提升自我的健康與功能才能夠為家人提供更好的照護，另一方面也更可以確保自己晚年的健康安適，這是一個持續性的議題，也是當我們在照顧家人時必須要關注的重點。

人口高齡化以及其所衍生的醫療與長照議題大概是人人都無法迴避的挑戰，也很需要有好的因應方式，我國六十五歲以上的高齡人口已逼近三百五十萬，成長的幅度與速度極為驚人，希望所有照顧家庭中，失能失智長輩的讀者在未來都能健康老化，發展個人生活並活躍參與社會。

在平均餘命快速延長的時代，我們不能被傳統的觀念束縛，必須能跳脫年齡這個數字的限制，**以不老的心態與健康狀況面對不同的人生階段，家庭照顧者在繁重的照護壓力下更需如此**。

淺談長照 2.0

長照 2.0 相較傳統的長照 1.0，從 8 項服務，增加了 9 項新服務，但比較有特色的是長照 2.0 兼顧了從衰弱走向失能的過程、以及從失能走向末期，乃至於晚年的階段。換言之，向前延伸「失能預防」的服務，針對社區當中具有衰弱症狀的人，提供照顧服務、讓他們可去除衰弱的影響因子，免於走向失能的風險。這是非常關鍵的做法，可以降低失能的發生率，或者是說可以延緩失能的發生，讓長輩能多得到一段長時間的健康生活。

同時，長照 2.0 也做一個向後延伸「居家安寧」的服務，因為有許多重度失能的長輩，因為疾病以及失能的因素，逐漸面臨生命末期的一些照顧需求，不全然只是失能的照顧，還包含疾病、護理、居家療護等，所以政府也在服務中，新增「居家安寧」的服務，針對重度失能走到生命末期的個案，希望透過整合式的團隊，共同為這些長輩創造可以平靜安祥走完人生最後這段時間的契機，並且希望幫助家屬能在這過程當中得到充分的支持。

另外長照 2.0 還有一項特色，就是社區化的「失智整合服務中心」，特別把失智者的照護需求切割出來，因為失智者很多時候在早期退化的過程中，認知功能已退化了，可是身體的失能還沒有出現，或是還屬於早期，可是認知功能的退化已經衍伸出各種不同的照護需求了， 所以社區整合的失智照護服務中心就包含醫療體系密切的連結。

目的之一，是在社區當中若懷疑是失智症患者，可盡速得到確診，確診後可依照嚴重度盡速協助失智症患者相關的長照計畫。目的之二，是對家庭照顧者的支持。因為照顧失智症的長輩其實非常辛苦，所以在整合服務項目加入「家庭照顧者的需求」是政府的一項創新、也是首次針對失智症照護需求提出完整的服務模式。

更多服務可上衛福部長照專區查詢。

・台灣長照服務資源地圖：
https://ltcpap.mohw.gov.tw/public/index.html

關於《病人自主權利法》

除了長照 2.0，2019 年 1 月 6 日，《病人自主權利法》剛上路，也是值得了解的一項課題。

《病人自主權利法》是台灣第一部以病人為主體的法案，主要目的是希望尊重病人醫療自主、保障善終權益、促進醫病關係和諧，保障每個人的知情、選擇、接受或拒絕醫療的權利，確保病人善終意願在意識昏迷、無法清楚表達時，都能獲得法律的保障與貫徹，此外，若有需要也可以指定醫療委任代理人代為表達意願。

《病人自主權利法》與《安寧緩和醫療條例》不同之處在於，《安寧緩和醫療條例》保障末期病人在末期階段，得以透過預立安寧緩和醫療暨維生醫療抉擇意願書，選擇拒絕維生醫療、心肺復甦術（CPR）等的權利，而《病人自主權利法》適用對象則不再僅限於末期病人，而擴大為「五種特定臨床狀況」。所謂「五種特定臨床狀況」即為：

1・末期病人。
2・不可逆轉之昏迷。
3・永久植物人。
4・極重度失智。
5・其他經政府公告之痛苦難忍的重症。

至於該怎麼簽立預立醫療決定（AD），行使病人自主權呢？只要是具完全行為能力的 20 歲以上（或未成年但已婚者）成年人，有意願者，皆可向醫療院所預約「預立醫療照護諮商（ACP）」。接著邀請二親等內親屬或醫療委任代理人，與醫護人員一起進行醫照護諮商，商討「五種特定臨床狀況」下接受或拒絕醫療，並在確認後，簽署預立醫療決定（AD）。簽署核章後，將會在健保上進行註記，本人也可以隨時根據不同階段進行調整。

日後，一旦發生「五種特定臨床狀況」發生時，經 2 位專科醫生確診、2 次緩和醫療照會後，即可啟動執行「預立醫療決定」的內容，完成緩和醫療照護，達成尊嚴善終。

更多內容請參照：

・病人自主研究中心：
https://parc.tw/

・病人自主權利法介紹影片－國語、手語版

資料來源：安寧照顧基金會
https://www.hospice.org.tw/care/law

做好準備工作

長期照護病人是一件辛苦的事，即便是醫護人員，面對親人生病繁重的照護工作也會出現精神、體力上的壓力，一般大眾更是如此。因此，照護者應對長期照護有所認識，才能讓照護之路走得更順利。

居家照護面臨的困難與挑戰

對疾病認知不足

許多民眾對疾病的認知不夠，而有害怕、焦慮的情緒，例如：能治療或回復嗎？該怎麼照顧？回家沒有醫生及護士，病情有變化時該怎麼處理？有什麼需要注意的事情？回到家中有緊急的狀況發生該怎麼辦？腦袋裡一堆問題，困擾著照顧者。

擔心照護技巧不熟練

剛開始照顧病人時，可能因為不懂照護技巧或不熟練，而感到挫折、沮喪、生氣等，甚至病人因此而沒有得到妥善的照顧。

對醫療系統及社會資源不熟悉

除非是醫療相關人員，否則一般人對醫院的運作大多是不熟悉的。如果家中沒有親人需要居家照護，我們也不會知道有哪些社會資源可供利用，通常需透過有經驗的親友或由醫院的醫護人員主動告知，才能逐漸了解有哪些資源可以使用。

照護責任分配不均

如果生病的是配偶，另一半通常會負起照護的責任；但如果生病的是父母、長輩，往往就會由沒工作、住較近的單身女性來負責照護，但是並非出於自願，勉強的結果往往會破壞家庭的和諧並降低照護品質。長期照護上，家人若沒有討論好工作分配、費用分擔等不得不面對的事，常會造成不公平、照護工作分配不均、費用糾紛等問題，導致破壞家庭和諧、手足關係破裂，甚至身心俱疲、遺棄或虐待病人。

面臨生活及工作的衝擊

家中有人長期臥病，必須有人隨身照顧，因而影響到個人工作、社交活動，或與其他家人的相處，一整天扣除掉陪伴與照顧病人的時間，留給自己的已經是少之又少了，如果有計劃出遊，也沒辦法安排時間較長的旅行；若生病的是父母，爲了照顧父母，與配偶及子女的相處時間變少，再加上工作繁重，皆有可能會影響到夫婦間感情的維繫。

角色衝突不適應

配偶間原是互相扶持與依賴的，但現在一方生病，另一方頓失依靠，容易產生極度不適應。每一個人都有許多不同的角色，你有可能是別人的媽媽、妻子、工作上的老闆等，就算家人生病了，其他的角色還是需要你去付出與努力，一個人的能力與體力都有限，一天 24 小時不夠用，每天事情都做不完，這麼多的角色往往會無法兼顧，而備感挫折。

心力與體力的耗損

在照護的過程中，照顧者的情緒是複雜的，包括：焦慮、挫折、憂鬱、無望、哀傷等負面情緒，會在不同的時間內不斷的出現，許多照護者在接下照顧重擔後，頓時覺得自己的社會地位低落，逐漸與社會隔離，沒有時間參加朋友聚會、社交活動，甚至夜間需要起床多次照顧病人，白天還有其他工作或角色須扮演，長期睡眠不足，精神體力都無法負荷。甚至病人病情不穩，經常往返急診室、病房，不如想像中輕鬆，所以使得照顧的艱辛歷程更難以承受。

照護工作應由家族全體通力合作

家庭成員的每一份子（不分男女）都應分擔照護的義務及責任，因此，在照護前應舉行家族會議成立工作小組，討論關於照護事宜。

決定每個人的照護時間

長期照護面臨最大的問題，就是不知道這樣的情況會持續多久！因此，最好的方法是大家一起來討論彼此可以的時間（白天、晚上、單週、雙週等），互相協調，平均分攤。

依照個人喜好安排

長期照護的工作，若能依照每個人的個性及喜好來分擔，如負責收集國內相關照護資訊、幫忙做菜、幫忙整理家務、陪同聊天、散步等，如此，照護的工作會更為輕鬆。

不要在意外界眼光

長期照護是一條漫長的道路，為了讓被照護者有很好的照護品質，建議一開始就要說明「可以做到」及「不能做到」的部分，千萬不要一人獨自承擔，此外，不要忘了有效地利用社會資源。

照顧工作應由家族全體通力合作

選擇最適合的照護人選

在選擇適合的照護人選上，可以考慮幾個方向：

了解家庭成員彼此承接的意願

照顧生病的親人不僅是責任，最重要的是自己的能力能負擔多少？承擔多大的責任？為了面子問題、孝順的美名、外界的輿論壓力而勉強接下照護的工作，委曲求全之下將使得照護品質變差，也造成雙方及手足間感情不睦、沉重的情緒壓力和負擔。因此，在決定自己當主要照護者之前，應審慎評估。

了解能力的限度

除了有照護意願外，還需評估個人的能力，包括：經濟問題、工作情況、家庭狀況、居住環境、照顧能力。

1. **經濟問題**：是否因為照護病人而需辭掉工作，家中的經濟該由誰來承擔與維持？病人需居家照護時，是否有足夠的空間？如果要搬家，是否有能力負擔這些異動的費用，病人所需的醫療費用及日常照護開支，均須全盤考量作長期規劃。
2. **工作情況**：自己的工作是否具有彈性？是否可應付家中突發的狀況？（如：家人突然發燒送急診等）
3. **家庭狀況**：如果子女間決定負責照顧，也該詢問家中其他成員的看法與意見，如徵得配偶與子女的同意，家中其他成員的照顧（如：年幼子女、家中其他老人或慢性病人）是否安排妥當。
4. **居住環境**：需考慮到家中是否可再多住一個人？空間夠不夠？是否影響其他家人？住家周圍的社區是否有資源可以運用與協助。
5. **照顧的能力**：自己是否有足夠的耐心與愛心能夠照護好病人？是否警覺性高可應付突發的狀況？是否願意多花點時間參與

家庭照護者支持團體或照護研討會？是否能適當的紓解自身的壓力。

主要照顧者可多閱讀相關疾病的書籍，可增加對疾病的認識與了解，並學習照護技巧，降低照護時的挫折感，而在照護病人上也需有足夠的體力、耐心與心力，平時主要照顧者就要有規律的運動、足夠的休息與睡眠、均衡的飲食，藉此培養足夠的體力來勝任長期抗戰的照護工作。

若不是主要照顧者，也可多負擔支出費用、協助接送病人就醫、提供主要照顧者所需的支援、協助尋求可用的社會資源，降低主要照顧者的負擔。協商照顧責任的分擔，需要家庭成員共同了解、溝通、評估，才能讓未來照護上更順利。

照護者最佳人選

主要照護者考量以與「被照護的人」最親近者較恰當，且對於被照護者的健康狀態、生活習慣等有一定程度的瞭解；若真的無法決定主要照護者，應開家族會議彼此坐下來好好討論。

即使已經經過討論並且決定主要的照護者，但照顧生病的親人本來就是每位家庭成員的責任，不可把此全推給一個人概括承受，甚至認為只要花錢請外籍看護就可以放任不管的心態。就算不能做到絕對公平，但也需協調如何分擔照護責任，共同完成照護工作。

文／沈佩瑤（台北榮民總醫院高齡醫學中心）

做好心理調適

照顧一位需要長時間被照護或有失能障礙的人，並不是一件簡單的事。大部分的照顧者又都不是專業醫療人員，其身心壓力之大可想而知。

壓力常見的十大徵兆

照護者若壓力太高，對自己和被照顧的患者，都將造成傷害；若照顧者經常出現下述的情緒反應，即表示有壓力過高的現象。

否認

無法接受此疾病及疾病對於患者的影響，進而出現「否認」已經明確發生的現況。

憤怒

對被照顧者或其他相關的人員感到憤怒；對目前欠缺有效或徹底根治疾病的方法感到憤怒；對於沒有提早發現疾病，感到憤怒；對他人的不諒解而感到憤怒；對自己感到憤怒等。

退縮

照顧患者之後，減少與朋友相聚的機會，或不再參加以前喜歡的活動。

焦慮

對於生活中各事物及未來可能發生的事，感到焦慮和不安。

沮喪

對現況感到沮喪，沒有信心，且影響到原本處理事情的能力。

精疲力盡

感到自己被耗盡掏空，連日常生活的事物也無法完成。

失眠

不停地憂心各種事情，變得難入睡或夜半驚醒，或隔日感覺昏沉，沒有完全清醒的感覺。

煩躁

變得容易發脾氣，情緒不穩定，無法安定下來。

注意力不集中

常常恍神，無法專注，導致原本可以勝任的事情無法順利完成。

健康問題

因擔任照護者角色，進而影響自己的身心健康，如肌腱發炎、腰痠背痛和胃潰瘍等。

照顧者與被照顧者都需要時間調適

過去高高在上、擁有權威的長者、伴侶或父母親，一旦無法獨立完成進食、穿衣、盥洗、處理大小便等基本能力，處處需要子女或另一半照護，內心會充滿無助、無奈、焦慮和憤怒，常有事事不如人、苟延殘喘、生活沒有意義等負面想法。

有些照顧者，也會擔心任何舉動會傷到被照顧者的自尊心；這種角色的轉換和接受，雙方在心態上都需要時間調適。

調適壓力的十種方法

為了自己的身心健康，也為了能更順利地照顧患者，照護者需要運用一些方法來調適自己的壓力。

不要壓抑感覺

壞情緒是會累積的，必須正視它，應讓它有個出口，你可和朋友或醫師談談，說出心裡的感覺，不管是好或壞的感覺；透過他們的傾聽、支持和關心，照顧者在敘述的過程中，不僅宣洩了情緒，同時也逐漸釐清自己的感覺，甚至有助於找出問題的癥結，想出更好的方法。

要好好照顧自己

照護者經常將自己奉獻給需要被照顧的人，忽略了自己的身心健康；但是，唯有健康的照顧者，才能給予被照顧的人更好的照顧。因此，照護者應關心自己──必要時可以和他人輪流照顧，或利用「喘息服務」（編案：喘息服務，可向各縣市的長期照護管理中心諮詢）來獲得緩衝的時間與空間，找時間放鬆、多運動、參與休閒活動（如逛街、看電影或聽音樂等）或適當的休息，都有助於消除整日守候病患的身心壓力。

做個有知識的照護者

因疾病的不同，照顧者往往需要不同的照顧技巧和能力。照顧者應主動參加「病友協會」，以獲得許多照顧技巧與建議。一旦，更了解疾病的相關知識，將更有能力處理照顧上的問題。此外，照顧者應尋找可利用的資源，如成人日間照顧、居家協助、送餐服務、喘息服務，甚至是長期安養等；倘若不清楚，可詢問醫師或社工，或上網搜尋相關的組織團體，例如──

居家照護者的支持團體

http://www.familycare.org.tw/（中華民國家庭照顧者關懷總會）

http://www.tada2002.org.tw（台灣失智症協會）

照顧者要養成良好的睡眠習慣

照顧者的睡眠品質不佳，一方面是反應「照顧者」的身心壓力，另一方面是受到病患的睡眠狀況影響。睡眠問題，除了藉由安（助）眠藥物的輔助，養成良好的睡眠衛生習慣，也能帶來些許的幫助──

1. 維持規律的睡眠作息。每日按時上床、入睡及起床。
2. 如果躺在床上超過 30 分鐘仍然睡不著，應下床做些溫和的活動，直到有睡意再上床。
3. 白天儘量不睡，只有晚上才上床睡覺。常見的情況是，因為患者行動不便或臥床，照顧者白天也就隨意打瞌睡，反而造成夜間睡眠不佳。
4. 晚餐後，禁喝咖啡、茶、可樂、酒及抽菸等刺激性物質。
5. 為了避免夜間頻尿而起床上廁所，影響到睡眠，晚餐後最好少喝水及飲料。
6. 每日應規律運動，睡前則是做溫和或放鬆之活動，如泡熱水澡、肌肉鬆弛及呼吸運動。切忌睡前做劇烈活動。

不要一個人承擔所有責任

長期照護工作，應大家一起分擔；許多照顧者認爲，可以自己負擔所有的照顧責任，因而忽略或特意不和家人討論，但隨著被照顧者的逐漸失能，照護工作超出了照顧者原本可以負擔的範圍，因此，照顧者應主動與家人、朋友溝通，讓大家一起來參與照護工作。

有負面情緒時應立即尋求幫助

孤軍奮鬥，很容易讓照顧者精疲力竭；一位聰明的照顧者，應勇於尋求各種協助，尤其當無法紓解因照顧壓力所引起的「負面情緒」時，應向專業的精神科醫師或家醫科醫師、心理師尋求協助，透過諮商與心理治療的方法，減輕不愉快的情緒，必要時，精神科或家醫科醫師會視情況開立適當藥物來緩解症狀。若照顧者的情緒並非諮商輔導或藥物所能解決時，應和家人主動尋求專業醫療人員進行「家族（庭）諮商（治療）」。

藉助信仰跟靈性的力量

很多人表示，藉由信仰能得到無形力量。信仰，是一種靈性的需求；心靈的力量的確能撫慰許多受苦的人。

參加照顧者支持團體

許多醫院或相關病友團體都有照顧者支持團體；透過參與團體舉辦的活動，照顧者會發現自己並不孤單，彼此互相分享照顧過程的情緒、經驗，討論照顧上的種種難題，互相提供資訊、分享喜悅、勉勵打氣，且透過專業人員的指導，可學習到如何紓解壓力和管理情緒。

社團法人台灣長期照護專業協會、各縣市家庭照顧者關懷協會、台灣長期照護專業協會等等，都不時舉辦支持團體，照顧者可上網尋找比較方便參加的地點。

做好法律及財務計畫

請教律師及討論有關生前遺囑、財產信託、未來長期醫療照護、房屋居住及其他重要問題。現在做好計畫，可減少日後突發狀況或發生問題時的不知所措。台灣的家屬常常都避諱談論上述事情，或做上述準備，因而導致照護過程中銜接的不順利，或帶來更多日後的紛爭，降低照護的品質。

不要有超乎現實的期待

照護者常會有「即使費盡努力和心思，仍然沒有明顯的成果」的感嘆；然而，事實上多數患者將隨著老化，以及疾病與病情的影響，逐漸出現失能或惡化等病況；因此，照顧者必須對患者的病情有一定的了解，才不會有超乎現實的期待。

不要一直心存內疚感

記住你的付出；每個人都是平凡的人，都可能失去耐心，都可能灰心沮喪，也可能犯錯。記住，你已經盡了最大的能力了；記住你爲他做的事，不要老想你沒爲他做的事。因爲，做爲一個照護者，的確不容易，不應該感到內疚。他需要你，而你就在他身邊，這是多麼驕傲且溫暖的事。

照顧者壓力檢測量表

照顧者請誠實對自己內在的聲音，以了解自己的壓力情況。

此外，當壓力過度沉重，嚴重影響睡眠、食欲、情緒極度低落，甚至有輕生念頭等，持續兩週以上者，必須尋求專業醫療人員（如精神科醫師、家庭醫學科、心理師等）的協助。

照顧者壓力檢測量表——分數計算方式

如何計算——將以下 14 題的分數加起來，即為總分。

分數評估

總分是 0 分：非常好，你已經能夠克服照顧上所面臨的各種問題與壓力，你的經驗可以提供給其他照顧者參考。

總分是 1~13 分之間：你調適得很好。但是照顧的路很漫長，請繼續保持下去。

總分是 14~25 分之間：你已經開始出現一些壓力的徵兆，建議你利用社會資源來減輕照顧壓力。照顧者應主動打電話詢問有哪些服務，可以解決你的困難。

總分是 26~42 分之間：你目前承受著相當沉重的負擔，強烈建議你立即尋求家人、親友或社會資源的協助，以確保你及被照顧者都能有良好的生活品質。

註：參考網址 www.familycare.org.tw/images/flash/admin/stress-test.swf/

文／蔡佳芬（台北榮民總醫院精神醫學部老年精神科主任）

照顧者壓力自我測驗				
請你在看了下列 14 項敘述後，就你實際上照顧的情況，圈選後面的分數。（如：若你很少感到疲倦，就圈 1 分的位置）	從來沒有	很少如此	有時如此	常常如此
1 你覺得身體不舒服（不爽快）時，還是要照顧他	0	1	2	3
2 感到疲倦	0	1	2	3
3 體力上負擔重	0	1	2	3
4 我會受到他的情緒影響	0	1	2	2
5 睡眠被干擾（因為病人在夜裡無法安睡）	0	1	2	3
6 因為照顧他，讓你的健康變壞了	0	1	2	3
7 感到心力交瘁	0	1	2	3
8 照顧他，讓你精神上覺得痛苦	0	1	2	3
9 當你和他在一起時，會感到生氣	0	1	2	3
10 因為照顧家人，影響到你原先的旅行計畫	0	1	2	3
11 與親朋好友交往受影響	0	1	2	3
12 你必須時時刻刻都要注意他	0	1	2	3
13 照顧他的花費大，造成負擔	0	1	2	3
14 不能外出工作，家庭收入受影響	0	1	2	3
	總分（			）分

（社團法人中華民國家庭照顧者關懷總會提供）

無障礙環境規劃

居家照護病患因身體狀況與活動功能的退化，日常生活的照顧常需依賴主要照護者，身爲照護者也常需要依照病患行爲與身體功能上的變化，適度調整照顧的方式；在居家無障礙環境的規劃中，應特別留意安全方面的考量。

有鑑於近年來輔具服務的資訊多元化及快速變動，經由「輔具中心」提供之專業人力及設備，讓民眾可依建議改造居家環境，並提供可實際操作的居家無障礙設施及設備，可讓民眾在輔具中心實際操作並找出各項居家設施設備之最適合的高度及寬度，以作爲購置及改造參考，適用的輔具可以協助改善生活品質和增進獨立。

認識無障礙設施與設備

無障礙設施

所謂的「無障礙設施」又稱爲「行動不便者使用設施」，使行動不便者可獨立到達、進出及使用。無障礙設施包括室內通路、扶手、坡道、室內外出入口、室內通路走廊、樓梯、昇降設備、廁所盥洗室、浴室、停車空間等。

無障礙設備

所謂的「無障礙設備」是指設置於建築物或設備中，使行動不便者可獨立到達，進出及使用建築空間、建築物、環境，如：昇降梯的語音設備、浴室扶手、有拉桿的水龍頭等。

浴室要有扶手設施

居家無障礙環境設計原則，以熟悉、安全、量身訂作的環境，善加利用在地板、浴廁、照明上，都可以讓環境更爲安全。

居家無障礙環境設計功能

讓有需要的人依輔具中心所提供之改造建議，改善其住宅環境，將身心障礙者所造成的不便減至最低；以下是居家無障礙環境應注意的重點——

客廳

客廳的環境應簡單，地板應採防滑設計，確保室內光源足夠，但避免太刺眼反光；屋內亮度要一致，避免差距太大；將家中物品擺放整齊，家具必須要穩固，將尖銳角以防護條包起來，移除阻礙行走的小桌子、小椅子並移除地上的小地毯，並將走道淨空；椅子應有穩固的扶手，若老人家有膝關節活動障礙，可將椅子坐墊增高 4 ～ 6 吋以利坐到站的移動。

使用延長線時，應將延長線固定好，避免絆倒；桌上避免放置花瓶、玻璃等易碎裝飾物品，而危險物品應收納在病患看不到的地方，必要時請上鎖。

臥室

臥室需要足夠的照明，夜裡可使用小夜燈，特別是在通往廁所的走道上。對於無法上下床的病患，臥室床鋪應避免太高，床沿可加裝護欄，避免跌落，並靠牆角放置，以增加穩定性；床邊應有燈具、電話、水杯或呼叫鈴，最好再放置尿壺、便盆或活動式馬桶椅，以方便病患半夜想上廁所。

此外，當天氣冷時經常會使用到電熱毯、電暖器等物品，但常常一不注意，溫度過高就可能造成燙傷，所以選用有經過檢驗合格且安全性高的物品，避免意外的發生。

廚房

廚房的流理台勿堆放雜物；菜刀、剪刀等尖銳的利器及清潔用品應收納於安全的櫥櫃中；滾燙的食物應放置於安全處，避免打翻而燙傷；地板應隨時保持乾爽，必要時可放置防滑墊，避免滑倒。使用輪椅進出時，流理台高度以 80 公分為佳，且流理台的台面底下應是空的，方便將輪椅推進去，深度需在 66 公分以上，以利輪椅活動。

流理台的台面底下應是空的，方便將輪椅推進

浴廁

浴廁內部需要有輪椅移動時的迴轉空間及足夠的燈光照明，可加裝感應式夜燈，避免夜晚去廁所時看不清方向。

衛浴設備需跟無障礙的通路連接；衛浴設施的防滑地板需裝置平整、堅硬；地面上的防滑地板或防滑墊，可裝置排水設施，以利排水，增加防滑效果；而浴室地板與浴缸內也可以做防滑處理，增加摩擦度和穩定性，以利安全。

浴廁出入口不設置門檻與階梯，避免高低差。

浴室應裝置排水設施以利排水，增加防滑效果

馬桶應加裝扶手及緊急鈴

無障礙的衛浴設施可視使用對象以及實際的需求，設置緊急鈴或警示閃燈。緊急鈴與警示閃燈的按鈕需設置在使用者手可觸摸到的位置，並在洗手台、浴缸和馬桶間加裝扶手，牆邊扶手高度約爲 85 ～ 91 公分，應設置穩固，不可有尖銳突出物，以方便病患移位及協助支撐站起。

此外，可加裝防滑淋浴椅和手握蓮蓬頭，讓患者可以坐著洗澡。值得特別一提的是，衛浴輔具一「馬桶增高器」也能達到相同的功能，透過增加馬桶座椅的高度，提供給坐到站立困難者或髖關節置換術後的病患，方便病患移位。

而衛浴設備應採用緊急時可從外部開啓的門鎖，以方便發生緊急事件時處置。

洗手台應加裝扶手

浴缸應加裝牆邊扶手，高度約為 85 ～ 91 公分

樓梯

樓梯兩旁有穩固的扶手，階梯上鋪防滑帶，最好採用對比色調，邊緣標示明顯以提醒病患注意階梯高度，樓梯起點、終點都要裝置感應式電燈開關，且在樓梯的最後一階裝設反光條。

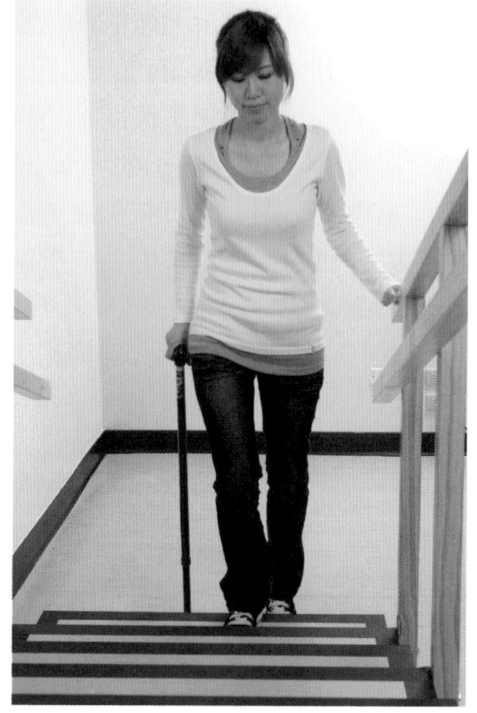
樓梯兩旁有穩固的扶手，階梯上鋪防滑帶

出入口

出入口處可使用粗質的防滑板或防滑條，避免使用小地毯，以防絆倒；入口處可放置座椅，方便穿脫鞋子。

樓梯應裝設亮度充足的自動感應式電燈，讓被照護者在住家環境內也可以安全的活動，如果，家中有聽力障礙的病患，門鈴可改成閃燈的裝置。樓梯尖銳處可使用保護貼，防止撞傷。病患如果有使用輪椅，門寬應至少 80 ～ 85 公分以利進出，且門前至少要 150×150 公分以上的平地，以便輪椅迴轉，營造出無障礙的出入空間。

而無障礙衛浴設備的出入口處需避免設置門檻，設有門檻時，其高度需小於 3 公分以下，門檻高度小於 0.5 公分可不理會，高度在 0.5 ～ 3 公分時，需以 1：2 斜角坡道處理。

走道

在走道上避免堆放雜物或小孩玩具，兩旁需加裝扶手；房間、浴室的門檻需降低高度；走廊、房間及浴室皆需要裝置夜燈。

走廊上的照明建議爲自動感應式；並避免延長線隨意放置在地板上，各種線路應該固定在牆邊及牆角，以防被照護者行走時絆倒。

走道兩旁避免堆放雜物，需加裝扶手

如何申請居家無障礙環境改善補助？

申請居家無障礙設施設備補助，應檢附相關文件向戶籍所在地區公所申請，經核定後才可開始施工，並於三個月內檢附施工前、施工中、施工後照片及發票，向區公所申請核撥補助金額。

申請無障礙環境改善補助所需文件、格式、審核程序及經費的核撥方式，各縣市補助項目及費用不一，需向當地直轄市及縣（市）政府社會局查詢。

身心障礙者輔具費用補助基準表（衛福部社家署 111.10.20. 修正）

輔具項目	低收入戶最高補助金額（元）	中低收入戶最高補助金額（元）	一般戶最高補助金額（元）	使用年限	適用對象
輪椅：A、B款	3,500-4,000	2,625-3,000	1,750-2,000	3	1、肢體障礙者；平衡機能障礙者；植物人；中度以上失智症者；具上列任一種障礙類別之多重障礙者；申請量身訂製型輪椅者上述障別須為重度以上。 2、申請量身訂製型輪椅須經輔具評估人員開立輔具評估報告書。 3、各款僅能擇一申請。
輪椅：C款（量身訂製型）	9,000	9,000	9,000	3	
單支拐杖：不鏽鋼	1,000	750	500	5	肢體障礙者；平衡機能障礙者；具上列任一種障礙類別之多重障礙者。
單支拐杖	500	375	250	3	
助行器	800	600	400	3	
移位腰帶	1,500	1,125	750	3	1、重度以上肢體障礙者；平衡機能障礙者；具上列任一種障礙類別之多重障礙者。 2、經輔具評估人員開立輔具評估報告書。
移位板	2,000	1,500	1,000	5	
躺式移位滑墊	6,000	4,500	3,000	5	1、重度以上肢體障礙者；具重度以上肢體障礙之多重障礙者；植物人；重度以上失智症者。 2、經輔具評估人員開立輔具評估報告書。
移位機	30,000-60,000	22,500-45,000	15,000-30,000	10	1、重度以上肢體障礙者；具重度以上肢體障礙之多重障礙者；植物人。 2、經復健科醫師開立診斷證明書及相關專業治療師出具輔具評估報告書或經輔具評估人員開立輔具評估報告書。
助聽器	2,000-30,000	1,500-22,500	1,000-15,000	3	1、聽覺障礙者；具聽覺障礙之多重障礙者。 2、經聽力師或輔具評估人員開立輔具評估報告書。
電話擴音器	2,000	1,500	1,000	5	1、聽覺障礙者；具聽覺障礙之多重障礙者。 2、每戶僅得申請一台。
電話閃光震動器	2,000	1,500	1,000	5	

輔具項目	低收入戶最高補助金額（元）	中低收入戶最高補助金額（元）	一般戶最高補助金額（元）	使用年限	適用對象
門鈴閃光器	2,000	1,500	1,000	5	1、聽覺障礙者；具聽覺障礙之多重障礙者。 2、每戶僅得申請一台。
無線震動警示器	2,000	1,500	1,000	5	
個人衛星定位器	9,000	6,750	4,500	2	1、須有獨立外出之行動能力且有走失之虞並符合下列條件之一者：失智症；智能障礙；自閉症；具上列任一種障礙類別之多重障礙者。 2經輔具評估人員開立輔具評估報告書。
氣墊床(A、B款)	10,000-14,000	7,500-10,500	5,000-7,000	3	1、肢體癱瘓無法翻身且無法自行坐起者；於臥姿相關受壓處皮膚已有褥瘡者。 2、經復健科醫師開立診斷證明書及相關專業治療師出具輔具評估報告書或經輔具評估人員開立輔具評估報告書。 3、限居家使用者且各款僅能擇一申請。
居家用照顧床	9,000-21,000	6,750-15,750	4,500-10,500	5	1、肢體癱瘓無法翻身且無法自行坐起者。 2、經復健科醫師開立診斷證明書及相關專業治療師出具輔具評估報告書或經輔具評估人員開立輔具評估報告書。 3、限居家使用者申請。
爬梯機	80,000	60,000	40,000	10	1、無法自行上下樓梯且符合下列條件之一者：重度以上肢體障礙；植物人；重度以上平衡機能障礙；具上列任一種障礙類別之多重障礙。 2.、經輔具評估人員開立輔具評估報告書。 3、每戶限申請一台。
門（門檻降低或剔除、加寬、加高）	7,000-10,000	5,250-7,500	3,500-5,000	10	（同下頁）
扶手（每10公分）	160	120	80	10	

輔具項目	低收入戶最高補助金額（元）	中低收入戶最高補助金額（元）	一般戶最高補助金額（元）	使用年限	適用對象
高低差改善	3,500-10,000	2,625-7,500	1,750-5,000	10	1、須居住於設籍縣市並符合下列條件之一：植物人；肢體障礙者；視覺障礙者；失智症者；平衡機能障礙者；重要器官失去功能重度以上者；智能障礙重度以上者；具前款任一種障礙類別之多重障礙者。 2、經輔具評估人員開立輔具 3、居家無障礙設施全戶最高補助金額：低收入戶六萬元，中低收入戶四萬五千元，一般戶三萬元。
非固定式斜坡板	3,500-10,000	2,625-7,500	1,750-5,000	10	
水龍頭（撥桿式、單閥式、電子感應式）	3,000	2,250	1,500	10	
防滑措施	2,000	1,500	1,000	10	
浴室改善工程	3,000-7,000	2,250-5,250	1,500-3,500	10	
廚房改善工程	1,000-15,000	750-11,250	500-7,500	10	
馬桶增高器、便盆椅或沐浴椅	800-1,200	600-900	400-600	3	肢體障礙者；重度以上失智症者；具上述任一種障礙類別之多重障礙者。
衣著用輔具（穿衣桿、穿鞋器、襪輔助器、長柄取物鉗）	500	375	250	3	1、身心障礙者。 2、限居家使用。
飲食用輔具（特殊刀、叉、湯匙、筷子、杯盤、防滑墊）	500	375	250	3	
居家用生活輔具（特殊門把、烹調用具、開瓶罐器、特製開關）	500	375	250	3	

資料來源：
衛福部社家署輔具資源入口網 https://newrepat.sfaa.gov.tw/home

如何申請輔具租借與維修補助？

輔具租借

依不同縣市單位會有不同的服務對象與標準，大部分的輔具包括：輪椅、電動輪椅、電動代步車、攜帶式斜坡板、馬桶椅、洗澡椅、洗澡板等，且視租借物品而訂，會有不同的收費，事先需填寫生活輔助器具租借申請表單。

相關網站延伸導覽

- 全國性的輔具資源入口網
  https://newrepat.sfaa.gov.tw
- 台灣無障礙協會
  http://www.tdfa.org.tw/

身心障礙者生活輔助器具費用補助流程

1 民眾檢附所需文件至戶籍所在地鄉鎮市區公所、社會局處或輔具中心提出申請

新制輔具輔助項目中，
依各項評估規定分為以下四類：

★ 不需評估
★ 可至醫療機構或輔具中心評估
★ 須經輔具中心評估
★ 僅須經醫師診斷證明

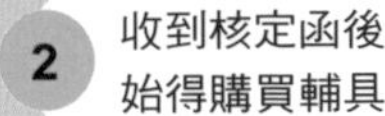

2 收到核定函後始得購買輔具

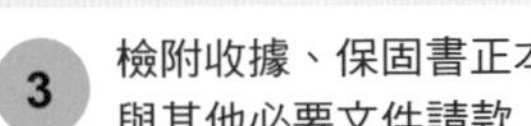

3 檢附收據、保固書正本與其他必要文件請款

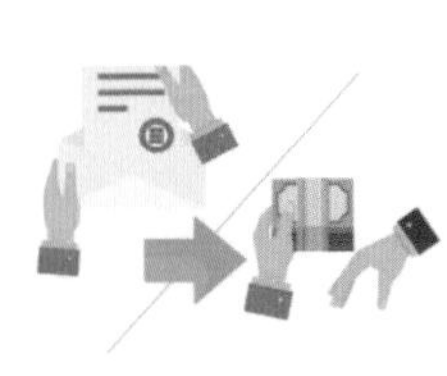

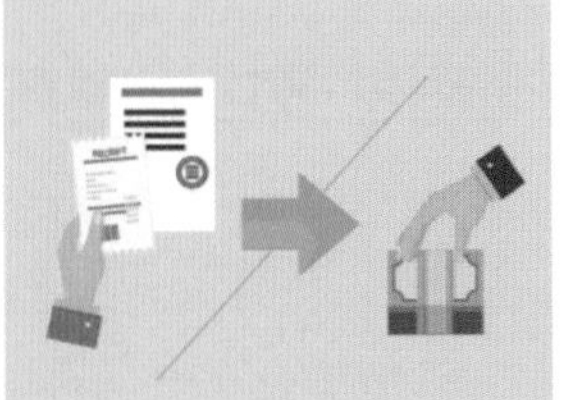

文／沈佩瑤（台北榮民總醫院高齡醫學中心）

運用輔具好幫手

「輔具」其全名是「輔助性科技器具」（assistive technology devices），一般來說，只要是能提昇生活品質、工作技能、休閒活動的任何物品皆稱爲輔具，它是爲了解決生活上的困難或不便而發明，在食衣住行育樂等方面均可應用。

近年來輔助性科技（assistive technology）的進步，使用各式輔具的情形愈來愈普遍，輔具解決了生活上所面臨的各種困難，不但促進身心障礙者生活功能獨立，更減輕照顧者的負擔。

事先進行專業諮詢

由於輔具種類衆多，每位使用者應該依功能狀況、需求及使用的環境不同而有不同的選擇。患者在醫院時可事先向職能治療師諮詢；至於出院的病患則可透過內政部多功能輔具資源整合推廣中心諮詢，經過職能或物理治療師評估後再進行購買，以免購買到不適用，甚至使用後產生二度傷害的輔具。

認識衛福部多功能輔具資源整合推廣中心

提供的服務：提供參訪服務和現場輔具諮詢、適用與評估服務。
諮詢電話：02-2874-3415
傳真：02-2874-3386
電子郵件：repat.sfaa@gmail.com
輔具資源入口網：https://newrepat.sfaa.gov.tw

常見的生活輔具

包括衣著類輔具、餐具類輔具、如廁盥洗類輔具、行動移位輔具、休閒娛樂輔具等。以下針對幾項常用的輔具做詳細介紹──

夾式筷子

筷子是東方人最常使用的餐具，當不便者因各種可能的原因而導致手指握力較弱或無法適切的操作時，可使用「夾式筷子」以減少手部控制的要求，方便夾取動作。

可彎可調整的湯匙、叉子

有些餐具上設有可調式的綁帶，照護者可將湯匙或叉子牢固的固定於使用者的手中，加上餐具本身彎折的角度，讓關節炎或精細功能不佳者能方便的以餐具就口，不用勉強不便者適應餐具；握把加粗，就算握力不足也能輕易的握緊餐具；另附有砝碼，若用餐時手會不自主的顫抖，可藉由改變餐具重量抑制顫抖情況。只要適切的運用此類的輔具對於進食不便的狀況將會有大大的提升。

握把加粗防燙的杯子

杯內特殊設計讓內部液體的溫度不會直接傳導至使用者手中，握把加粗加大更能完全的掌握杯身，讓飲水的過程更安全。可提供給溫度敏感度較低的人使用。

如廁盥洗

軟墊式馬桶

此項輔具可減低使用者在起、坐時的困難。可挑選材質柔軟的材質舒緩壓力並提供舒適感。軟墊下方的四個黏扣帶將坐墊牢牢固定於馬桶上。但不建議用水沖洗，只能擦拭清潔。

輕巧透明式尿壺

是讓行動不便或無法至廁所排尿者（如長期臥床者）可方便排尿。手把則利於取用、方便清洗。外有刻度可測量，透明的材質可以清楚看見尿液的顏色。

摺疊式沐浴椅

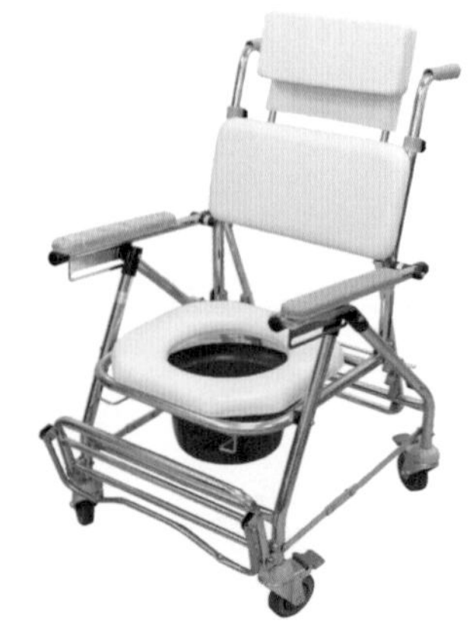

無法久站者可使用沐浴椅，此椅面具止滑設計，孔洞則可讓多餘水排出。椅面兩側具手部握持設計，增加坐時穩定度。骨架底部具橡膠防滑墊。可選擇高度可調整、可摺疊式的沐浴椅，增加其方便性。此外，亦可用馬桶椅替代。

助行器

大多提供行動較緩慢或需要較多協助的行動不便者使用，有後拉式助行器、前推式助行器、一般助行器。選購時要依使用者的行走能力、肌肉耐力、步伐、手部功能、重心位置等決定適合使用的助行輔具。

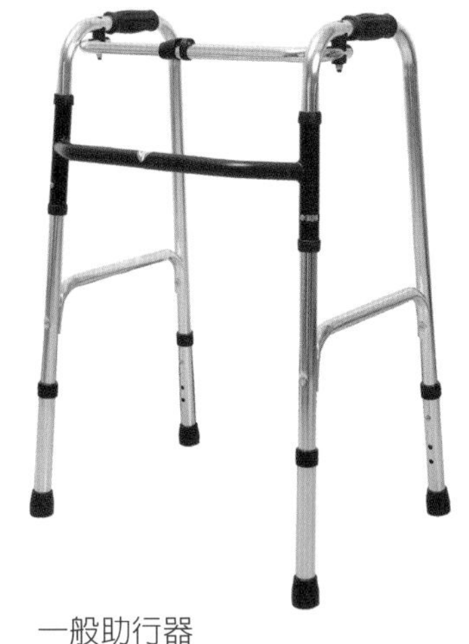
一般助行器

攙行皮帶（移位腰帶）

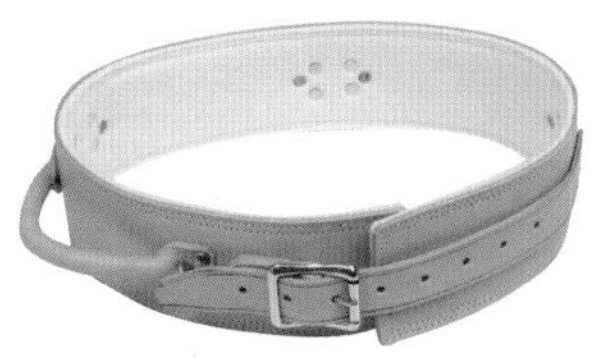

繫於患者衣服外側，綁在腰的下方與骨盆上緣之間，綁好後身體與皮帶之間還可以有 1 ～ 2 指幅的空間。

攙行皮帶（移位腰帶），方便照護者協助患者站立或相扶著做步行練習；此外，也有尺寸的差別，照顧者可至透過專業人員（治療師、醫師、護理師、個管師及社工人員…等）或輔具中心尋求建議與評估、試用等服務。

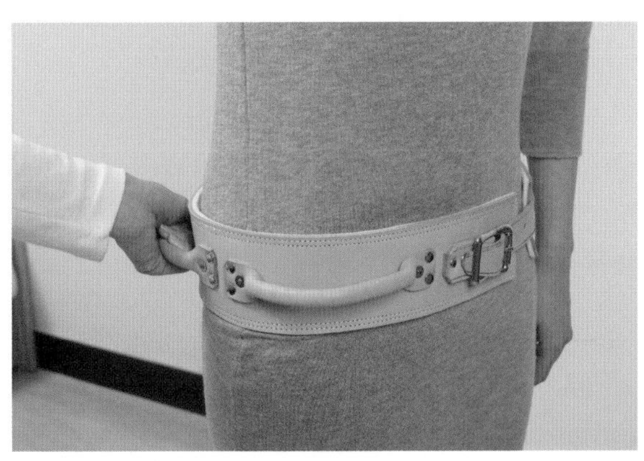
綁在腰的下方與骨盆上緣之間。

枴杖

行動不便者除了助行器外，另有四腳枴、單枴等行動輔具的選擇，提供較少量的協助。

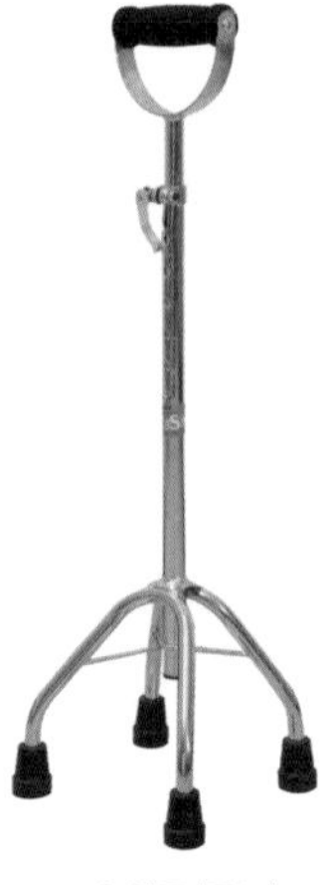

四腳拐枴杖

休閒娛樂

放大鏡

提供視覺障礙者閱讀使用。

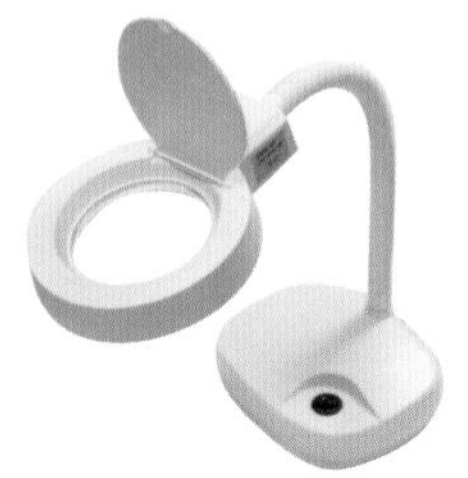

其他

無線電鈴

即便是在家中，照顧者也不見得能寸步不離的守在被照顧者身邊，這時候利用無線電鈴也有類似醫院護士鈴的效果；照顧者者可將「按鍵」交給被照顧者，請他有事時可以利用按鈴，而照顧者應將「響鈴」隨身攜帶，以便被照護者呼叫時，方能聽到；不過，無線電鈴有距離的收訊問題，照顧者使用前應詳閱說明書。

以上的輔具，在醫療器材行或特殊餐具輔具廠商皆可購得，價位約百元到千元之間，依材質、複雜程度或進口地方不同而異；如果不確定購買的產品是否適合，則可在購買前尋求輔具相關專業服務。

文／張丹妍（台北榮民總醫院高齡醫學中心）
胡曼文（普洛邦物理治療所院長）

照顧方式的選擇與評估

在醫院，經常可見病患因無法吞嚥進食而插上鼻胃管，因痰多、咳痰能力差或短期內無法脫離呼吸器而作氣管切開插上氣切套管等必要處理等；當病情穩定，醫師告知可以出院時，這些留置管即成爲家屬照護的一大負擔，甚至因害怕不知如何照顧而不願出院，造成醫院病床留滯的狀況。

亦或者，雖然有些老人家活動能力尚可，也沒有管路在身，可是子女白天要工作，家裡沒有足夠的人手協助照顧，但子女又希望可天天見到父母親。因此，各種型態照護機構因應而生，可以減輕照顧者的負擔。

認識照護機構

對於以上的照護問題，有以下幾種方式可以選擇，按服務模式可分爲「機構式」、「社區式」及「特殊性」等三種服務，你可以針對其需求選擇最好的照顧方式。

全天候長期照護服務模式

護理之家

屬於護理機構。收住對象爲日常生活上需要協助、插有管路（尿管、氣切管、胃管）或有慢性傷口的老人家，通常由護理人員負責照顧工作，24 小時均有護理人員照顧。其家屬可向所在地的「衛生局」或長期照護管理中心諮詢在地護理之家的資訊。

長期照護機構

屬於老人福利機構。收住的對象與護理之家相似，但原則上照顧比較不需要護理技術複雜的個案，故規範不能收有氣切管的個案。亦是 24 小時提供照顧服務，不同之處是設立之負責人非護理人員。家屬可向所在地的「社會局」或長期照護管理中心諮詢相關服務。

養護機構

屬於老人福利機構。收住生活自理不便，但不帶有管路的老人家。不過，現有的養護機構有些老人家插有鼻胃管或尿管。

安養機構

屬於老人福利機構。收住日常生活能力尚可的老人家。

榮民之家

爲退輔會所屬機構。收住對象爲榮民，部分生活能力尚可的老人家，但部分則爲生活功能較爲依賴的高齡榮民。

長期照護服務模式

居家照護

所謂居家照護，指病人出院後，返家後仍需「專業醫療人員」到家裡提供需要的服務。

1. **居家護理**：爲居家照護服務中，最早發展的照護模式，由護理人員及醫師定期前往個案家中訪視，協助家屬解決照顧上的問題，並視老人的需要，連結各項資源，如申請低收入戶補助。目前爲所有長期照護服務中有健保給付的服務模式。依照健保的規定：護理人員每兩週或一個月，視個案情形訪視一次，醫師則是每兩個月訪視一次。而各縣市的長期照護管理中心亦可提供相關服務。

- 住院病人需經醫師評估符合居家照護者。
- 由該醫院居家護理服務部門直接收案或轉介其他設有居家護理部門之醫事機構或護理機構收案，或至設有居家護理部門之醫事機構或護理機構申請。

2. 社區物理治療：最早推出的爲台北市，後因應 921 地震，於各災區亦有社區物理治療的相關服務。由物理治療師至個案家中，協助並指導家屬對個案進行物理治療，及協助居家環境評估，目的是使老人或行動不便者可掌控自己家中的環境，提供日常生活的自主性。

- 服務對象爲有復健需求但無法至醫院做復健治療者等，經由專業人員評估後有復健需求者。
- 申請管道爲各縣市長期照護管理中心。

3. 居家職能治療：由職能治療師至家中評估老人的需要後，擬訂其所需的治療計畫。主要活動包括：日常生活、工作或休閒活動三大類，希望協助老人在有限的能力或居家環境障礙中，仍可從事活動，維持活動力，以延長在家中居住的時間，預防失能的狀況更爲惡化。

- 服務對象爲日常生活功能需他人協助者或身心障礙者等，經由專業人員評估後有其需求者。
- 申請管道爲各縣市長期照護管理中心。

4. 居家營養：由營養師至家中提供服務，評估老人的營養需要，擬訂老人所需的熱量、菜單，並教導照顧者製作老人食物，或協助選擇合適的管灌品。

- 服務對象爲各縣市長期照護管理中心的服務對象，經評估有居家營養需求者。
- 申請管道爲各縣市長期照護管理中心。

居家照顧

由非專業人員所提供的服務，內容偏重於日常生活所需。

1. 居家服務：由照顧服務員依老人家日常生活能力失能程度的不同，提供不同的服務，包括：家務及日常生活的照顧（如陪同就醫、家務服務、打掃環境等）、身體照顧服務（如協助沐浴、陪同散步等）。

- 服務對象爲各縣市長期照護管理中心的服務對象，經照顧管理專員家訪評估達失能者。
- 申請管道爲各縣市長期照護管理中心；但若已聘僱看護（傭），或已領有政府提供之其他照顧費用補助者，不得申請。

2. 送餐服務：對於獨居的老人所提供的服務。現行有數種方式，一種爲定點用餐，即由社區發展協會及各老人中心或公益團體，提供固定的地方，老人家自行於固定時間前往用餐；另一種爲照顧服務員至家中協助老人家準備飯菜，及協助用餐；亦有結合計程車司機將飯盒每日定時送至獨居老人家中。

- 服務對象爲各縣市長期照護管理中心的服務對象，經照顧管理專員家訪評估達失能者。
- 申請管道爲各縣市長期照護管理中心；但若已聘僱看護（傭），或已領有政府提供之其他照顧費用補助者，不得申請。

3. 電話問安：主要服務對象亦爲獨居老人。主要是由志工或專業人員不定時打電話至獨居老人家中關心老人，藉以防範意外事件之發生；目前有業者提供類似手錶緊急連絡裝置，可防範獨居老人意外事件的發生。

- 服務對象爲各縣市長期照護管理中心的服務對象，經評估收案者。
- 申請管道爲各縣市長期照護管理中心；但若已聘僱看護（傭），或已領有政府提供之其他照顧費用補助者，不得申請。

日間照護

一種介於老人中心及護理之家的照護，服務對象爲日常生活能力尚可的老人。顧名思義，白天提供照護，晚上老人家即回到家中，享受天倫之樂，如同小孩上幼稚園一樣。在日間照護機構中，亦有提供照護、復健、各項活動，可供老人家選擇。國內目前提供日間照護的機構較少，僅限於部分縣市。

	社區式的居家照護	社區式的居家照顧	社區式的日間照護
對象	由專業醫療人員提供服務	由非專業人員提供服務	由專業醫療人員及非專業人員提供服務
服務項目	居家護理、社區物理治療、居家職能治療、居家營養等。	居家服務、送餐服務、電話問安等。	照護、復健、各項活動等。

特殊性　長期照護服務模式

有針對失智老人提供的照護服務，依其性質亦可分爲社區式、機構式及居家式三種；另外還有像「創世基金會」一樣的特殊機構，提供植物人及失依、失智、失能的老人協助及關心。

如何選擇合適的照護機構

第一步 確認個案的需要

當家人因疾病而生活功能失能時，照顧者可能因不知如何照顧而不知所措，這時，請先定下心，想一下需要什麼照顧方式。

勿道聽塗說

不要隨意聽信非專業人員的推薦，請教相關專業人員的意見，是明智抉擇的第一步。

目前坊間普遍流行養護仲介費用，依人頭計算，叫價可由幾千元至上萬的身價；照顧者有絕對的權利選擇被照顧者需要的機構，並確認被照顧者的品質。

你和你的家人所需要的照顧內容

1. **失能者在醫院**：如果失能的家人目前在醫院，可以請教醫院醫護人員（有些醫院設有出院準備服務計畫的專人），有關後續照護應注意的事項；亦可請教社會工作人員，有關相關社會福利服務措施（例如申請身心障礙手冊等），及後續照顧的相關服務及資源。
2. **失能者在家裡**：如果失能的家人目前已出院返家，可以請教原來的醫療單位，有關失能家人需要的相關醫療照護；請教當地的社會福利單位或衛生所，有關相關的照護服務資源；目前各縣市已成立長期照護管理中心，可直接電洽中心的個案管理師，請管理師協助評估你家人的照顧需求。

家人在人力及物力上的資源與需求

1．**需要長期的支援**：當遇到家人需要長期照護時，先評估目前家人照顧的可行性；當失能狀況較輕微，照顧需求較低時，家庭照顧不失爲可行方案，而且對失能的家人會是較好的安置。當失能狀況嚴重及照顧需求多時，且家人照顧無法負荷時，可以思考其他替代方案，如日間照護／日間託老，或機構式（養護機構、長期照護機構或護理之家機構）的照護。

2. **經濟費用**：長期照護的時間，短可以幾個月，長則幾十年。照顧上的費用，如果是家人照顧，人力的照顧費用較為節省，而親人的照顧也較為貼心；如果是機構式照顧，照顧費用少則二萬元左右，多則可達六萬元，對有需要長期照護的家人，其負擔實在不輕，宜仔細考量。如果家人已選擇機構照顧，應思考被照顧者送到機構後，如何協助失能家人適應新的機構生活。

第二步 多看、多方比較，實際參觀

當你和家人考慮將失能的家人以 24 小時機構式的方式照顧時，可以先聽聽專業人員（如醫院的社會工作人員、出院準備服務護理人員、護理人員、或醫師）的建議，及親友的推薦。

除此之外，應收集相關資料，初步篩選你或家人所要的機構（如離家較近、環境或服務較佳、收費較可負擔等初選原則）。但無論如何，務必請抽空親自前往參觀，可依照所列重點，親自評估，依你和家人照顧上的需要，選擇適當的機構：若已有相關護理之家或養護機構的資料，最好親自參訪，也許親人住院期間有人向你或家人推薦或介紹，但切勿盲目答應，必須親自了解參觀。

以下幾項為參觀的重點──

必須經政府合法立案有「立案證書」或「開業執照」

1. 立案養護、安養機構，應有社政單位（如當地社會局）核發的立案證明。
2. 立案護理之家及日間照護機構，應有衛生單位（如當地衛生局）核發合法立案執照。

完善的公共安全設施

1. 有具備消防安全系統、滅火器及各項逃生設備，緊急出口保持暢通。
2. 住房、浴廁備有緊急呼叫系統。

3. 地板有防滑設備，尤其是樓梯、走道及浴廁部分。
4. 牆壁、地板、天花板、裝璜等採用防火構造或耐火建材。
5. 毛毯、窗簾、布簾、衣被等使用防火材質。
6. 各樓層出口標示燈及避難方向指示燈及禁菸燈示。
7. 有設置緊急通報廣播系統。
8. 各樓層房間需設有適當及緊急的照明設備。

舒適的環境衛生與設備

1. 室內、外環境整潔，無異味（如尿味或消毒藥水味）及蚊、蠅。
2. 房間通風明亮，最好有自然採光之窗戶。
3. 房間走道寬敞，適合住民活動或移動。
4. 寢室設計人性化，與鄰床與視線隔離屏障物（如屏風或隔簾），並可擁有私人的衣櫃與雜物櫃，讓住民能有在家安養氣氛。
5. 室內、外環境有無障礙的考量（如斜坡道、扶手及防滑地板等），便利被照護者活動及進出。
6. 有設置會客室，讓訪客／家屬能與被照顧者單獨相處。
7. 有設置休閒或用餐空間，且鼓勵被照護者多多下床活動。
8. 有配膳空間，並設有冰箱儲放食物；設有廚房者，環境衛生清潔。
9. 被照護者膳食有依其特殊需要安排及調配，並鼓勵下床用餐。
10. 需備急救設備、換藥車與消毒設備。

專業的工作人員與專業的服務態度

1. 護理人員及服務員等有接受適當訓練。
2. 服務人員比例必須充足，無論白天或晚上皆能有適當人力照護。
3. 護理人員並能每日檢查被照護者的生理徵象並做記錄，適時提供住民必要的護理照護。
4. 工作人員的態度禮貌，尊重被照護者。
5. 有合適的醫院或診所，提供醫療支援，包括急診或一般門診。

6. 服務人員需親切有禮，具有服務老弱者之熱誠與耐心。

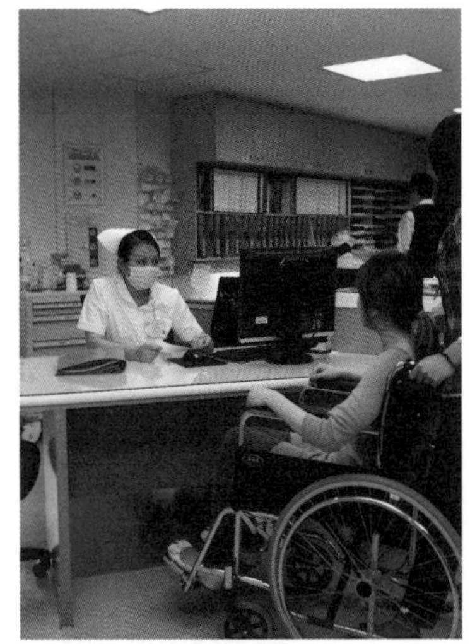
服務人員需親切有禮

優良的服務內容與品質

1. 被照護者服裝、儀容必須乾淨整齊，並顯出氣色健康、精神愉快。
2. 餐飲、穿衣沐浴、排泄等生活活動時，能提供適時的協助。
3. 經常舉辦娛樂性（如慶生會或節慶活動）、宗教或職能等活動，使被照護者可以活動筋骨或增加住民間的互動機會。
4. 能為被照護者提供協助閱讀書報、書寫信件、代聯絡家人等。
5. 若有身體不適或急需急救時，能即時獲得醫療服務。
6. 必須復健治療或特殊飲食時，能適時提供物理治療、職能治療與營養師服務。
7. 若有經濟困難或家庭問題時，機構能適當提供協助。
8. 外籍勞工人數不超過全部照顧人員比例的半數；且照顧的外籍勞工必須經過訓練，了解被照護者的需要。
9. 對於被照護者的需要或建議，機構能有管道協助處理或改善。
10. 合理的收費，並在訂定契約時清楚說明收費標準和收費項目，如自費項目、保證金、急病儲備金、短期離院收看退費問題等。

多看——友善空間以人性關懷

1. 機構空間是否太擁擠：兩床之間至少有一台輪椅可以進出的空間；因為，若太擁擠，彼此交互感染的機會大，且日常生活的干擾亦相對增加。
2. 機構的採光是否明亮；機構的陳設感覺溫暖；且提供日常活動的空間。
3. 機構住戶；機構入住的人看起來，面部表情不會僵硬，穿著不會太邋遢，體重胖瘦適宜，尤其不能都瘦得皮包骨狀。
4. 隱私性：兩床之間要有拉簾，以維持個人需要的隱私性。

多聽——充足人力、合理收費

1. 了解機構照顧的方式：有健康問題發生時如何處理，如發燒、腹瀉等。
2. 了解機構照顧的人力：有哪些人員如護理人員、照顧服務員、醫師、其他醫事人員（如營養師、社工師、物理治療師）是否提供服務；其主要照顧人力（護士）與照顧服務人員每班照顧情形，及提供照顧服務的項目內容。

另照顧服務人員聘用外籍人士的比例，自己接受度如何，法規規範養護機構本籍服務員與外籍為 1：1 人力，每 8 床應至少配置一位服務員，而護理之家或社會局設立之長期照護機構，每 5 床應至少配置一位服務員，照顧服務員主要工作為協助院民日常生活的活動，包括個人衛生的清潔與整潔、進食、活動移位與擺位、協助排便、排尿、協助參與治療性及娛樂性的活動等，以及日常個人所需一切生活常模的運作等。

3. 了解機構服務項目，醫療需求提供的方式：如就醫或其他緊急醫療方式。
4. 收費方式：目前坊間養護機構，在大台北地區的收費為每月約 27,000~35,000 元，也許有上下約 ±10% 的差異點，不過中、南部或東部收費較低約 10~15% 的價差。

護理之家的收費 28,000~45,000 元，因提供服務的內容及參與服務的人員（醫療）比較多樣化且困難度較高，故收費有差別，價差與養護機構因地區性或服務內涵不同而有價格上的區別。

收費應了解其包含的項目，通常為房間住房費、照顧費、膳食費、一般護理費，另外耗材如衛生紙、尿布等是否包含，應詢問清楚，通常是外加依實際耗用計價付費，有些機構於對鼻胃管等管灌飲食會再收營養費，或因為照顧上須耗人力或困難度高，會分等級加收 2,000~4,000 元費用；所以訪問時，對收費應了解清楚或索取書面資料參考。

多問——聽聽專業人員及過來人的經驗談

目前我國長期照護的相關服務相當多元，機構及服務的類別已於上節介紹過，可以多元化選擇；家屬應多方收集相關照顧資訊。資訊的取得可以透過專業人員（如：醫院的醫師、護士、出院準備服務護士、居家服務單位、社會工作人員等等）、政府行政單位（如社會局、衛生局）、相關民間團體（如：台灣長期照護專業協會、中華民國老人福利推動聯盟）等。

當然亦可以請教有類似經驗的親友，有關的照顧技巧與經驗；不恥下問，多方尋求支援，將使這條照顧之路，更加輕鬆自在。

文／陳芝瑜（高雄市阿蓮區衛生所主任）
沈葭蔚（安禾診所醫師）

外籍看護的選擇

台灣已正式邁入高齡化社會，家庭因長輩老化、身心障礙或疾病的關係，看護的需求量越來越大，其中，外籍看護在薪資方面因比本國看護低廉、工作時間較長且有彈性，所以深受國人青睞。

然而，申請外籍看護工，需要繁瑣的手續和流程，且又涉及國與國之間的業務往來，所以常常讓僱主深感困擾，因此，大多數都委託仲介公司代辦。

如何挑選良好的仲介公司

僱主想花錢請人力仲介公司安排好所有的事項，但這過程往往因爲溝通或意見不同而造成糾紛與誤會；爲避免人財兩失，僱主如何挑選一家良好的仲介公司，顯得非常重要。

慎選優良人力仲介公司

1. 可先上勞動力發展署（https://www.wda.gov.tw），查看是否爲合法仲介業者且最近有無違規或受處罰之情形。
2. 簽約前至少要有一週的審閱期，且能夠逐項地跟僱主說明合約內容，並於簽約後交付一份合約同意書。
3. 所有交給仲介的文件，需在文件上加註「僅供外籍看護工申辦使用」字樣，印章亦應印好樣稿加註「僅供外籍看護工申辦使用」字樣。
4. 若僱主有特別要求之事項，仲介公司也同意，應在合約內容上載明，以釐清未來責任之歸屬。

查閱看護工所屬的人力仲介公司入境前、後的服務內容

1. 僱主應主動要求仲介公司提供外籍看護工入境前、後，該公司服務的內容，提供乙份以供僱主覽閱。
2. 應到各地外勞諮詢服務中心，索取「僱主聘僱外勞法令手冊」及「外國人在台工作須知」，以保障自己及外勞的權益。

人力仲介公司是否協助僱主挑選合適的看護工

1. 人力仲介公司應提供有照片之外勞履歷表供僱主選擇。
2. 僱主若無法選擇時，人力仲介公司應洽詢僱主的意見，並參考被照護者的體型、病情，協助選擇適合的外籍看護。

人力仲介公司是否協助僱主預防及處理逃跑的看護工

1. 人力仲介公司應定期到家中探訪，並要有雙語的翻譯人員隨行，隨時溝通並了解雙方的需求。
2. 當外籍看護工情緒不穩、不聽指揮及逃跑時，人力仲介公司接到僱主的電話，能否即刻前來處理，而外籍看護工逃跑三日是否按規定通報。
3. 當外籍看護工有情緒不穩、不聽指揮的情形已多達三次，或超出僱主所能容忍的限度，人力仲介公司是否可立即處理，並免費更換。
4. 外籍看護工的服務項目及內容，應參考多家人力仲介公司並互相比較，選擇符合自身需求的外籍看護工及仲介公司，對雙方都較有保障，最重要的是人力仲介公司除了協助聘請優良的外籍看護工外，還能夠協助處理外籍看護工來台及離台的後續服務，也是選擇與評估人力仲介公司的一個重要指標。

選擇外籍看護工的注意事宜

在外籍看護工的選擇上，除了依「人力仲介公司」提供的服務項目及內容去選擇外，還要考量「自身的需求」來選擇外籍護工，除此之外，以下的問題也應一併考慮，包括：

1. **彼此的語言是否能夠溝通**：在照護過程中，時常需要與照顧者溝通照護方式，有時語言溝通不明確時，看護工是否能用肢體語言協助語言溝通不足的部分，然而如果在語言與非語言的溝通上皆沒辦法配合，就該思考此看護工是否能符合您的需求。
2. **性別**：除了語言能力外，看護工的性別及年齡也是一個重要的考量。女性及男性看護工各有其優缺點，女性較細心，而男性在搬運病患上會較有力量，雖然現今社會在居家照顧的外籍看護工多為女性，但最重要的，還是依自身需求去選擇優良的看護工。
3. **愛心、耐心**：最重要的是看護工對病患是否具有愛心及耐心，在接觸病患的過程中，從態度及言行中就可隱約看出，外籍看護工是否能達到僱主照護上的需求。
4. **其他**：聘請看護工時，僱主常會考量到年齡、體能、教育程度、婚姻狀況及有無相關工作經驗，以上因素在聘請看護工時是非常重要的考量。所以年齡適中、體能佳、已婚者、高中及大學以上教育程度且有經驗的外籍看護工具有較大的優勢，經常深受僱主青睞。

如何申請外籍看護

申請外籍看護工之資格

被看護者具有下列條件之一，僱主可依規定申請外籍看護工：

1. 被照護者持有經社政機關核發之身心障礙手冊，屬於「特定身心障礙」項目之一者。

- **認識特定身心障礙**：所謂的特定身心障礙包括：平衡機能障礙、智能障礙、植物人、失智症、自閉症、染色體異常、先天代謝異常、其他先天缺陷、精神病、多重障礙（至少具有前述身心障礙項目之一）。

2. 被照護者，經「合格醫院之醫療團隊」之評估確定要24小時照護者開具病症暨失能診斷證明書，簽註有罹患「特定病症」項目之一者。但特定病症不屬於精神相關疾病者，就不可以用精神專科醫院所開立之診斷證明書來申請聘僱家庭外籍看護工。

- **合格醫院**：指公立醫院、教學醫院、鄉鎮市區衛生所或其他經行政院衛生署評鑑合格之地區醫院。
- **診斷證明書**：僱主申請家庭外籍看護工之制式診斷證明書。

3. 被照護者有下列情形之一者，得增加一人：
   （1）身心障礙手冊記載爲「植物人」。
   （2）經醫療專業診斷評估「巴氏量表」爲零，且於六個月內病情無法改善。

僱主申請外籍看護工，也應具有下列資格

1. 僱主與被照護者間應必須爲配偶直系血親；三等親以內之旁系血親；或一等親內之姻親；或爲祖父母與孫媳婦、或祖父母與孫女婿之二等姻親。

2. 僱主與被照護者無親屬關係，被照護者在台無親屬，且未居住於安養護機構或榮民之家，才得以申請。
3. 僱主本人在台無親屬，而以本人爲被照護者，且未居住於安養護機構或榮民之家，才得以申請。以本項資格申請者，僱主需事前委任一代理人，處理僱主因不可抗力之因素而無法履行就業服務法規規範之外國人管理義務時，其接續處理外籍看護之聘僱與管理等相關事宜。

相關注意事項

1. 僱主聘請外籍看護工專用診斷證明書及相關法規及申請作業程序，請依照勞動力發展署網站（http://www.wda.gov.tw/home.jsp?pageno=201111160019）所下載，並備妥相關文件依最新規定辦理。
2. 勞動力發展署網站有設置一個網頁（http://www.wda.gov.tw/home.jsp?pageno=201310280128），公告各年度「私立就業服務機構從事跨國人力仲介服務品質評鑑成績」，針對有需向人力仲介公司申請外籍看護工的民衆，提供一個查詢人力仲介公司是否爲合法且優良廠商的管道。評鑑表內含人力公司仲介外籍看護工的人數及外籍看護工主要從事工作類型的比例，讓有特別需求的民衆可以參考；另外還有人力仲介公司是否有停業處分及申報暫停營業、外勞行蹤不明率及是否有重大違法行爲，都可讓一般大衆了解哪些人力公司爲不良廠商，哪些人力公司爲優良廠商，故評鑑表可當作選擇人力仲介公司的一個參考指標。

認識直接聘僱聯合服務中心

為了可大幅縮短外籍勞工引進時程，勞委會成立了「直接聘僱聯合服務中心」，民衆可以透過此中心，直接申請外籍勞工；其服務處在臺北、羅東、中壢、臺中、臺南、高雄等地區皆設有服務中心。

電話：(02)6613-0811　網址：https://dhsc.wda.gov.tw/

巴氏量表（Barthel's score）

項目	分數	內容
進食	10 5 0	□自己在合理時間內（約 10 秒吃一口），可用筷子取食物，若需用進食輔具時，可自行取用穿脫，不需協助。 □需協助取用穿脫進食輔具。 □無法自行取食或餵食時間過長。
移位	15 10 5 0	□可自行坐起，由床移位至椅子或輪椅不需協助，包括輪椅煞車及移開腳踏板，且無安全上的顧慮。 □在上述移位過程中需些微協助或提醒，或有安全上的顧慮。 □可自行坐起，但需別人協助才能移位至椅子。 □需別人協助才能坐起，或需兩人幫忙方可移位。
個人衛生	5 0	□可自行刷牙、洗臉、洗手或梳頭髮。 □需別人協助。
如廁	10 5 0	□可自行上下馬桶不會弄髒衣褲並能穿好衣服；使用便盆者可自行清理便盆。 □需幫忙保持姿勢的平衡，整理衣物或使用衛生紙；使用便盆者可自行取放便盆，但需仰賴他人清理。 □需別人協助。
洗澡	5 0	□可自行完成（盆浴或淋浴）。 □需別人協助。
平地上走動	15 10 5 0	□使用或不使用輔具皆可自行行走 50 公尺以上。 □需稍微扶持才能行走 50 公尺以上。 □雖無法行走但可獨立操控輪椅（包括轉彎、進門及接近桌子、床沿）並可推行輪椅 50 公尺以上。 □無法行走或推行輪椅 50 公尺以上。
上下樓梯	10 5 0	□可自行上下樓梯（可抓扶手或用拐杖）。 □需稍微扶持或口頭指導。 □無法上下樓梯。

穿脫衣褲鞋襪	10 5 0	□可自行穿脫衣褲鞋襪，必要時使用撫具。 □在別人幫忙下可自行完成一半以上動作。 □需別人完全協助。
大便控制	10 5 0	□不會失禁，必要時會自行使用栓劑。 □偶爾會失禁(每週不超過一次)，使用栓劑需別人協助。 □需別人協助大便事宜。
小便控制	10 5 0	□日夜皆不會尿失禁，或可自行使用並清理尿布或尿袋。 □偶爾會失禁(每週不超過一次)，使用尿布或尿套需別人協助。 □需別人協助小便事宜。

認識到宅評估

近年來，各縣市到宅服務的推廣，主要是針對中、低收入戶重癱之身心障礙者，進行輔具評估、建議與訓練、無障礙物理環境評估與建議及協助申請輔助器具等相關服務。

但因現今社會人口快速的老化、鄉鎮人口分佈不均，青壯人口大多在外工作，時常無法陪伴家中病患及長者就醫，使得需要看護的患者或行動不便的長者在就醫上更加的困難。至醫院評估巴氏量表，除了要申請救護車護送外，還需要有看護及家屬陪同，勞師動眾到醫院做巴氏量表評估，在看診時，又需和一般民眾一起等候門診，非常耗時，勞民又傷財。

所以，勞委會與衛生署、內政部於2010年5月31日針對「巴氏量表評估‧到府服務」召開相關會議，衛生署也承諾將提出170家醫院提供到府服務，對於相關政府機關推諉問題，衛生署與勞委會也表示，將以各縣市政府長期照護管理中心為協調單位（亦言之，民眾可以向長期照護管中心查詢）。

文／沈佩瑤（台北榮民總醫院高齡醫學中心）

如何照護最順手

照護是一門藝術。在照護的過程中，照護者經常會面臨許多的困難與挑戰！爲了因應病患在食、衣、住、行上的需求，能讓照護者在照護過程中輕鬆且正確的處理問題，並節省時間、人力或資源，以下將針對在日常生活上會遇到的問題，提供一些小技巧，讓照護者在照護過程中能夠更得心應手，且讓病患的生活能更加安全、便利，生活品質更爲提升。

維持周遭環境舒適

當病患回到家中，許多的隨身物品與重要器具（如：拐杖、輪椅、抽痰機等）與每日清潔用品（如：尿布、溼紙巾、棉花棒等），因時常需要使用，所以皆會放在隨手可拿取的地方，但因生活空間不足，放置太多物品常顯得更加雜亂，所以在居家物品的收納上，更顯得重要。

讓照護更順手的小秘訣最主要的原則就是讓周遭環境維持舒適，保持整潔並將物品擺放整齊，如果雜物時常堆放在地上，造成走道狹窄反而容易絆倒，所以對行動不便的被照護者而言，維持寬敞的活動空間是非常重要的。

以下介紹如何放置居家照護者經常使用之器材及物品——

 的收納與丟棄

紙尿布雖然經常使用，但因面積較大，較占空間，可將買回來的紙尿布統一收納，並放置在乾淨、不潮溼、免曝曬的環境下。而如果尿布收納的位置較遠，不方便拿取時，也可將一天大約使用的尿布量放在被照護者旁的置物架上，方便拿取也較不占空間。

雖然收納乾淨的尿布很重要，但如何妥善的處理沾有糞便及尿液的尿布，更是一個重要的課題。沾有尿液及糞便的尿布更換下來後，需將髒尿布妥善包好，並利用尿布黏貼處將髒尿布固定，避免髒尿布散開發出臭味，更換後的髒尿布，應集中丟棄在同一個垃圾桶內，垃圾桶必須要有蓋子，以避免臭味飄散在住家中，而且也可避免蒼蠅或昆蟲聚集，減少環境的髒亂，營造更美好的生活空間。

髒尿布要集中丟棄在同一垃圾桶內

抽痰機 的選擇及擺放

備有抽痰機大多因爲被照護者本身疾病的關係，可能因爲病患痰太多、口水太多而容易嗆到，所以經常需使用到抽痰機。而家中的抽痰機大部分放置在病患的床邊，方便病患痰多且口水多時立即抽吸。而家中因空間不足，所以抽痰機的體積大多選擇較小的型號，也可方便攜帶外出使用。另外可選擇充電式的抽痰機，如果家中突然停電而又突然需要抽痰時，就可派上用場，而不怕臨時沒有抽痰機可使用。

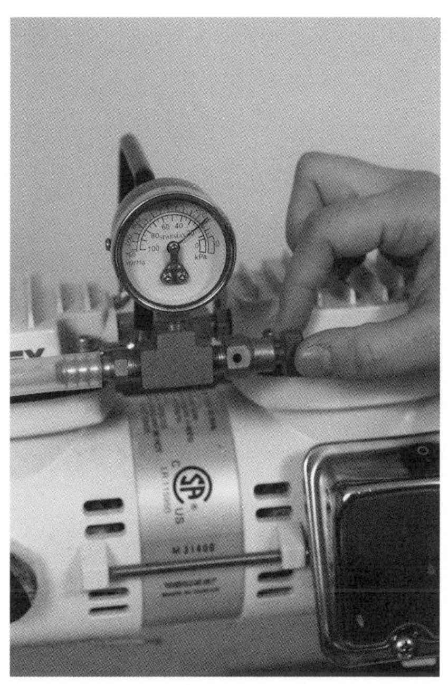

藥品的收納及保存

1. **避濕**：藥瓶每開一次，就會與空氣接觸，並吸收濕氣，所以藥瓶開封後，裡面常見的一塊海綿或棉花就該丟棄，以免海綿吸附水氣，加速藥物變質。
2. **避光和避熱**：醫療院所給予藥物，大多都已拆封再分裝給病人，因此藥品可能因受潮而變質，如果藥物數量較多，最好放在密封罐內保存。此外，光線中的紫外線，照射到藥品後，也會讓藥品變質，所以也應注意避光和避熱。

   絕大部分藥品置放在室內陰涼乾燥處即可，除非有特別註明必須冷藏的藥品，才需放在冰箱冷藏室。

   居家照護病患大多有慢性疾病病史，如：糖尿病、高血壓等，而慢性疾病都需長期服用藥物，且服用藥物種類繁多，家屬時常爲了被照護者何時該吃什麼藥的問題而困擾。所以，拿到醫師藥物處方箋時，如有不懂的地方，應立即詢問在場的醫師或藥師有關藥物作用及每種藥物給藥的頻次，並註明清楚，以方便進行給藥。

房間的選擇與佈置

針對臥床病患的床位，需要考慮到就醫及移動方便性的問題，包括病患臥床的位置是否出入方便、是否離浴室較近、可否使用輪椅進出或是可使用擔架將病患抬出。此外，要注意房間空氣能否互相流通，保持舒適乾燥。

在房間佈置方面，建議可有電視及音樂的播放，以刺激病患的感官功能；放置時鐘以維持病患的定向感。以自然光線爲主，燈光爲輔，讓房間白天保持明亮、晚上則可使用小夜燈，創造出時間感，讓病患擁有日夜規律的生活。

衣物的選擇及注意事項

在患者衣物的選擇上，主要以舒適、保暖、寬鬆、方便穿脫爲原則。在上衣穿脫方面，可選擇非套頭式的上衣，如：鈕釦式的襯衫，以利照護者更換；在褲子方面，可選擇鬆緊帶的褲頭，避免鈕釦或拉鍊式的褲裝，以方便穿脫。

另外，居家可下床活動的病患，外出活動時應穿著具有防滑效果的布鞋或涼鞋（如：鞋底爲橡膠底），有時因病患無法自行綁鞋帶，也可使用鞋帶爲魔鬼氈式的鞋子，方便病患自行穿脫，但最重要的，切記不可穿拖鞋外出，除了容易造成滑倒外，如病患有糖尿病時，穿著拖鞋常有石頭或其他尖銳物品掉進鞋子裡，容易扎傷病患且會造成傷口發炎及感染，所以在衣物上的選擇，也需評估病患的生理狀況、活動情形及適合用物來選擇合適的衣物。

衣物的選擇以穿脫方便為原則

便盆的清潔與除臭

便盆的清潔，除了平常使用後要將髒污的地方沖洗乾淨外，還可以將便盆泡在消毒液中清洗乾淨。消毒水可使用居家環境中常見的漂白水，漂白水與清水1：100稀釋泡製或是使用其他的溶液（如：白醋），但有些人不喜歡白醋的味道，也可改用其它有香味的清潔溶液，協助將便盆清洗乾淨及減少異味。

雖然平日有定時在清洗，有時仍然去除不掉排泄物的異味，不妨將具有除臭功能的清潔劑噴灑在便盆及活動的周邊環境，除了能夠分解掉空氣中的細菌與臭味，也能達到抗菌效果。

口腔的清潔與保護

在選購牙刷時，可挑選軟毛牙刷或是海綿棒牙刷，減少牙刷刷毛對牙齦的刺激；使用海棉棒牙刷沾漱口水清潔牙齒後，口腔內會有口水及漱口水等液體，此時，可使用牙科看診時抽吸口水的管路來抽吸口水，因牙科抽吸管比抽痰管的管徑來的大，抽吸口水的效果較佳，提供給有此需求的家屬，讓照護更得心應手。

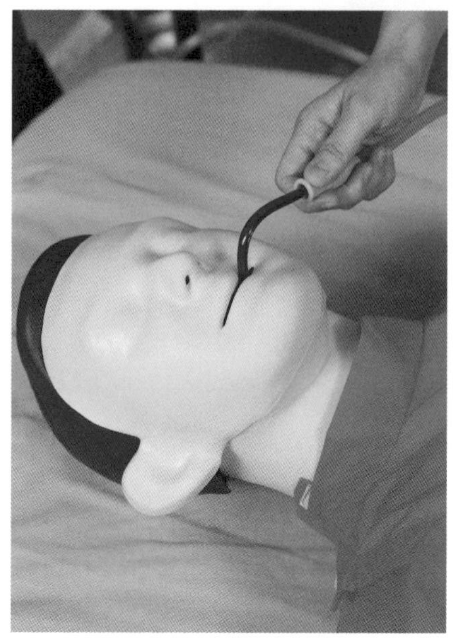

使用牙科看診時抽吸口水的管路來抽吸口水

皮膚的清潔與保護

若被照顧者的皮膚較爲乾燥，常導致皮膚搔癢不適，建議洗澡時在洗澡水中滴入幾滴嬰兒油，在沖水時嬰兒油自然附著於肌膚上，這樣一來，如果長者沒有耐心全身塗抹潤膚乳液，也可以有第一層的保護。

貼心提醒：照顧者如何避免拉傷

在照護及搬運病患時，常因施力位置不正確及姿勢不良而造成職業傷害，形成拉傷。照護者平時可以靠「熱敷」及「規律性的運動」來保養身體，在搬運病患前，要注意姿勢及力道的使用，避免使用蠻力。為避免閃到腰部，最好的方式是將物品靠近身邊，再慢慢的將重心移至下半身來搬移，蹲膝而不彎腰。另外，也可以用推的方式來移動物品。

同樣的動作使用過久，易造成肌肉的痠痛及韌帶與肌肉拉傷，除了事前的防範可降低傷害的產生，還要培養正確的運動觀念，激烈運動前應做個簡單的熱身運動，例如：甩甩手、拉拉筋和伸伸懶腰等，而拉筋可以增加肌肉與肌腱的放鬆與彈性，最常見的為「弓箭步拉筋」的動作，拉到緊處，需定格 10~20 秒，充分拉到每條肌肉。

在做任何動作時，不要突然做太大或太快的動作，才不會造成傷害；除了運動前的暖身跟拉筋，平日的保養也很重要。平日可熱敷肩頸部、背部、上臂等較易疼痛、痠痛的部位，皆能減緩不適。

解決病患身上及環境臭味的方法

- 口臭：當病患口腔有臭味，可用棉籤（中型）或是海綿棒沾生理食鹽水或茶水（綠茶、烏龍或紅茶都可以，用小茶包沖泡的，不加任何糖分），慢慢刷，基本上建議用茶水，因為茶水有淡香味，除了可以減少異味以外，還可以刺激味蕾並驅除口腔異味。

- 尿布、糞便的臭味：有時因更換大小便尿布，而使空氣瀰漫臭味時，可使用花草香味的精油滴在水盆上，香氣會隨著水的蒸發而飄散在四周空氣中，增進室內空氣的芬芳。

文／沈佩瑤（台北榮民總醫院高齡醫學中心）

勤洗手，避免交互感染

我們不論做什麼事都會用到手。手隨時接觸著不同的東西，很容易沾染各種髒污、細菌或病毒，如果沒有養成良好的衛生習慣，隨手揉眼睛或拿東西吃，病原體很可能因此進入人體，引發疾病。所以，唯有靠常洗手，才能有效阻絕病原體的入侵。

由於，台灣地屬亞熱帶型氣候，非常適合病菌滋生、蔓延及傳染，尤其容易以手部爲媒介，到處傳播疾病。要遠離細菌、病毒以及預防腹瀉、呼吸道傳染病及腸道寄生蟲等疾病，唯一的方法就是勤洗手，特別是在感冒流行的季節裡。

養成洗手好習慣，對防疫工作也非常重要，最明顯的例子就是腸病毒，經過近 10 年努力推廣洗手運動，腸病毒防治，成效顯著。不論是腸病毒、SARS 或未來可能造成高傳染及死亡危險的流感，都是因爲接觸或飛沫傳染的疾病，所以唯有勤洗手才能預防其發生。

洗手 5 步驟

打開水龍頭，把手淋濕，並抹上肥皂或洗手乳。

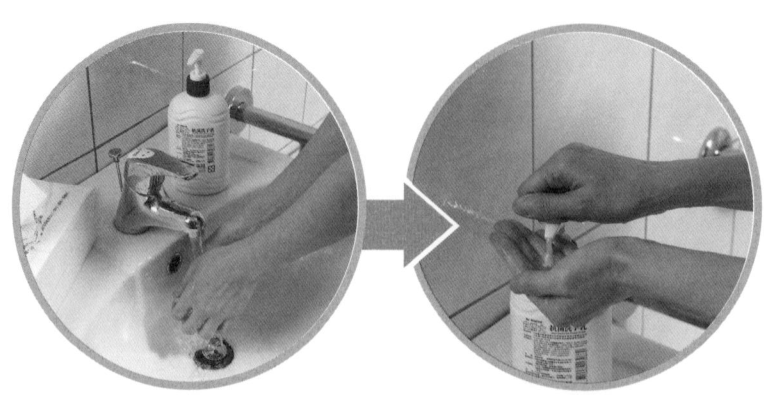

肥皂起泡後，將手心、手背、指縫仔細搓揉 20 秒。

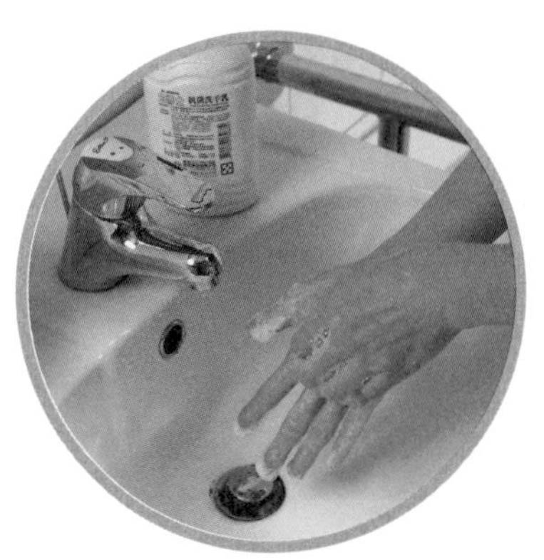

沖 用清水將雙手沖洗乾淨，特別是指縫間，切勿殘留清潔劑。

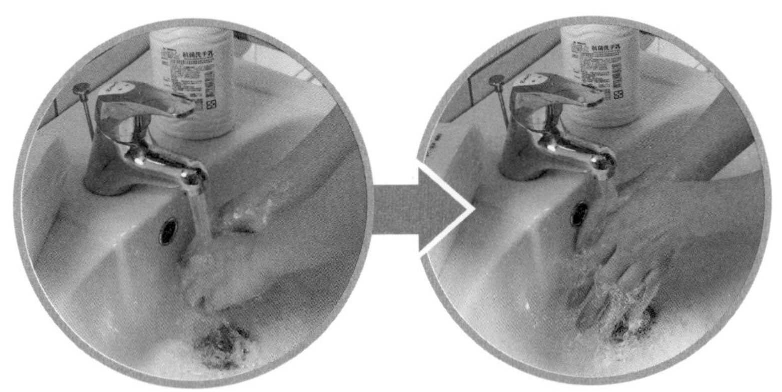

捧 捧水沖洗水龍頭後，關閉水龍頭。

用乾淨毛巾或紙巾把手擦乾。

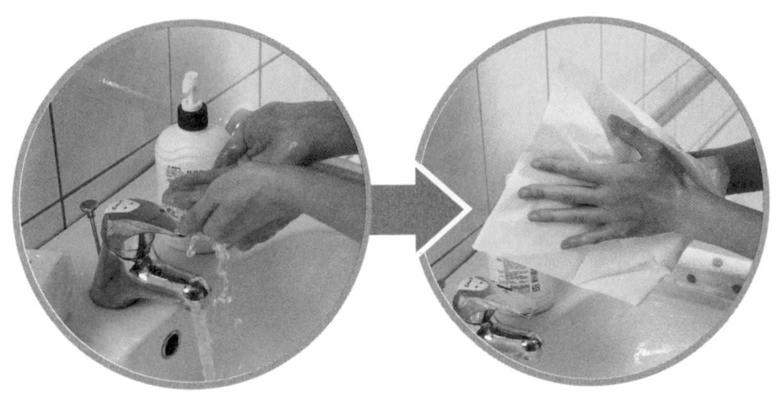

何時該洗手？

1. 如廁後。
2. 準備食物或進食前。
3. 換尿布後。
4. 擤鼻涕後。
5. 打噴嚏後。
6. 咳嗽後。
7. 照顧生病的人後。
8. 和寵物玩之後……等。

注意事項

- 洗手前應取下手上的手錶及戒指等飾物。
- 洗手範圍包括雙手、手腕、手肘下 1 / 3 處，此外也應特別注意指尖及指縫處，搓揉時間至少 15 秒以上。

資料來源

衛生疾病管制局（2008，4 月 28 日）·手部衛生·2008 年 7 月 2 日取自 http://www.cdc.gov.tw/ct.asp?xItem=13328&ctNode=1887&mp=1

邱玉蟬（1999 年 4 月）·如何避免感染？·2008 年 7 月 2 日取自 http://www.commonhealth.com.tw/article/index.jsp?id=1676

文／ 張靜雯（台中榮民總醫院一般醫學內科病房護理長）

▶▶ 每日照護

正確測量體溫、脈搏、呼吸、血壓

所謂的生命徵象是指「體溫、呼吸、脈搏及血壓」等，藉由這些數値的變化，可以反應出一個人身體代謝系統、心臟血管系統、呼吸系統等狀況。一旦，生命徵象出現「過高」或「過低」，常常都代表身體產生某些警訊！

許多人當身體有病痛時，常常隱忍不說或認爲休息一下就好，往往如此而錯失治療黃金期；而疾病進展初期，通常生命徵象會有所改變，因此細心觀察生命徵象的變化，可以早期發現各種疾病。

所以，照護者若能熟悉測量生命徵象及瞭解數值的含意，對於醫師診斷疾病會有莫大的幫助。

測量體溫的方法

體溫，指身體體腔內的溫度，代表體內產熱及散熱功能平衡的結果，由下視丘「體溫調節中樞」所控制。

在測量體溫前，如有進食、飲水、抽菸、運動或洗澡等，必須休息 30 分鐘後再測量。

臨床上測量體溫的方法依測量部位的不同分爲──

■ 口溫──即測量舌下溫度。

▌適合對象

意識清楚的病患。

Part 1 照護準備篇
Part 2 居家照護篇
Part 3 衛生照護篇
Part 4 行動照護篇

不適合對象

因測量口溫必須緊閉口唇，因此意識不清、神志混亂、躁動不安或嘴巴無法緊閉的老人，容易將口溫計咬破或掉落，不適合使用。

測量方法

- **測量前**：應用衛生紙將體溫計擦拭乾淨，此外，應將口溫計甩至 35℃以下。
- **測量時**：將口溫計放置於舌下 2 分鐘，即可取出。
- **測量後**：應用酒精棉擦拭口溫計上附著的口腔污物（擦拭方向由上往下），觀看水銀高度及相對應刻度。

腋溫——即測量兩側腋下溫度。

適合對象

較適合使用在無躁動不安的病患上。

不適合對象

過於瘦弱的老人或腋下無法夾緊腋溫計者。

測量方法

- **測量前**：須將腋溫計甩至 35℃以下。
- **測量時**：將體溫計置於腋下 10 分鐘，即可取出。
- **測量後**：應用酒精棉擦拭腋溫計上附著的腋下污物（擦拭方向由上往下），觀看水銀高度及相對應刻度。

注意事項

測量前要保持腋下乾燥；測量時腋溫計與皮膚要緊密接觸。

肛溫——即測量肛門的溫度。

適合對象

意識清楚的病患。

不適合對象

腹瀉及心臟病人。

測量方法

- **測量前**：須將肛溫計甩至35℃以下，照護者協助病人採曲膝側臥姿勢，並脫下褲子，肛溫計塗上凡士林。
- **測量時**：將肛溫計插入肛門內約3公分處，兩分鐘後即可取出。
- **測量後**：應用酒精棉擦拭體溫計上的污物（擦拭方向由上往下），觀看水銀高度及其相對應刻度。

耳溫——以紅外線原理測得鼓膜的溫度。

市售耳溫槍種類繁多，使用方式請依照各廠牌的使用說明。

一般原則為，測量三歲以下幼兒，必須將耳朵往後輕拉（使耳道拉直，以利測量正確體溫），三歲以上及成人必須將耳朵往上往後輕拉（使耳道拉直，以利測量正確體溫）。

注意事項

測量耳溫前注意耳道是否有耳垢；使用前必須檢視耳套，若有破損應更換；探頭若髒污，應用乾淨棉花棒擦拭。此外，一般人左右耳溫度會有些微差距，故應儘量測量同一耳。

體溫的正常範圍及其代表意義

不同部位所測量的體溫會有不同的數值；正常體溫的範圍爲——

口溫與耳溫同 36.5℃至 37.5℃，腋溫 35.9℃至 36.9℃，肛溫 37.1℃至 38.1℃。一般而言，肛溫會高於口溫約 0.5℃，口溫高於腋溫約 0.5℃左右。

體溫的測量會受許多因素影響，如老人皮下組織因循環不良及皮膚導熱度小，一般體溫較低；新生兒體溫調節中樞因尚未發育完全，體溫易受環境影響造成劇烈變化；成年女性則因荷爾蒙影響，體溫隨著月經週期而有不同：月經開始至排卵期呈現低溫，排卵期後至月經前呈現高溫。

此外，一天之中，人的體溫也會有變化，以凌晨 2 ～ 6 點時最低，下午 3 ～ 8 點時最高；不僅如此，活動後，一般體溫都會比較高。

根據台中榮總感染科表示，發燒是指任何時間口溫溫度≧ 37.8℃；體溫過高時，首先會出現末梢冰冷蒼白的症狀。造成發燒的原因有很多，需要依照臨床症狀來判定；必須注意的是，有些老人發生感染時，體溫不會明顯升高，此時照護者必須多注意其他不適症狀，以提供醫師診察患者時的參考。

測量方式	測量時間	發燒的定義
肛溫	1 ～ 3 分鐘	> 38℃
口溫（耳溫）	3 ～ 5 分鐘	> 37.5℃
腋溫	5 ～ 10 分鐘	> 37.5℃

※ 正確量耳溫
測量三歲以下幼兒，必須將耳朵往後輕拉，三歲以上及成人必須將耳朵往上往後輕拉。

測量脈搏的方法

脈搏為心臟收縮打出血液，於動脈系統中產生波動，我們可以藉由身體某些部位（如橈動脈、頸動脈、股動脈、肱動脈……等）觸摸得知。

在正常情形下，脈搏次數等於心搏次數，但若患者有心律不整的問題，脈搏次數便不等於心搏次數。

測量部位

最常用來測量脈搏的部位為橈動脈，此外，頭部的顳動脈、頸部兩側的頸動脈、手肘上的肱動脈、手腕上的尺動脈、大腿膝蓋附近的膕動脈、足踝內側的脛後動脈及足背上的足背動脈，也可測到脈搏。

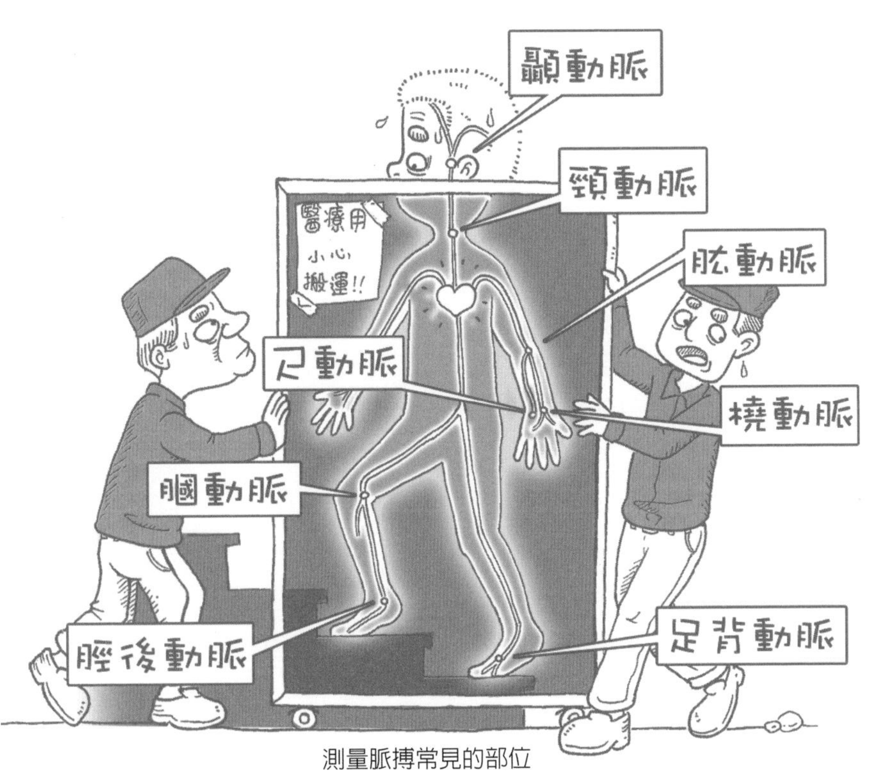

測量脈搏常見的部位

測量方法

以食指、中指及無名指輕按脈搏跳動的部位，計數一分鐘脈搏跳動次數，即爲一分鐘的脈搏次數。

正常範圍

- 正常人一分鐘脈搏約 60 ～ 100 次／分。
- 當心跳小於 60 次／分時，代表「心跳過慢」，可能原因有藥物、甲狀腺機能低下、低體溫、休克末期、平時活動或休息時的運動員、心臟本身疾病（如病竇症候群）。
- 當心跳大於 100 次／分時，代表「心跳過快」，可能原因有發燒、藥物副作用、感染、甲狀腺機能亢進、出血、休克前期、激烈運動後等。

注意事項

脈搏也會受到進食、飲水、抽菸、運動或洗澡等關係影響，所以須休息 30 分鐘後再予測量。

按脈搏的力道要適中，若太大力會阻斷血流，反而摸不到脈搏。

另外，也須注意脈搏跳動的「規則性」，若忽快忽慢或跳幾下隨即停頓，之後又再有脈動，則表示有心律不整問題，應儘速就醫查明問題的原因。

除此，還要注意身體兩側脈搏的「對稱性」，如右邊橈動脈和左邊橈動脈若強度不一，可能有血管阻塞的問題，應就醫處理。

測量呼吸的方法

呼吸，指肺部吸進空氣及吐出二氧化碳的功能。

測量方法

- 測量呼吸時患者必須安坐或躺臥休息，根據胸壁的起伏數計一分鐘呼吸次數。

正常範圍

- 成人一分鐘呼吸次數，正常約 12 ～ 20 次／分。
- 呼吸次數多於 24 次／分時，代表「呼吸過速」，常見可能原因有發燒、感染、肺部本身疾病等。
- 呼吸次數低於 8 次／分時，代表「呼吸過慢」，可能原因有藥物因素、腦壓過高等疾病因素。

注意事項

若有進食、飲水、抽菸、運動或洗澡時，須休息 30 分鐘再測量。

測量呼吸時，須注意呼吸深淺、是否有呼吸困難、是否伴有其他聲音，以及胸部兩邊起伏是否對稱、鼻翼是否擴張、脖子兩邊肌肉及鎖骨是否明顯（即呼吸起伏明顯的意思），以及膚色是否紅潤等。

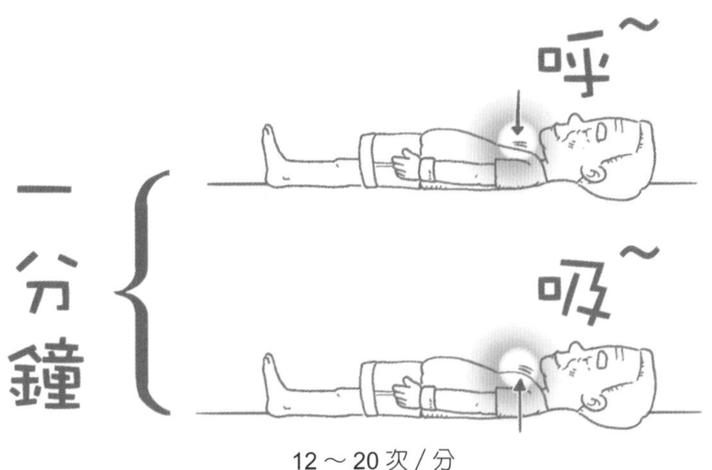

12～20次／分

測量血壓的方法

血壓，指心臟收縮和舒張時，血液對動脈管壁造成的壓力。

電動血壓計

測量方法

步驟：

❶ 採舒適的臥式，手臂下方要有適當的支拖，手臂與心臟同高；上衣如果太厚需要脫下才能測量到正確的血壓，而薄上衣可直接測量不用將袖子捲起。

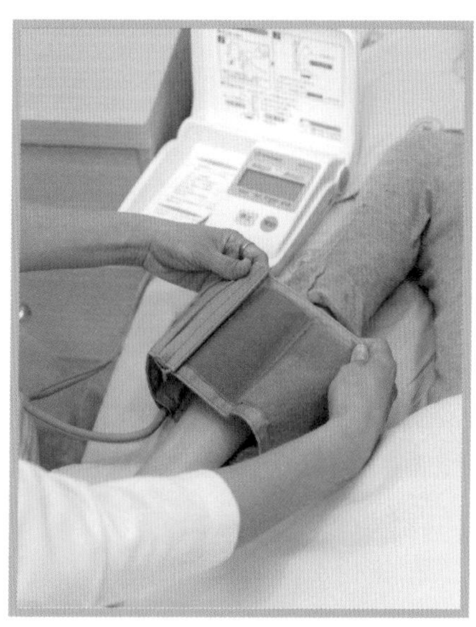

❷ 檢查壓脈帶及其管路是否破損。

❸ 將壓脈帶平滑且緊貼的圍繞於肘關節上 2.5 公分處，鬆緊度以能放進兩指爲宜。

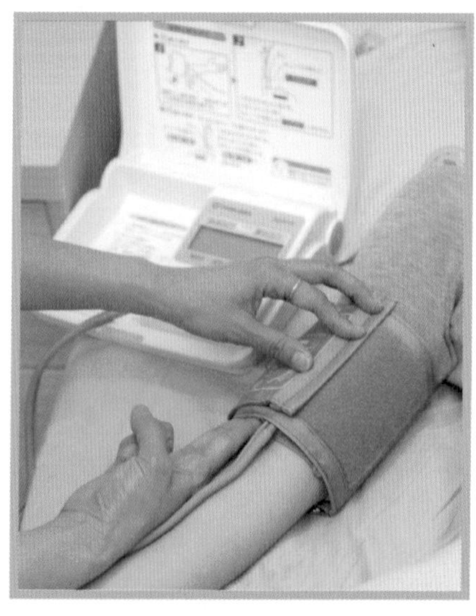

❹ 按下「開始」按鈕；待數字出現，即代表測量到的血壓。

❺ 若要重新測量，必須兩分鐘後再測量。

❻ 取下壓脈帶，將衣袖放下。

❼ 將血壓計電源關閉，壓脈帶摺疊整理好，放回血壓計內。

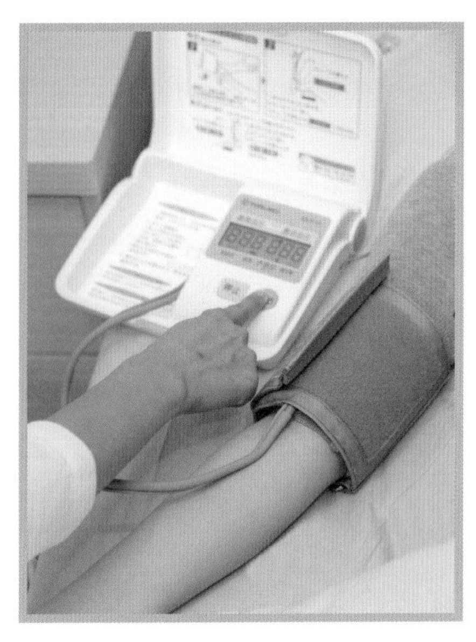

正常範圍（成年人〔≧ 18 歲〕高血壓的分級）

類別	收縮壓	舒張壓
正常	＜ 120 mmHg	＜ 80 mmHg
前期高血壓	120 ～ 139 mmHg	80 ～ 89 mmHg
高血壓第一級	140 ～ 159 mmHg	90 ～ 99 mmHg
高血壓第二級	≧ 160 mmHg	≧ 100 mmHg

注意事項

- 收縮壓介於 120mmHg ～ 139mmHg 或舒張壓介於 80mmHg ～ 89mmHg，稱爲「前期高血壓」，若血壓值常在此範圍，日後成爲高血壓的機率就會增加。
- 高血壓依嚴重程度分爲第一級及第二級，級數愈高罹患高血壓併發症的機會愈大。
- 測量血壓前若有運動、洗澡、情緒激動的情形，或抽菸、喝咖啡，須先休息 30 分鐘後再測量。

文／侯慧明（台中榮民總醫院小兒科病房護理長）

留意身體各系統健康情形

隨著年齡的增長，身體各部位功能將逐漸出現退化的現象，不僅如此，有些人還會伴隨有慢性疾病（如高血壓、心臟病等）的問題，所以要區分老人身體狀況是正常老化或疾病引起的問題，變得很不容易，加上有些疾病的症狀爲「不典型表現」，如尿道感染，可能呈現低度發燒或不發燒、嗜睡或腹痛等各種表徵，因此在診斷上要更爲謹慎。

此外，有些老年人主訴和疾病症狀不符合（這是因爲老年人身體機能退化而較不敏感，所以對疾病症狀的感受會與實際看到的症狀所有差異），更增加判斷上的困難。因此，照護者對於身體正常老化的現象應有所認識，才能在照顧病人時，發現眞正的問題，進而及時送醫。

感官系統老化常見症狀

視力

眼睛因老化的關係，水晶體變黃，對於顏色的辨色力變差，尤其波長較短的顏色如「藍色」、「綠色」及「紫色」。此外，因淚液分泌減少的關係，使得老人常會主訴眼睛乾澀。

由於，水晶體及眼球肌肉調節力變差，水晶體變厚、瞳孔變小，會讓老人家無法看清「近距離」的東西，甚至無法忍受強光，夜間視力變差，因此老人家夜間外出時應特別注意交通安全。

聽力

因神經退化造成耳內的傳導變差，對於「高頻」的聲音聽力變差，所以會經常重複詢問說話的內容。

嗅覺及味覺

由於，味蕾數目減少及味覺接受器靈敏度降低，因此會經常主訴吃的食物沒有味道，而造成食欲減退的現象特別是鹹味和甜味。

呼吸系統老化常見症狀

由於肺臟組織失去彈性，呼吸輔助肌張力減少，肋軟骨失去彈性，造成運動後容易有呼吸急促等現象；此外，肺部纖毛活動力降低，造成無法有效將分泌物咳出。

心血管系統老化常見症狀

由於心臟肌肉失去彈性，心輸出量（即心臟每一分鐘由左心室送出全身的血液量）減少，且血管彈性變差，周邊血管阻力增加，使得「血壓易偏高」，血管瓣膜功能變差，血管組織脆弱，易造成「血管突起」及「靜脈曲張」等。

消化系統老化常見症狀

由於唾液分泌減少，牙齒脫落，無法咀嚼食物，容易有營養不良的現象，且由於吞嚥反射變差，食道蠕動減緩，以及胃排空延遲，容易有吞嚥困難，吃東西易有飽脹感，胃灼熱感，易嗆咳，不僅如此，由於，腸道蠕動變慢，易有便秘的問題。

肌肉骨骼系統老化常見症狀

由於神經支配能力減低，易造成反應時間增長，平衡度減低，活動力減低，柔軟度減低。在骨骼系統方面，則有關節退化、關節疼痛及關節活動度降低、骨質疏鬆、脊柱後彎曲、背痛等問題。

神經系統老化常見症狀

由於腦部血液循環減少，易眩暈、平衡失調、跌倒、意識混亂及記憶力減退；因神經傳導速度減低，反應時間延長，學習新的事物會變得較爲緩慢。

皮膚系統老化常見症狀

由於皮膚的血管血流減少，對於外在的防禦力減低，一不小心很容易受傷、瘀青。此外，因油脂分泌減少，無法忍受過熱或過冷的環境；皮膚變薄，皮膚顯乾燥，易有皮膚癢的問題，也會有老人斑或色素沉著、指甲變黃、變硬且厚等現象。

泌尿生殖系統老化常見症狀

由於，膀胱容量減小，膀胱括約肌張力減少，易有夜尿、頻尿、急尿及尿失禁的問題；此外，因「腎臟清除功能減低」，易造成藥物代謝速率減緩，增加腎臟負擔；在男性方面，因前列腺過度增生，易有排尿困難的問題。

性功能老化常見症狀

在男性，荷爾蒙分泌減少，造成勃起困難。

在女性，陰道萎縮，荷爾蒙分泌減少，陰道酸鹼值變鹼性，造成陰道易感染，性交疼痛，難達到性高潮，子宮及陰道易脫垂。

被照顧者身體出現異狀時，請盡速協助就醫

身體老化關係，身體功能多多少少都有退化的情形，話雖如此，但，當被照護者身體出現下列異常狀況，照護者則需要將患者緊急送醫——

1. 身體的任何部位發生出血、腫塊或發紅、腫、脹等現象。
2. 發燒且合併呼吸急促。
3. 意識改變、嗜睡或叫不醒。
4. 胸痛不適且合併盜汗、噁心或嘔吐。
5. 呼吸急促，喘不過氣，嘴唇及臉色發黑。
6. 突然無法解小便，觸摸膀胱部位有鼓脹現象時。
7. 眩暈，無法站立。
8. 大便呈現血便、小便有血色。
9. 突然腹痛不適。
10. 頭部劇烈疼痛。
11. 突然視力模糊。
12. 突然手腳無力，或嘴巴歪一邊、流口水。

文／侯慧明（台中榮民總醫院小兒科病房護理長）

▶▶ 營養照護

鼻胃管照護

所謂「插鼻胃管」，顧名思義是將鼻胃管從鼻孔放置到胃內。當患者無法由口得到足夠的水、食物或藥物時，藉由「鼻胃管灌食」，可以將均衡的流質食物或藥物灌入胃中，以提供足夠的營養。

鼻胃管護理

準備用物

生理食鹽水（溫開水）、彎盆或空容器、紙膠、小棉棒、剪刀、小毛巾。

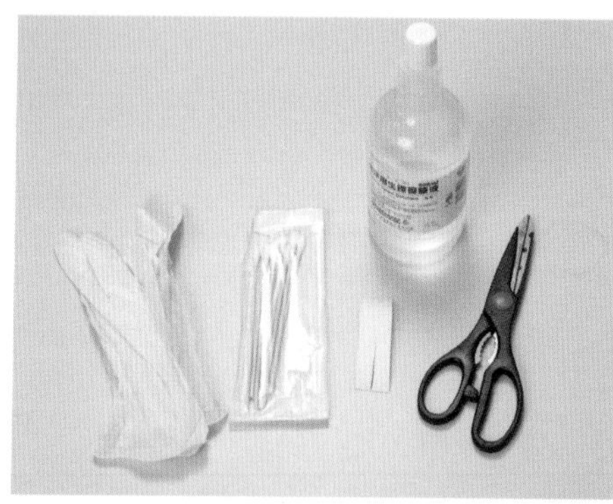

步驟

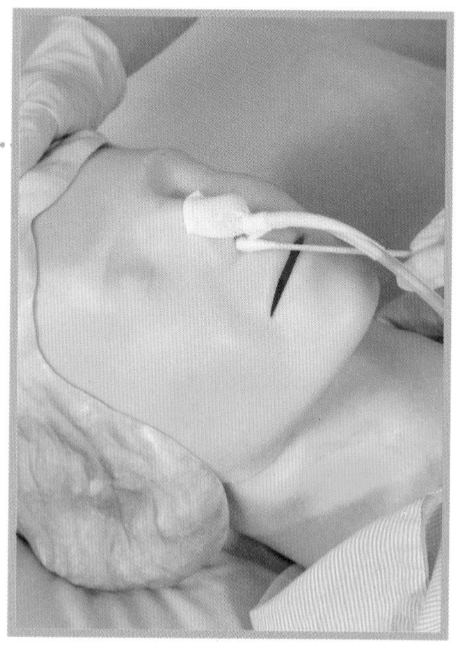

1 先沾濕小棉棒清洗鼻腔。

2

將宜拉膠（即膠帶）或紙膠小心移除，用小毛巾清潔鼻子皮膚，觀察有無破皮情形，旋轉鼻胃管改變食物出口位置，並注意鼻胃管刻度應與鼻翼平行。

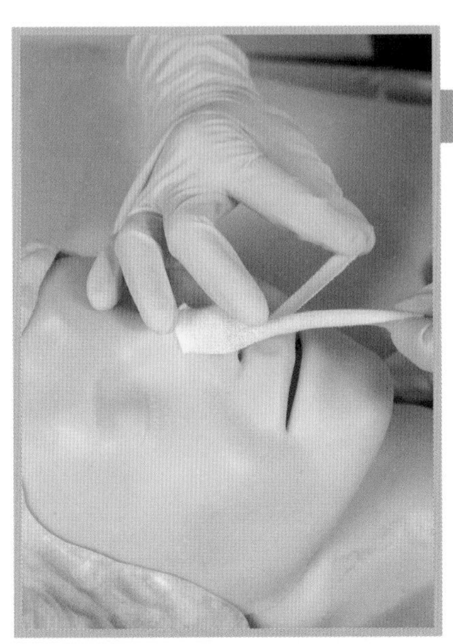

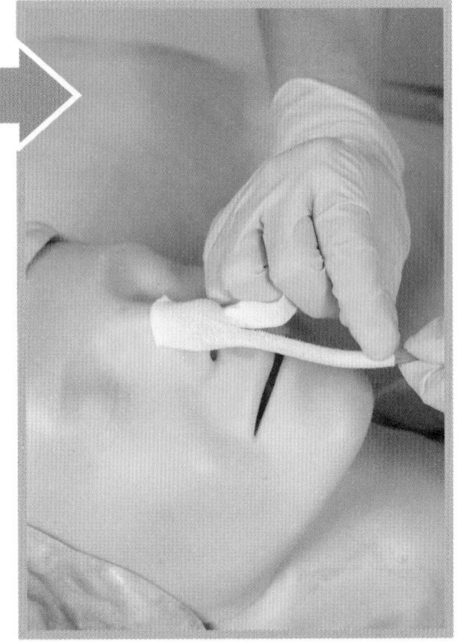

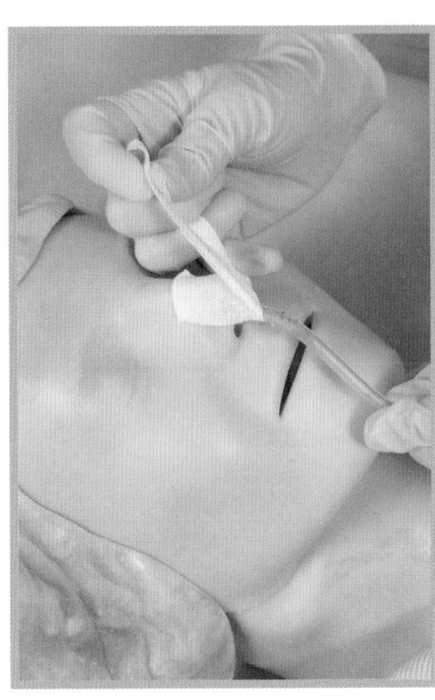

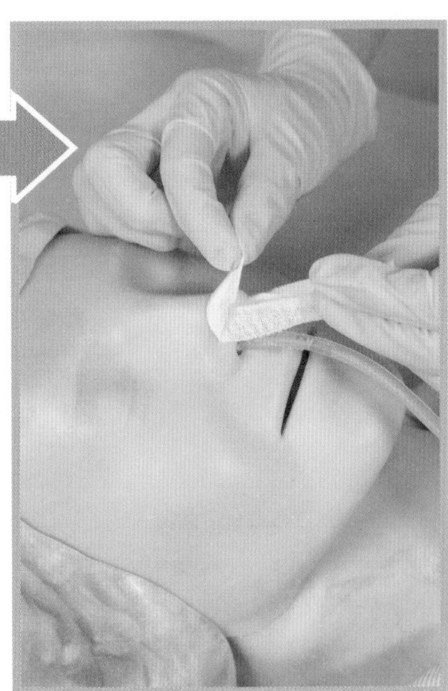

3
更換固定的膠帶；更換膠帶時，需將臉部皮膚擦拭乾淨再貼，並注意勿貼於同一側鼻子的皮膚。

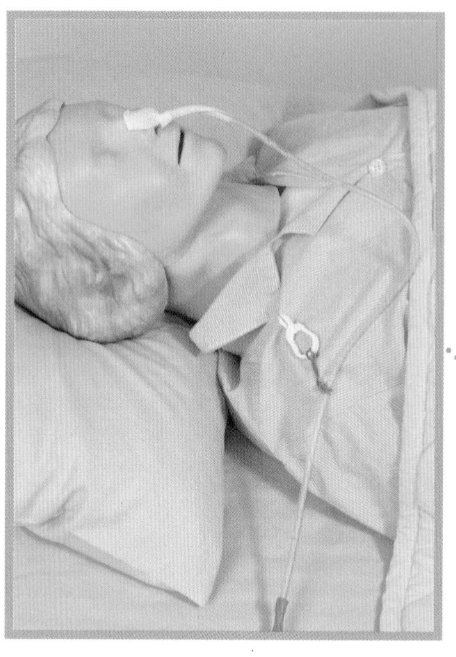

4
鼻胃管外露管路，可用別針別在病患衣物上，防止牽扯滑脫。

5
注意鼻胃管刻度，若有脫出，應通知居家護理師處理。

口腔清潔三大幫手：潔牙棒、牙刷、紗布

準備潔牙棒

千萬別認為插鼻胃管就不需口腔清潔，久未由口進食的病患，因唾液分泌減少，口腔細菌更多，不注意清潔將會產生異味，所以每日應注重口腔清潔，使用潔牙棒或牙刷清洗口腔與舌苔，避免異味產生及保持清潔。

準備紗布

對於無法自行吞嚥的患者，在清潔過程中易有口水產生及水分的積存，所以較好的方法是讓患者側躺，在口腔內放置紗布和在臉頰下放置彎盆，以利水分流出並防止嗆到。

鼻胃管固定的方法

撕一段約 7 公分長的膠布（約食指長度）

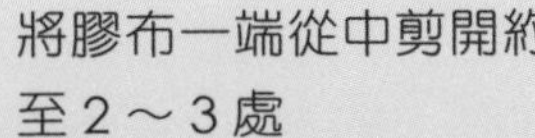

將膠布一端從中剪開約至 2 ～ 3 處

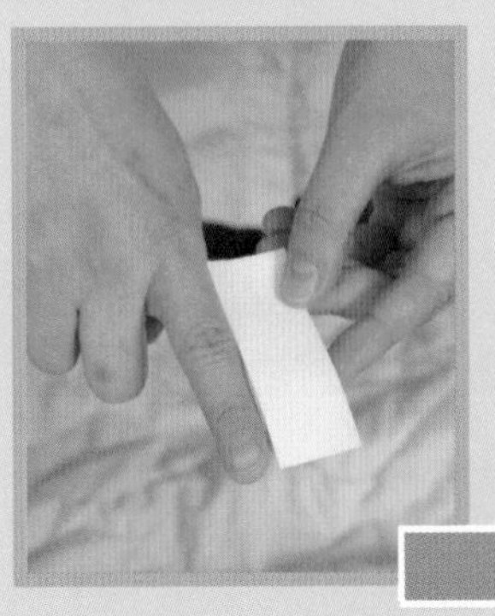

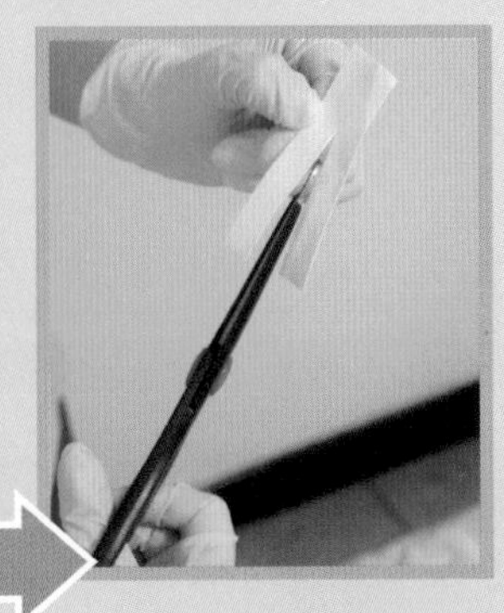

未剪開的部分貼於鼻樑上，剪開的部分則分別纏繞在管子上。

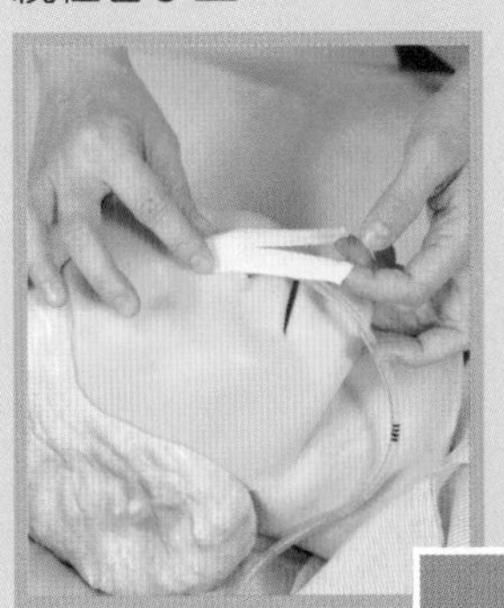

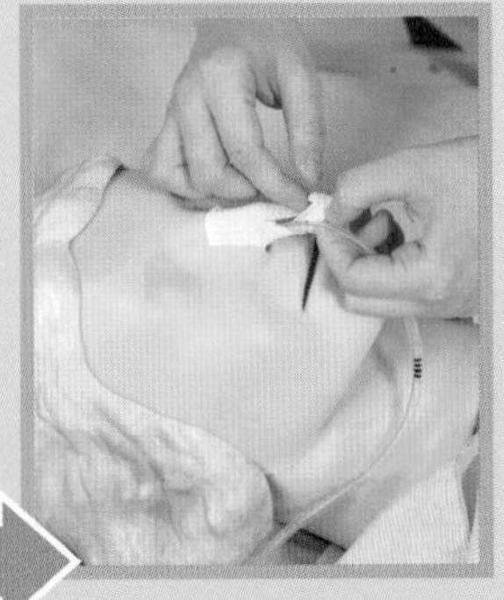

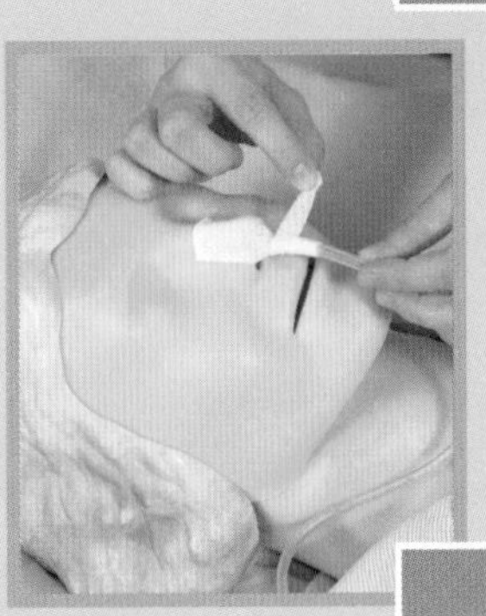

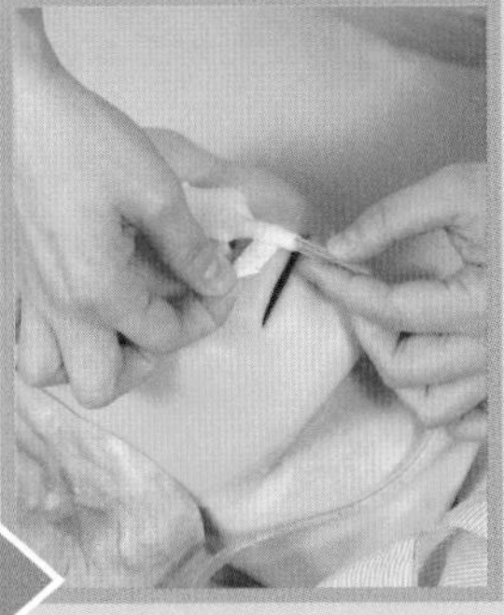

鼻胃管灌食

準備用物

灌食空針（約 50 cc）、灌食內容物、衛生紙。

步驟

1

灌食前，應先確認鼻胃管是否在胃內——

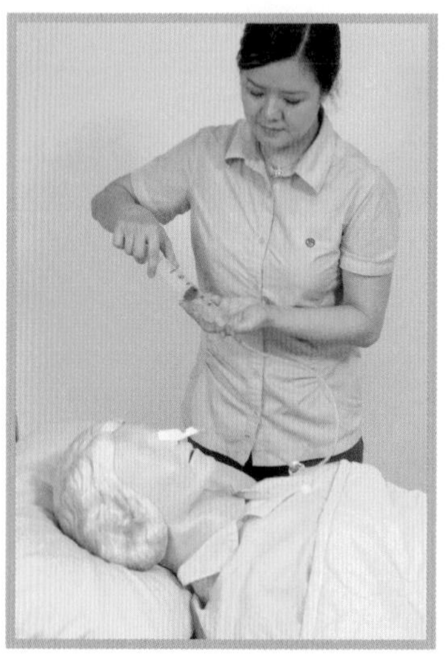

方法 1

灌食前回抽觀察消化情形，回抽物需再灌回。

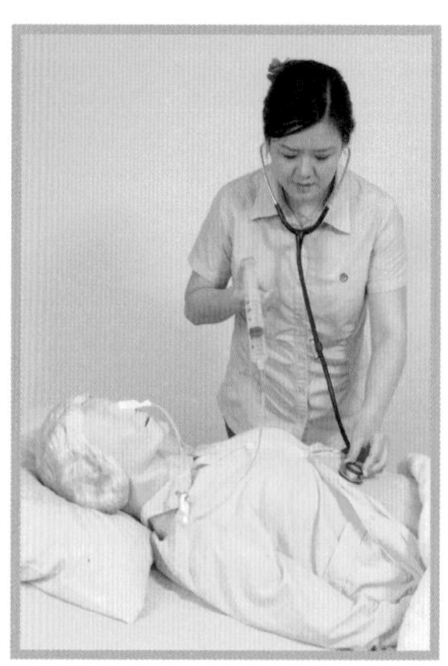

方法 2

利用灌食空針，注入少許的空氣到胃內，使用聽診器聽診聽到胃部有注入空氣的咕嚕聲確定鼻胃管在胃內。

2

將灌食空針接妥鼻胃管開口，應先反抽胃內容物，並觀察胃內容物質與量，若胃內容物大於 100 cc，宜休息 30 分鐘後再灌食；若胃內容物小於 100 cc即可開始灌食。

3

確認可灌食後，應將胃的內容物，再次灌入胃中。

4

測量灌食內容物的溫度是否恰當。

5

抽取灌食之食物並將空氣排出，避免空氣進入胃內，引起脹氣。

6
將灌食空針接妥鼻胃管開口，緩慢地灌入。

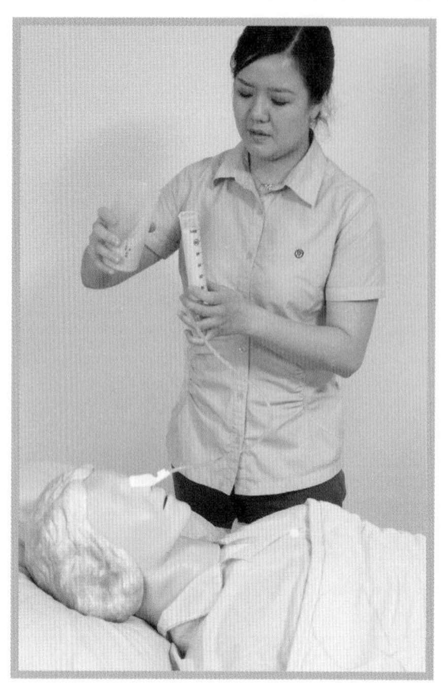

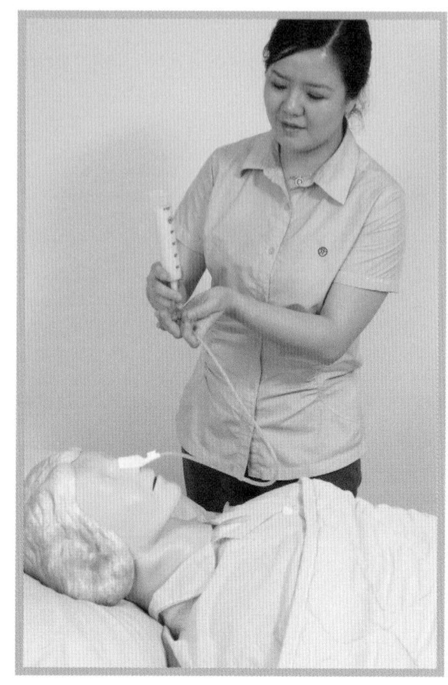

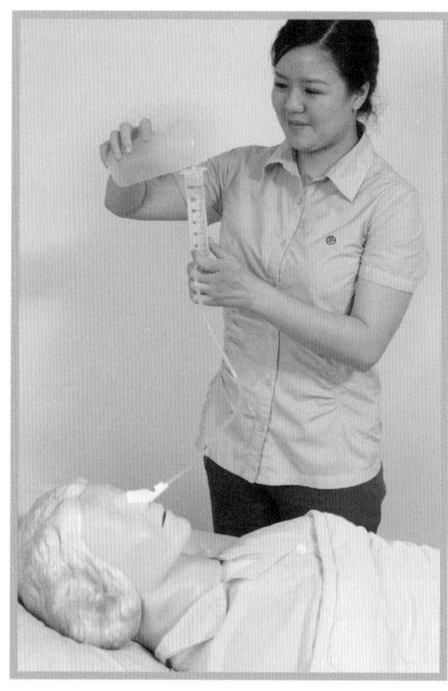

7
待全部的食物灌完後，再灌入約 30 ～ 50 cc的溫開水，以防止鼻胃管阻塞或食物殘留在管壁上。

灌食食物的準備須知

- **灌食食物**：灌食食物及水的灌食總量每次不超過 500 cc，食物的溫度 38 ～ 41℃。
- **灌食藥物**：需先將藥物磨碎，磨碎後溶於水中，水的溫度約 38 ～ 41℃。
- 有些家屬會自製灌食，建議一次製作一天的量就好，若製作太多易導致食物不新鮮；做好的灌食食物，應冰於冰箱中冷藏。此外，每次使用時，只取出需要的量加熱，並將之灌完。
- 若採配方牛奶，為粉狀者，一次只泡適當的量；為罐裝者，每次只倒出需要的量加熱，剩餘的部分應盡速放入冰箱中冷藏。

注意事項

- 灌食前發現有痰液，應先清潔或以抽痰的方式清除痰液，並休息 20 ～ 30 分鐘後再灌食。
- 灌食的姿勢宜採半坐臥姿，將床頭抬高 30 ～ 60 度。
- 鼻胃管的材質有「塑膠」與「矽質」兩種，最好選用矽質鼻胃管，其質地較柔軟也較爲舒服。
- 鼻胃管使用一段時間，總有牛奶或食物殘存於管壁，建議每週可使用「雪碧」清洗管路，因雪碧是無色碳酸飲料，呈酸性具輕微腐蝕性，所以將雪碧倒入管路中，可將污垢脫落。若爲糖尿病患者，因雪碧內含糖分太高，可以使用「小蘇打水」來清洗管路。

- 鼻胃管有時會在不經意中滑脫，若滑脫不超過 10 公分且口腔內無鼻胃管，則建議慢慢往內推送；但若在口腔中發現有鼻胃管，請將鼻胃管拔除並聯絡居家護理師重新放置鼻胃管。
- 灌食過程中，若病患有異常情形，如：不停咳嗽、嘔吐、臉色發青等，必須立即停止灌食，將鼻胃管放低，讓胃內容物自然引流出來，密切觀察是否需送醫治療。

文／沈佩瑤（台北榮民總醫院高齡醫學中心）
楊棻華（高雄榮民總醫院居家護理師）

認識慢性病連續處方箋

要帶家中失能的長者去就醫，常常是個大工程，不僅照顧者人仰馬翻，患者也須忍受舟車勞頓之苦，因此，當急病狀況穩定的情況下，使用慢性病連續處方箋，可以減少就醫往返路程與看病等候的時間。

誰適用慢性病連續處方箋

慢性病患者經醫師診斷病情穩定，需長期使用同一種處方用藥時，醫師就可以分次調劑，期間爲二至三個月內有效之慢性病連續處方箋。

目前健保規定適用連續處方箋之慢性病種類有十六大類九十八種，包括：高血壓、糖尿病、精神病、癲癇、哮喘、慢性肝炎、腦血管病變、關節炎、癌症藥物追蹤治療、心臟病、痛風、慢性腎臟炎…等。

慢性病連續處方箋好處

- 省時：減少看病等候的時間。
- 省錢：在健保特約藥局以慢性病連續處方箋領藥時，可免繳藥品部分負擔費用。
- 方便：可以選擇到住家附近之健保特約藥局領藥。

注意事項

1. 服藥期間感覺不適或病情不穩定：如果在慢性病連續處方箋仍在有效期限的情況下，應該像平常生病一樣先回到原來的醫療院所就診，並且帶著原來的處方箋與醫師再討論，以及早調整用藥。
2. 病情穩定：只須定時回診拿藥即可，但在此也要提醒家屬，如果病患不方便回診而只是由家屬代爲拿藥，則必須要提供給看診醫師在家中的相關醫療資訊，例如血壓紀錄、排便情況、睡眠狀況等等，以方便調整用藥，如果有任何的藥物副作用或是身體不適產生，也須報告給醫師知道，以減少可避免的副作用產生。
3. 出國期間：當領藥期間如果須出國，可於領藥時出具機票等足以證明其出國之相關文件，例如機票、機票影本、旅行社開立之證明等，則得先行領取下個月的用藥量，惟爲免藥品因久放而失效，當次之全部給藥量以二個月爲限。

文／周明岳（高雄榮民總醫院高齡整合照護科主任）

正確給藥與用藥

「藥物治療」是目前醫療中一個極重要的角色，不管是急性或是慢性疾病，幾乎都需要藥物的幫忙；但目前民眾對於用藥知識的來源，包括：來自藥袋本身、藥品仿單、書籍、電視、電台、網路等，面對如此多的資訊，應慎選資訊的來源，以免錯誤用藥。正確的藥物是用於診斷、治療及預防疾病的利器，不當的用藥會有致病的危險。

正確的用藥，包括：「正確的診斷」、「正確的選藥」與「正確的使用藥品」，而「正確的診斷」：即生病就診時，患者或照護者必須清楚的描述不舒服的症狀，包括不舒服的部位、情況與發生時間，以及告知醫師個人的藥物過敏史、懷孕、哺乳、飲食情形、有無抽菸、喝酒等，同時也應告訴醫師曾經罹患過的疾病，如：糖尿病、高血壓等慢性病，此外，家族性遺傳疾病或過去曾開刀住院等病史均應詳細告知。

不僅如此，也應將目前正在使用的藥品，如：中藥、維他命、避孕藥、減肥藥、健康食品、甚至是酒類等特殊保健食品，也因在就診時一併告訴醫師，醫師才能做正確的診斷。

用藥照護指南

正確的用藥知識，包括：看懂醫師處方、藥袋及了解自己用藥相關的知識；以下幾項能提供民眾正確給藥與用藥之參考，防止錯誤發生──

認識所服用的藥品

病患看診後拿到藥袋，必須核對藥袋上的每個項目是否正確，包括：姓名、性別、醫師和藥師姓名。

另外必要查看藥品名稱、單位含量、數量、用法、用量、適應症、副作用、保存方式、有效期限，這些項目藥袋上是否都標示清楚，只要花點功夫絕對有助於正確用藥。

告訴醫師之前的病史

不論急性或慢性疾病，特別是罹患多重病症、全身系統性疾病、及肝臟與腎臟功能狀況不佳者，有時某一疾病的良藥卻會是另一種病症的禁忌，尤其是老年人，藥物在體內的解毒、分解排泄過程變得緩慢，易引起中毒。

因爲，人體「肝」與「腎」是藥品代謝與排除的重要器官，在不同科別、院所就醫時，務須提醒醫師以往病歷及肝、腎功能狀況。

正確使用抗生素

避免抗生素濫用，亦屬於用藥安全的一環。若在缺乏醫師診斷下自行購買抗生素服用，可能造成壞菌在體內發生變異，對原有抗生素產生抵制的現象，如此便造成細菌的抗藥性，且不同抗生素所治療的有害菌種均有所不同，若自行使用抗生素，不但無法殲滅原來感染的害菌，反而可能誤殺其它的有益菌種。

因此，當家人生病時，應配合醫師專業的診斷與醫藥人員的指示服用藥物，不要擅自停藥或更改他藥服用。

正確的儲放藥物

藥品最好放在藥箱內及孩童較拿不到的地方。爲了避免犯錯，不要在黑暗處服藥，有蓋子的容器，使用後需蓋緊，除非有特別指示，否則所有的外用藥品應儲存在陰涼乾燥的地方；此外，切勿使用過期或變色的藥丸或藥水，並且不要使用別人的藥品，不同的藥品最好不要放在同一容器內，以免誤取。

確認藥物服用方法

在用藥以前必須先確認服用方法，依藥師或醫師指示，在正確時間（空腹、飯前、餐中、飯後）及正確期限內吃正確的藥，且劑量要正確。

至於，藥物該怎麼服用，則會因不同種類的藥物或作用，服法可能就有所不同，因此，服用藥物前應詳看藥物說明書。

而常見的服用方法如下——

- 吞服：如某些瀉劑需吞服，以減少腸胃的副作用。
- 咬碎：如大顆中和胃酸的藥物，咬碎服用較不會造成吞嚥困難，也可增快作用。
- 含在舌頭底下：如某些具有擴張血管功能、用以緩解心絞痛的藥物，含在舌頭下可快速吸收而作用。
- 加水稀釋：某些懸液劑需以足量的水配製後服用，如：小兒使用的抗生素糖漿。

正確的服藥時間

「空腹」服藥：指飯前一小時或飯後二小時服用。
「飯前」服藥：指飯前半小時至一小時服用。
「餐中」服藥：指用餐中服用或與第一口飯一起吃。
「飯後」服藥：指飯後半小時至一小時服用。

三讀五對不可少

照顧者在每次給藥前應養成「三讀五對」的好習慣，即自「藥袋中取出藥物時」、「取出該次的劑量時」、「將藥品放回藥袋時」都應不厭其煩的核對藥名，並留意此藥品是否為該病患所有；不僅如此，在每次給藥前應再次核對「姓名」、「藥物名稱」、「藥物劑量」、「服藥時間」、「正確用法（如口服、栓劑、外用藥）」以確保用藥安全。

文／張靜雯（台中榮民總醫院一般醫學內科病房護理長）

發燒的照護

體溫是重要的生命徵象，「發燒」則是反應感染的重要警訊。由於老化的關係，其生理體溫調節機制及發燒反應均不如一般人明顯，發燒反應減弱，對中老年以上的人而言，是一個需要重視的問題，因爲中老年人罹患感染症的病況起伏不像年輕人這麼明顯，可能會延誤診斷，導致中老年人遭受感染而不知，甚至造成死亡。

因此，當病患發燒時千萬不可忽視，儘快找出發燒的源由感染源，必要時，還得入院接受治療；所以照顧者需格外留意病患的體溫變化，才能早期發現感染情形，以便早期接受治療。

原因

發燒是人體遭受病原體侵入後所產生的生理保護機轉——體內的白血球會殺死病原體，而釋放出「熱源」物質，刺激下視丘引起發燒。

發燒雖然是種免疫功能，可增加抗體對抗致病細菌，但在發燒過程中，新陳代謝率提高，血壓、心跳及呼吸次數均會上升，容易使水分喪失、體液電解質不平衡及脫水，因而讓人產生身體不適情形。

定義

目前測量體溫的方法有口溫、額溫、耳溫、腋溫及肛溫等，隨著測量部位的不同，對於發燒溫度的定義亦不盡相同。

所以當測量體溫時，照護者本身應先了解體溫到達多少爲發燒；再者，體溫若越來越高，是否會引起合併症？發燒幾度時該採取退燒措施？退燒措施有哪些？除了退燒措施外，面對發燒該如何處置？這些都是不能不知道的。

測量部位	測量時間	發燒的體溫
腋溫	5～10 分鐘	>37.5˚C
口溫	3～5 分鐘	>37.8˚C
耳溫	1～3 分鐘	>37.8˚C
肛溫	5～10 分鐘	>38.5˚C

合併症

- 加速代謝過程：增加體內蛋白質的消耗，使體重減輕。
- 增加心臟負擔：體溫每升高 1℃，心跳每分鐘加快 10 次，心臟不健全者常不勝負荷，導致病況惡化。
- 發燒常多汗，導致體液大量流失、口乾舌燥、尿液顏色加深。
- 合併有倦怠、頭痛、全身痠痛、食欲不振。

發燒照護要領

測量體溫若超過 38℃以上，照護者可使用以下的方法減輕病患不舒適的感覺——

- 減少被蓋，調整室溫並維持室內通風。
- 冷敷：用毛巾在冷水中浸溼後放於前額，用水枕於腦後或額前。
- 溫水拭浴。
- 多休息。
- 多給予易消化食物，如牛奶、稀飯、少油膩食物。

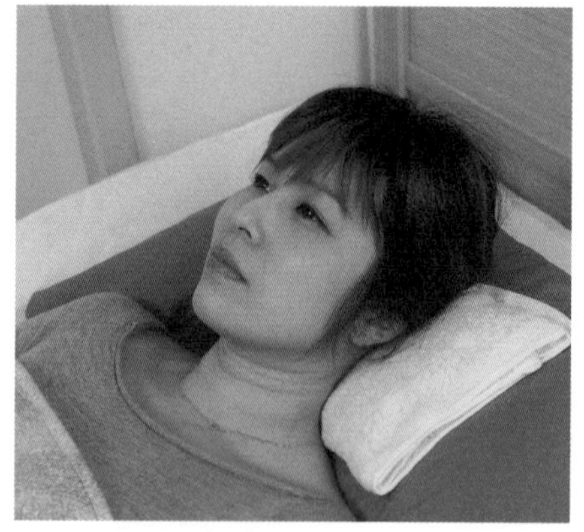

用水枕於腦後或額前。

- 發燒多有其原因，需由醫師詳細檢查，依醫師指示使用退燒藥物，若自行服藥則可能忽略潛在病因。
- 發燒時，降低溫度並不是首要處置，而是應該至醫院求診，找出發燒的原因，並監測體溫變化，給予充分的休息，補充足夠的營養、熱量、水分、電解質，以支持體內的免疫系統繼續作戰，才是正確的發燒處理。

如有下列情況的發燒，應立即就醫！

- 發高燒 (攝氏 39.5℃以上)。
- 發燒時間超過 24 小時，且合併其他身體症狀，如：腹瀉。
- 嚴重疾病合併發燒者，如：癌症病患合併發燒。

文／劉秀華（台中榮民總醫院內外科病房護理長）

疼痛的照護

疼痛是主觀的感覺，有時候無法用科學的方法探測出來。

1979 年，國際疼痛研究協會（IASP）對疼痛的定義爲：一種令人不快的感覺和情緒上的感受，伴隨著現存的或潛在的組織損傷。

疼痛強度的量度方法

用數字表示有多痛

病人被要求從0（不痛）至10（最痛）間，選取相當於其痛感適當的數字。

部位：	0										10
______											
分數：	不痛										最痛

用手指出疼痛表情

對完全不懂英語的被照護者，照護者可以給他們以下這六個臉孔的圖像（從微笑到非常痛苦的臉孔），並請用手指出並做出選擇。

0：No Hurt（沒有疼痛）
1：Hurts Little Bit（稍微疼痛）
2：Hurts Little More（不太舒服）
3：Hurts Even More（很困擾）
4：Hurts Whole Lot（很嚴重）
5：Hurts Worst（劇烈疼痛）

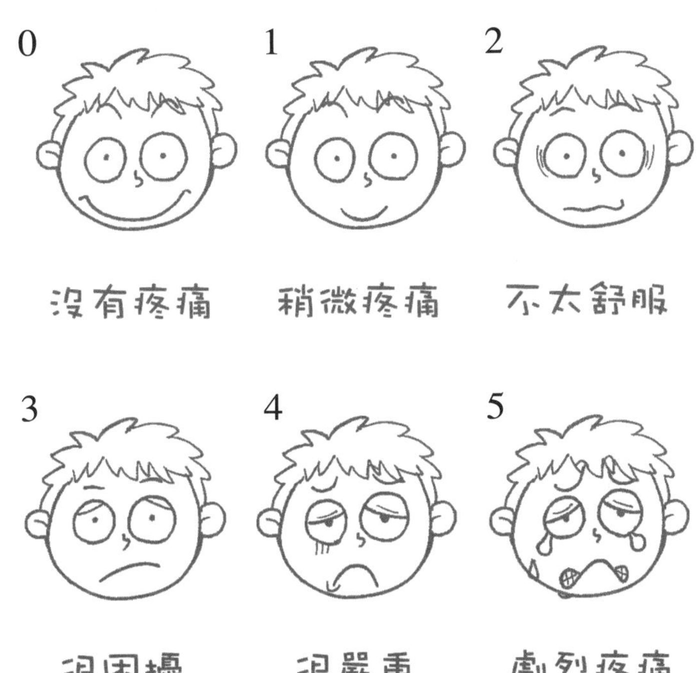

疼痛 照護

- 鬆開衣物，採取最舒適的姿勢，不要移動疼痛的部位。
- 注意觀察疼痛的位置及痛的發生時間、痛的性質，是否有加劇情況。
- 勿直接把物品放置在疼痛部位上，例如棉被、毛毯、厚重的衣物等。
- 用手輕輕撫擦痛處的周圍，以減緩肌肉的緊張。
- 利用談話、聽音樂、閱讀書報、看電視等方式，轉移對疼痛的注意力。
- 激烈的疼痛或緊急的疼痛，必須馬上到醫院診治。

頭痛 照護

- 保持房間的安靜。
- 避免陽光直射臉部。
- 避免房內有強烈的香水味、惡臭味、香菸味等。
- 若血壓不穩，建議監測血壓變化。
- 視力障礙有可能引起頭痛，所以必要時須先到眼科檢查眼睛。

＊**輕微的頭痛**：通常休息就會自然痊癒，所以請讓被照顧者安靜休息。

＊**頭痛嚴重時**：即應送醫處理。

牙痛照護

- 用溫水漱口；把塞在牙縫內的食物清除。
- 在痛的臉頰側面冷敷。
- 飲食以軟質食物爲宜。
- 平常多注意口腔清潔及牙齒保健。

＊溫水漱口及冷敷的處理，屬暫時性的處理，若仍有牙痛的現象，仍須就醫治療。

照護

- 臥床休息；請病人採用覺得最舒服的姿勢。
- 避免呼吸困難。
- 心臟病患的胸痛，採用半坐臥姿勢，會覺得較舒適。
- 胸口或胸部下方有緊迫劇痛感時，可能是心臟疾病所致，須趕快送醫。
- 胸部因受擊打而有局部性銳痛時，可能有骨折疑慮，須到醫院檢查。

腹痛 照護

腹痛，有時是整個腹部痛，有時是部分腹部痛；如果痛得連走路都很困難時，便是很厲害的疼痛，其照護重點如下：

- 腹部劇烈疼痛時，先不要進食，以便送醫後可作進一步檢查。
- 腹痛時，勿隨意使用鎮靜劑或進食。
- 將腰帶或束腹之物解開，躺床，屈膝仰臥休息。
- 注意保暖。
- 觀察有無：腹瀉、糞便中有寄生蟲。
- 如果腹痛加劇，合併噁心想吐，即需送醫診治。
- 若飲食後感到輕微的腹痛，照護者要告訴他——

1. 進食時必須細嚼慢嚥，飯後不要立即活動。
2. 不要吃高脂肪性食物，例如油炸物、糕餅、肥肉。如果症狀沒有改善，即要送醫診治。
3. 避免便秘、泌尿道感染：下腹部疼痛或排尿時下腹疼痛，有可能是太久時間沒有排便，所以早上喝一大杯溫開水可幫助排便，或是持續喝水增加尿液衝刷，避免泌尿道感染；如果有發燒的情況發生，應儘快送醫治療。

- 下腹部疼痛，或排尿時下腹部疼痛，須測量體溫，如果沒有發燒，請多喝大量開水，但腹痛若沒有減緩，即要送醫治療。

腰痛 照護

- 採最舒服的姿勢，安靜躺臥。
- 如果是單純性的腰痛，只要按摩、熱水浴或熱敷即可。
- 曾經有過腰痛症狀的患者，可能容易常常發生腰痛，日常生活中必須注意避免拿重物或扭腰。

肌肉痛 照護

- 因疲勞引起肌肉痛的患者，要好好休養，或做輕微運動和充分的睡眠。
- 以熱水浴或按摩以促進血液循環。
- 肌肉劇痛時，不要勉強活動，須多休息。

關節痛 照護

如果是意外事故或跌落、或感染之後發生關節痛時，須立即就醫治療，同時注意觀察有無骨折或創傷現象；照護方法如下——

- 避免關節長時間暴露在冷氣房或寒冷的天氣中，以及濕氣太高的地方。
- 每天做輕微的運動、洗熱水浴，促進血液循環；洗澡時須避免熱水溫度過高，以免燙傷；洗澡後起身時，採漸進性的方式改變姿勢，以免頭暈而跌倒。
- 關節疼痛有轉移現象時，須就醫治療。

文／楊淑慧（台中榮民總醫院門診暨個案管理師組副護理長）

▶▶ 不適症狀照護

咳痰困難的照護

當「痰」堆積在呼吸道是一件很痛苦的事，除了容易嗆到造成咳嗽不止的現象外，有時會造成呼吸困難、喘不過氣來，臉色呈現紫紅色、發紺，嚴重時，也可能會造成吸入性肺炎，進而需要緊急的氧氣治療（插管），更有可能因此而喪命。

因此，當患者無法將痰有效咳出時，那麼，適時地藉由「背部扣擊」、「抽痰」的幫忙，則可以避免上述狀況發生。

認識背部叩擊

藉由叩擊，會使不同振幅和不同頻率的波穿過胸壁，使黏附在支氣管壁的濃稠痰液因受震動而鬆動，而易咳出，使分泌物減少附著在氣道上，以移除分泌物。

方法

將手握成杯狀，手指保持彎曲，拇指靠近食指雙手有節奏的叩擊，每部位至少五分鐘，可交替叩擊。

拍背輔具。

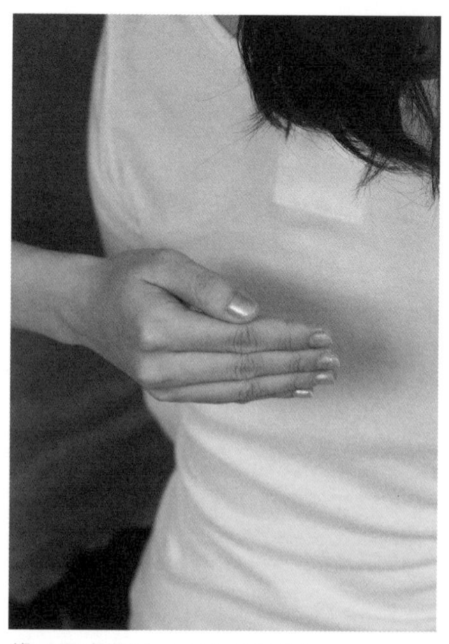

將手握成杯狀，手指保持彎曲。

注意事項

1. 叩擊肋骨覆蓋之胸廓，勿叩擊脊椎、肋骨、骨頭突出處及軟組織部位如乳房、腹部、腎臟。
2. 叩擊時該部位先墊毛巾，將手做成杯狀，有節律的叩擊胸壁，勿直接拍打胸壁，而致疼痛不適。
3. 同一區域至少連續叩擊 3～5 分鐘，叩擊時間約 15 分鐘。
4. 叩擊後教導患者深呼吸及正確的咳嗽技巧，協助將痰液咳出。

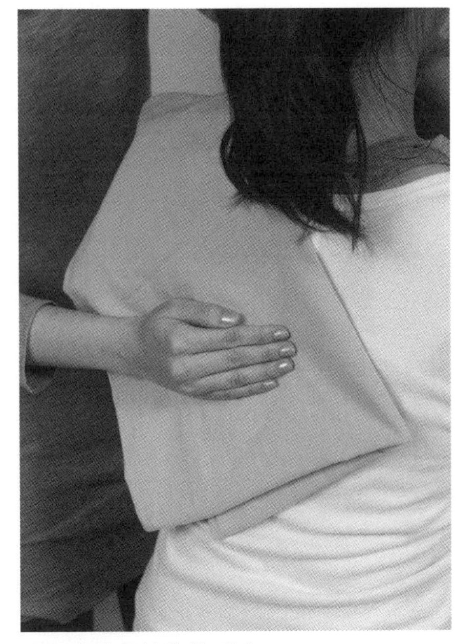

叩擊時該部位先墊毛巾。

不宜叩擊的情況

- 進食前 1 小時內及飯後 2 小時內不宜叩擊。
- 當患者有嘔吐、頭痛等情形，應停止叩擊。
- 罹患骨質疏鬆症、皮下氣腫、膿胸、腫瘤或植皮手術區塊、咳血、血液疾病且凝血功能不良者，如：血小板低於五萬以下容易出血病患。

正確的咳嗽技巧

1. 協助病患使用腹部肌肉姿勢，通常請病患採坐姿，雙腿膝蓋微彎曲，讓腳底能平踏在床墊上，若病患無法坐起，則讓病患採側臥，並將膝蓋弓起可給腹肌較大的支持，若病患在胸背部有傷口，可用枕頭或隔著毛巾將傷口按住，減輕病患在咳嗽時的不適。
2. 先做數次深呼吸，再用鼻子緩慢的吸氣，稍微閉氣一至兩秒，在將嘴巴噘起緩慢的將肺部的空氣吐出(採噘嘴式呼吸)，延長呼氣時間，可幫助分泌物排出。
3. 讓病患微微向前彎，若胸內壓力突然升高，會引發咳嗽。可將雙手放在腹部之上，可感覺到腹部肌肉的收縮。

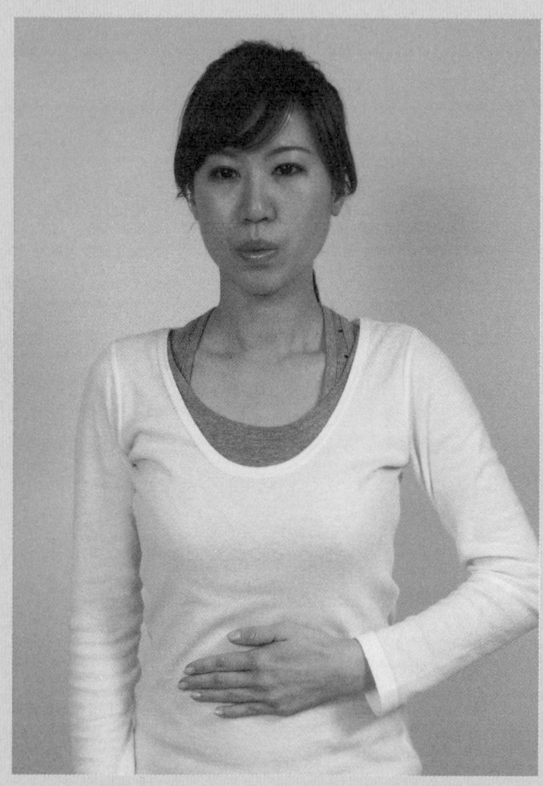
採噘嘴式呼吸。

4. 選擇合適的時機教導病患咳嗽技巧，例如：在胸部手術前，若病患咳嗽會造成胸部或傷口疼痛，可先給予止痛藥，並可請病患在咳嗽時將雙手置於疼痛處，微微加壓，可減輕疼痛的情形。

認識抽痰技術

簡單來說，「抽痰」就是將管子放置到嘴巴、鼻子、氣切口深入到咽喉抽取痰液，幫助無法自行咳痰者將呼吸道的分泌物清除，以促進有效的呼吸型態。雖然，抽痰的操作，看起來似乎很困難，但只要經常練習，就可熟能生巧。

適應症

- 無法將痰自行咳出者。
- 分泌物黏稠，須靠抽吸才能移除者。
- 肺功能受損，干擾咳嗽反射進行者。
- 長期接受氣切造口居家照護之病患。

準備用物

活動式抽痰機（或中央抽痰設備，此設備通常只出現在醫院內）、氧氣設備（如氧氣桶、液態氧等）、聽診器、無菌抽痰管（成人：12～14Fr；若由鼻抽吸可用 10 Fr）、單隻無菌手套、清潔瓶內裝清水。

步驟

1. 照護者應先洗手。
2. 打開抽吸開關，測試抽吸壓力。

抽痰壓力依裝置不同而有所差異

- 中央抽吸裝置：成人可用的抽吸壓力為 70 ～ 150mmHg；常用的壓力範圍為 120 ～ 150mmHg。
- 活動式抽痰機器：壓力範圍為 7 ～ 15cmHg。

3
打開抽痰機，調整適當的壓力約 120 ～ 150mmHg 之間。

4
將無菌抽痰管的封套打開。

5
單手戴上無菌手套。

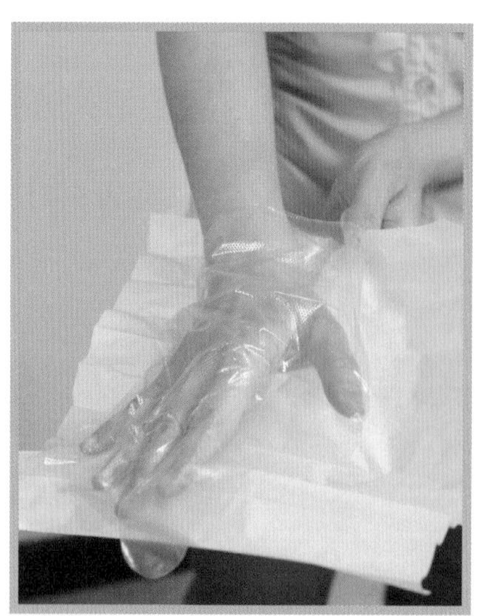

6

以無菌技術慢慢取出抽痰管。

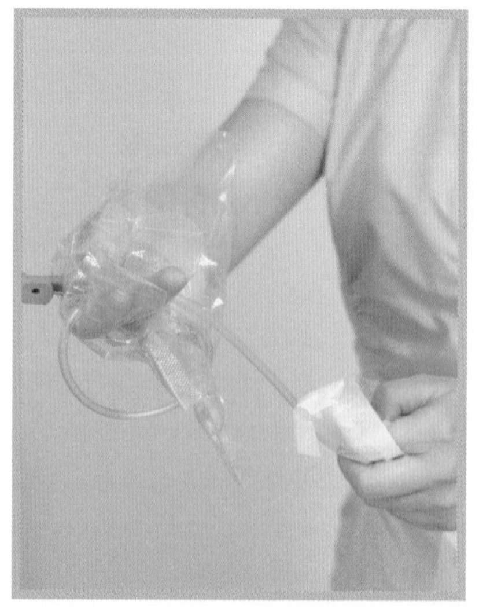

7 將抽痰管與抽痰機的橡膠管連接。

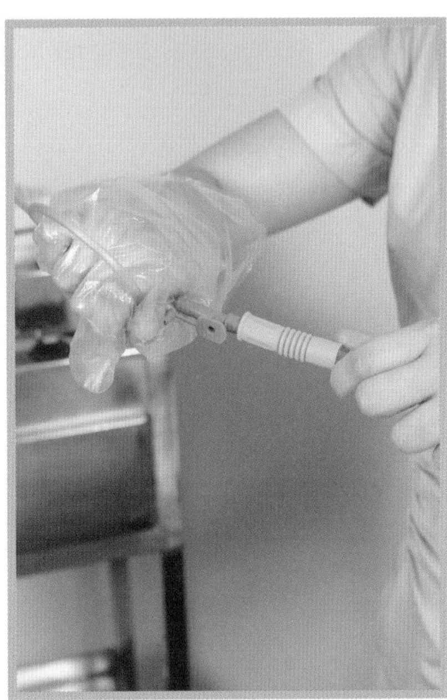

8 以輕柔動作，插入口腔內，一般為將抽痰管放到有阻力時，回抽一公分為原則。

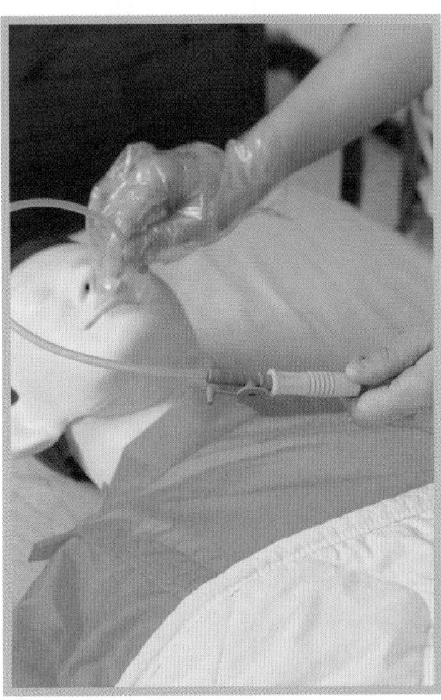

插入的深度依放入部位而有所不同

- 口鼻抽吸：15 ~ 20 公分（6 ~ 8 吋）。
- 氣管內管抽吸：20 ~ 30 公分（8 ~ 12 吋）。
- 氣切套管抽吸：10 ~ 12 公分（4 ~ 5 吋）。

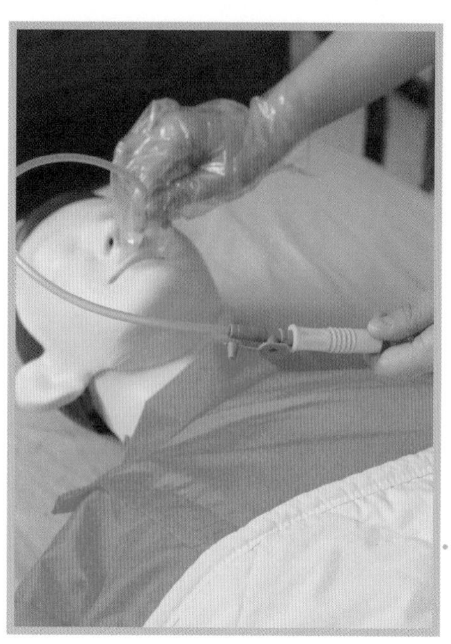

9
插入抽痰管時，不可蓋住抽痰管控制口，讓管路保持在無抽吸力的狀態下以免黏膜受損。

10
當抽痰管到達適當深度後，照護者才可蓋住控制口，此時管路具有抽吸力，以旋轉及間歇性（即一按一放抽吸孔）的方式抽吸，好使各個方向的痰都可以抽到。

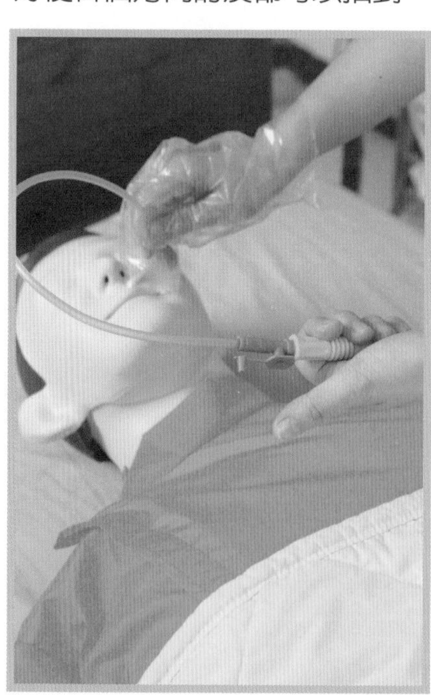

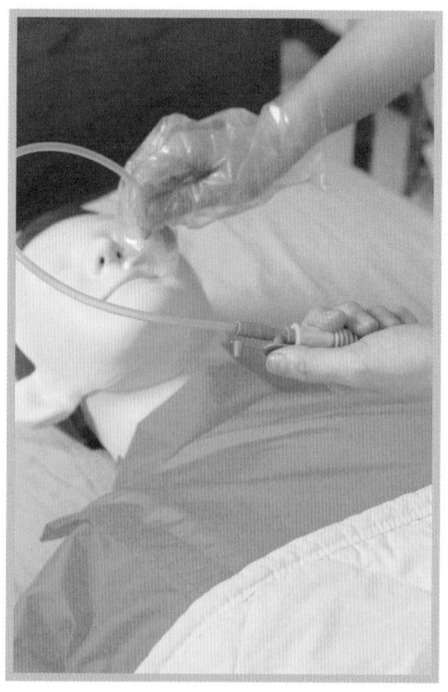

⑪

抽完氣管內管或氣切口處的痰液後，如果口鼻處仍有痰液或口水，可用此抽痰管抽吸口鼻分泌物，但因口鼻處容易有髒污，所以不可再回到氣管內管或氣切口抽痰。

⑫

取出抽痰管後，抽吸少量的清水清潔抽痰管的口徑。

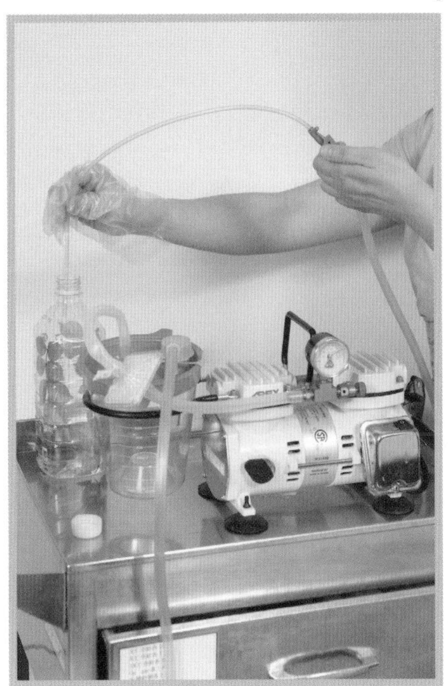

⑬

關掉抽痰機，並利用手套將髒污的抽痰管包覆。

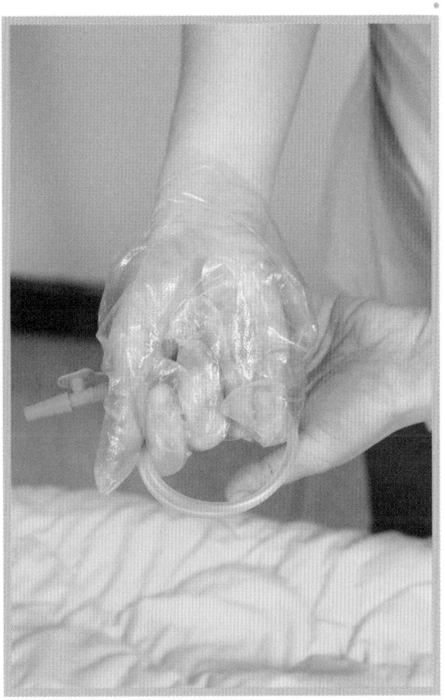

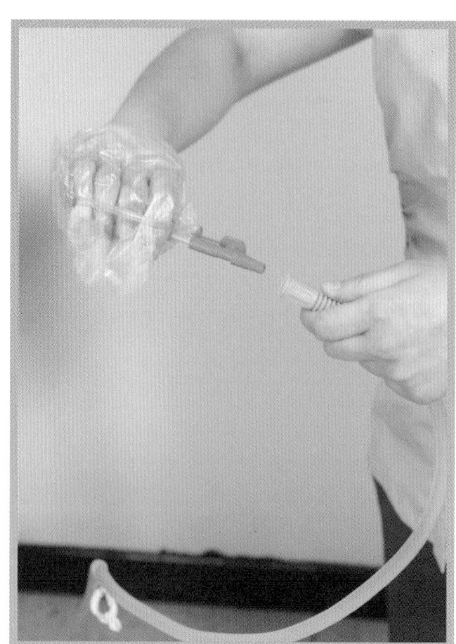

⑭
拔除抽痰管與抽痰機的橡膠管。

⑮
最後將抽痰管與手套一併丟棄。

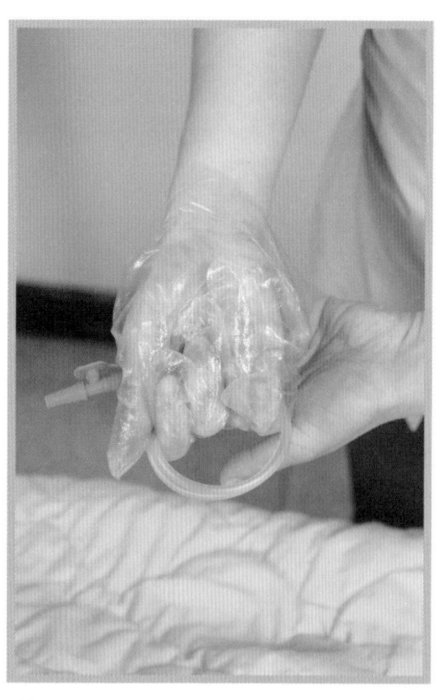

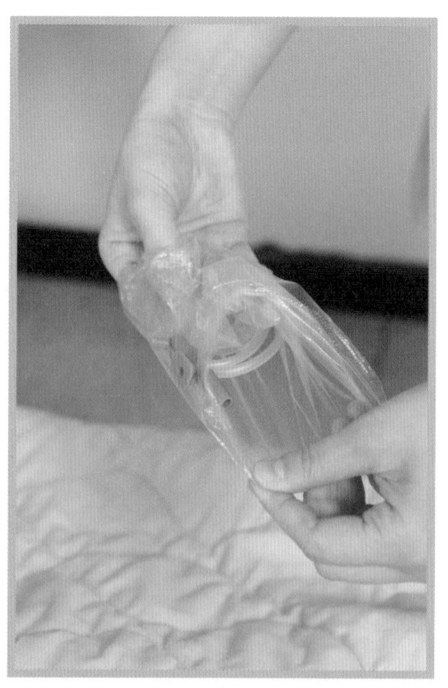

⑯
拿掉手套，洗手。

抽吸（痰）的時間

- 每次抽吸時間為 5～8 秒，最長不可超過 15 秒。
- 兩次抽吸時間的間隔，至少相隔 1 分鐘以上，此 1 分鐘的間隔，可以給予患者高濃度的氧氣，以提高血中含氧量，降低抽痰時的缺氧情形。

注意事宜

抽痰前

1. 必須告知病患抽痰的目的和過程，以減緩患者的焦慮與緊張。
2. 必要時可以依照醫師指示給予病患蒸氣吸入以稀釋痰液或扣擊背部促進痰液鬆動，以利痰液的咳出。
3. 給予病患 100%氧氣，使用至少一分鐘，提高血中含氧量，避免缺氧。
4. 在病患肩部到胸前，鋪上毛巾，避免沾到痰液。
5. 與病患呼吸道直接接觸的抽痰管，必須是「無菌狀態」，以避免肺部甚至全身性的感染；抽痰管和抽痰手套，使用一次就應更換，切勿反覆使用。
6. 灌食後 30 分鐘，請勿抽痰，以免造成嘔吐的現象。

抽痰時

1. 病患痰多時，應立即抽痰，以免阻塞呼吸道。
2. 抽痰時壓力要維持在 150～200mmHg 之間，因不適當的抽吸壓力會造成氣管黏膜破裂，而有血絲痰。
3. 抽痰管放入抽吸處時，勿蓋住控制口。
4. 抽痰時，必須隨時注意病患呼吸及臉色；若有突然臉色脹紅、皮膚發紺等異常情形，應立即停止抽吸，並給予高濃度氧氣。

5. 未抽取過「口、鼻」之抽痰管，可在痰液量較多時重覆抽吸，但兩次抽吸間隔中，仍需給予100%氧氣至少1分鐘，此外，每次抽吸時間不可超過15秒。
6. 已污染或抽吸過口鼻分泌物之抽吸管，嚴禁再做氣管內管或氣切口的抽吸。

抽痰後

1. 抽吸瓶在抽吸後應每天清洗，清洗後可在瓶中放置100～200 cc的清水。
2. 當抽吸量超過抽吸瓶的液面2／3以上時，必須清洗抽吸瓶，以免影響抽吸效果。
3. 抽吸瓶清潔過後即可重覆使用。
4. 若使用蓄痰軟袋，則可用到無法再抽吸痰液時，更換新的蓄痰軟袋即可。

文／沈佩瑤（台北榮民總醫院高齡醫學中心）

氣切照護

氣管切開造口，是指在頸部切開一個通到氣管的小洞，藉此保持呼吸道通暢。因此，若氣切造口照護不當，輕者可能發生呼吸道感染，嚴重者可能造成呼吸道阻塞，進而造成生命危險。

氣切護理

氣切造口的照護，包括：更換內管、清潔內管、造口的消毒及更換頸部固定帶。

- 更換內管及清潔內管：是爲了維持呼吸道的通暢。
- 造口的消毒及更換頸部固定帶：是爲了預防感染與增加舒適。

氣切的材質

氣切的材質大致可分爲「鐵製氣切管」及「矽質氣切管」。由於，鐵製氣切管，含內管、外管，因此應準備兩付。原則上，應每日更換內管消毒，每兩週更換外管。

準備用物

棉棒、水溶性優碘、生理食鹽水、Y 型紗布、氣切固定帶、彎盆、小刷子（奶瓶刷）、鑷子、雙氧水等。

Part 1 照護準備篇
Part 2 居家照護篇
Part 3 衛生照護篇
Part 4 行動照護篇

氣切造口的清潔

步驟

1. 將患者的姿勢調整為「臥姿」，照護者可於患者的肩下放置小枕頭，方便清潔氣切造口。

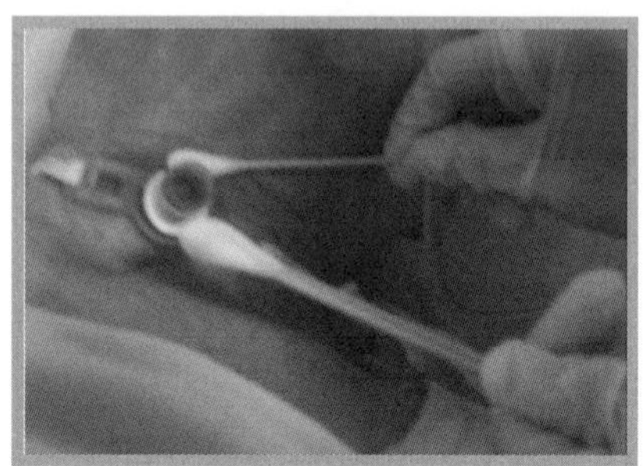

2. 用「乾棉棒」將氣切造口周圍痰液清除。

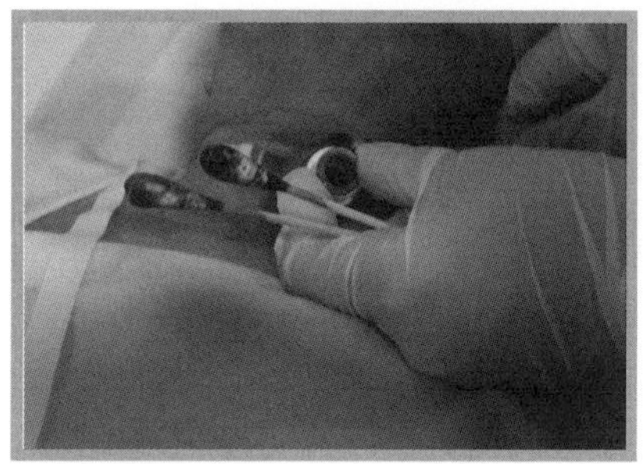

3. 使用棉棒沾水溶性優碘，以環狀方式（即由內到外畫圓）消毒氣切造口。

4. 讓水溶性優碘停留約 15 秒後，將另一枝棉棒沾生理食鹽水以環狀方式（即由內到外畫圓）擦拭水溶性優碘。

5. 造口周圍放上 Y 型紗布。

6. 更換氣切固定帶。

認識氣切固定帶

目的

使用氣切固定帶其主要的功能，是為了防止「氣管套管」滑脫。

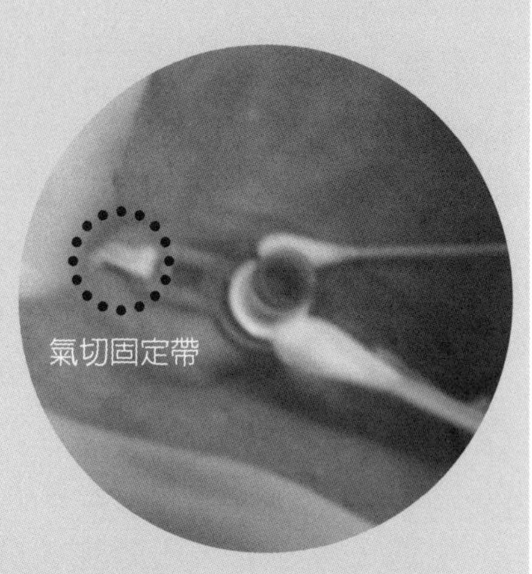

選擇

氣切固定帶的選擇，以固定性強及方便更換為主，而長度的選擇以可放入1～2指為原則。

一般而言，醫院多使用「斜紋帶」，其材質為棉質，主要是固定氣切套管，優點為棉質較不容易引起頸部不舒服且方便更換，其缺點較為無彈性、鬆緊度不易拿捏而導致頸部壓瘡。

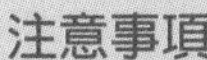

注意事項

氣切固定帶的選擇以方便更換、可隨時清洗、不易導致壓瘡為主；有些固定帶只要平貼於皮膚即可。另外需特別注意，當魔術氈與固定帶已貼合不佳時，應立即更換，以預防氣切套管滑脫。

氣切套管的消毒方法

步驟

1. 取出內管前，先抽痰。
2. 將氣切內、外管安全扣打開，順弧度取出。
3. 內管置於彎盆內，以雙氧水浸泡 5 分鐘，再以刷子刷洗（或以煮沸熱開水浸泡約 2 ～ 3 分鐘，痰就會如同煮熟後的蛋白，較易清洗）。
4. 將內管置於流動水下方，以小刷子再度刷洗。
5. 用電鍋蒸煮消毒（或煮沸法消毒，先將水煮沸後，再放內管（完全埋入水中），再煮沸 5 分鐘，將水倒掉，靜置冷卻即可）。
6. 將清潔過的內管，順弧度置入外管內，並將安全扣扣上。

氣切造口的滑脫處理

- 家屬應保持鎮定，以免影響患者情緒，增加患者緊張度，而導致呼吸急促。
- 給予患者氧氣。
- 患者應平躺，肩下墊小枕頭，將氣切套管順弧度置入氣切口；若無法置入氣切套管，則先置入抽痰管或鼻胃管，先保持呼吸道通暢，再由 119 救護車送至就近醫院急診，重新置入氣切套管。

註：如果痰液量多，可增加內管更換次數，以防管路阻塞，影響氣流導致呼吸困難。

文／沈佩瑤（台北榮民總醫院高齡醫學中心）
楊棻華（高雄榮民總醫院居家護理師）

膀胱造口的照護

膀胱照口，是將導管經由下腹部（膀胱處）放置到膀胱內，讓尿液可以經由導管流出尿袋，它可以是暫時性或永久性的。一般而言，膀胱造口尿袋的處理，與一般經尿道放入尿袋一樣，可以自行更換，但是導管的更換需由醫護人員執行。

膀胱造口護理

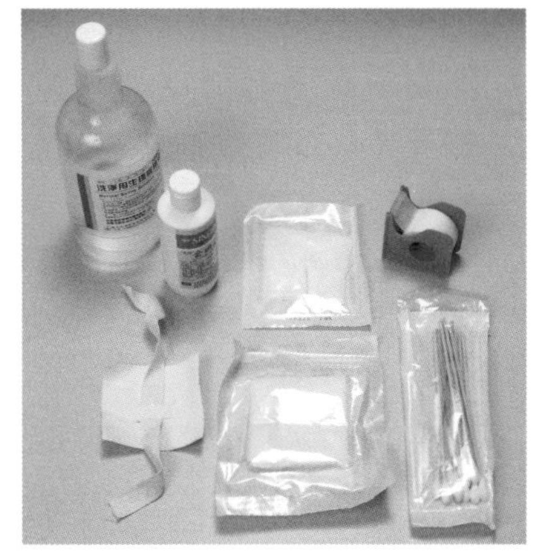

準備用物

水溶性優碘、清潔棉棒、生理食鹽水、Y 型紗布、無菌紗布、膠帶等。

步驟

❶ 洗手。

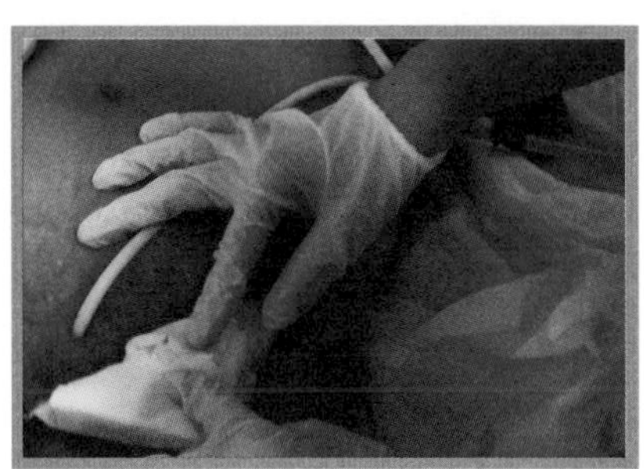

❷ 移除膀胱造口上舊的敷料。

❸ 以無菌棉棒沾取生理食鹽水，清潔造口周圍皮膚。

❹ 用無菌棉棒沾優碘溶液，自造口由內到外採環狀方式消毒皮膚，消毒範圍約直徑 5 公分。

5 待優碘乾後，再用無菌棉棒沾取生理食鹽水，自造口處由內往外，以環狀法將皮膚上的優碘擦去。

6 用 Y 型紗布與無菌紗布覆蓋膀胱造口，並以紙膠固定。

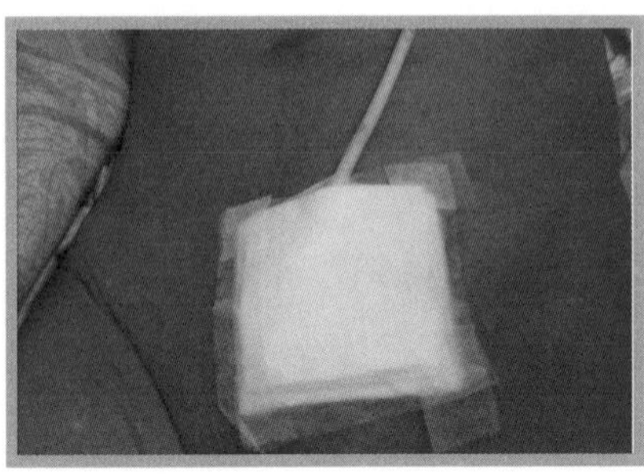

注意事宜

- 定時更換造瘻尿管及尿袋，以避免感染。
- 每天至少換藥一次：換藥的原則是，以優碘棉棒由內而外採環狀方式消毒，並重新將固定管子在下腹部。換藥時應注意膀胱造口傷口處，是否有發紅、疼痛、腫脹或異常分泌物等現象。
- 尿袋中的尿液有許多黏膜狀的物質，屬正常現象；患者只要攝取足夠水分及定時更換尿袋，可預防此症狀發生。
- 勿牽扯膀胱引流管，以防膀胱造口的引流管路脫落，及牽扯造成的血尿。
- 膀胱造口引流管與蓄尿袋的接合處，須完全密封，除以無菌技術更換蓄尿袋外，不可打開此接合處留取檢體。
- 保持引流管的管路通暢，避免扭曲及牽扯。
- 蓄尿袋維持在膀胱部位以下，勿拖垂於地上，避免污染及感染。

膀胱過脹的症狀與處理

- 症狀：患者可能會出現冒汗、臉部潮紅、撞擊似的頭痛、突然意識不清等。
- 處理：因可能是導尿管阻塞，照護者應立刻予以導尿，或更換留置導尿管。

患者應盡量維持常規作息

患者仍可從事一般日常生活，如工作、運動或社交生活，或參加長途旅行，但要記得多帶一些造口用品，包括水溶性優碘、清潔棉棒、生理食鹽水、紗布、膠帶等。

飲食方面

- 每日攝取足夠的水分，約每小時 100 ～ 200 cc，一天大約 2,500 ～ 3,000 cc。
- 睡前則避免喝太多水，以免影響睡眠。
- 多攝取富含維生素 C 食物，如柳丁、奇異果或小紅莓汁，以預防泌尿道感染。

運動方面

隨時可練習會陰收縮運動（即憋尿運動）、抬腿運動、抬臀運動，以增強會陰部肌肉之張力，以促進排尿功能。

其他

- 沐浴時，宜採淋浴，基本上，水不會對造口有影響。
- 盡量穿著宜寬鬆舒適，才不會對造口產生壓迫。
- 在性生活方面，不需有任何改變，性交前時，可先將尿液排空。
- 當解尿時若有頻尿、滲尿、血尿、灼熱感、腰痠、發燒等症狀，請記錄並於門診時提供醫師參考。

文／楊子瑩（高雄榮民總醫院附設居家護理所所長）

腸造口的照護

當生病時，因爲治療需要接受醫師的手術，將腸道一部分改到腹部外面，替代原來肛門的功能，以排泄糞便，這個人工的造口俗稱「人口肛門」，也就是「腸造口」。

雖然造口手術會改變身體外觀，但若對治療疾病有益，則是值得的。醫師在施行造口手術前，會讓病患或家屬瞭解其目的；並在住院期間，病人及家屬可以透過專業護理師、造口師及造口協會等，獲得衛教及諮詢，幫助病人在出院後可以以正面的態度面對未來的生活。

認識解剖生理構造

腸道造口和肛門的結構是不同的；造口沒有括約肌或直腸知覺的神經，就無法隨意控制排便，當腸道蠕動或有排泄物就會隨時排出。

人體裡糞便形成的過程如下：食物經過胃消化後，再和消化液混合成乳糜狀，其中大部分的養分在小腸已被吸收，水分及部分電解質在結腸中被吸收，到結腸下段或直腸時已成半固體狀，便是糞便。

- 小腸：包括十二指腸、空腸、迴腸，主要作用在消化吸收葡萄糖、脂肪酸、氨基酸及各種油溶性和水溶性的維生素、礦物質。
- 下消化道：包括大腸（盲腸、升結腸、橫結腸、降結腸、乙狀結腸）、直腸和肛門，主要作用在吸收水分及儲存糞便；所以，不同造口的種類、特性、功能，會有不同的照護要點。

腸造口的種類及特性

迴腸造口術

當肛門、直腸、結腸完全切除（如 Proctocolectomy 或 Panproctocolectomy），造口位於右下腹部，糞便形狀爲液狀，糞水會不斷排出，含大量消化液，要特別預防因浸潤而導致皮膚潰爛，並要注意水分及電解質補充。一般造口縫在皮膚的眞皮上，大約 2 ～ 3 天就開始有功能。

結腸造口

遠端的腸道因故切除，如憩室症、巨大結腸症、乙狀結腸阻塞，則橫結腸會和剩餘的腸道吻合。有時爲緩解過度性問題，則行暫時造口。結腸造口位於左上或右上腹，糞便形狀爲半固狀或偶爾有固體狀，仍要注意造口周圍皮膚的保護，盡量避免吃產氣性的食物。

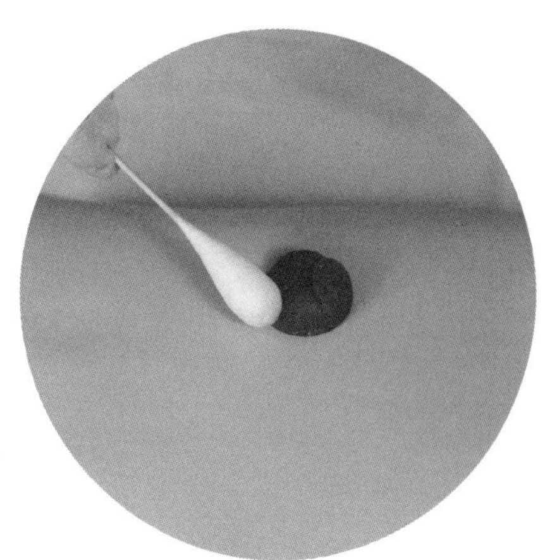

結腸造口位於左上或右上腹

下行結腸造口

乙狀結腸以下造口，大便已成形，每日可以固定時間灌腸，排空腸道，其他時間則貼上簡易的造口便袋即可。

Part 1 照護準備篇

Part 2 居家照護篇

Part 3 衛生照護篇

Part 4 行動照護篇

合併症

腫脹

在術後幾天，造口會有些腫脹，幾天後會逐漸消褪縮小。

壞死

通常是血液循環不良或供應不足所致，在術後 12 ～ 24 小時要特別注意，觀察黏膜有無呈紅色，有無透光，若發現發紺、缺血、壞死，再行手術。

造口周圍皮膚之損傷

如造口腰帶太緊，更換造口袋過於頻繁，黏膠太黏撕除不易，或糞便、引流液會對皮膚造成刺激破皮損傷，處理皮膚損傷問題，必須透過審慎評估，確立病因，對症解決。

塌陷

腸子微凹，可用墊高片處理，或以手術矯正之。

脫出

輕微的腸子脫出，採保守療法，不要增加過多的腹部壓力；若脫垂很多，則須以手術處理。

腸造口護理

準備用物：

適透膜環、適透膜膠、適透膜粉、剪刀、造口量尺、筆、衛生紙、便袋夾或橡皮筋、棉籤、便袋、清水、紗布（濕巾）、紙膠。

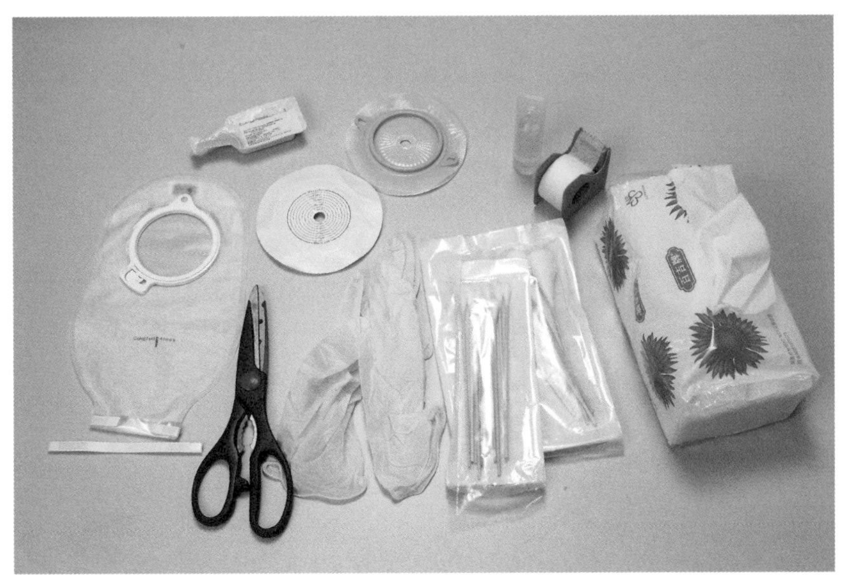

清潔皮膚

步驟

1 準備更換的物品。

2 輕輕撕去原本貼住的適透膜環。

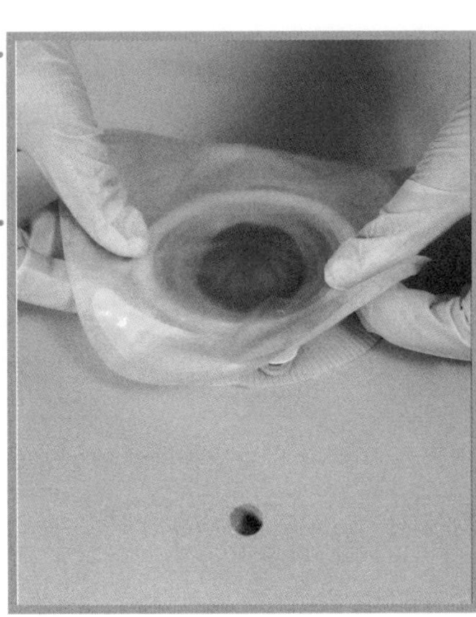

3
以紗布沾生理食鹽水或溫水，輕輕擦拭造口周圍皮膚。

4
以柔軟的布或衛生紙將皮膚擦乾。

5
清洗後，如皮膚沒有破損，不需塗抹任何藥物於皮膚上。

觀察的注意事宜

- 觀察皮膚：正常的皮膚是完整而乾燥的，如發現皮膚有破損，可使用適透膜粉，噴灑少量薄薄一層在破損處。
- 觀察造口：一般看到的造口是腸子的黏膜層，為紅色和溼潤的，碰觸時，若有輕微出血現象，並無大礙；如有大量出血情形，或造口顏色由紅變為紫黑色，要與醫師聯絡，此外，當造口有凹陷或造口在皺摺裡，則依需要選擇造口墊高片。

換貼人造皮

步驟

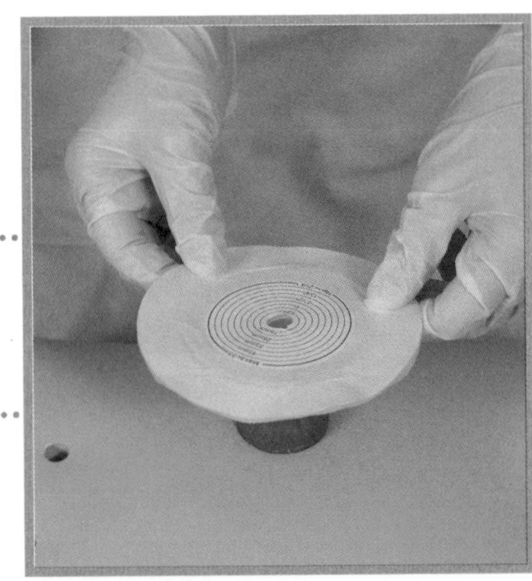

1 以量尺測出造口的大小。

2 再以筆在適透膜環背面畫出造口大小。

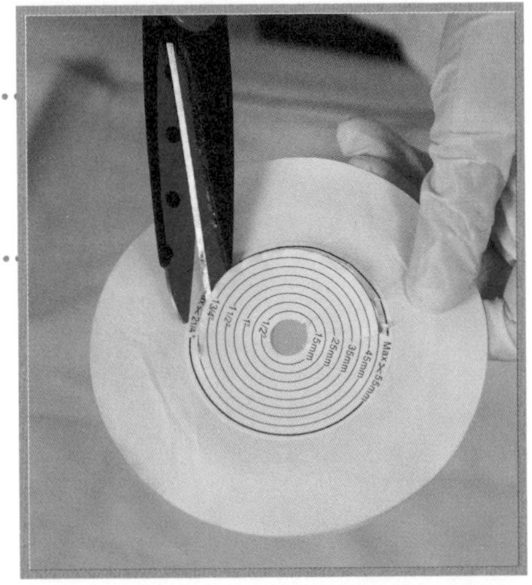

3 用剪刀尖部沿記號剪下。

4 將適透膜環後面黏紙撕下。

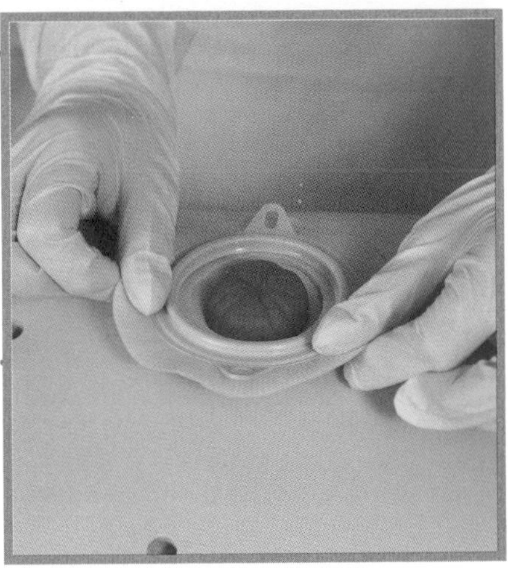

5 再依造口位置貼下，輕壓扣環之內圈及周圍，使適透膜環能緊貼在皮膚上。

6 最後平躺 20 ～ 30 分鐘，利用體溫使人工皮與皮膚黏貼更密合，比較不易滲漏。

使用及清洗便袋

步驟

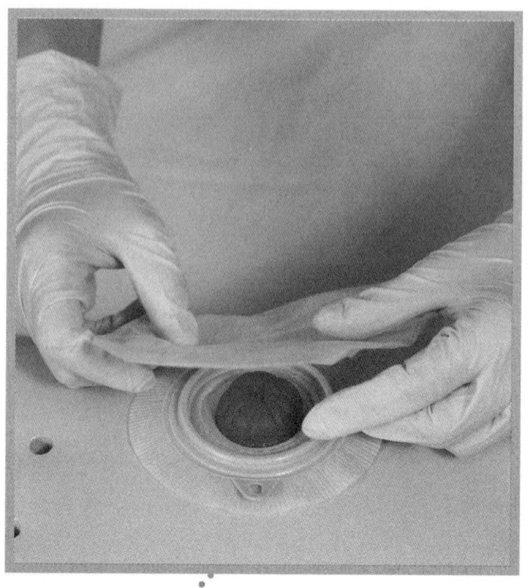

1

將雙手食指與中指伸至浮動環下方，便袋上的扣環與適透膜環上的扣環對正，由下往上逐漸扣緊。

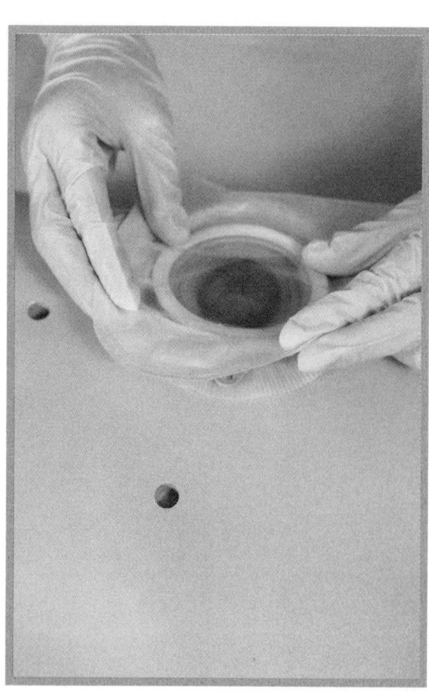

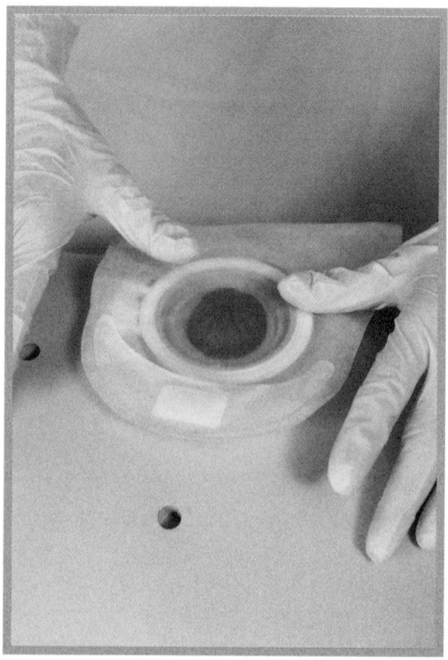

2

確定是否牢固可以輕輕往下拉一拉便袋。

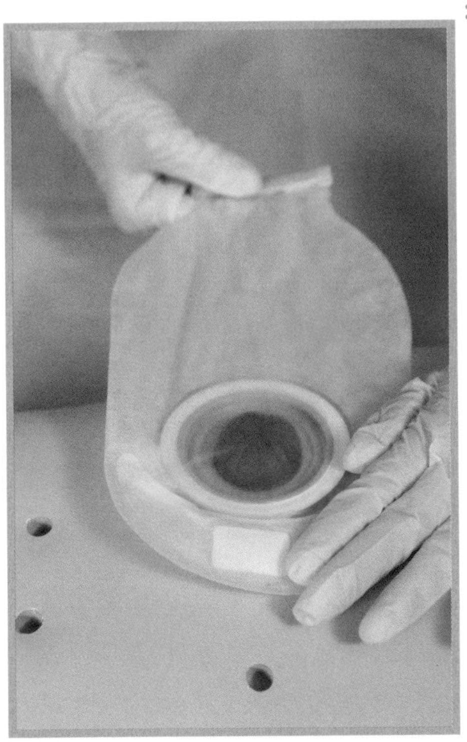

3

將便袋夾（或橡皮筋）扣緊，可聽見密合的聲音，便完成關閉的動作。

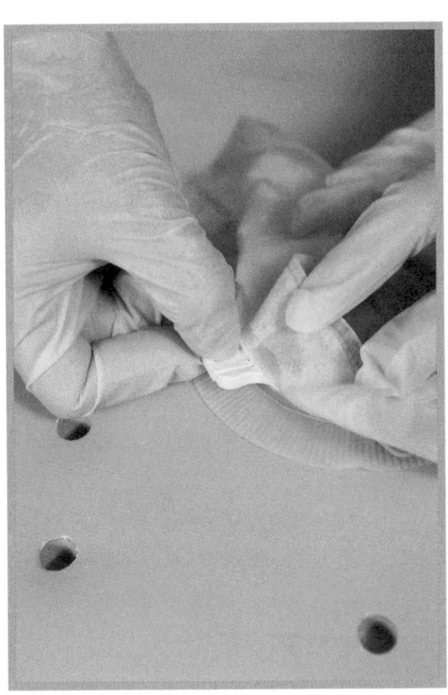

4

當糞便累積約 1 / 3 時，將便袋取下清洗，同時以另一個便袋替換，最好勿超過 1 / 2，以免過重造成人工皮脫落，而糞便滲出污染了傷口或皮膚損傷。

5

取下便袋後，將便袋夾（或橡皮筋）打開；開啓夾子時，將糞便引流入馬桶，再以清水清洗袋子，晾乾後便袋可以重覆使用。

注意事項

飲食須知

造口患者的飲食，手術後 1 ～ 3 週須採「低渣飲食」，之後可以採「普通飲食」，但還是要避免產氣的食物，如乾豆類、花椰菜、高麗菜、玉米、黃瓜、洋蔥、青椒、扁豆、蘿蔔、碗豆、大頭菜、泡菜、蘆筍等，因爲氣體產生會造成造口處之囊袋膨脹容易導致脱落。

在進食的時候，可以閉口咀嚼、細嚼慢嚥，每口至少咀嚼 20 次以上，每餐至少吃 30 分鐘。

心理建設

造口手術會帶給病人身體心像受損，產生人際關係的困擾、自尊心受損，情緒方面可能會有失落感、哀傷、失去自我控制或親密感，覺得「自己和以前不一樣」、「肚子多了一個洞，糞便會從這邊出來，我要怎麼出去見人」、「如果外出時突然滲漏怎麼辦？又臭又髒」等。

然而，當學會自我照顧，以現今的醫療技術的進步及配材管路的研發，可以選擇適合的材質，眞的會感覺不到它的存在。

身爲患者的親密家屬，要多給病人關懷及支持，陪伴他們走出户外，保持心情的愉快，帶給病人正向思考，都可幫助病情的穩定，必要時可以藉由參與病友團體經驗分享，也可幫助患者度過難關，走出陰霾。

文／王勁慧（高雄榮民總醫院居家護理師）

居家氧氣治療

長期的氧氣治療被廣泛應用在各種類型的病患上，如心臟病、慢性阻塞性肺疾病、肺炎等，因此，在居家照護中，氧氣治療是非常普遍的現象。

臨床研究也發現，長期氧氣治療對慢性阻塞性肺疾病患者有降低死亡率、減輕呼吸困難、穩定肺部血液循環，以及增加活動耐受力、增進睡眠和生活品質等作用。

常見的供氧設備

一般常見的長期氧氣治療供氧設備，如下——

氣態氧

多爲鐵製或鋁製的氧氣筒，內存高壓壓縮的 100%氧氣，容量爲數千至數百公升不等，較爲笨重。另外，尙有鋁合金製，容量爲數百公升，較爲輕便，可方便活動或外出使用。

液態氧

液態氧爲一種淡青色的透明液體，一升的液態氧相當於 856 升的氣態氧，遇熱會有蒸發的現象。

此設備是將液態的氧氣儲存於特製的超低溫容器，容器一組有：一母瓶，容量約 13,000 ～ 33,000 升的氣態氧，及一子瓶，容量約爲 500 ～ 1,000 升的氣態氧。子瓶可從母瓶塡充液態氧，是最輕巧的氧氣攜帶系統，可作爲出外攜帶之用，提供長期氧氣治療，使患者可自由活動一整天。

氧氣濃縮機

即一般俗稱的「製氧機」；本濃縮機爲電動式，將空氣抽入機體內，經過一特殊材質，如：高分子聚合膜或氮氣吸附劑，過濾分離空氣中的氧氣與氮氣，因而得到高濃度的氧氣。

本設備居家使用方便，但是機體較大較爲笨重，會限制病人的活動範圍。

種類	優點	缺點
氣態氧（鋼瓶或俗稱氧氣筒）	1. 中價位。 2. 很容易買到。 3. 輕型的容易攜帶。	1. 笨重。 2. 不易填充。 3. 須常填充。
液態氧	1. 重量輕 2. 容易攜帶 3. 容易填充 4. 和氣態氧相較，在相同的體積容量之下，所提供的氧量是氣態氧的四倍。	1. 價位高。 2. 攜帶型之填充須由同一廠牌固定型來填充。 3. 本身機型有一壓力釋氣孔，以排出因溫度升高而膨脹的氣體，因此難免有一些氣體會被浪費掉。 4. 需要適當的保養。
氧濃縮機	1. 價位較低。 2. 容易買到。 3. 容易操作。	1. 笨重。 2. 不易攜帶。 3. 需要定時保養。

居家氧氣治療的裝置

居家常見的給氧方式為「低流速給氧」，其較常使用的裝置如下：

鼻套管

是最常使用的供氧設備；通常使用的流速在 5L / min 以下；不需使用潮濕瓶。

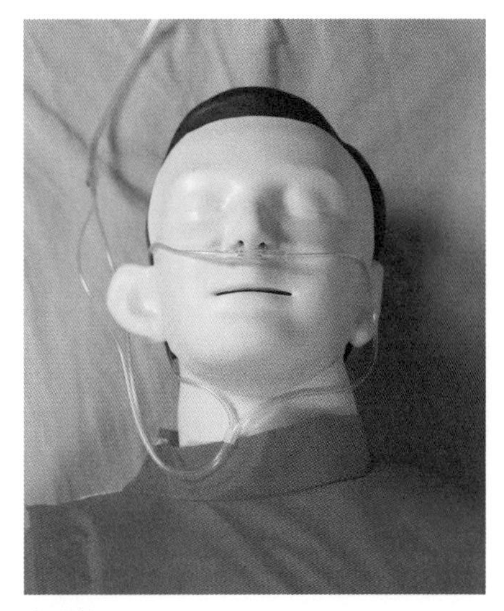

鼻套管

簡易型面罩

因面罩的流速較快，至少要使用 5 ~ 6L / min；需使用潮濕瓶，以避免鼻黏膜乾燥受損。

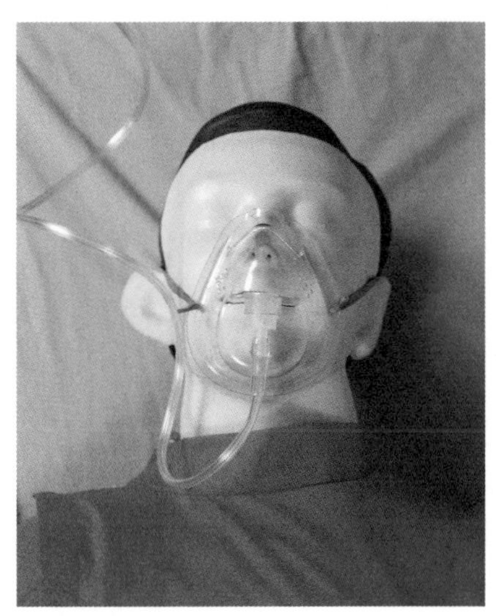

簡易型面罩

Part 1 照護準備篇
Part 2 居家照護篇
Part 3 衛生照護篇
Part 4 行動照護篇

常見的副作用

鼻黏膜損傷

因長期吸入乾燥的氧氣，有些病人會有鼻腔乾燥、鼻塞、鼻黏膜潰瘍，偶爾有流鼻血、喉嚨痛、聲音沙啞等症狀；這些症狀在冬天或室內使用暖氣時，因濕度降低而較容易產生；若有這些現象發生，可配合潮濕瓶使用，即可緩解。

皮膚發紅、破損

因氧氣鼻套管太重或配戴太緊，而造成臉頰、耳部皮膚損傷；有些病患的皮膚會對鼻套管的材質過敏，會有起紅疹的過敏現象。

未矯正的低血氧症

常發生在照護者不當的給予氧氣流量或病患未依照醫囑指示使用氧氣；此時，病患會出現呼吸困難、呼吸急促、臉色蒼白、心跳加快、躁動不安、定向力變差、頭痛及嘴唇、手指發紫等症狀。

換氣過低造成二氧化碳過高

慢性阻塞性肺疾病患者，若接受過多的氧氣，會抑制呼吸驅力，造成呼吸被抑制而使二氧化碳堆積無法由肺排出。病患會有嗜睡、精神差、晨間頭痛、意識混亂、作惡夢的症狀，倘若還合併使用鎮靜劑或酒類飲品，則會增加此合併症的發生機率。

氧毒性（氧中毒）

氧中毒常見的症狀有支氣管炎、胸悶、胸骨下疼痛、鼻黏膜充血、喉嚨痛、咳嗽、呼吸困難、容易疲勞和手足麻痹等。一般而言，若患者有發生氧中毒的問題，會在給氧後 24 ～ 48 小時（約一、兩天）後會出現。而氧氣中毒多半發生在長期使用高濃度氧氣（如大於 60%以上）的病患。當居家照護病患如有發生氧氣中毒的情況時，應儘快返回醫院接受治療。

照護要領

當醫師評估病患可能需要長期使用氧氣時，會對病患做一些例行檢查，包括動脈血氣體分析、經紅外線血氧飽合度監測、心電圖、睡眠或運動血氧飽合度評估等；經分析並比對長期氧氣治療適用標準後，決定病患是否適用後，會再決定病患的氧氣流速、使用時間及供氧設備，並對病人及家屬施行衛教。

因此，病患返家後，只要確實遵守醫囑，按時返院檢查追蹤，即可有良好的效果，以下提供居家照護時注意事項——

確實遵守醫囑

必須遵照醫師的指示使用氧氣，如使用流量、使用時間（不可擅自停用）：包括吃飯、運動或睡覺時，也不可隨便更改流量，否則會影響到治療效果。

正確使用設備

如設定流量、確定氧氣流量是否順暢；照護者可從潮濕瓶是否有冒泡或將鼻套管開口對著臉頰感覺是否有氣流，檢查是否正確使用。

設備的故障排除及維護

一般使用氧氣筒及液態氧，通常不需病患和照護者維護，唯一要確認的是，檢查壓力表及是否有漏氣現象，確定還有多少氧氣可使用、何時要請人再做填充或更換。

而「氧氣濃縮機」則需要有訪視人員、居家照護公司維修人員做定期（約三個月至半年）的保養，病患和照護者多半只執行風扇過濾網的清潔與更換即可。

用氧時要遠離火源

因氧氣爲易燃性氣體，遇火燃燒易產生危險，因此，供氧設備應擺在離火源及電源至少 6 呎遠的地方，而且用氧時病人及其周圍的人皆不可抽菸，以策安全。

- 氧氣筒、液態氧必須放置及固定於架子上，預防傾倒造成危險。
- 認識血氧過低、二氧化碳過高的症狀，以便緊急處理或送醫。

預防感染

這是居家照護的重點之一，若發現病患有發燒、寒顫、呼吸短促、喘鳴加劇、咳嗽加劇、痰液增多、顏色改變且變黏稠、下肢水腫、體重有些許增加等現象，極有可能是感染的症狀，應即時求醫診治。

吸入裝置的清潔與消毒

一般氧氣鼻套管等吸入裝置，大多爲使用後拋棄式，只要遵照製造商指示的使用時間更換，如 2 週至 1 個月即可，無需特殊的清潔消毒；但若使用潮濕瓶，瓶內的蒸餾水則至少每天要更換一次，潮濕瓶則需每 2 ～ 3 天清潔消毒一次。

長期氧氣治療對於病況穩定的慢性缺氧的病患，可助其提高生活品質及存活率。

此外，病患和照護者必須對其使用的方式、流量、時間長短及居家照護注意事項有所了解，並確實遵從醫囑，再加上定期返院追蹤檢查，方可達到治療的效果。

潮濕瓶的清潔消毒方式

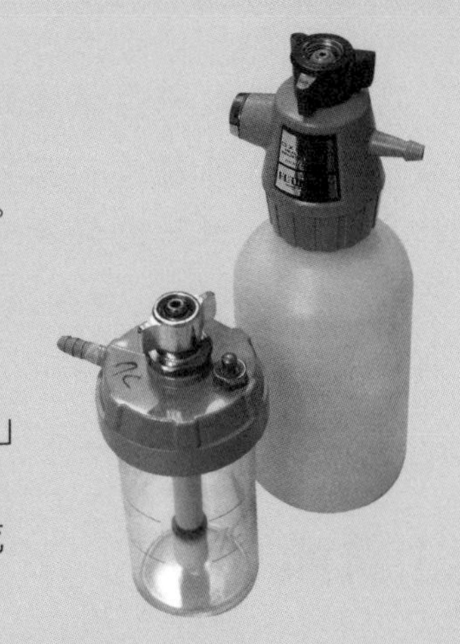

方式一

將潮濕瓶內的水倒掉，用「溫水」或「熱水」沖洗乾淨，最後放入冷水中，開火煮沸 15 分鐘即可取出，自然陰乾。

方式二

將潮濕瓶內的水倒掉，再以中性清潔溶液清洗，清洗後再用「溫水」或「熱水」沖洗乾淨，最後將潮濕瓶浸入消毒溶液中 20 ～ 30 分鐘，再以溫水或熱水沖乾淨，自然陰乾即可。

注意事項

- 潮濕瓶的清潔消毒方法，須視材質特性來選擇適當的方法：

 由於多數的潮濕瓶為塑膠和壓克力材質，所以清潔潮濕瓶的適當方式為：使用完潮濕瓶後，先用清水將潮濕瓶沖洗乾淨，再泡製漂白水和水＝100：1 比例或是醋和水＝ 100：1 比例稀釋後，浸泡潮濕瓶約 20 ～ 30 分鐘後，再以清水沖洗乾淨並晾乾即可。
- 消毒過後的潮濕瓶，若不馬上使用，則須以乾淨塑膠袋包起來。
- 消毒液的選擇，須參考製造商的建議，一般居家可使用的消毒液有 1：1 的白醋與蒸餾水，或 1：100 的漂白水與蒸餾水，或市面出售的 Cidex 溶液。

文／魯英屏（高雄榮民總醫院居家護理師）
沈佩瑤（台北榮總高齡醫學中心）

頭臉部清潔

簡易的居家照護不僅爲自己長期臥床無法自理的家人提供舒適、清爽的個體外，可以使他感覺受到重視，亦能促進其身體血液循環、預防感染及維持尊嚴，藉此觀察他的身體有無異常現象，例如褥瘡、紅疹及尿布疹等問題，早期發現異常狀況，以維護其健康。

床上洗頭

準備用物

油布中單或塑膠中單（亦可用塑膠袋代替）一條、大毛巾二條、小毛巾一條（或看護墊二條）、洗髮精、洗髮板（註）、水瓢（或沖洗壺）一個、吹風機、溫水一桶約 3,000 ～ 4,000 cc（水溫 41 ～ 43°C）、空水桶一個、梳子、乾棉球二個（或耳塞二個）。

步驟

1. 將病患臥姿調整成平躺。

2. 將枕頭放置在肩背處，將大毛巾或塑膠袋鋪於肩背及頭下，洗髮板放於病患肩背下，空水桶置頭部下方接污水。

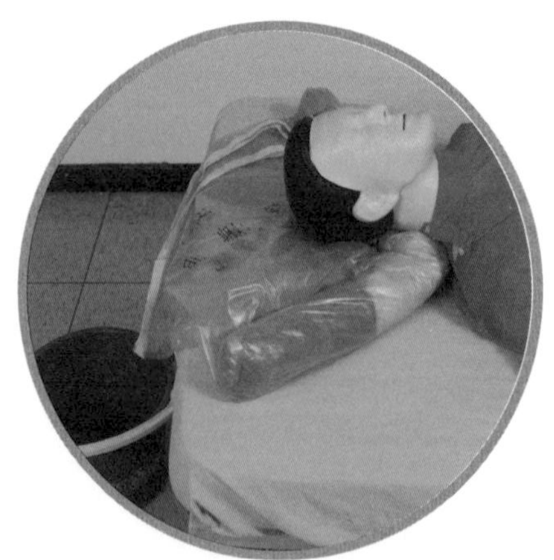

❸ 取兩顆乾棉球（或耳塞二個）塞住被照護者的外耳道，避免水流入耳內。

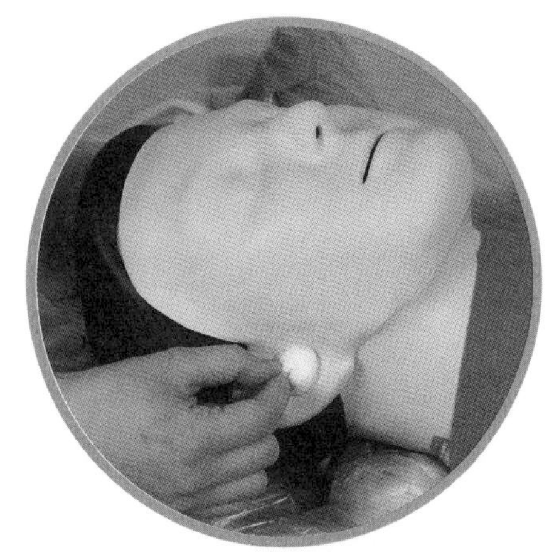

❹ 水瓢盛溫水淋濕頭髮，取適中量之洗髮精於手掌處，並沾於頭髮上，以指腹按摩頭皮，搓揉頭髮，數分鐘後以溫水沖洗乾淨，擰乾頭髮。

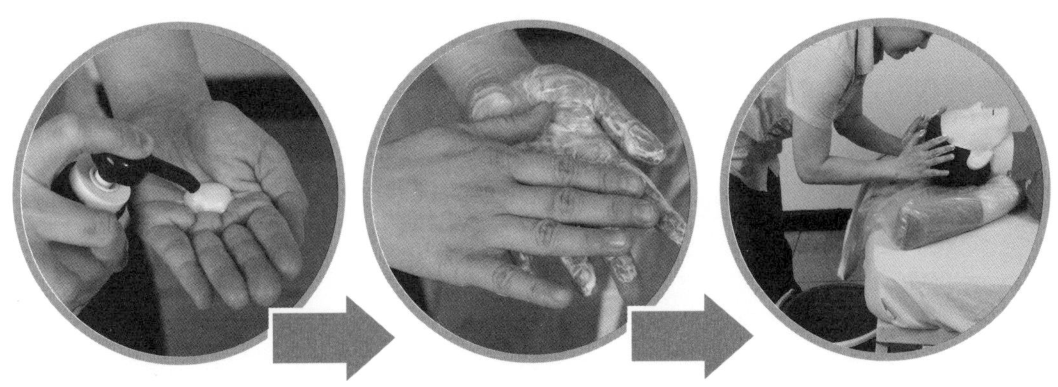

❺ 移除洗髮板及油布中單（或塑膠袋）。

❻ 使用墊於頸肩下的大毛巾擦乾頭髮及吹風機吹乾頭髮。

洗髮板 DIY

準備用物

浴巾 2 條、大的垃圾袋 1 個、襪子 2 隻、透明膠帶、橡皮筋 2 條。

步驟

1 將兩條浴巾重疊在一起並捲成「長條狀」。

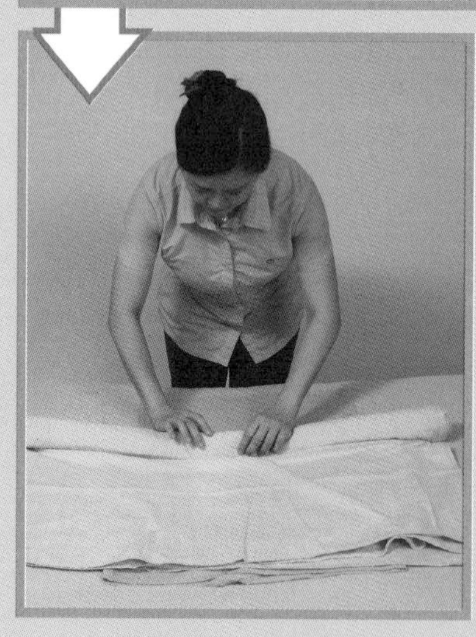

2 用橡皮筋固定兩端，並套上襪子，以免鬆開。

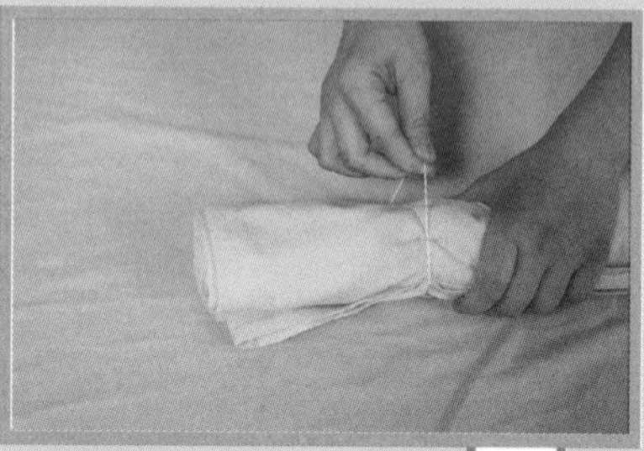

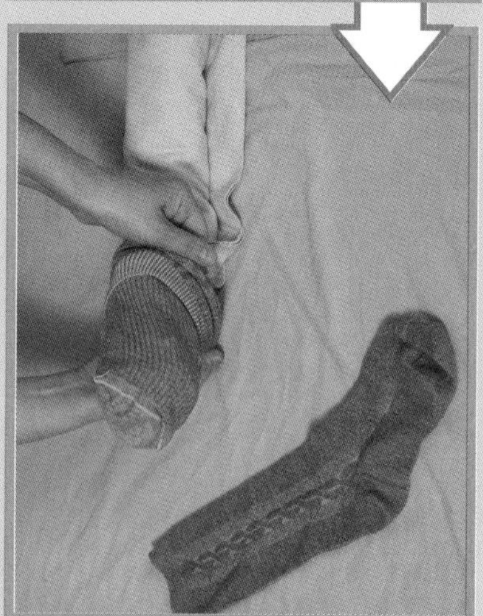

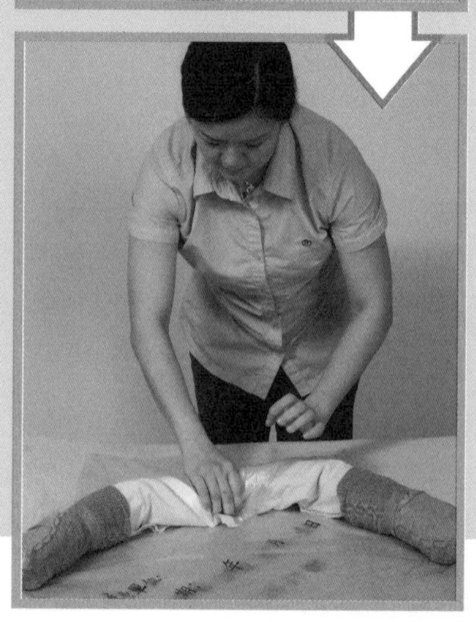

3 將捲好的浴巾放入垃圾袋內的底部。

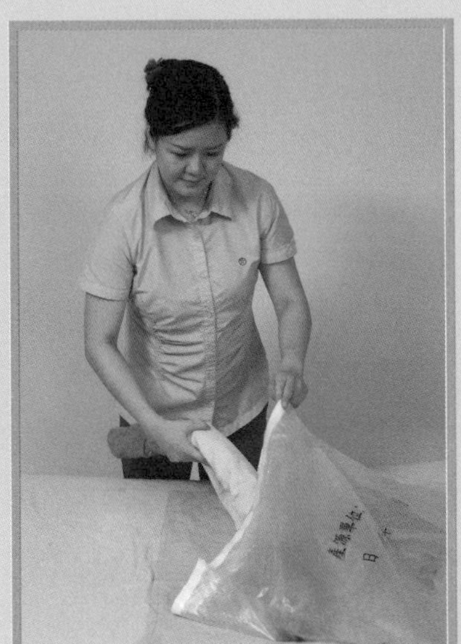

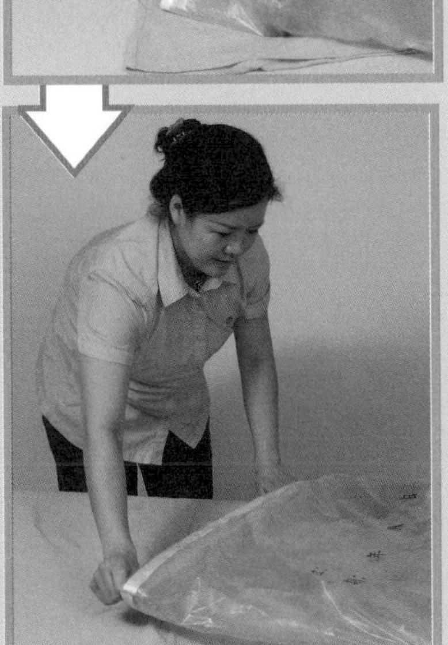

4 將垃圾袋的開口往內對折，並稍稍捲起。

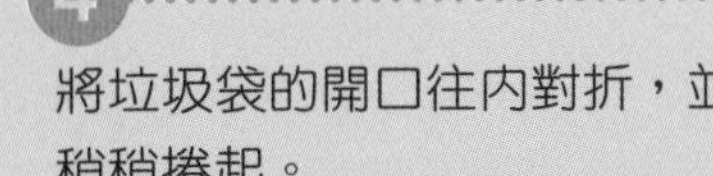

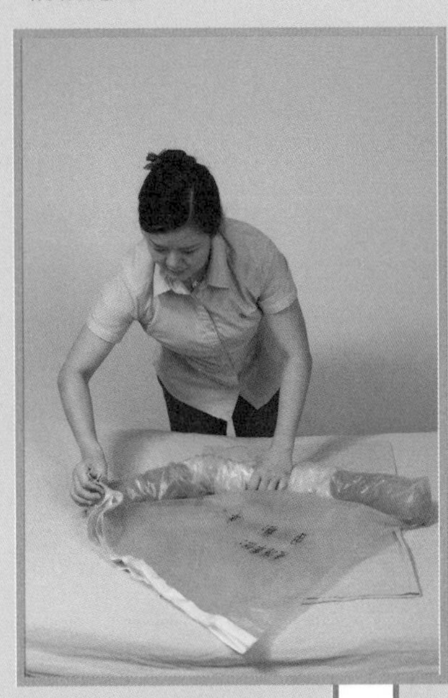

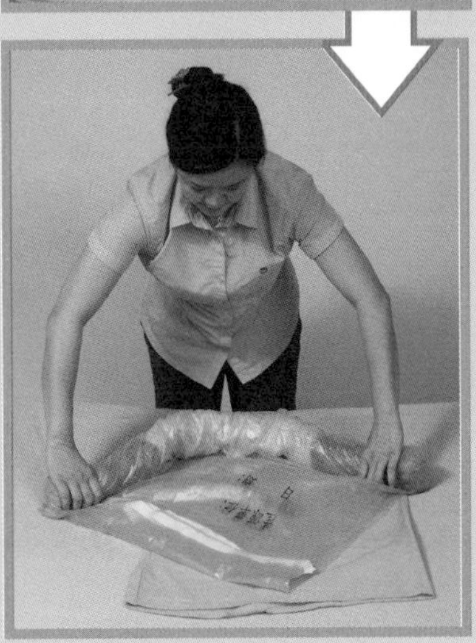

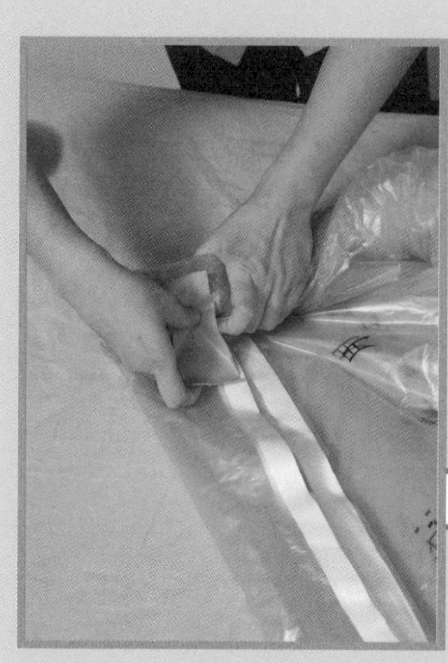

5
最後用膠帶固定，洗髮墊即自製完成。

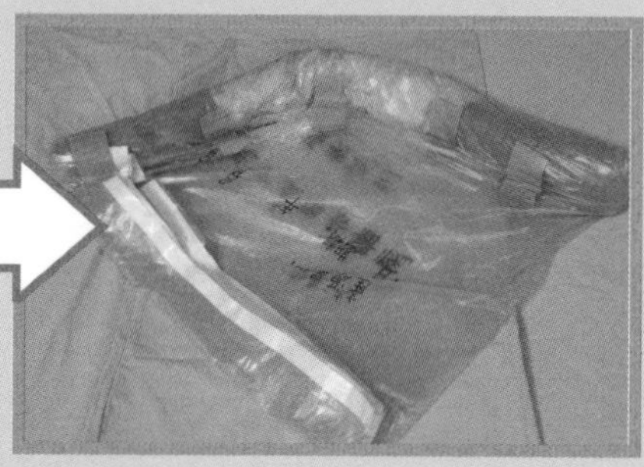

注意事項

1. 觀察頭皮及頭髮有無異常狀況，同時保持頭髮及頭皮清潔，減少頭髮異味且避免感染。
2. 心臟病、氣喘等疾病而無法平躺洗頭髮者，可使用枕頭墊高肩背及頭下，但須縮短清洗時間。
3. 梳理頭髮時，一手握髮根處，另一手握髮梳由髮尾處分段梳理，頭髮打結不易梳理時，髮尾處可沾上少許潤髮液，塗抹均勻後輕拍後更易梳理。
4. 洗頭髮時應注意溫度，避免著涼，清洗完畢應立即擦乾並以吹風機吹乾（吹風機應與頭髮保持適當距離）。
5. 洗頭應以指腹按摩頭皮處，避免使用指甲傷害頭皮。

臉部清潔

準備用物

小毛巾一條、溫水約 1,000 cc（水溫 41 ～ 43°C）。

步驟

❶ 毛巾沾濕，扭乾。

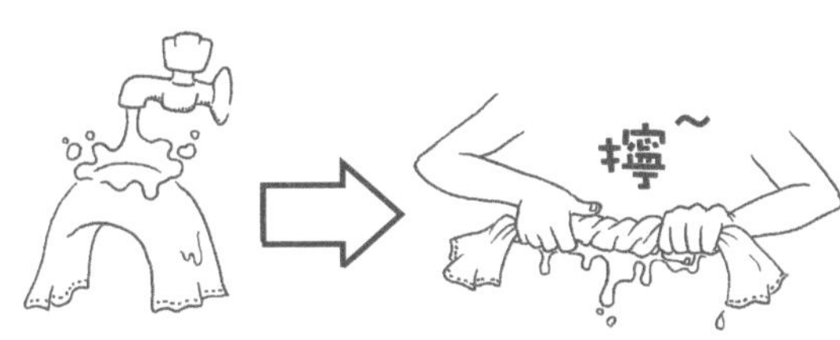

❷ 利用毛巾的四角將眼睛由內角往外擦拭。

❸ 利用毛巾的正面擦拭臉部（依序為眼睛→鼻子→臉頰→前額→耳後→頸部），再以溫水清潔毛巾、扭乾毛巾。

❹ 利用毛巾的四個角清潔鼻孔及耳朵。

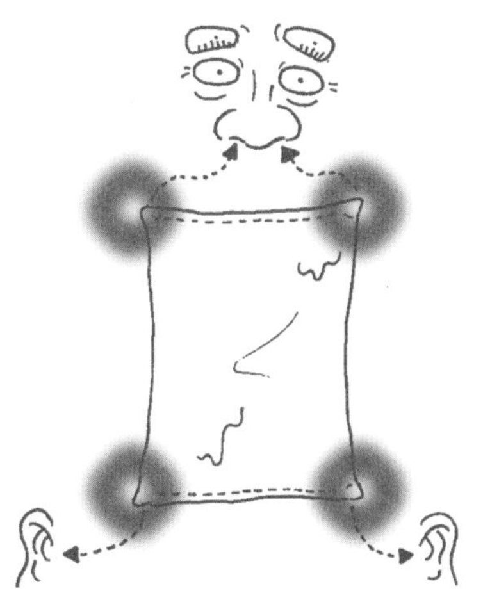

口腔清潔

準備用物

牙刷或替代品（海綿牙刷或口腔棉棒）、牙膏、紙巾、漱口杯、塑膠圍巾、小臉盆、吸管、漱口水液、防水塑膠布、彎盆、壓舌板或扁平湯匙、紗布、塑膠手套等各一。

步驟

❶ 照顧者應先將自己的雙手洗乾淨，再依個人需要帶上手套協助被照顧者盥洗。

❷ 讓被照護者採坐姿將被照顧者頭部斜側，保持舒適姿勢。

❸ 將塑膠布置於頸部，小臉盆置於臉頰側邊。

❹ 有活動假牙者，應先將活動假牙置於容器內。

❺ 將口腔棉棒或海綿牙刷沾濕，依牙齒→牙肉→上顎→舌→口腔內面之順序擦拭乾淨。

❻ 每次只刷洗 2 ～ 3 顆牙齒，一次約刷洗 10 下。

❼ 視需要口腔處可用壓舌板一端或扁平湯匙端包住紗布，協助家人張開嘴巴，舌苔及雙頰內部黏膜處應加強清潔。

❽ 清洗假牙的方式如清洗牙齒一樣。

❾ 洗手。

❿ 用物洗淨晾乾歸位。

正確的刷牙方式

1. 牙刷柄與牙齒咬合面平行放置。
2. 由牙齦往牙冠方向邊旋轉邊刷。
3. 每顆牙齒內及外面咬合面約刷 10 次
4. 提醒家人應清潔舌面。

依照牙齒的狀況來做不同程度的保養

口內沒有牙齒且無法自理者

口內沒有牙齒且無法自理者，照護者可以利用大棉棒沾生理食鹽水或是不含酒精的漱口水幫忙清潔他的口腔，並使用海棉棒清理他的舌頭，並定時（每2小時）餵他喝水。

擁有全口假牙且可以自理者

照護者應要提醒「對方」每天睡前應將假牙拿出來清洗，清洗後應將假牙要放置在水盆裡。

至於，清理假牙的方式可以用一般的牙刷輕輕的將附在假牙上的食物殘渣去除，當然亦可以用目前市面上所售的「假牙清潔錠」來清潔，只是泡過清潔錠的假牙，在配戴時最好還是先用清水清洗之後再行配戴。

此外，戴假牙者，應每半年要回到「原就診單位」，請醫師幫忙檢查假牙是否有不穩的地方，因為假牙開始使用後口內的骨頭或是黏膜受到力量及時間的影響仍是會有一定的吸收，而這個吸收會導致假牙的基座不穩，當基座不穩時則會使得假牙難戴，嚴重一點還會傷到口內的黏膜。

口內仍有牙齒者

若口內仍有牙齒者，應每半年定期回診檢查，在平日的照顧上，若是手部因疾病或是退化而無法配合正確刷牙時，可以使用市面上所售的電動牙刷來幫忙。

當年齡越大時，牙齦或多或少會萎縮，使得牙齒縫隙變大，這時可以使用「牙間刷」來協助，牙間刷有號數以及型號之分，家屬可以依其狀況來幫忙選擇購適合的牙間刷。

由於，老人家因為黏膜比較沒有彈性、較為脆弱，當家屬在選用一般牙刷時，可以選擇手術後用的「軟毛牙刷」，在牙膏的使用上也可以採用「抗敏感性及含氟」的牙膏，至於漱口水的部分可以在晚上睡前使用，儘量採用不含酒精的漱口水為主；此外，若是老人家是在牙周病的急性期時，則是可以使用含有 Chlorhexidine （CHX）的漱口水使用。

Part 1 照護準備篇
Part 2 居家照護篇
Part 3 衛生照護篇
Part 4 行動照護篇

注意事項

1. 清潔口腔不僅可以預防細菌孳生，並可早期發現口腔異常，預防口腔疾病。
2. 茶葉水有助於去除口腔異味，食鹽水有促進舒適及消炎作用。
3. 預防乾裂潤唇可使用凡士林、橄欖油、護唇膏，勿使用甘油，否則會更乾燥。
4. 清洗假牙宜使用冷水（因熱水易使假牙變形）；假牙保存時橡膠製假牙應泡置水中，塑膠製品則應保持乾燥。
5. 假牙放回口腔宜濕潤，以減少磨擦。
6. 舌苔及雙頰內部黏膜不易清潔，除了可用海綿牙刷或口腔棉棒，亦可壓舌板包裹紗布清洗。
7. 若發現口腔疼痛、牙齦或牙縫處有分泌物、牙齦腫脹或出血不止等，應立刻就醫處理。
8. 此外，應定期請牙科醫師作檢查、洗牙以及建立良好的進食習慣，比如具有刺激性或是太硬的食物不要吃，以維持良好的口腔衛生，有助於增進生活品質。

使用海綿牙刷清潔口腔

身體清潔

可自行入浴

準備用物

盥洗物品、防滑墊、洗澡板、毛巾、換洗衣物等。

自行進浴缸

1 洗澡板橫架在浴缸後側。

2 若病患可自行移動時，應先將輪椅（或椅子）固定好後，請病患雙腳著地，並確定病患雙腳穩固的踩在地板。

3 病患利用可動側的手抓住浴缸的邊緣，身體保持前傾。

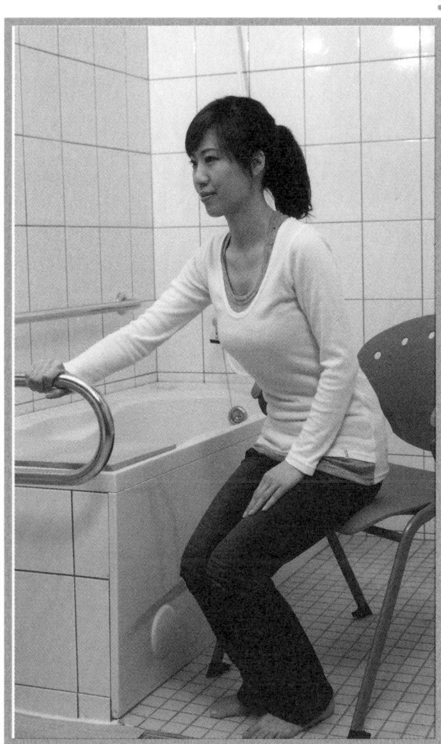

4

病患雙手用力撐起上半身，轉身、坐在洗澡板上（照護者亦可站立於浴缸旁，用手協助支撐病患的體重）。

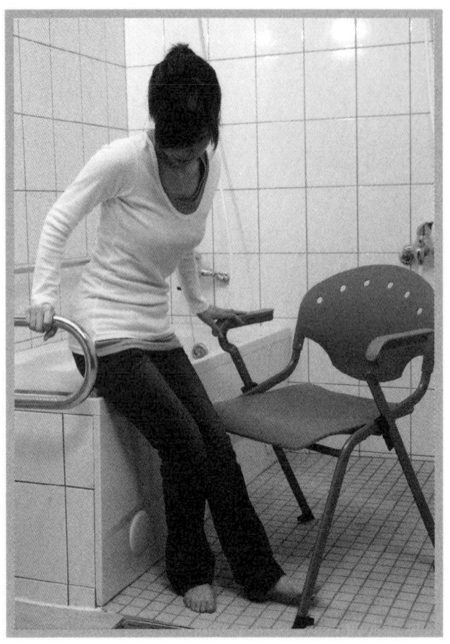

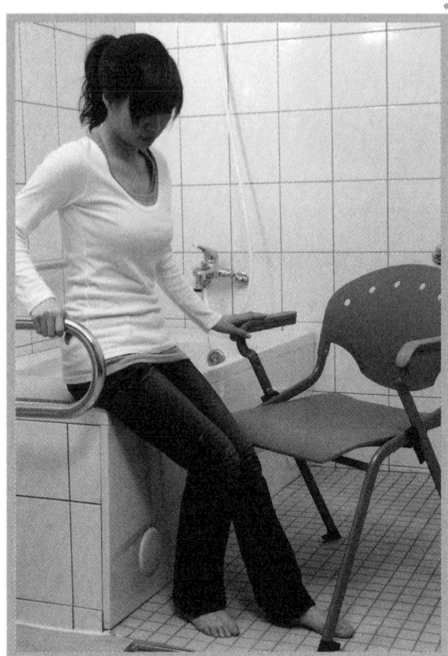

5

病患坐在洗澡板上，慢慢地將雙腳移進浴缸內。

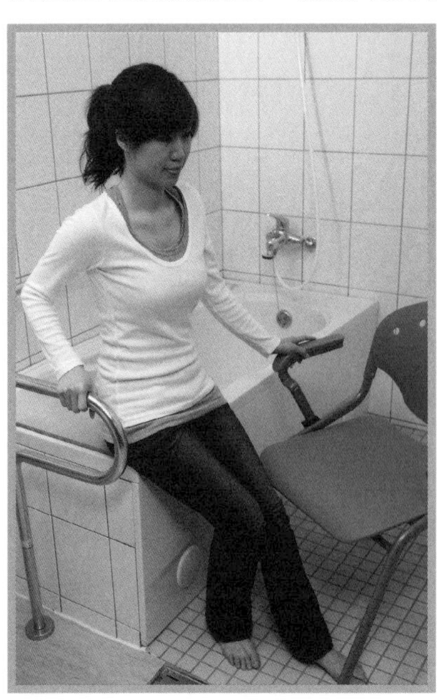

6

確認雙腳皆在浴缸內之後，雙手抓住浴缸邊緣，身體維持前傾。

7

雙手仍抓住浴缸兩側，利用水中浮力，緩緩的坐入浴缸中。

留意水中浮力

由於水中浮力的關係，所以身體浸在水中後，身體的姿勢就變得較不穩，所以要在浴缸中固定姿勢，重點在要維持上半身前傾，下半身要用腳抵住浴缸內側壁，這樣即可避免身體往上浮及向後傾倒。

如果病患身材較矮小或身體無法前傾，亦可以將小椅凳放入浴缸中，調整浴缸使用的長度。

左右失衡的病患，可利用浴缸的角落來支撐身體，維持姿勢的平穩；也可以在浴缸中放置板凳，選擇可緊密吸附在浴缸底的板凳，教導病患坐在水中的板凳上洗澡，也是可行的方法。

自行出浴缸

步驟

1. 病患坐在水中板凳待洗好澡後，確定自己穩固的坐在板凳上。
2. 病患將腳後縮，上身前傾，運用手的力量或扶手支撐起身，再慢慢移向浴缸後側之洗澡板。
3. 將雙腳慢慢移出浴缸，在腳踏處擺放固定不動的防滑浴墊，把腳放在防滑浴墊上踩乾後，再移動身體，以避免滑倒。

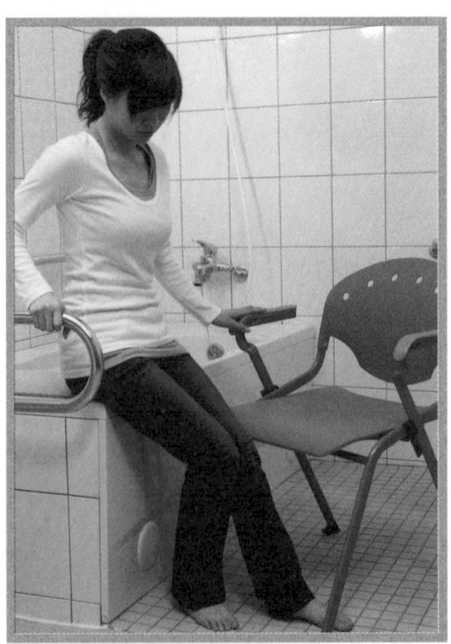

需協助入浴

準備用物

盥洗物品、防滑墊、洗澡板、毛巾、換洗衣物等。

協助入浴缸

1 地板如果溼滑，可以先鋪上止滑墊，預防跌倒。

2 病患坐於輪椅上，照護者將病患推進浴室中。

3 照護者站在輪椅前方，用雙手扶住病患的骨盆兩側，讓病患雙手環抱照護者肩膀。

4 若病患無法自行用雙腳支撐自己的重量，照護者可將自己的膝蓋頂住病患的膝蓋，避免病患因膝蓋無力而跌倒。

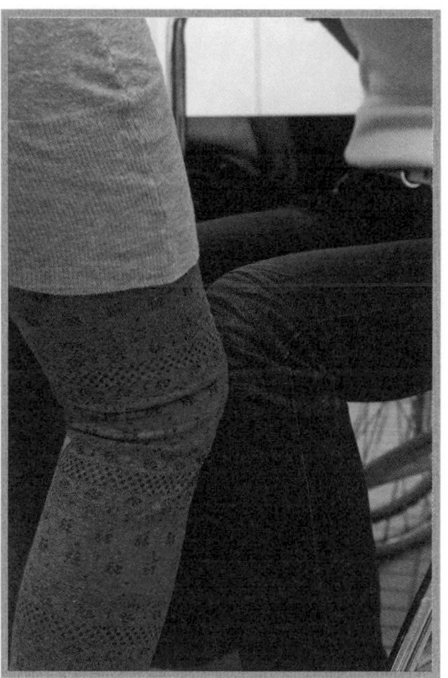

5

照護者抓起病患褲子的皮帶（或褲頭），慢慢地協助病患站起，並將病患的臀部慢慢轉向洗澡板，最後，讓被照護者坐在洗澡板上。

6

先將能力較好的腳放進浴缸，再舉起能力較差的腳放進去。

7

再次確認病患的臀部是穩固的坐在洗澡板上，病患手抓住浴缸邊緣，照護者用手撐住病患的背部，以免往後傾倒。

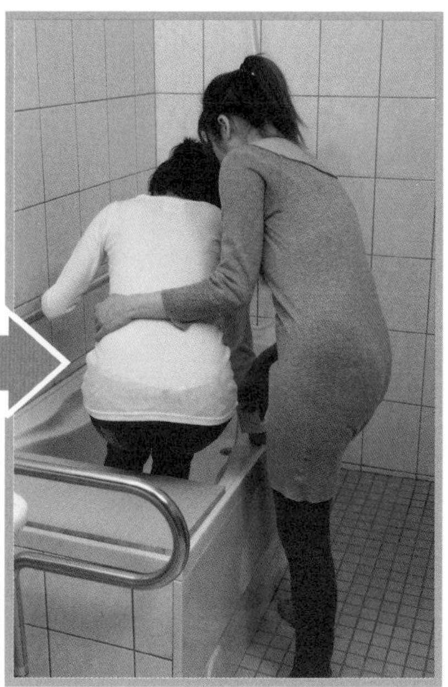

8 照護者請病患緩慢的坐下（亦可將洗澡板拿起，請病患順著澡盆邊緣慢慢滑坐）。

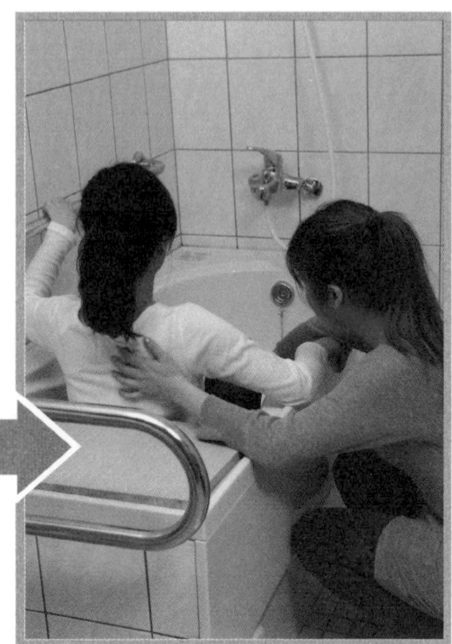

注意事項

面對力氣較小的老年人及身心障礙者，如果要以站姿進入浴缸，是非常容易失去平衡的，所以應以先坐在洗澡板上進入浴缸爲最基本的原則，所以即使是無法走動或站立著，只要能夠維持坐姿，就可以洗澡。

此外，需特別注意的是，浴缸內不要使用泡泡浴沐浴精，因看不見缸底，容易使病患感到害怕而不敢進入浴缸內。

利用水中浮力

在協助入浴的過程中，因浴缸內有大量的洗澡水，水的浮力可以將身體固定住，若水量太少，是無法充分利用水的浮力。善用水的浮力及病患現存的能力，照護者就不需花費太多不必要的力氣。

協助出浴缸

在協助洗澡的過程中，許多家屬對於離開浴缸這個動作，常常花費不少力氣，也常想用強拉的方式把病患拖出浴缸，其實只要牢記三個步驟，就能輕鬆、順利的離開浴缸。

步驟

1. **將腳往後縮**：首先，先請病患將腳往後縮，而照顧者站在旁協助，請病患的手儘量往前伸，抓握住浴缸的邊緣，如果手抓握的地方太接近身體，頭部就不能往前伸，導致無法站立起身。

2. **將身體往前傾**：確認好手腳的位置後，請病患向前傾身。

3. **站起來**：照護者在旁協助扶住病患的骨盆兩側，水的浮力也會將臀部浮起，之後慢慢將病患引導至洗澡板，這時手仍抓著浴缸和身體仍維持前傾，皆不改變姿勢，確認病患已坐好在洗澡板上，雙腳踩在浴缸底部，手仍緊握浴缸邊緣，照護者協助將腳移出浴缸，切記要扶著病患的背部，避免向後傾倒。

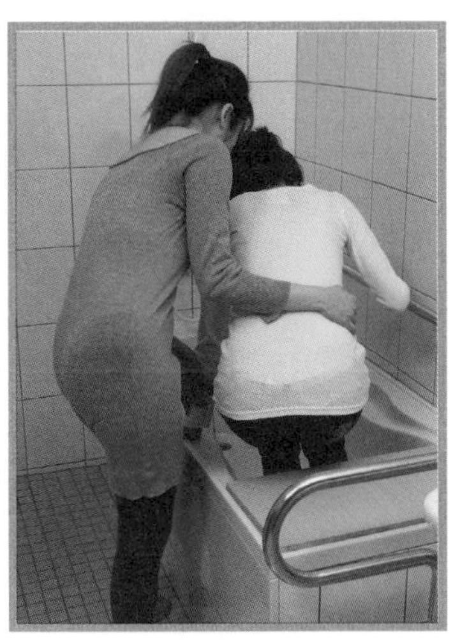

床上擦澡

準備用物

橡皮中單一條或塑膠袋一個、大毛巾二條、洗臉毛巾一條、擦澡毛巾一條、溫水一桶（水溫 41 ～ 43°C）、臉盆一個。

步驟

❶ 清洗前，先於被照顧者身體下方舖上橡皮中單（或塑膠袋）、大毛巾，以保持床褥清潔乾燥。

❷ 爲防止指尖傷及個案，可將毛巾捲成擦澡手套，先以肥皂清洗身體部位，再以溫水拭淨皮膚——

- 大拇指握住毛巾一端並繞過手臂，另一端繞過手掌心，利用大拇指緊握住呈現長條型。

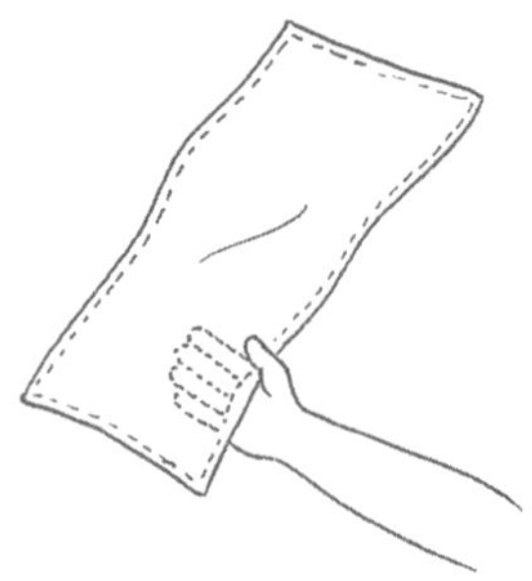

- 一手將尾端毛巾，向上掀起塞入手掌掌緣內。

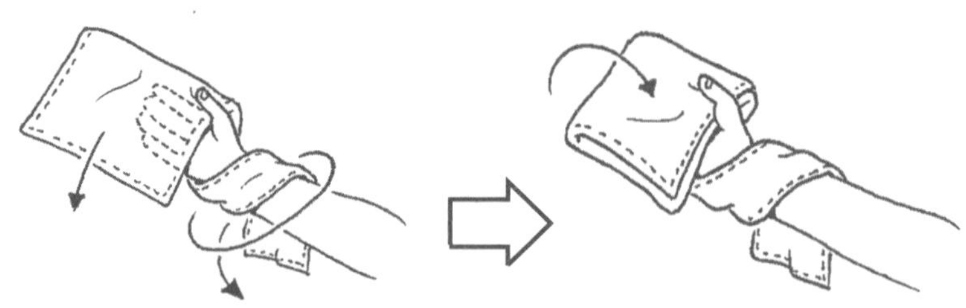

❸ 擦澡依序爲上肢→胸部→腹部→下肢→背部→會陰部及臀部。

注意事項

1. 擦澡後可以保持患者身體清潔舒適，避免異味，此外，照護者可以藉機觀察患者皮膚及身體狀況並促進患者的血液循環。
2. 清潔原則由裡到外由中心到髒污處；頸部、腋下、腹股溝、乳下等皮膚皺褶處也應擦拭乾淨。
3. 若使用肥皂，應將皮膚上的肥皂完全沖洗乾淨。
4. 擦拭時用力道適中，以免引起不舒服的感覺。
5. 清洗時清水應隨時注意更換，避免延續使用髒水。
6. 若有傷口，應於洗澡後立即更換敷料。
7. 女性乳房清潔時應由乳頭爲中心向外擦拭。
8. 避免在進餐前後一小時沐浴，減少消化不良。
9. 清洗身體時應注意保暖，記得關上門或圍上布簾，以維護病患的隱私。
10. 擦澡過程中應注意病患的反應，如有呼吸急促、嘔吐等不適情形，先暫停進行。
11. 沐浴時注意水溫，避免在高溫下入浴，易造成燙傷。
12. 病患容易有皮膚乾燥的問題，照護者可在沐浴的過程中，在水中加入嬰兒油，增加皮膚的滋潤度。

▶▶ 方媽媽的照護分享

藉用防水布在床上泡澡

協助長期臥床病患洗澡是一項非常花費體力的工作，因此，照護者在幫忙洗澡時，最好有兩人可以一起協同幫忙；此外，適時的藉由道具的輔助，如：防水布等，讓洗澡變得更容易。

準備用物

防水布約250公分×150公分（防水布的尺寸應大於床的尺寸）、水管（其長度可以連接至浴室）、大夾子數個、大枕頭數個、小枕頭數個。

步驟

1

將病患臥姿調整成平躺，先將對側床欄拉起，以避免跌落床下。

2

將防水布鋪在床上，並在床欄周圍、縫隙處放上小枕頭，以免水外流出去。

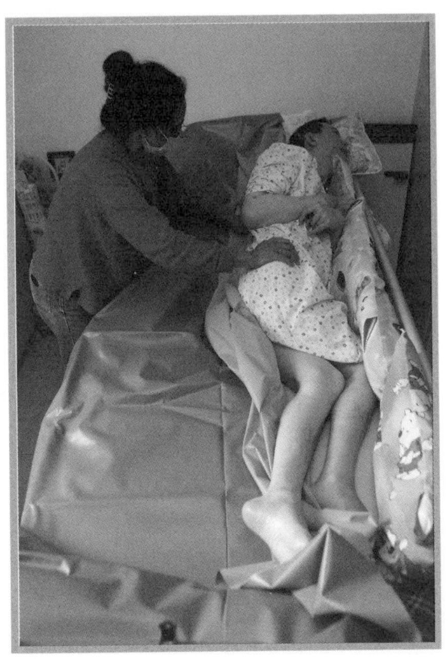

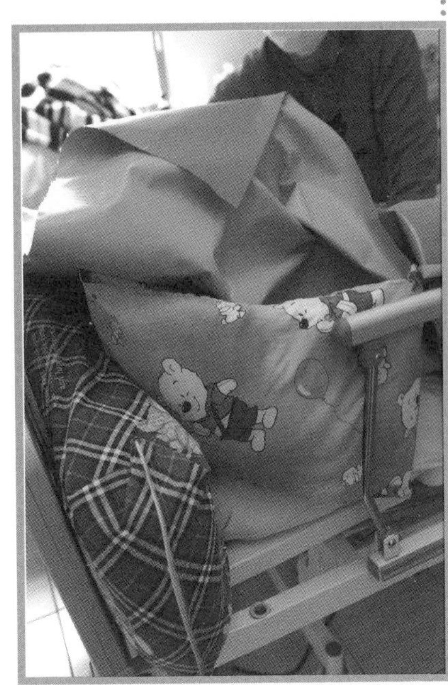

3

確認防水布已覆蓋在床上、床欄處，再利用大夾子固定防水布。

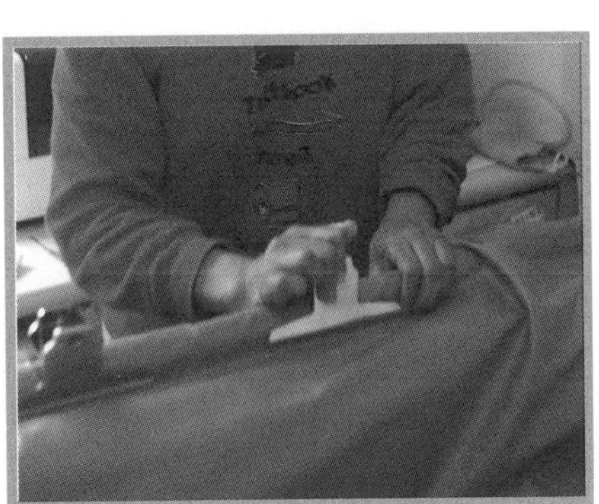

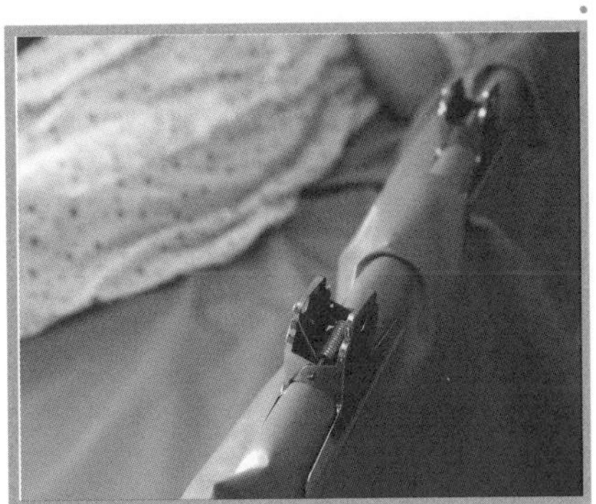

4

蓮蓬頭轉開，將水管接於原蓮蓬頭處。

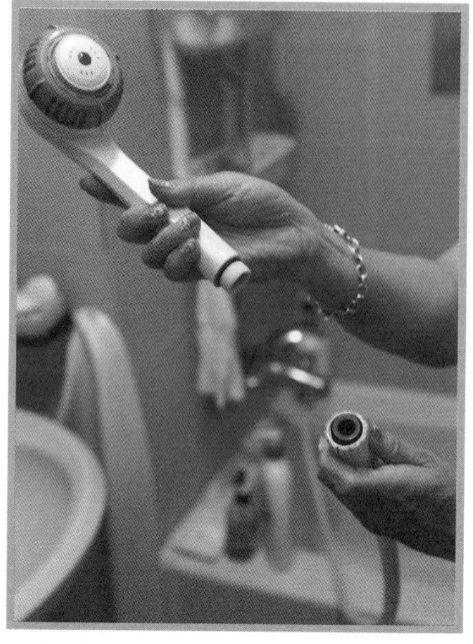

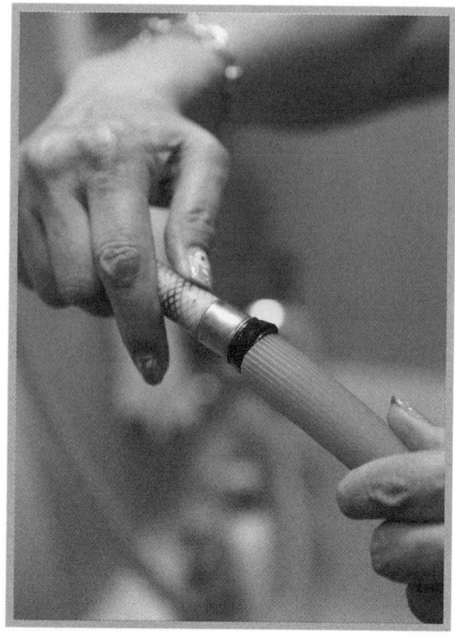

5

將水管的另一頭置於床上，打開水龍頭後，記得測試水溫，將水放 2 / 3 滿。

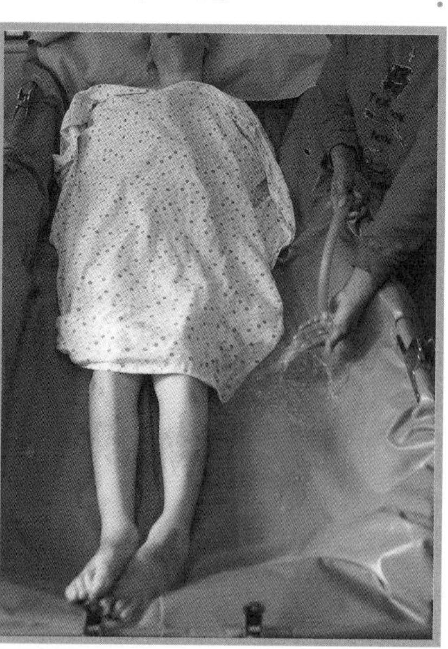

6

可於防水布上滴上被照護者喜歡的沐浴乳、泡澡精油等。

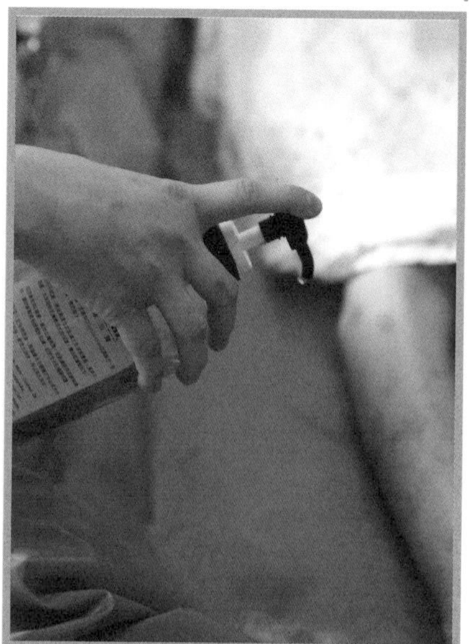

7

洗澡依序為上肢→胸部→腹部→下肢→背部→會陰部及臀部；清潔原則由裡到外由中心到髒污處；頸部、腋下、腹股溝、乳下等皮膚皺褶處也應擦拭乾淨。

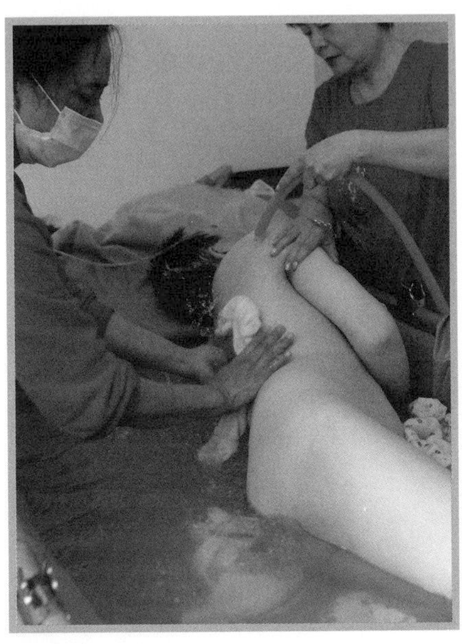

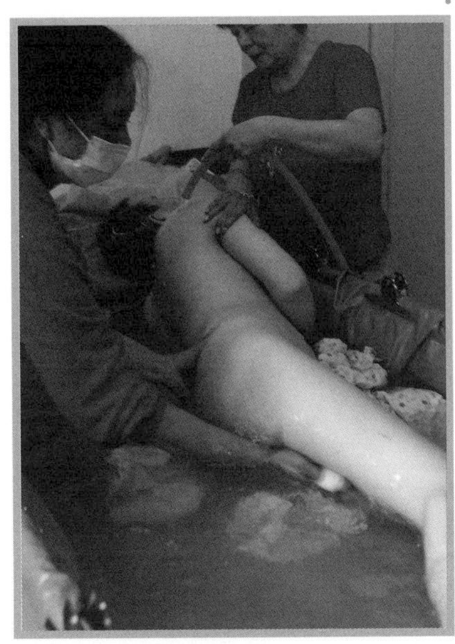

8

洗澡時照護者可以藉機觀察患者皮膚及身體狀況。

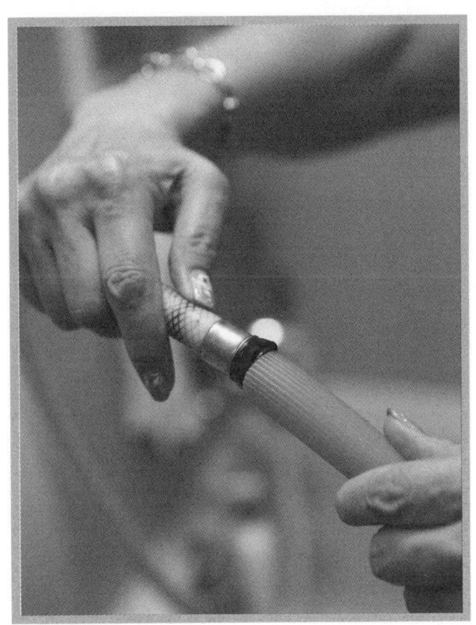

9

確認洗乾淨後，利用換水族缸的原理將水流出（亦即將水龍頭打開，後馬上關起，再拔開水管與原蓮蓬頭接縫處，將水流出）。

10

利用大毛巾擦拭乾身體，尤其是頸部、腋下、腹股溝、乳下等皮膚皺褶處。

11

將防水布移走，再次確認身體是否已擦乾，並換上乾淨的衣物。

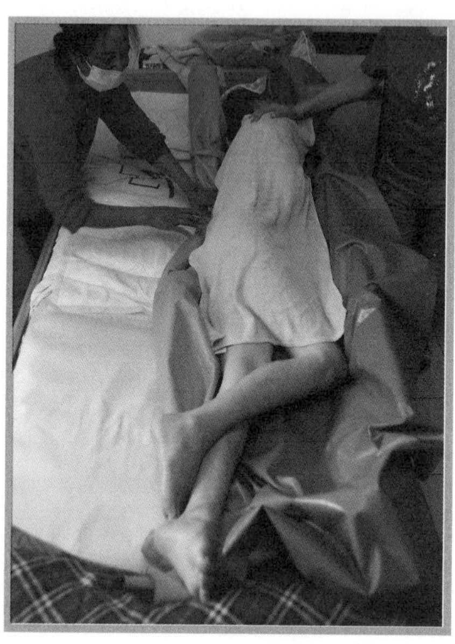

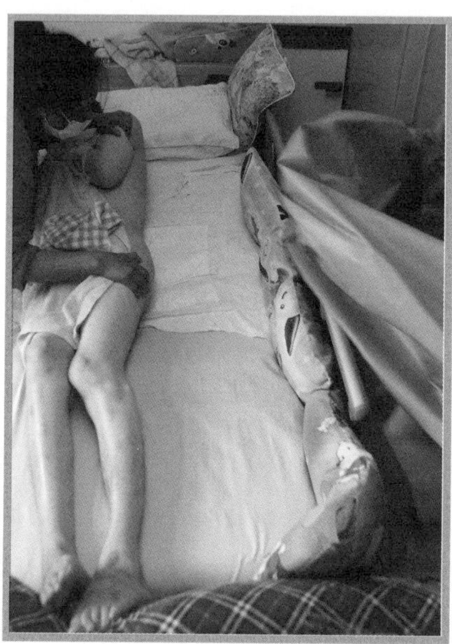

記得將防水布晾乾

用完後的防水布，可先掛於椅子上，待晾乾後，即可收起。

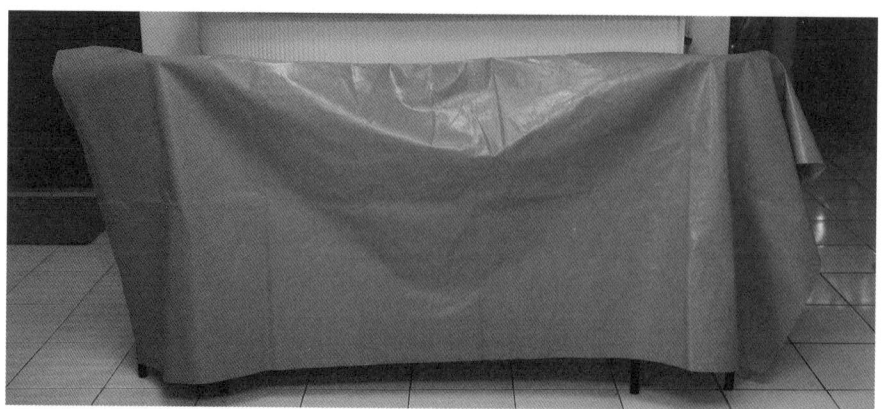

生殖器清潔

準備用物

沖洗瓶一個（水溫 41 ～ 43°C）、毛巾一條、清潔的褲子或尿布、便盆一個、清潔手套一雙、衛生紙。

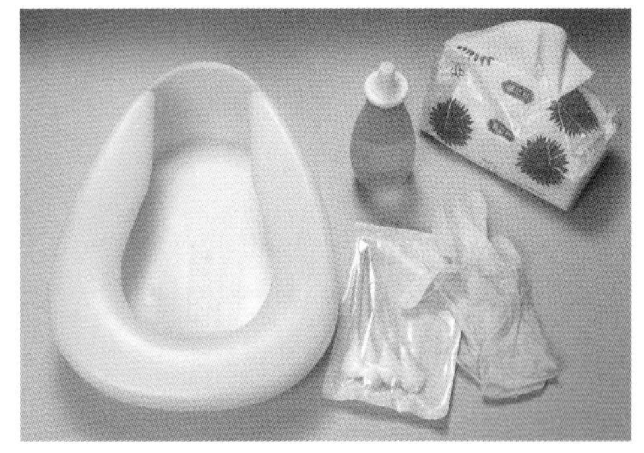

步驟

1 戴上清潔手套清潔會陰部及肛門區。

2 協助躺平，將其屈膝雙腳分開，於臀下放置便盆。

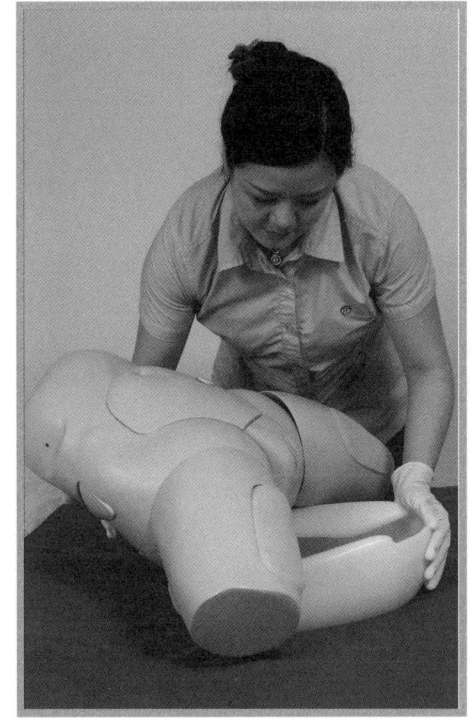

3 便盆下應放置防水布（或塑膠袋），避免弄濕床單。

4

溫水沖洗瓶開口向著床尾，由上而下沖洗會陰部；清潔前應記得詢問病患水溫是否恰當。

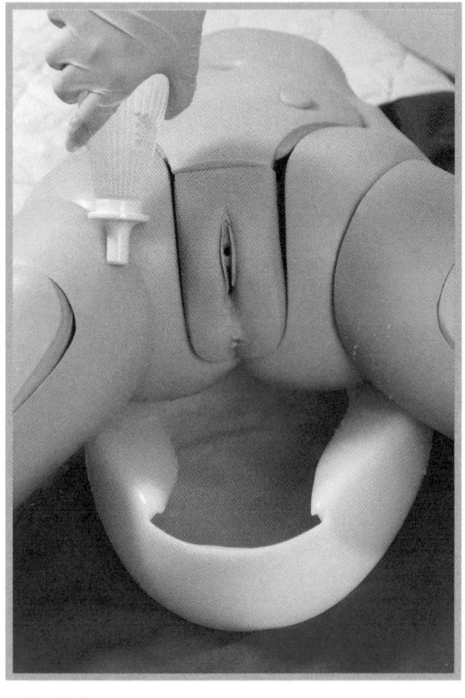
女性病患

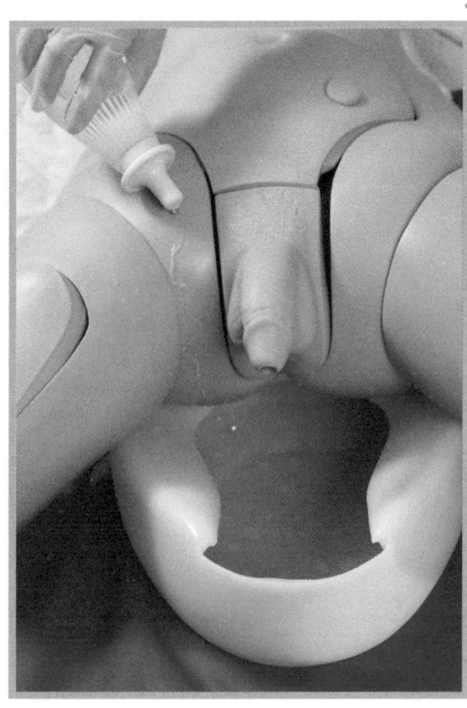
男性病患

5

女性病患

清潔順序由上往下及由內而外。

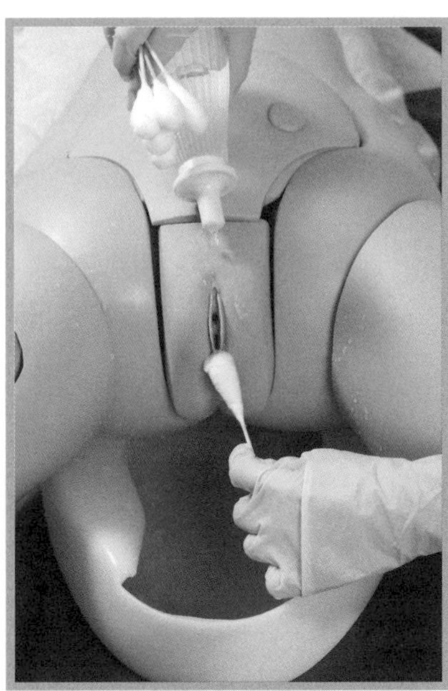

尿道口

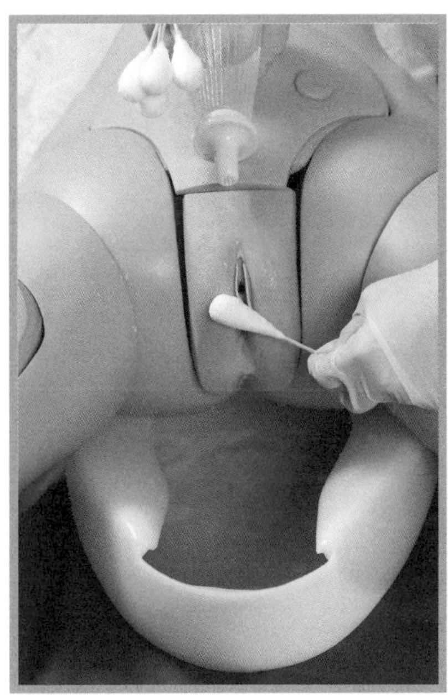

小陰唇

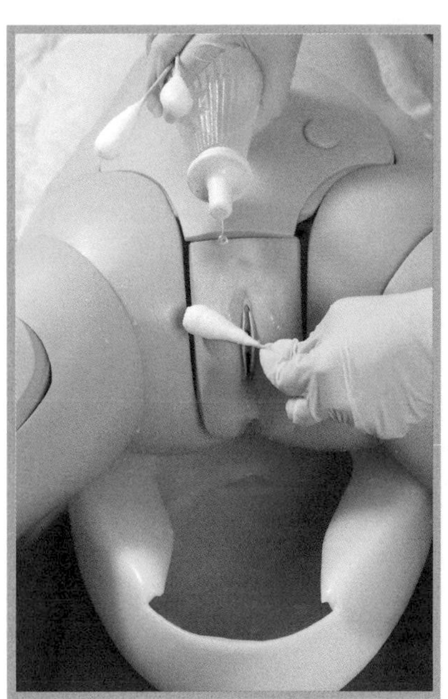

大陰唇

6

男性病患

清潔時可以利用紗布（小毛巾）將包皮往後推開，將包皮污垢清洗乾淨。清潔後需將包皮輕輕順勢推回。

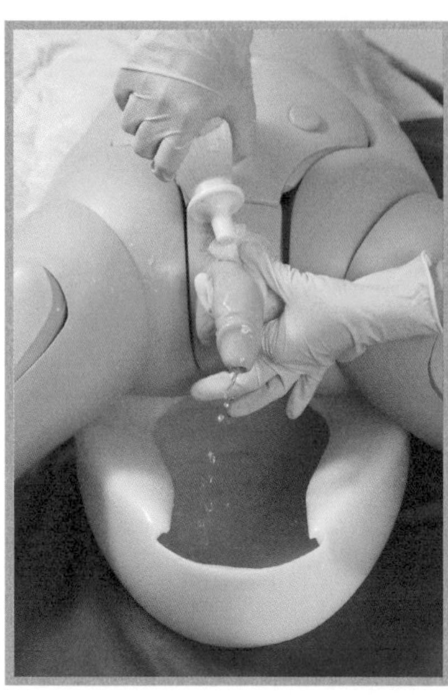

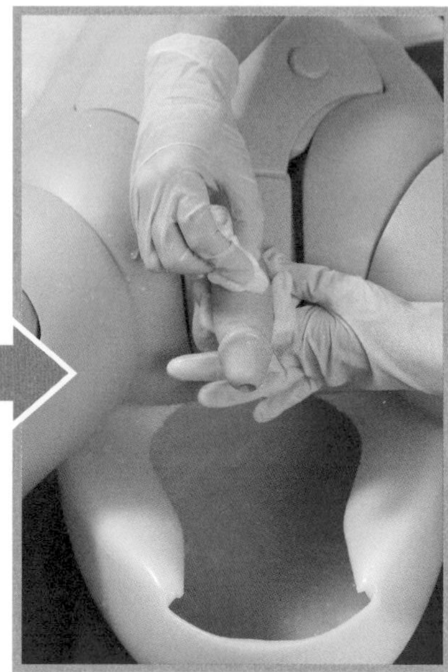

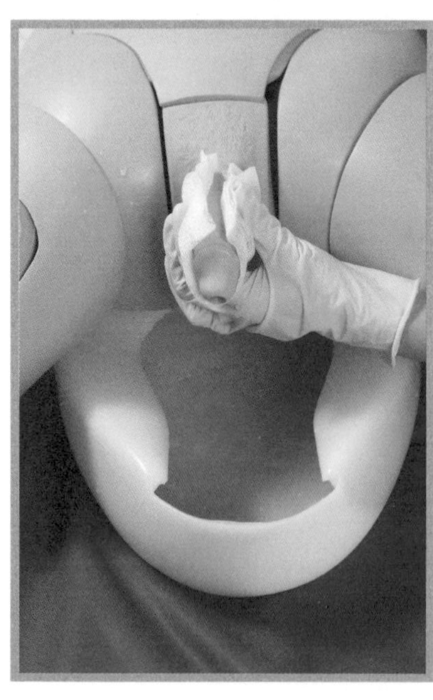

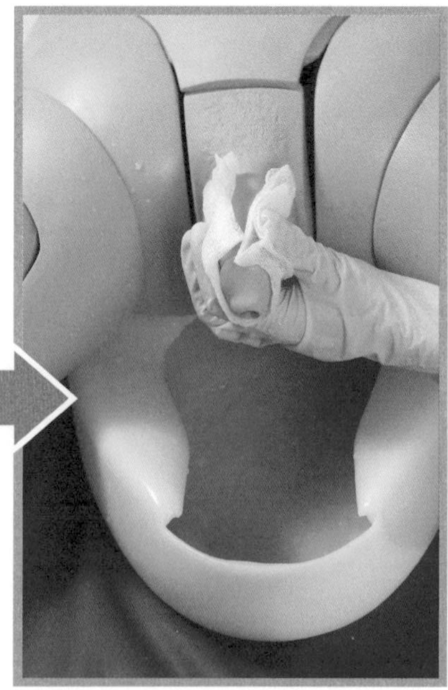

注意事項

1. 清潔會陰部，可減少會陰的分泌物與異味，預防感染。
2. 照護者可藉此觀察會陰部之分泌物顏色，注意有無異味，若分泌物較多或有異味時，需再清洗乾淨。如有惡臭、紅腫及長出異物等異常情形時應儘速就醫。
3. 病患如有包尿布，應觀察會陰部皮膚是否有破損及紅疹現象，若有，應增加更換次數及保持通風，以避免皮膚受損。
4. 會陰部應每天早、晚各清潔一次及每次大便後皆應清洗乾淨。

文／林倩伶（東元醫療社團法人東元綜合醫院口腔外科主任）
吳孟嬪（台北市立聯合醫院院本部護理部部主任）
胡曼文（普洛邦物理治療所院長）
沈佩瑤（台北榮民總醫院高齡醫學中心）

導尿管的照護

導尿管經由尿道插入膀胱幫助引流尿液，而尿管末端則與尿袋相連接。導尿管主要的功能爲協助排尿困難的病患順利將尿液排出。正常的情況下，剛產生的尿液是無菌的，但因導尿管在引流尿液的同時，也成爲細菌的通道，因此放置導尿管期間，需要適當的護理，以預防尿路感染。

導尿管護理

準備用物

無菌沖洗棉棒、水溶性優碘藥水、生理食鹽水（煮沸過的水）、清潔手套、會陰沖洗瓶、便盆、垃圾袋。

步驟

1. 洗手。
2. 將便盆放入病人臀部。

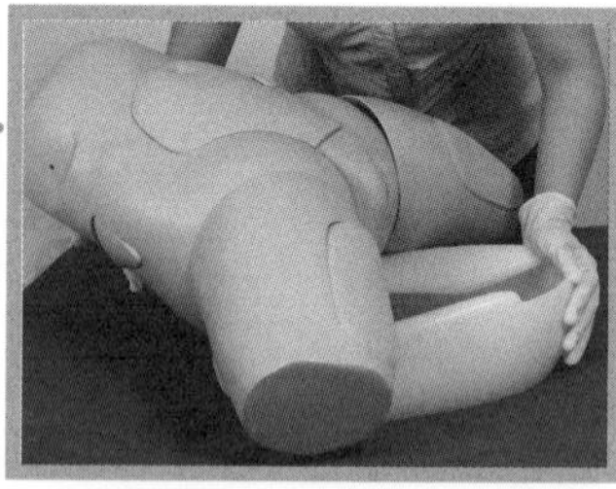

3. 利用大棉枝一包及會陰沖洗瓶，完成會陰部沖洗。

認識會陰部沖洗

1. 將塑膠袋、布單及便盆放在病患的臀部下。
2. 將沖洗瓶內的水擠在手臂內側，以測試水溫是否適宜（水溫為38～41℃）。
3. 一手拿沖洗瓶，在陰部位置由上向下慢慢將水倒出，同時以另一手拿大棉花棒由上往下，由內而外清潔會陰部。

4

移開便盆。

先以棉枝沾溼優碘。

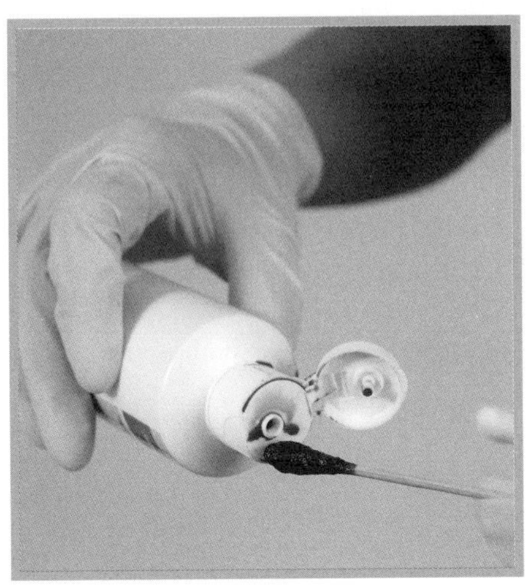

6

用手回縮包皮或分開陰唇，清潔靠近尿口端的導尿管約一吋（2.5 公分）。

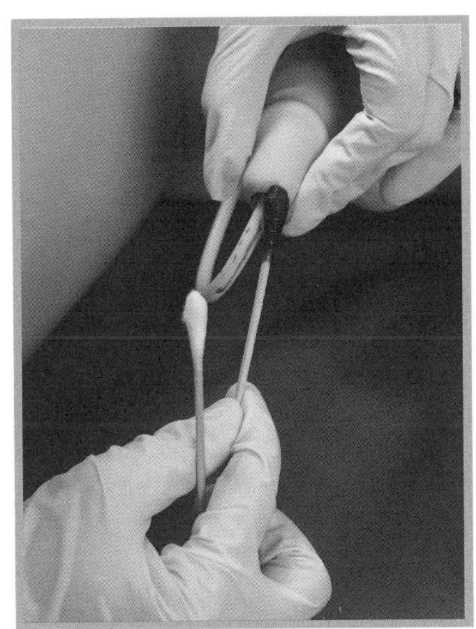

男性病患

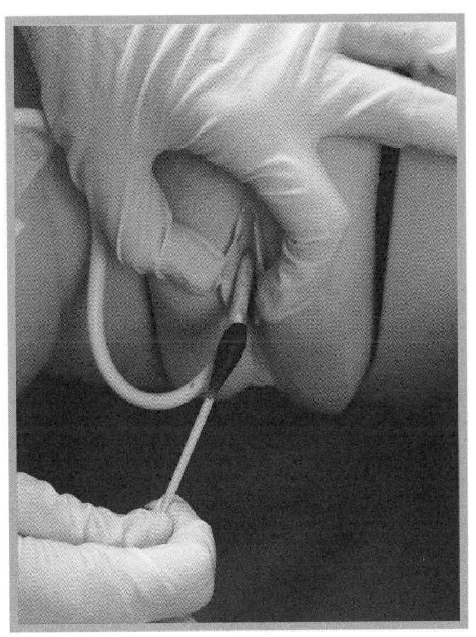

女性病患

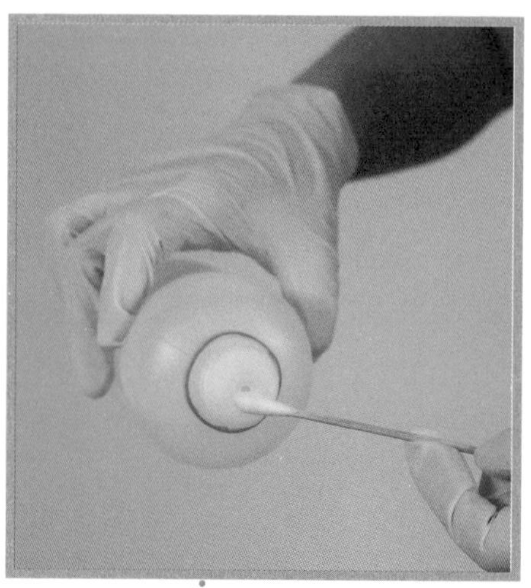

7

再以棉枝沾濕生理食鹽水，清潔靠近尿口端的導尿管約一吋（2.5 公分）。

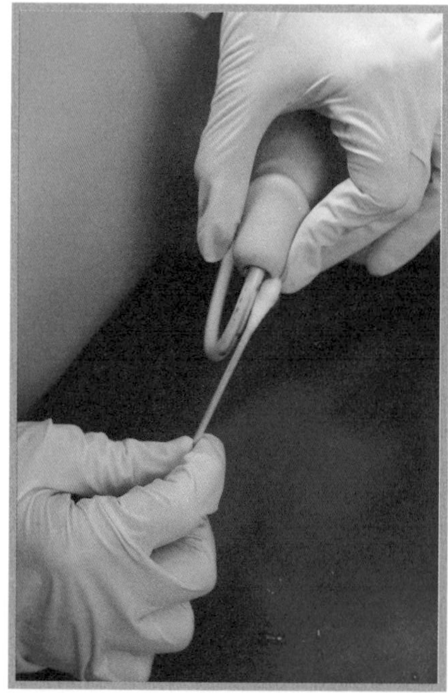

男性病患

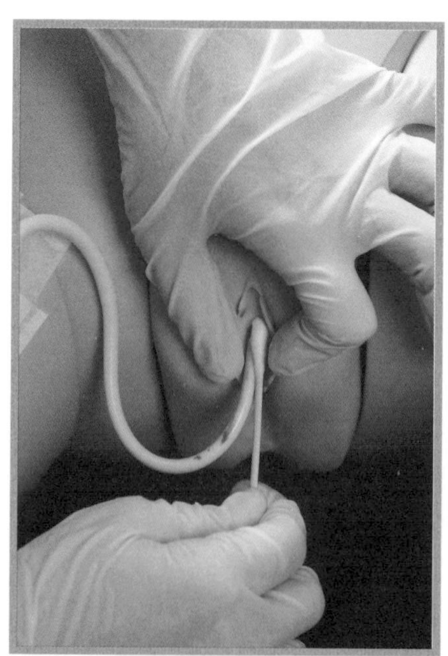

女性病患

8

清潔時應觀察是否有不正常引流物或分泌物。

9

去除原本固定之膠帶。

10

將導尿管以透氣膠帶以「井字形」貼法固定在下腹部（男性）或大腿內側（女性），每天須更換黏貼部位，防止長期黏貼或導管壓迫，造成皮膚損傷。

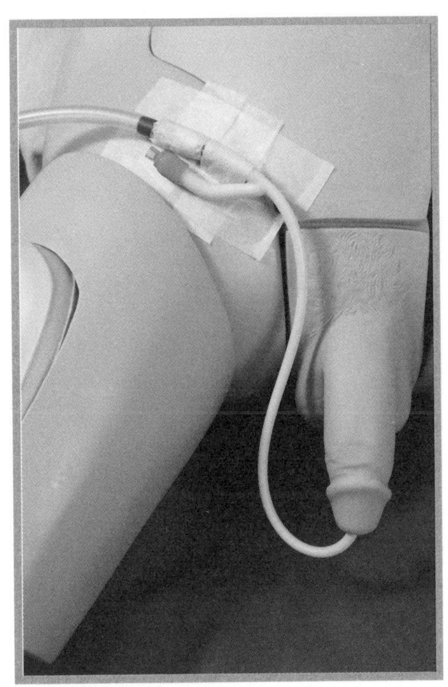

下腹部（男性病患）

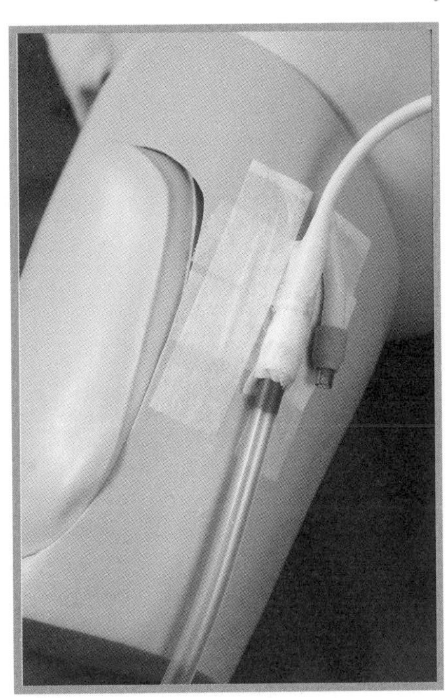

大腿內側（女性病患）

注意事項

- 清潔時每次使用一枝棉枝擦拭且不可來回擦拭。
- 隨時保持尿管通暢。
- 適當固定導尿管，避免導尿管在地上拖曳、扭轉，導致阻塞及拉扯，防止出血。
- 尿袋接頭及開口處，應隨時關閉，勿受污染。
- 攝取足夠的液體：成人尿量應維持每日2,000c.c.以上，以稀釋尿液及產生自然沖洗力，減少泌尿道感染的機會。
- 尿袋每6～8小時或尿量超過500c.c.時需倒出；排空尿袋前後，必須洗手。應避免尿袋口碰到盛尿容器或接觸地面。
- 尿袋引流位置應低於膀胱，避免尿液逆流；搬運病患時，可先將引流管夾住（或利用橡皮圈綁住引流管），避免尿液回留。

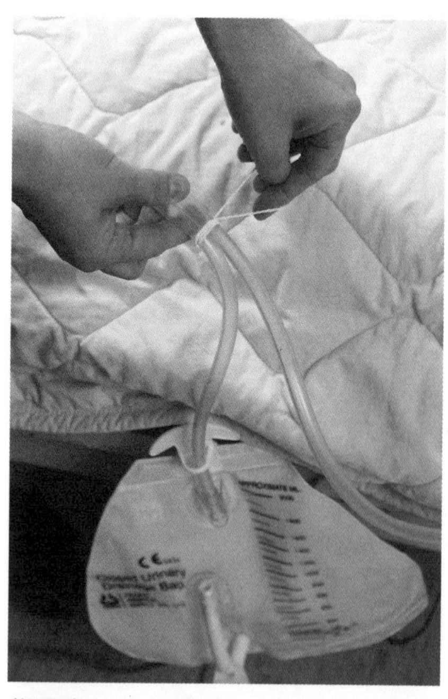
搬運病人時，應先將引流管夾住，避免尿液回流

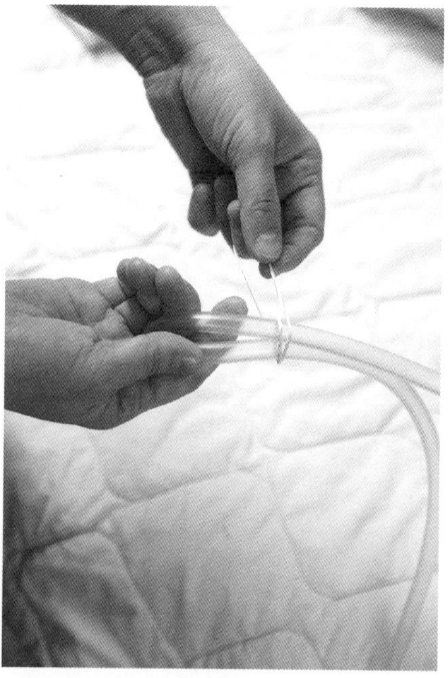
利用橡皮圈綁住引流管

- 預防便秘：因便秘會影響膀胱的排空及造成排尿異常。
- 除非病患有心、腎衰竭的問題，否則應鼓勵病患多飲水，每天至少 2,000 ～ 3000c.c.，並攝取豐富維他命 C 的飲料，如蔓越莓汁，以減少感染的發生及尿道阻塞。
- 當患者出現下列症狀，請立即回醫院就醫，包括：發燒、發冷、尿道疼痛、下腹痛、尿液混濁或惡臭味、血尿、膿尿、尿管阻塞造成膀胱脹痛和尿量明顯變少、意識不清等。
- 患者若為一般性留置導尿管時，下列任一情形發生時，須立即更換尿袋及尿管——
  1. 尿管阻塞。
  2. 尿管受到污染。
  3. 尿道分泌物變多且有臭味。
  4. 尿液滲漏。
  5. 尿液出現沉澱物。

文／沈佩瑤（台北榮民總醫院高齡醫學中心）

排泄的照護

不少病患因爲無法妥善處理自己的排泄問題，不但足不出户，更是拒絕下床，你知道嗎？每多躺床一天，肌力就下降3%，長期臥床會造成肌力喪失，依賴時間延長，造成生活品質下降，甚至對未來產生絕望。

因此，給予患者舒適且合宜的排泄照護，是相對重要的工作；藉由器具的幫忙和正確的使用，都是增加照護品質和避免感染的重要元素。

床上便盆的使用

適合對象

多用於行動不方便，或目前不適合下床的老年人。

準備用物

衛生紙、濕紙巾及便盆。

步驟

1. 鬆開病患的褲子，脫至腿部。
2. 將被單摺至膝蓋處，協助病患彎曲膝蓋。
3. 請病患抬高臀部，並將便盆放入臀下。

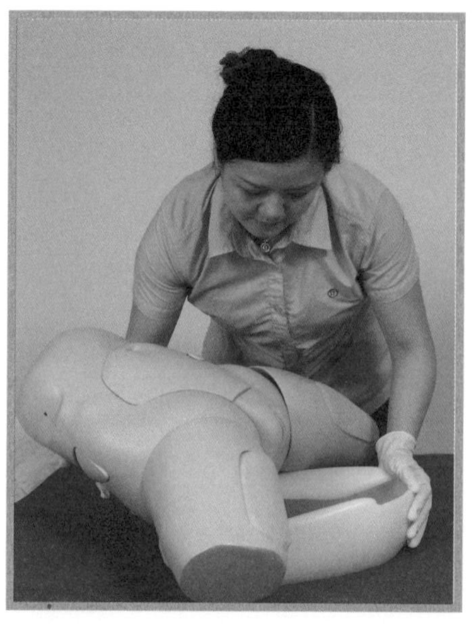

❹ 照護者應協助病患採「半坐臥」姿勢，並記得將床欄拉起，注意其安全，給予充分的解便時間。

❺ 使用完便盆後，可將床頭搖平，並清潔臀部及清洗會陰部（一般而言，以女性患者更需要注意清潔）；清潔方式一定要由會陰部往臀部方向清洗或擦拭，以避免將大便上的細菌帶入泌尿道造成泌尿道感染。

❻ 請病患抬高臀部或採側臥，取出便盆。

❼ 使用便盆巾或報紙蓋住便盆，暫時放於床下或椅子上。

❽ 協助病患穿上褲子後，採舒適臥位。

❾ 清洗便盆。

❿ 晾乾便盆。

便盆擺放的位置

便盆的低處朝向病患的頭部方向，較高處朝向病患的腿部方向。

若病患無法抬高臀部，照顧者可抬起病患的尾骶骨處，或使病患側臥，將便盆置於臀部壓住便盆的一側，一邊使病患翻向仰臥，再調整便盆至合適的位置。

注意事項

- 病患如廁時，照護者應注意病患的隱私，必要時應拉上布簾或圍屏風，調整空調或關上門及窗户，以維護其隱私、注意保暖。

便盆椅的使用

適合對象

行走緩慢、軟弱者、與廁所距離較遠、服用鎮靜劑、止痛藥、利尿劑或降血壓等藥物的病患。

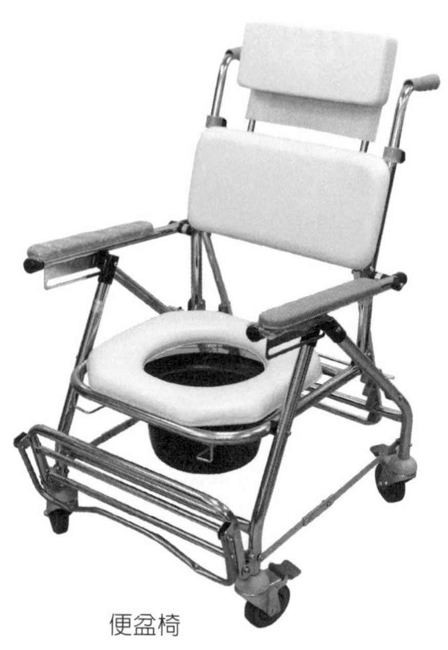

便盆椅

準備用物

衛生紙、濕紙巾及便盆椅。

步驟

1. 將便盆椅靠牆放置後再打開，並將卡榫卡好固定；若有滑輪者，須先將輪子固定妥當。
2. 打開馬桶蓋，協助老人坐於便盆椅上至少2／3處。
3. 協助病患雙手置於扶手上，並須緊握扶手，以避免滑落而跌倒；將衛生紙放置於容易拿到的地方。
4. 使用完畢後，協助病患到床上休息；將便盆清洗乾淨後，並將椅子收好。

注意事項

- 病患如廁時，照護者應注意病患的隱私，必要時應拉上布簾或圍屏風，調整空調或關上門及窗户，以維護其隱私、注意保暖。
- 虛弱或活動不方便的病患，使用便盆椅時照護者必須在旁邊陪伴，以免病患身體不穩傾斜而跌落。
- 使用便盆椅時，一定要靠牆置放，以避免病患身體不慎往後傾，造成跌倒受傷。
- 地上須保持乾燥清潔，和適度照明，以避免病患跌倒。

便器的選擇

便器的選擇可分為──

• 尿壺：

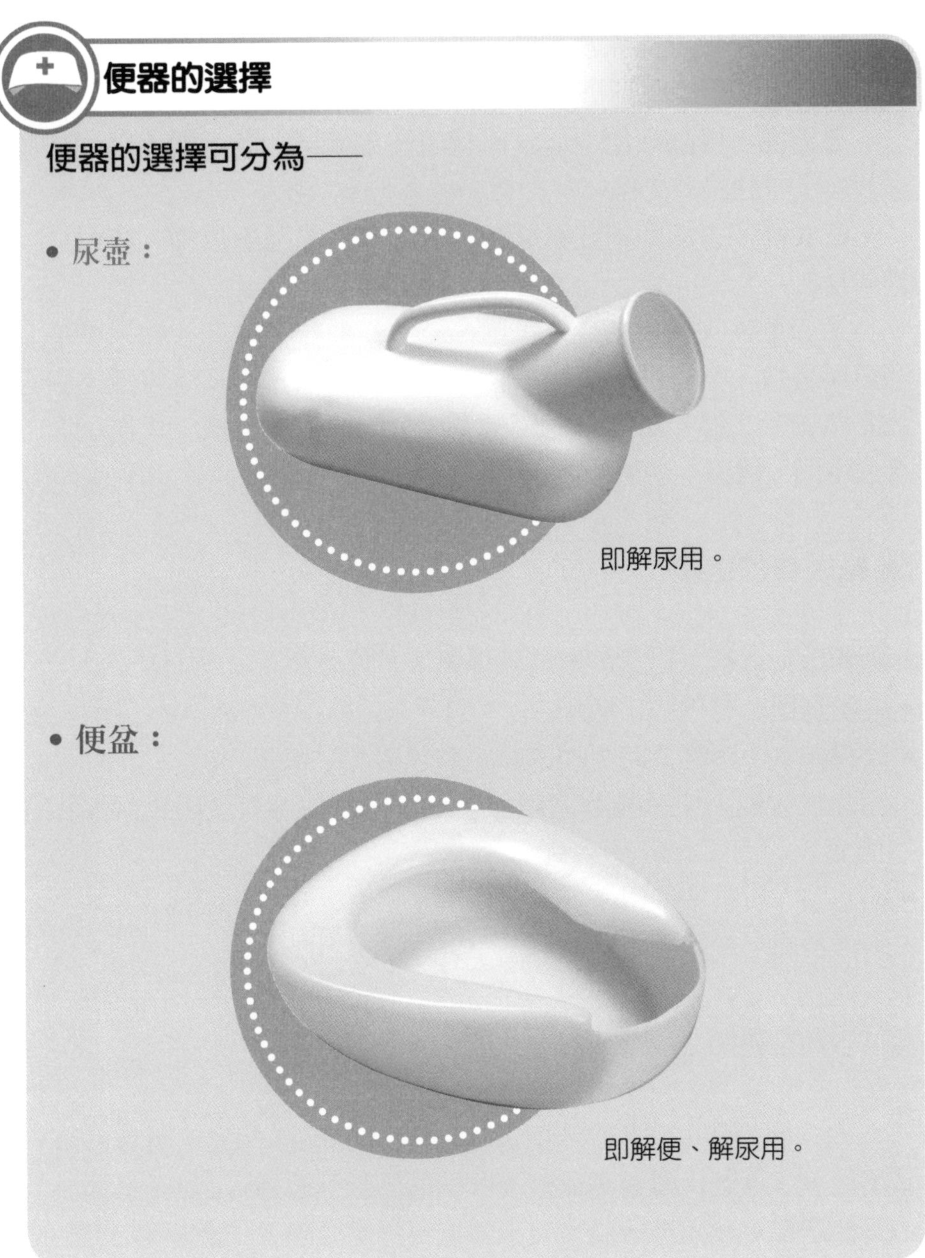

即解尿用。

• 便盆：

即解便、解尿用。

Part 1 照護準備篇
Part 2 居家照護篇
Part 3 衛生照護篇
Part 4 行動照護篇

紙尿褲的使用

尿失禁患者，當尿量多時，紙尿褲的消耗也是一項龐大的負擔，因此可使用紙尿褲搭配「輕便型尿片」。

在男性，可將輕便型尿片直接包住生殖器，讓小便直接解在尿片上，屆時只要更換尿片即可。

在女性，尿片則鋪在紙尿褲上，如無外滲至紙尿褲，亦可更換尿片。

至於更換次數，至少「每兩小時」需要檢查尿布，如果濕了即需要更換，唯有勤加更換尿片，方可減少尿布疹及泌尿道感染發生機會。此外，藉由搭配輕便型尿片的使用，可減少更換紙尿褲的時間、體力、病患的折騰及成本耗用。

紙尿褲的選擇

- **柔軟透氣表層**：迅速散透悶熱濕氣，常保乾爽。
- **立體護圍**：有效防止側漏。
- **尿濕顯示**：提醒及時更換尿褲，有效防止尿布疹。
- **超強吸收體**：快速吸收液體並將之緊緊鎖住，有效防止回滲和側漏。
- **隨意貼**：可重複使用多次，方便調整鬆緊，穿著更舒適。
- **彈性腰圍**：穿著更服貼舒適，不外漏。

內褲的選擇

內衣褲是最貼身的衣物。對於罹患多重疾病的人，更容易有皮膚問題、身體代謝異常或對不舒服的感覺不敏感等因素，因此，內褲的選擇更顯重要，以下幾項原則可提供照護者作選購時參考：

- 內褲宜寬鬆舒適，不要穿過緊的內褲，最好爲純棉製品。
- 運動後須及時更換內褲，以免內褲潮濕產生細菌，造成尿道和陰道的感染。

- 內褲最好選擇淺色的；因深色內褲是染色劑染出來的，染料多少會有些毒性；而太白的內褲則有過度漂白之嫌，化學物質和皮膚接觸後可能會被吸收，因此淺色的內褲相對安全很多。
- 新購買的內褲最好先用清水洗一遍，多少能洗去一些化學物質。

避免泌尿道感染

老年人因爲身體活動功能受限、營養攝取不足或抵抗力減弱等因素，會造成反覆性的泌尿感染發生，嚴重者甚至造成腎功能異常或敗血症。

因此，要做好泌尿道感染的預防，以下幾則建議可以提供照護者作爲參考指標——

- **均衡營養**：獲取足夠熱量，以應付感染造成的代謝增加。
- **適當攝取**：多攝取酸性食物（如梅子、蔓越莓汁、肉、蛋等），可降低細菌繁殖速度；多食用使尿液酸化的食物（如維它命C、健康醋、藍莓汁、葡萄柚汁、柑橘類），可降低細菌繁殖速度，能減少感染的發生。
- **禁食食物**：碳酸飲料、發酵粉或蘇打製的食品和醃漬物等。
- **液體攝取至少每日 2,000 ～ 3,000 cc**，以增進泌尿系統的沖洗效果及尿液排出量。
- **避免飲用咖啡、酒**，以防刺激膀胱，增加排尿次數。（因咖啡與酒的刺激而增加排尿次數，這代表膀胱尚未裝滿尿液前，就必須一直排空，對膀胱及身體代謝來說是不好的，而每天攝取 2,000 ～ 3,000 cc的水分，主要促進身體運作機能，並能維持基本的排尿量，幫助沖刷泌尿道，避免泌尿道感染。）
- **應穿棉質且避免內褲太緊**。
- **切勿憋尿**：白天應每 2 ～ 3 小時解尿 1 次，而夜晚 1 ～ 2 次。
- **養成良好清潔習慣**：如廁之後的擦拭，女性須由前（尿道口）向後（肛門口）清潔；沐浴方式的選擇則以淋浴優於盆浴。
- 患者若使用導尿管，照護者應**注意尿管清潔方式**，以減少感染機會；若要放置尿管，要注意做好每天的清潔消毒工作。

- 患者所使用過的便盆等容器，要儘量保持乾淨。

性交前後的注意事宜

性交前：要求男伴清洗包皮污垢。
性交後：女性於房事後，立即排空膀胱，並喝下兩杯水，以利排尿。

排尿訓練

「膀胱」負責儲存及排空尿液；當喝下的水分經過腎臟過濾後，會通過輸尿管儲存在膀胱，直到約 300 ～ 400 cc的尿量時，就會觸動膀胱的感覺神經，等到適當的時機及地點，才會接受大腦發號施令而解尿。但，當膀胱儲存功能出了問題，它可能儲存不到 100 cc的尿液就會感到膀胱發脹，此時膀胱會不自主的收縮，以排空這少量的尿液。

照護者可藉由以下方法，幫助患者訓練解尿功能，緩減上廁所的次數——

1. 藉由解尿日誌，調整其飲水習慣及膀胱訓練（定時上廁所，例如每兩小時一次）。
2. 骨盆底肌肉運動（凱格爾運動），達到減緩症狀的目的。

凱格爾運動方法

1. 找到正確的骨盆骶肌肉：坐在馬桶解尿時，可嘗試停止解尿，如果中斷尿流，表示骨盆骶肌肉正在收縮。可想像自己正尿急卻無法如廁的憋尿感覺，將肛門口的周圍肌肉緊縮，如果能體會到緊縮並拉起的感覺，則表示骨盆骶肌肉正在收縮。
2. 了解自己能維持收縮的秒數，在隨著肌肉的力量逐漸增強：在確定骨盆骶肌肉收縮後，就可以慢慢放鬆，而放鬆休息的時間至少相當於收縮的時間。
3. 若已熟練骨盆骶肌肉的運動技巧，可以加入日常生活活動中，如：散步、看電視、騎車等等。

居家運動治療

步驟

1

患者直立坐穩於「治療球」上，腰椎伸直，雙手放在大腿上。

2

吐氣時由臀部骨突處為基準將「治療球」往前帶，並停住 5 秒鐘，吸氣時將球拉回原位；放鬆後再重複數次。

注意事項

屁股坐在彈力球上，雙手兩腳打開，雙腳穩定固定在地板面。

文／楊淑慧（台中榮民總醫院門診暨個案管理師組副護理長）

修剪指甲（趾甲）

準備用物

盛有溫熱水的臉盆（水溫 41 ～ 43 ℃ ）、紙巾、浴巾二條、毛巾二條、指甲剪一支、指甲挫刀一支。

剪指甲

步驟

1. 床邊或床上放置盛溫水的臉盆，下面鋪紙巾。
2. 將其雙手浸泡於水盆中 10 ～ 20 分鐘（軟化指甲），並以毛巾擦乾雙手。
3. 以指甲剪將指甲修剪成圓弧形，並以銼刀將指緣磨平。
4. 手部塗上乳液，保持皮膚濕潤。
5. 用雙手握住一手（兩手輪替），在手背處從手指向手臂方向推進按摩，以促進血液循環。

剪趾甲

步驟

1. 床邊或床上放置盛溫水的臉盆，下鋪紙巾。
2. 將其雙腳浸泡於水盆中 10 ～ 20 分鐘，以軟化趾甲。
3. 以肥皂搓洗腳背、腳底、腳踝及每一腳趾及趾縫。
4. 視皮屑情況更換溫水，將雙腳洗淨後擦乾，尤其是趾縫。
5. 以指甲剪將趾甲剪成平形，必要時以銼刀將指緣磨平。
6. 塗上乳液，保持皮膚濕潤。
7. 用雙手握住一腳（兩腳輪替），在足背處從腳趾向腳踝方向推進按摩，以促進血液循環。

注意事項

1. 修剪指甲可以避免病患抓傷、皮膚感染的危險並促進指尖末梢循環。

2. 修剪指甲或趾甲時應在光線明亮處進行，注意不可傷及皮肉。
3. 若不慎將家人剪到破皮流血，可用水溶性優碘消毒，防止發炎。
4. 若無法泡手腳，也可用溫熱毛巾包住指甲或趾甲，約十分鐘後再剪。
5. 若有灰指甲的情形，宜用專用指甲剪修剪以免黴菌感染至下一個使用者。

認識灰指甲

定義

所謂的灰指甲是指甲（手）或趾甲（腳）受黴菌感染，進而引起指甲變色、變形、變厚、掉屑、粗糙易碎、指（趾）甲分離等現象。

日常生活注意事項

1. 穿著通風透氣、吸汗強的棉襪，每天更換清洗。
2. 應避免穿膠鞋或不透氣的球鞋，最好有兩雙以上的鞋子交換穿，使每一雙都有足夠的時間可以晾乾。
3. 不與他人共穿鞋子、拖鞋及襪子。（買鞋時，請勿以赤腳試穿鞋，以免遭受感染。）
4. 腳底、趾間癢儘量不要用手抓，以防傳染於手指。
5. 沐浴後應把腳趾擦乾，尤其是趾縫等較易被忽略的地方。
6. 身體其他部位有黴菌感染時，應及早治療，以免互相傳染。
7. 治癒後，原本穿著的襪子及拖鞋應丟棄，避免重覆感染。

如何預防感染灰指甲

1. 每個人的衛生用品都應該分開使用，儘量不要共用指甲剪，因只要用過的人，有一人是灰指甲患者，就可能有少數黴菌殘留在指甲剪上，而傳染給其他使用者。
2. 應避免指甲產生外傷及受到化學藥劑的刺激（包括去光水）。指甲受傷要趕快處理，不論是夾到門把或撞傷後的指甲，常因受傷或細菌感染而發炎，導致指甲變形有縫隙，使黴菌侵入而導致灰指甲。若皮膚已有黴菌感染（尤其香港手、香港腳）時，應儘速就醫治療，以免黴菌互相傳染。
3. 通常患者有個常見的錯誤觀念，以為拔除灰指甲就好了，但那只是暫時的，一旦黴菌已侵犯甲床及指甲旁的皮膚，長出指甲後仍會變成灰指甲。

文／沈佩瑤（台北榮民總醫院高齡醫學中心）

衣物更換

協助脫衣服

準備用物

乾淨衣服及浴毯。

步驟

1 先解開其衣服鈕扣或帶子。

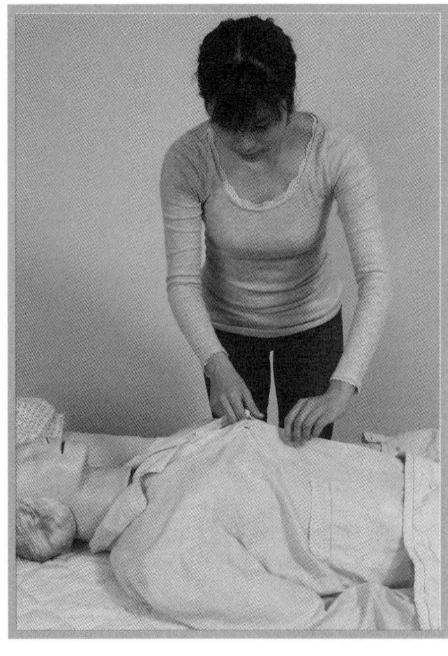

2 先脫近側袖子（或先脫健側）。

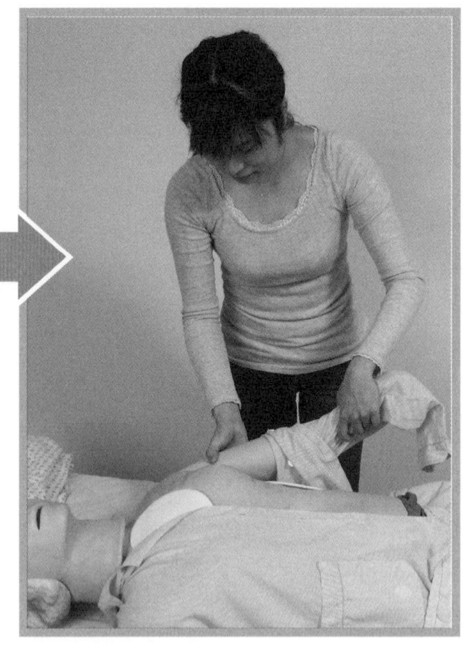

3

協助病患側身，再移至未脫的一側，脫下衣袖。

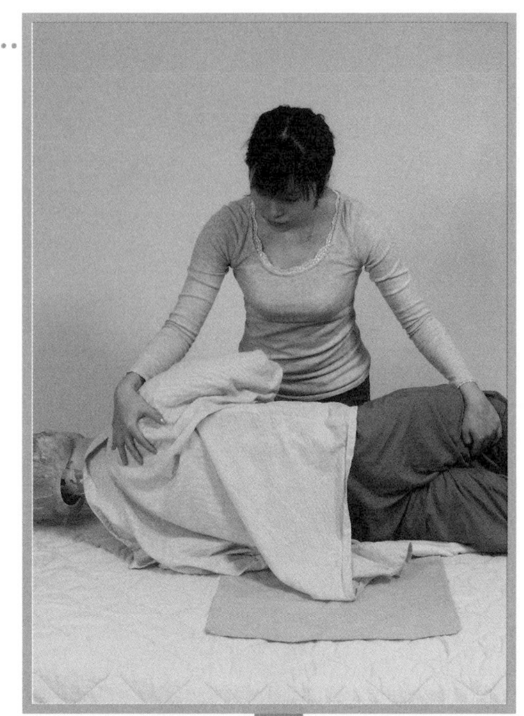

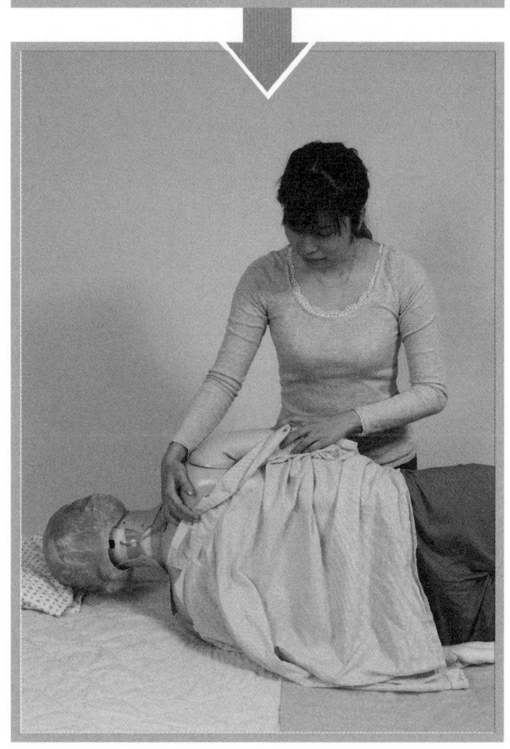

協助脫褲子

步驟

1 先解開其鈕扣、帶子或拉鍊抬高其臀部。

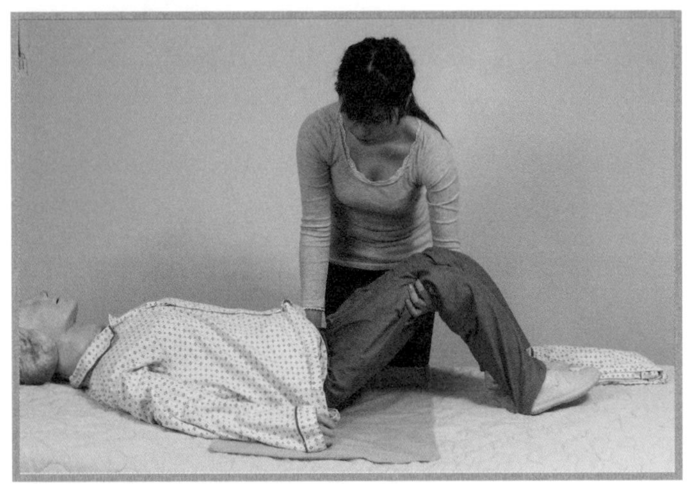

2 將內外褲一起下拉脫下。

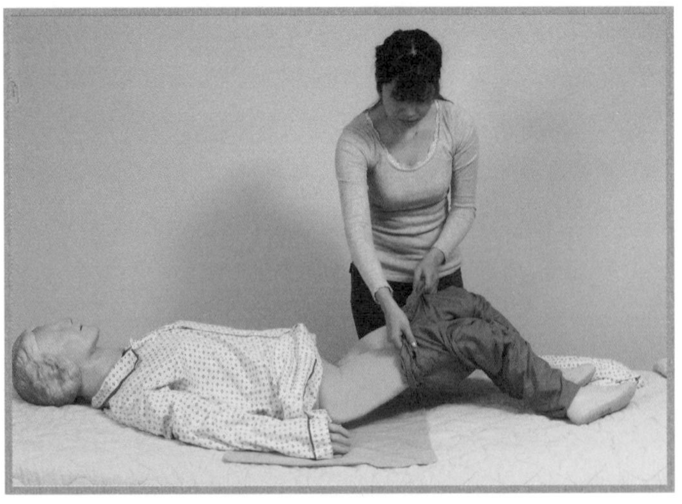

協助穿衣服

步驟

1

先穿近側的衣袖（或先穿患側）。

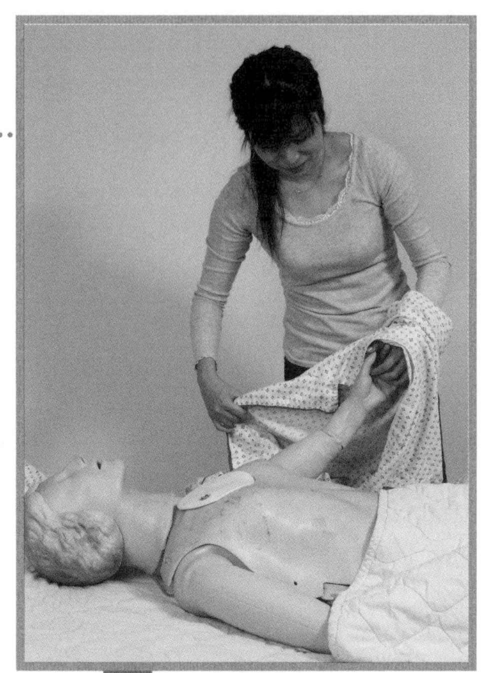

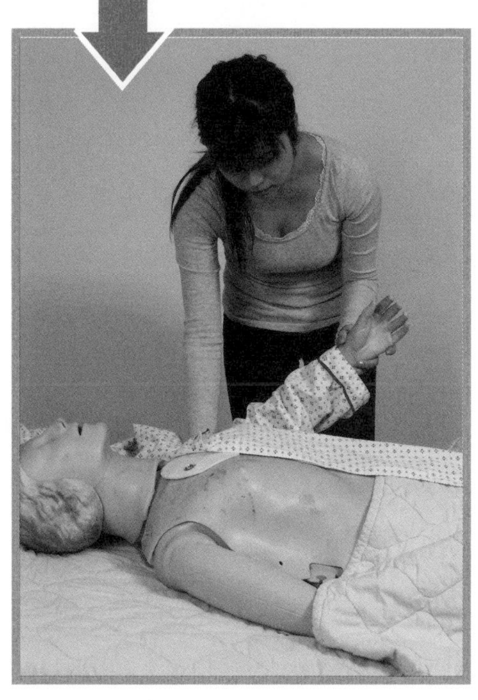

2

再協助病患側身穿另一側衣袖。

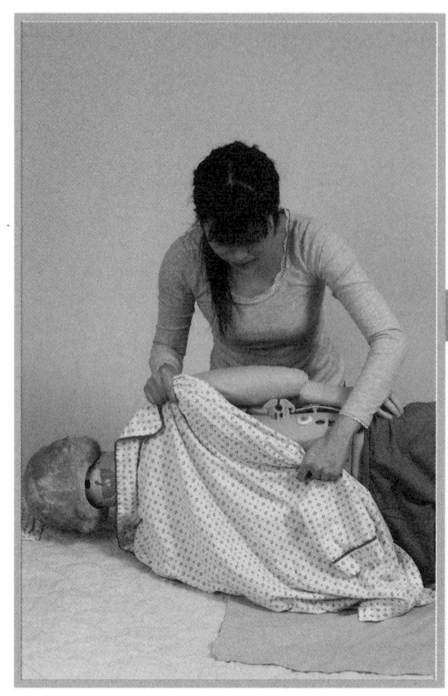

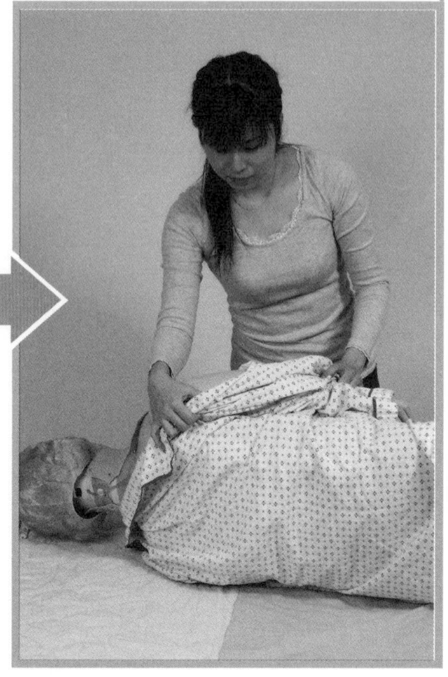

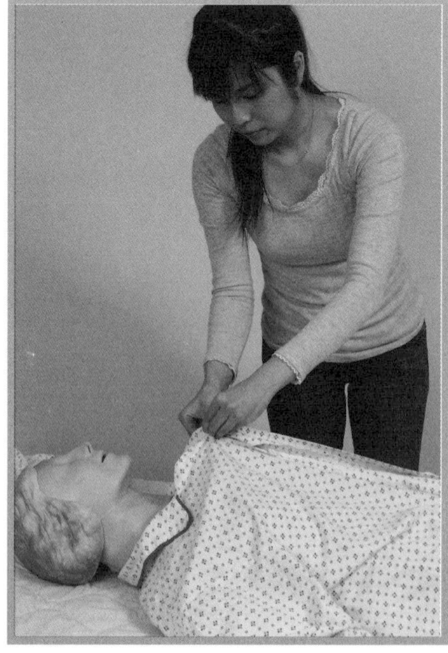

3

扣好釦子。

協助穿褲子

步驟

1

將內外褲的左右褲腳先套好。

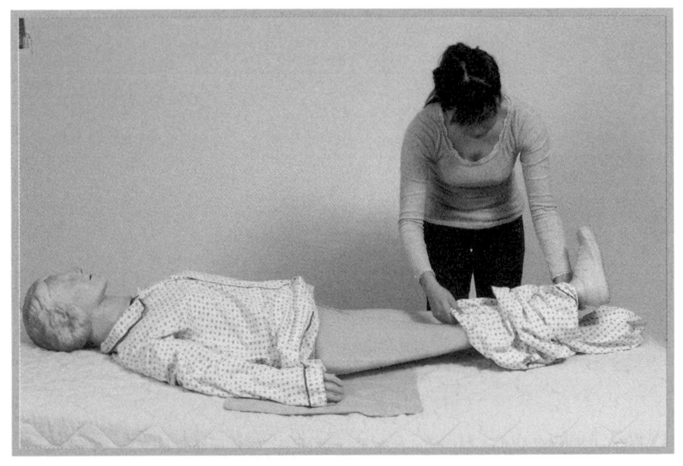

2

先穿遠側的褲管（或先穿患側）。

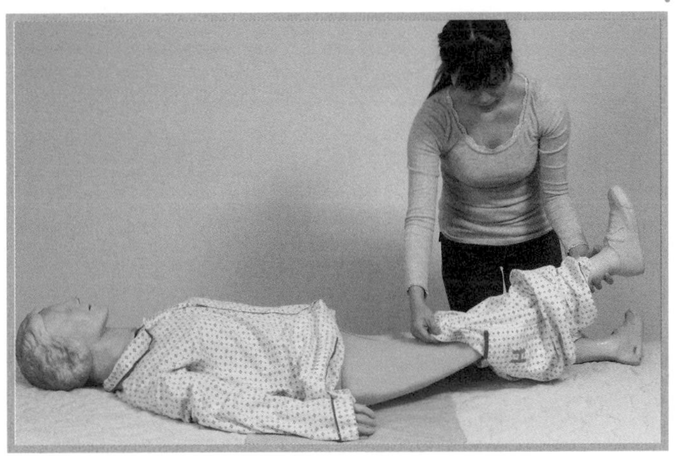

3

再穿近側的褲管。

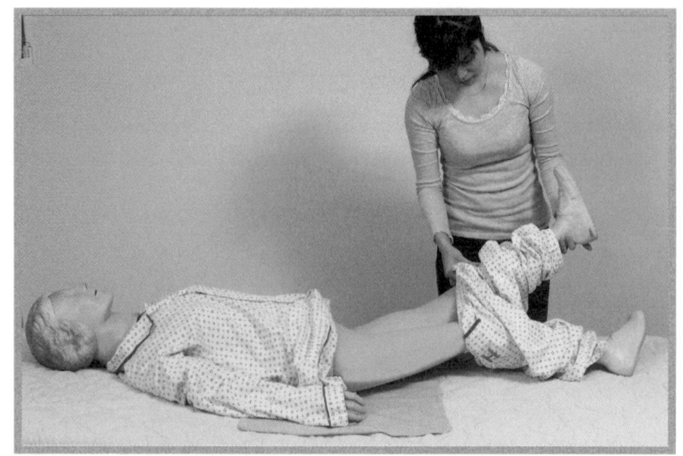

4

再一起往上拉至臀部。

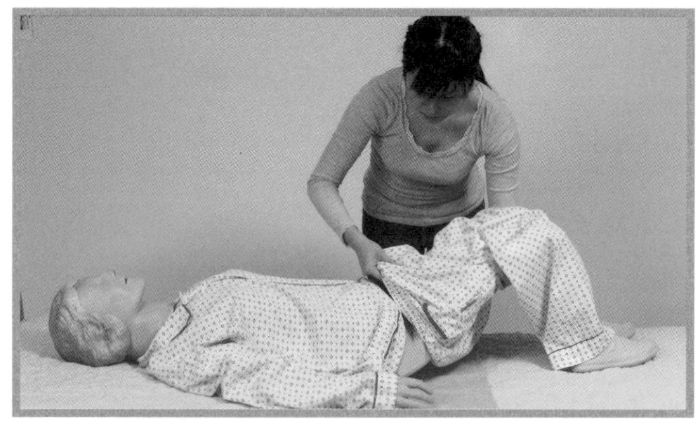

5

協助抬高臀部並將褲子拉至腰部，並拉好拉鍊或繫好腰帶或將釦子扣好。

注意事項

1. 每日（衣服髒時）更換乾淨的衣物，可增進病患的舒適感，並維護外表的儀容整齊。
2. 選擇衣物時儘量選擇棉質、吸汗、排汗的衣物較佳，上衣可選擇排扣式衣服，方便照護所需。

文／吳孟嬪（台北市立聯合醫院院本部護理部部主任）

寢具更換

許多人都有睡眠的問題。擁有一套舒適的寢具，可以幫助你擁有較好的睡眠品質，倘若因疾病關係，必須部分或完全臥床時，除睡眠問題外，還會增加壓瘡（褥瘡）的發生率。

因此，如何改善睡眠問題及避免褥瘡，是非常重要的一件事，選對「適當的寢具」，包括床鋪、床墊、床單、枕頭和棉被，則能改善上述問題。

寢具的選擇

護理床

居家護理床，包括一般手動病床、一般電動床以及高階電動床。由於其具備有調整背部角度、腿部角度、床鋪高度等功能，可增加長者在床上活動的自主性，也有利於照護者照護上的便利性。

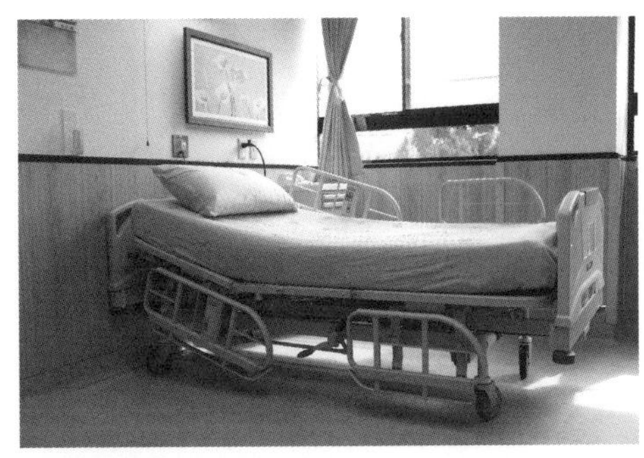
居家護理床

一般居家護理床尺寸爲長 214 公分 × 寬 100 公分 × 高 35 ～ 70 公分，平時其高度可調降在 45 公分左右，方便患者下床時坐起雙腳可以著地；照護時可調整至 65 ～ 70 公分高，以避免照護者過度彎腰，造成腰椎

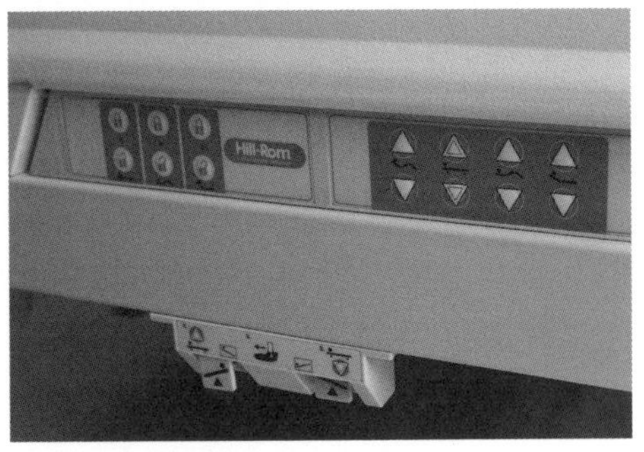

具備調整高度等功能

的損傷。

有些部分護理床亦具有床欄，有助於坐起時支撐，平日時可保護病人，避免跌落床下。

費用補助

如爲經醫師診斷證明屬肢體癱瘓無法翻身及自行坐起者——

- **一般收入者**，可申請 5,600 元至 12,600 元的補助。
- **低收入戶者**，可申請 8,000 元至 18,000 元的補助。

相關資源可於內政部多功能輔具資源整合推廣中心之輔具資源入口網（網址 http://repat.sfaa.gov.tw）連結查詢。

此外，照護者可依據個人喜好、老年長者身體狀況、住家環境狀況、所需費用，以及聽取復健醫師意見後，再作選擇。

	一般手動病床	一般電動病床
所需費用	約 21,000 ～ 25,000 元	約 35,000 ～ 45,000 元

床墊

使用居家護理床，由於會調整頭部或腳部的角度，因此，不適合使用厚度較厚的彈簧床墊，建議可選擇「記憶床墊」，其爲特殊溫度感應泡沫膠所製成，具備支撐性、包覆性及良好的釋壓。

一般傳統床墊只能有向下的壓力，無任何支撐及釋壓，並因長期反作用力易造成脊椎傷害或壓瘡。

所謂「記憶床墊」，是指身體躺在床墊上，床墊會出現人體的形狀，再慢慢的恢復原本形狀，就像一個平面軟性膠質的固體，受手的壓力，產生手的形狀，最後手拿起來還是會有手的形狀在，只是慢慢的手的形狀會變回原本的平面狀態。

記憶床墊的優點

- 具有可雕塑性質，能 100%貼合身體自然曲線。
- 在溫度 18 ～ 37℃下可模擬人體，讓人體能得到最平均的支撐。
- 有效降低頸椎至腰椎的骨骼受壓變化，減少脊椎異位發生。
- 減少肌肉與血液的嚴重壓迫；血液順暢能提高人體免疫力效果。
- 醫學及媒體證實記憶矽膠對骨刺、脊椎病痛、手術者、孕婦皆有幫助選購記憶膠的商品，要認知商品的成分跟密度，同樣的記憶商品，有些要價 3,000 多元，而有些卻要 1 萬多元，其實在外觀上看不出來的，原因是商品密度的問題，密度 40%的商品本身重量不重，價格大約在 4,000 ～ 6,000 元。

消費者應評估商品的厚度，密度 65%的商品本身重量較重，但在販賣時一定比較貴，只是消費者不懂記憶商品，只想要同樣的商品但卻選擇便宜的價格；但其實，價格便宜的密度低，只能使用 1 ～ 3 年，而密度高的能用到 8 ～ 10 年多，所以在購買時，可請店家說明密度是高是低，以便購買。

在價格方面，密度高的記憶床墊價格較高，密度低的記憶床墊，價格相對低廉；一般市價大約 3,000 ～ 15,000 元之間皆有。

床單

床單一般以「棉質布料」爲佳，其材質較爲透氣吸汗，此外，應選擇觸感柔細，增加皮膚舒適感的材質。

每一磅的綿紗，可以抽到 840 碼（約略是 768 米）的長度就叫「1 支」，支數愈高，棉紗愈細，接觸到皮膚時就愈柔軟舒適。坊間販賣的床包，多數都能符合上述要求。購買時應注意尺寸大小須足以平整包覆床墊，不易鬆脫，以避免床單皺摺增加褥瘡發生的機會。

對於長時間臥床的病患，若同時需要灌食、餵食，或是有大小便失禁問題，可以準備一些小床單、小毛巾，鋪在容易髒污的地方，方便一有髒污時即可隨時更換，不需換掉整張床單。

另外，應準備不透水的橡皮單，剪裁成約床單四分之一長，並在上面加鋪同等大小的棉質小床單，鋪於床鋪中間位置（約患者的臀部上下），以避免患者大小便失禁時，直接染污床墊。

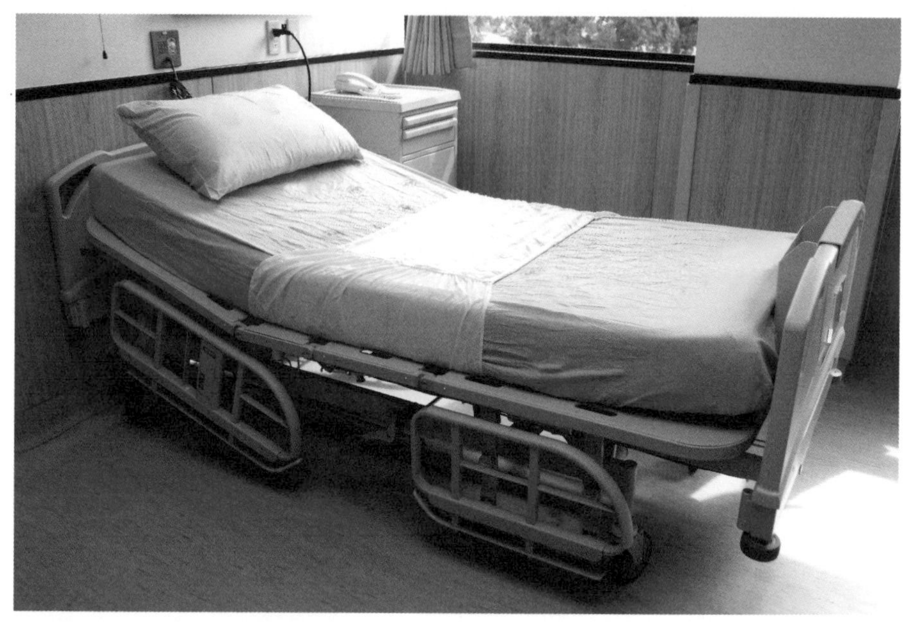

棉質小床單，鋪於床鋪中間位置

枕頭

枕頭的功能，除了用以支撐頭部，最重要的是支撐頸椎；枕頭太低、太軟，都容易造成肩頸痠痛。

理想的枕頭大小，長寬爲 70 公分 X 36 公分，至於高度應該多少才合適呢？以仰臥時下顎的高度與身體平行（指同一水平）爲宜，一般以 10 ～ 15 公分較爲合適，更具體的高度則要因個人頸椎弧度而定。

此外，枕頭的彈性與材質，也須考量；太硬的枕頭，頭部與枕頭的接觸面過小，除了無法適當的支持頸部，其因壓力的集中，容易造成局部血流不順，會有頭皮麻木感，甚至壓瘡的產生。太軟的枕頭，因不能使頸椎維持適當的伸展角度，容易造成肩頸痠痛。

市售枕頭材質多樣，常見的有羽絨枕、人造纖維枕、定型枕，均強調具有彈性、透氣、吸汗等功用；其中，「定型枕」是以特殊溫度感應泡沫膠所製成，它是利用溫度感應及重量壓力而下陷，但是不會反彈、能平均支撐頭部的重量，且強調人體工學的設計，能增加脊椎的支撐與釋壓。照護者可依個人喜好選擇枕頭材質，但選擇時應考量上述功能性問題。

棉被

傳統厚重的棉被，不適合病患，建議可考慮選購保暖輕薄的天然材質，例如：羽絨被、羊毛被、蠶絲被或毛毯等。

此外，無論是床墊、枕頭、棉被，建議使用 100％純棉材質之床單、枕套、被套加以包覆，且最好使用沒有皺摺接縫或結節裝飾設計，以避免患者局部壓瘡。

床單更換方法

原則上，一般應「每週」更換一次床單，若病患是整天臥床情形，則盡可能每天更換床單。對於長期整天臥床，更換床單有其技巧，可讓照顧者事半功倍。

步驟

❶ 先將對側床欄拉起（或有其他照顧者在旁協助），以避免跌落床下。

❷ 讓病患者側躺，面向照護者的對側。將靠近自己一側髒的床單朝病患的方向捲去。

❸ 將乾淨的床單在床上攤開，由對側捲向自己的方向至床鋪的中間，將髒床單與乾淨床單一起壓在病患的身體下。

❹ 然後，將病患越過捲起的床單翻向照顧者這一側，將床欄拉起，讓病患抓住床欄。

❺ 走到對側，將髒的床單撤掉，再將乾淨的床單攤開，對齊四個角固定好。

文／林文綾（台中榮民總醫院精神科病房護理長）

站立

站立是準備行走的基本動作。因此，照護者應該讓患者盡量自己做到。此外，對有些長期臥床者，突然的站立會出現姿態性低血壓，容易發生頭昏、跌倒的危險，所以要特別小心。

自行從椅子上站起

步驟

1 將臀部往前移坐至椅子邊緣，使腳掌對稱地載重在地面。

2 腳掌挪近椅子，使膝蓋的位置超過腳跟（即膝關節的角度小於90°）。

3
利用身體前傾直至頭部超過膝關節的衝量，使大腿離開座面。

4
膝關節伸直，軀幹緊接著挺直。

Part 1 照護準備篇
Part 2 居家照護篇
Part 3 衛生照護篇
Part 4 行動照護篇

協助從椅子上站起

每位患者的情形與能力不同，應先由物理治療師教導後再執行。大致步驟如同自行站起，照護者只給予病患必要的協助，使其發揮最大的主動參與。通常給予的協助如下——

步驟

1

協助病患將腳固定於起始的位置，然後再開始讓病患進行站起的動作。

2

照護者一手抓住病患腰帶（或褲頭），請病患身體前傾再抬高臀部。

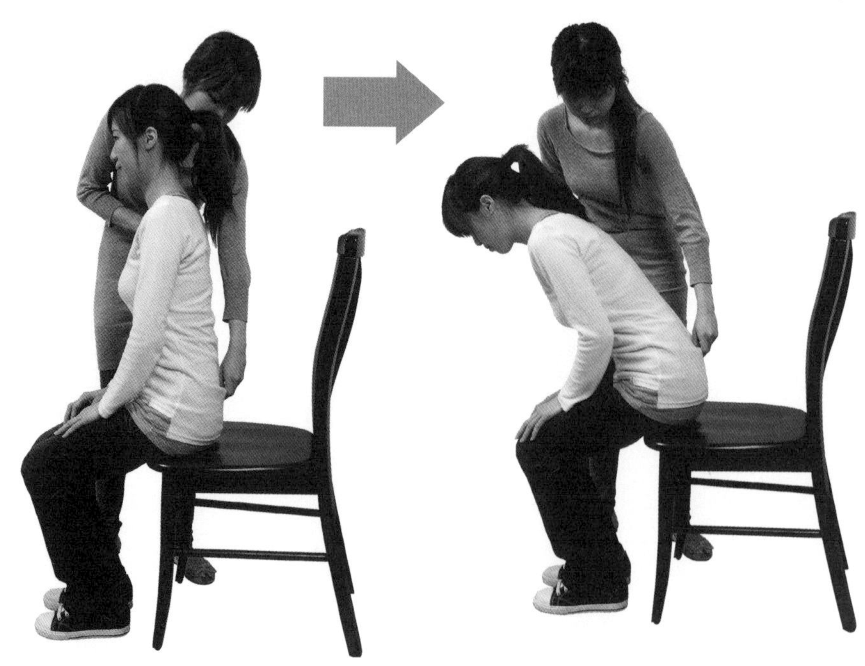

3

照護者必要時在病患腰部給予一個往前上方的力量，協助病患站穩。

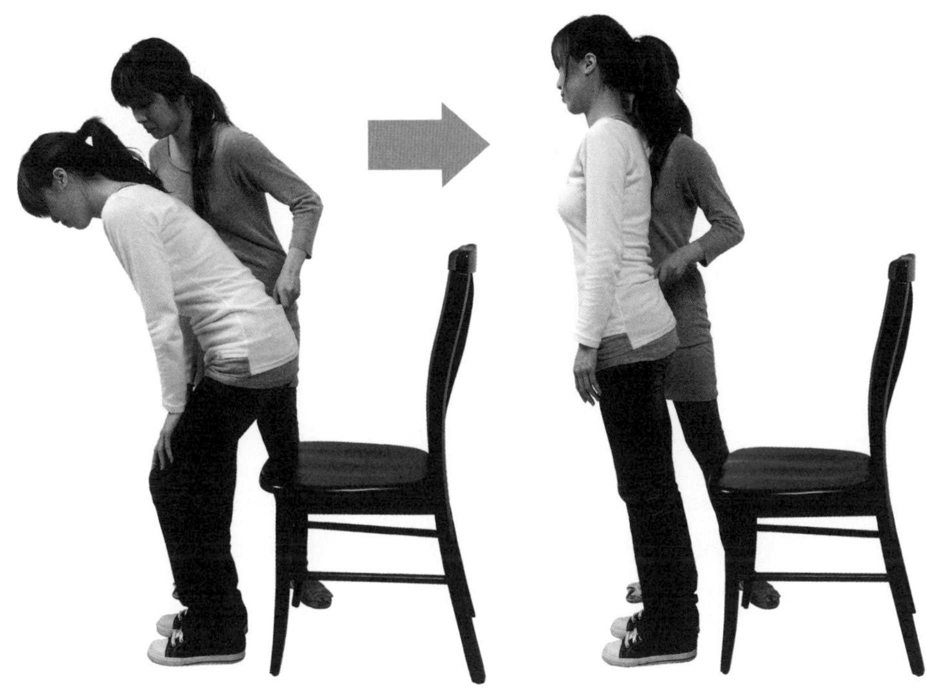

自行從地上站起

步驟

1 病患利用雙手支撐，往側邊方向慢慢將自己轉成跪姿。

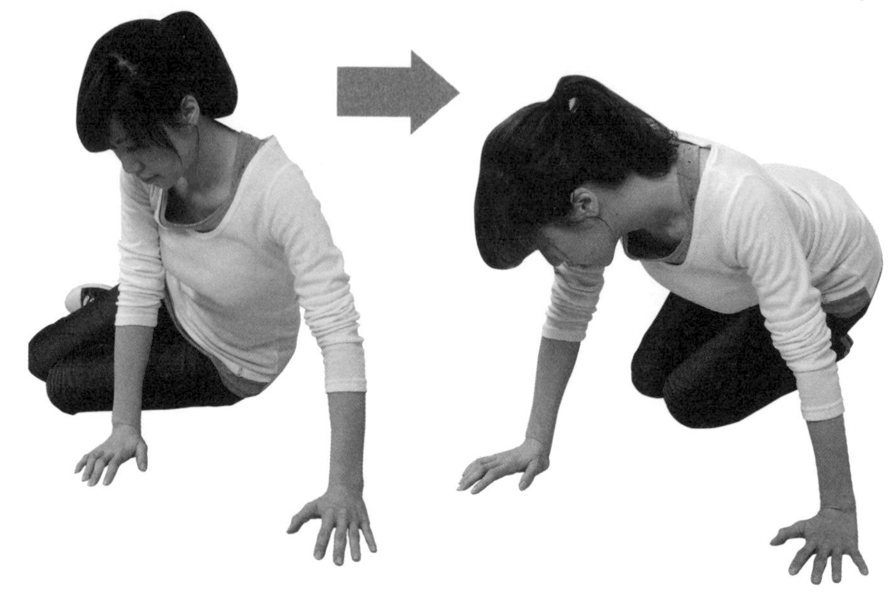

2 將其中一隻腳（或較有力氣的腳）前置，成為半跪姿勢，雙手撐地。

3 將身體重心往前移至撐地的手和前置腳腳尖。

4
前置腳的膝關節伸直站起，上半身挺起，一手撐於前置的膝關節，撐地的手離開地面。

5
雙手手掌放於膝蓋上，慢慢的站直。

6
利用雙手撐起膝蓋，讓原本在後的腳，跟著伸直前移。

協助從地上站起

每位患者的情形與能力不同，應先由物理治療師再教導後執行。大致步驟如同自行從地上站起，照護者只給予病患必要的協助，使其發揮最大的主動參與。通常給予的協助如下——

步驟

1 協助病患，從側邊慢慢轉成高跪姿，然後再開始讓病患進行動作。

2 病患雙手環繞照護者的脖子，將其中一隻腳（或較有力氣的腳）前置，成為半跪姿勢。

3

照護者將雙手擺在病患的兩側腰部（或褲頭），支持病患的腰部並引導其重心往前移動至前置腳腳尖，再讓病人慢慢站起。

文／胡曼文（普洛邦物理治療所院長）

坐立

從床邊坐起是患者站立的前一步，也是病患減少臥床的第一步，當病患學會從床上坐起，便能開始練習轉位由坐到站的動作。

自行由床邊坐起

步驟

1 側翻至欲起身的一側（或中風病人的患側）並靠近床緣，膝關節保持彎曲。

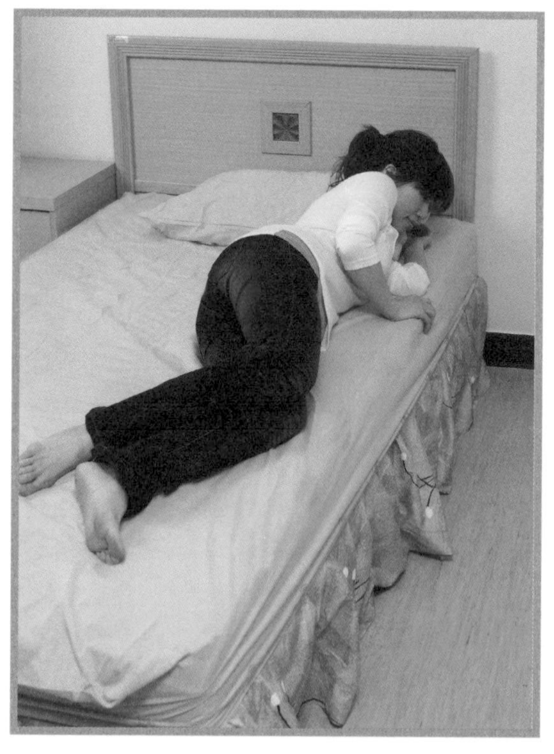

2

將雙腳放下床緣後，在上方的手（或中風病人的健側手）推床將自己的上半身撐起。將推床的手置於床緣幫助維持動作平衡。

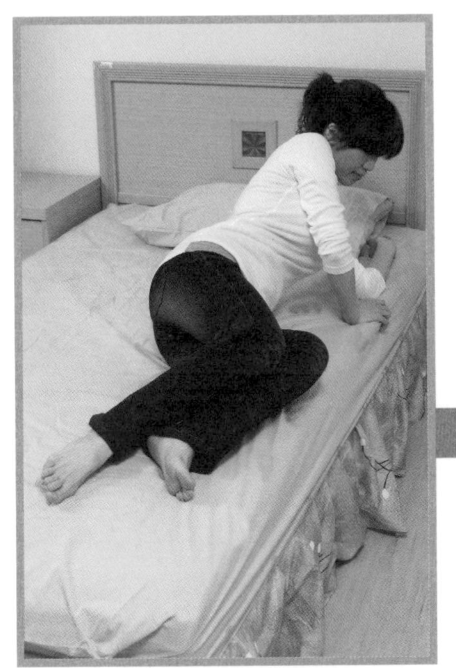

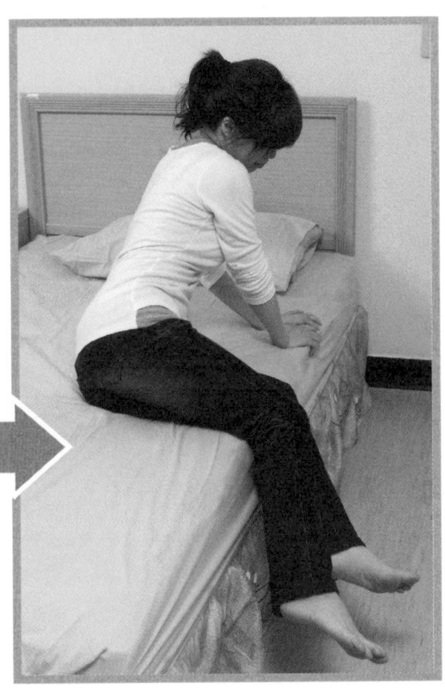

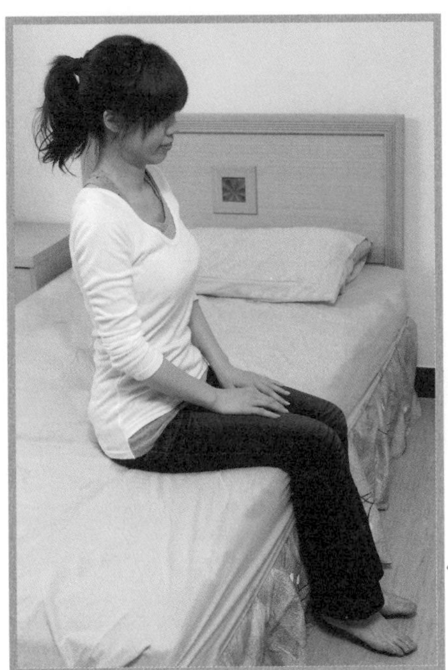

3

慢慢的坐正，再一次將身體挺直。

協助由床邊坐起

每位患者的情形與能力不同，應由物理治療師教導後執行。

大致步驟如同自行由床邊坐起，照護者只給予病患必要的協助，使其發揮最大的主動參與。

通常給予的協助如下——

步驟

1 協助病患側翻至欲起身的一側（或中風病人的患側）並靠近床緣，膝關節保持彎曲。

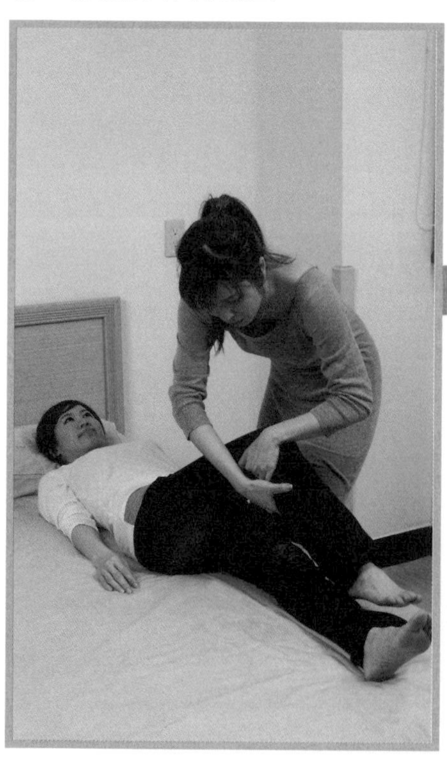

2 照護者用一隻手環繞病患頭部和床側的肩膀，另一隻手放在起身側的骨盆處。

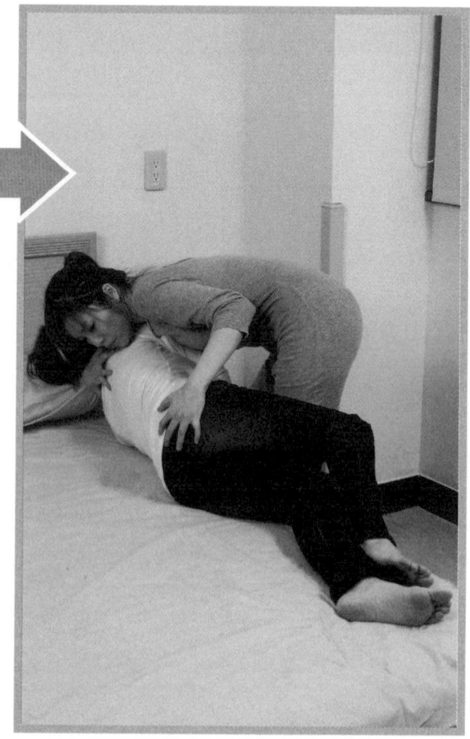

3

起身的過程中，請病患慢慢將腳放下床緣或幫助被照護者將腳放下床緣。

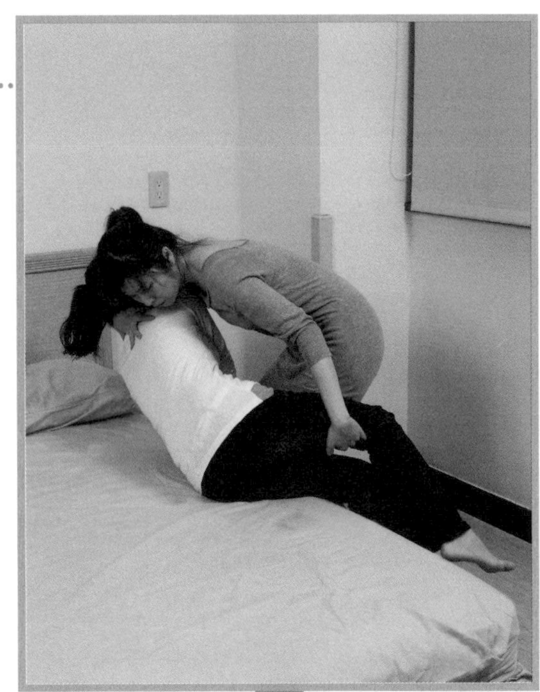

4

協助病患慢慢坐正，再一次將身體挺直。

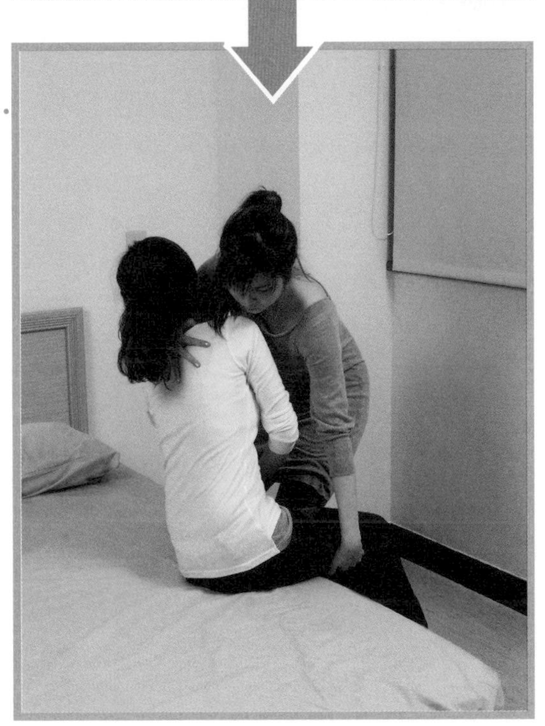

文／胡曼文（普洛邦物理治療所院長）

轉位

當患者可以轉位時，那麼，生活空間就能因此擴展開來，日常生活也就會變得更有活力。

自行由床面轉位到椅子

步驟

1

椅子應放置在較有力氣的那一側，與床緣夾 45 度角，並盡量使床面和椅子保持同等的高度，將臀部往前移坐至床邊緣，使腳掌對稱地載重在地面。

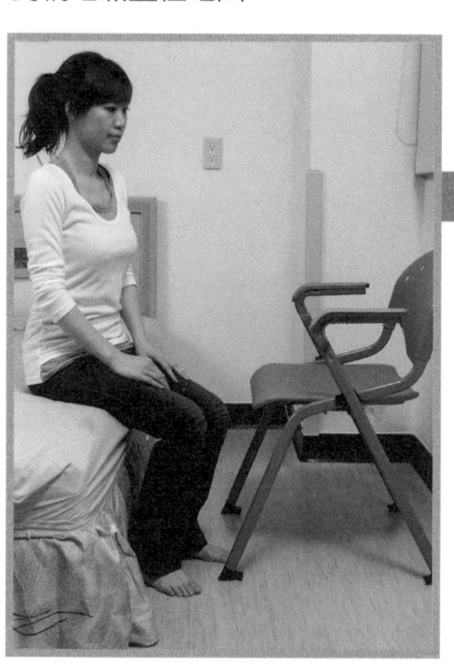

2

利用有力的手抓住椅子遠側的扶把，身體應保持前傾。

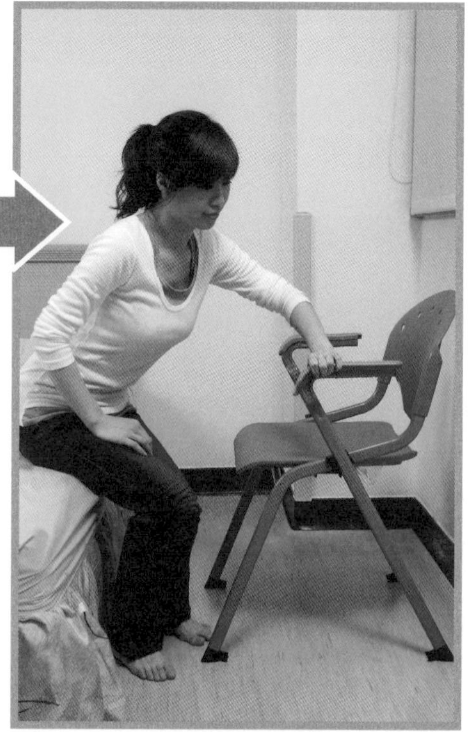

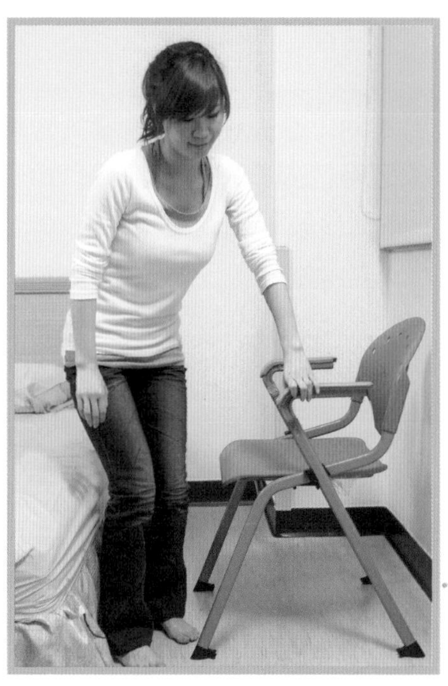

3
身體持續往前傾，使臀部離開床面。

4
以雙腳為支點慢慢轉身坐至椅子上。

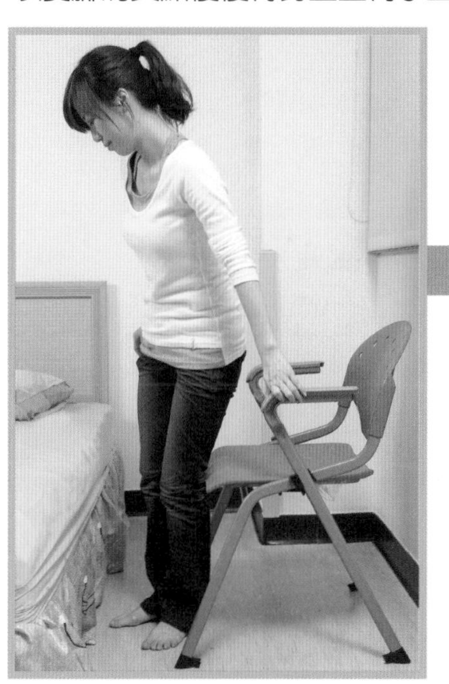

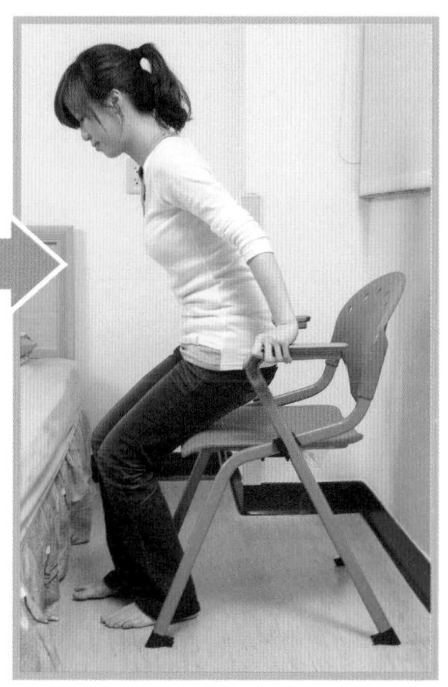

協助由床面轉位到椅子

每位患者的情形與能力不同，應先由物理治療師教導後再執行。大致步驟如同自行由床面轉位到椅子，照護者只給予病患必要的協助，使其發揮最大的主動參與。

通常給予的協助如下——

步驟

1 在患者較有力氣側的 45 度角處擺放椅子，照護者一手帶領病患的雙手去抓握椅子遠側扶手，另一手抓住病患的腰帶（或褲頭），接著讓患者身體前傾，微微站起。

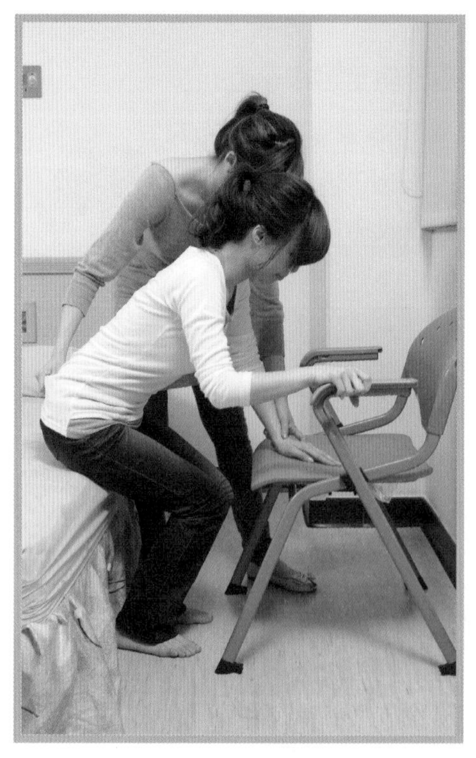

2

照護者一手置於病患褲頭、手臂提醒病患轉身背向椅子。

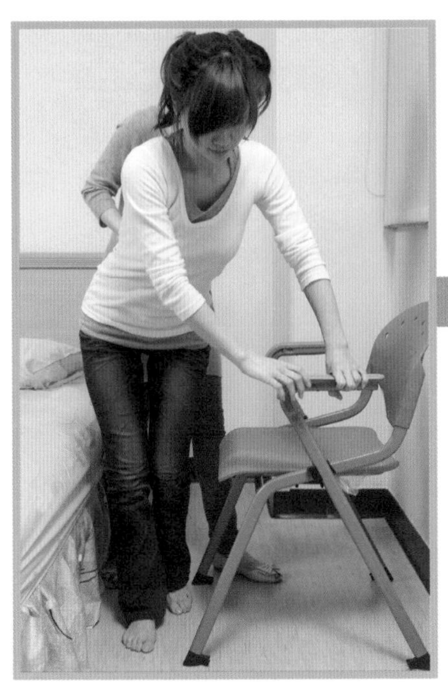

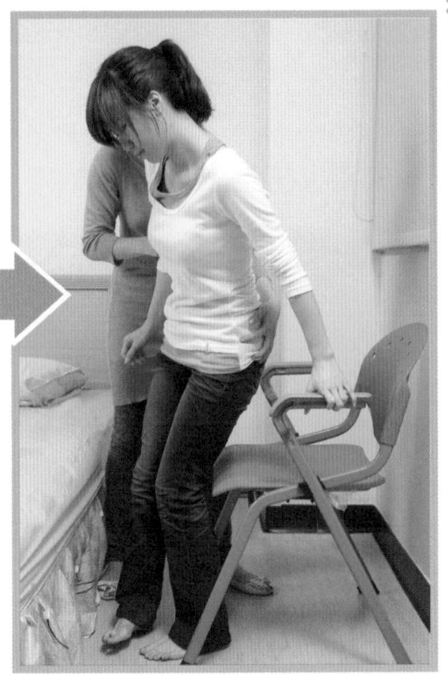

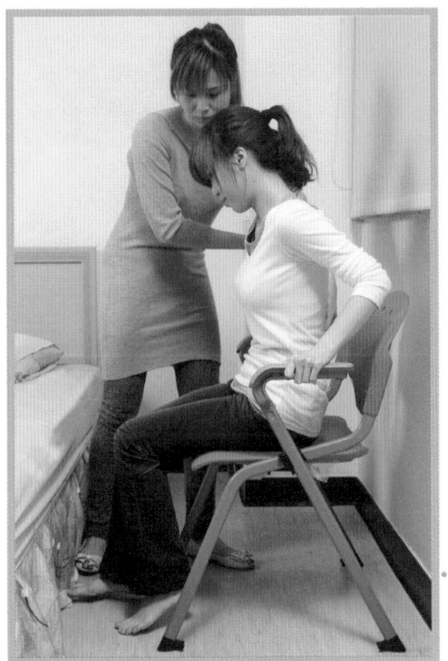

3

照護者請病患慢慢坐於椅子上。

協助由輪椅上移至車內

步驟

1 輪椅斜放在車邊，並固定輪椅。

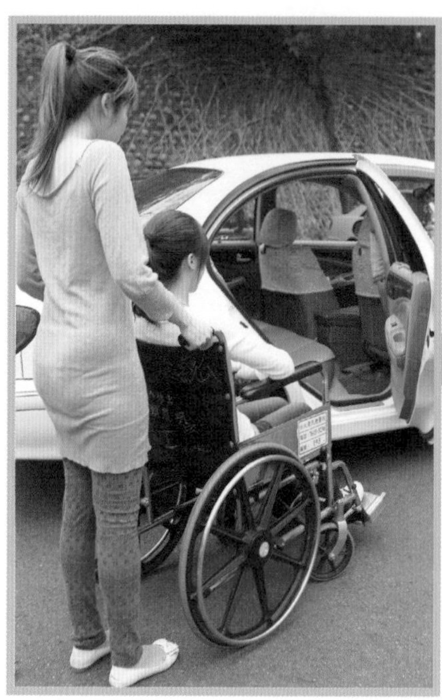

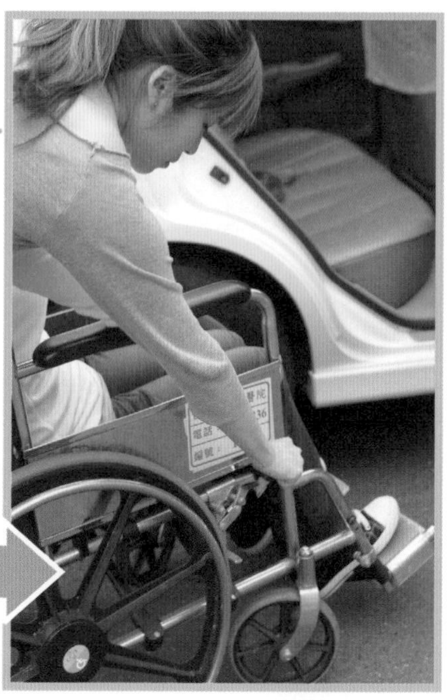

2 病患雙手環繞照護者的脖子，照護者的雙手抓住病患的腰帶（或褲頭）。

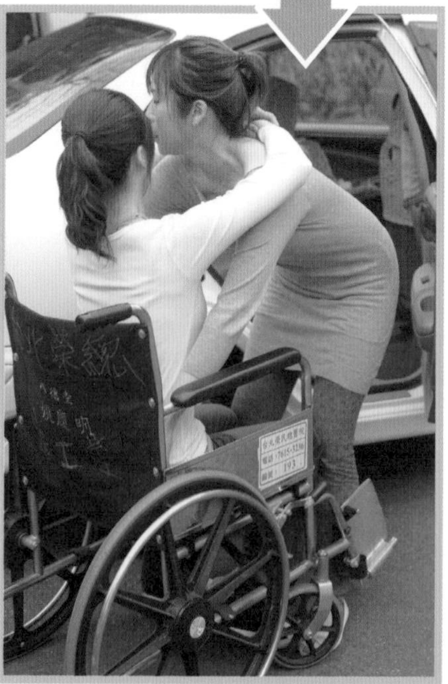

3
病患身體前傾靠近照護者。

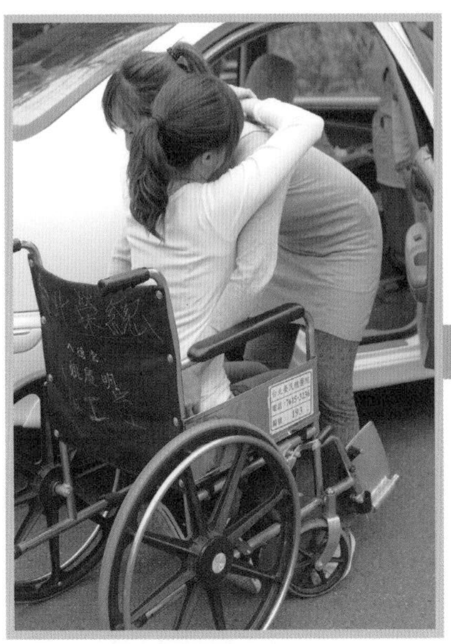

4
照護者提醒病患站起，必要時予以協助，並確認病患站穩。

5
請病患慢慢轉向背對車門。

6
病患頭部和身體彎曲並慢慢坐進車廂內。

協助由車內移至輪椅上

步驟

1

將輪椅斜放在車邊，並固定輪椅。

2

照護者將病患的雙腳移至車外

3

病患面向車外，病患的雙手環繞照護者的脖子。

4

照護者的雙手抓住病患的腰帶（或褲頭），請病患身體前傾微微的站起（必要時照護者給予必要的輔助），並提醒病患小心頭部，以免撞到車頂。

5

照護者將病患轉向背對輪椅。

6

請病患慢慢坐於輪椅上。

文／胡曼文（普洛邦物理治療所院長）

翻身擺位

爲了避免褥瘡的發生，在照顧長期臥床的病人時，照護者不但要替他們經常翻身轉換姿勢，也要注意姿勢的擺位，以免因不當的受壓，或因爲姿勢不良導致後遺症（如褥瘡、肺炎、便秘、垂足、血管栓塞、關節僵硬等）的產生。

認識翻身動作

翻身的動作可以刺激全身反應、訓練軀幹的控制能力及提供感覺輸入的刺激。

翻身的主要動作組成爲：頭部和軀幹旋轉（rotation）、肩胛骨向前（protraction）、以及膝關節彎曲（flexion）。當協助病患翻身時，照顧者可利用言語、視覺及必要的接觸來引導協助病患。

由仰臥翻至側臥

「下肢功能較差的病患」——可由上肢帶動下半身翻身。

步驟

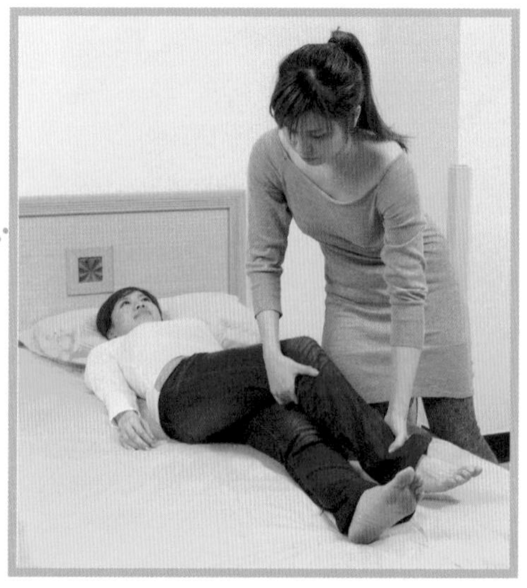

1 先協助病患將對側腳跨在欲翻身側的腳上。

2

病患自行將頭部離開床面並朝向要翻轉的方向轉動，同時利用雙手在空中擺動帶動驅幹、骨盆轉動。

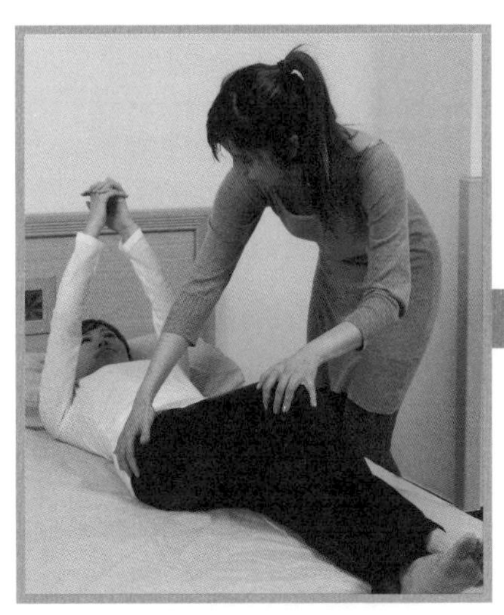

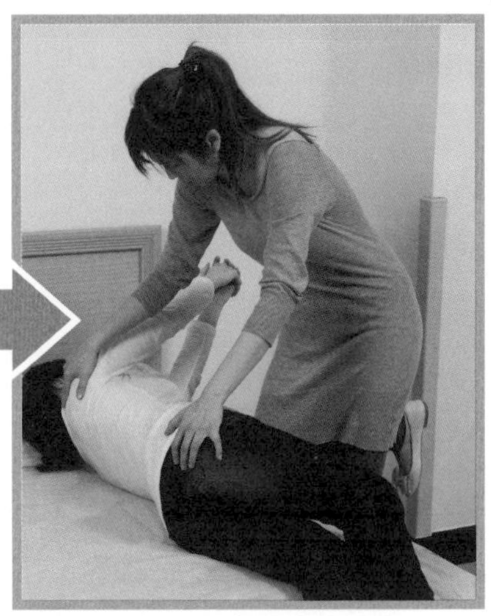

「上肢功能較差的病患」——可由下肢帶動上半身翻身。

步驟 1

協助病患雙手抓握，被照護者自行將對側腳抬高跨過中線甩動至欲翻身的一側，利用骨盆的旋轉帶動上半身轉向。

2

翻轉同時，頭部也需轉向。照護者可托住病患手臂和幫助維持肩胛骨向前。

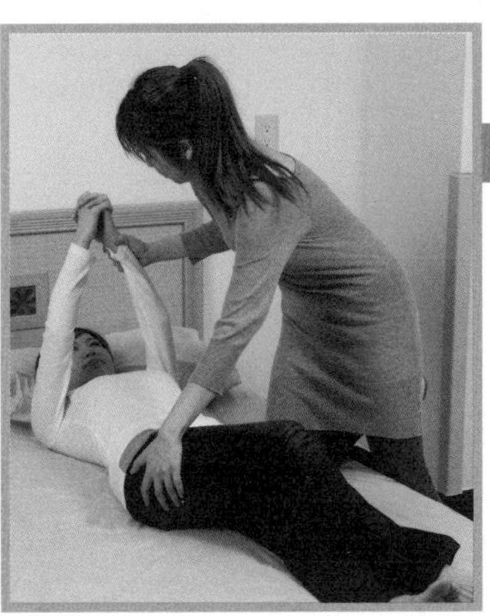

Part 1 照護準備篇
Part 2 居家照護篇
Part 3 衛生照護篇
Part 4 行動照護篇

由仰臥翻至俯臥

步驟

1

欲翻身側的手臂收在身體側邊，以避免動作受阻礙。

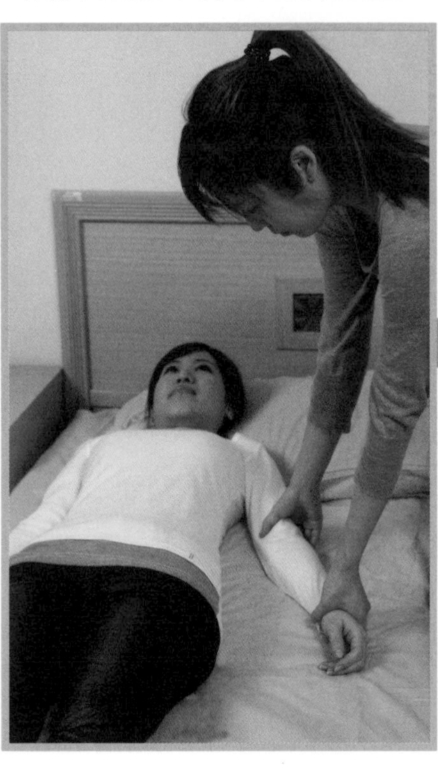

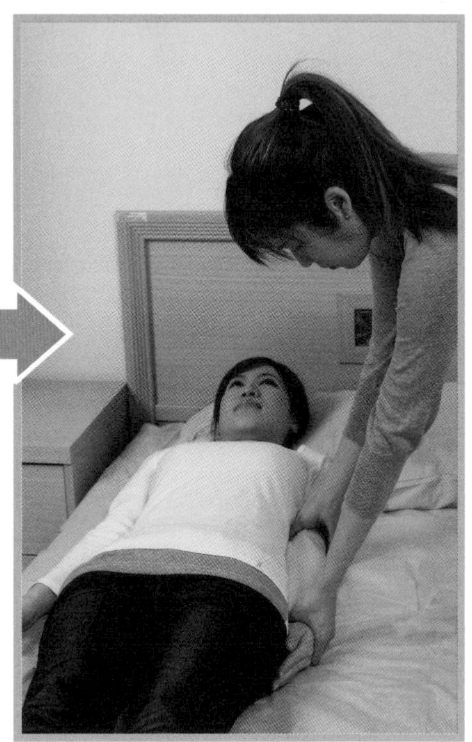

注意事項

病患頭部抬離床面並朝要翻轉的方向轉動，對側腳抬高跨過中線甩動至欲翻轉的一側，在下方的腿外轉，直到雙腿平放在床面。

翻轉時，在對側手臂可以利用擺動的衝量協助翻身。

注意病患沒有拉或推床面以達成動作，照護者可依物理治療師的指導給予必要的協助。

2

由仰臥翻至側臥後。

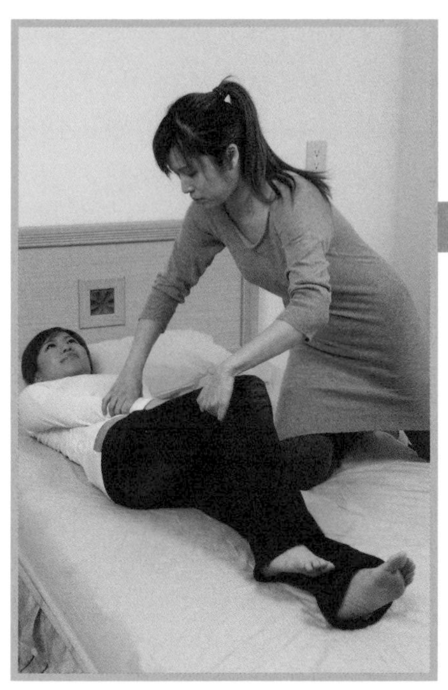

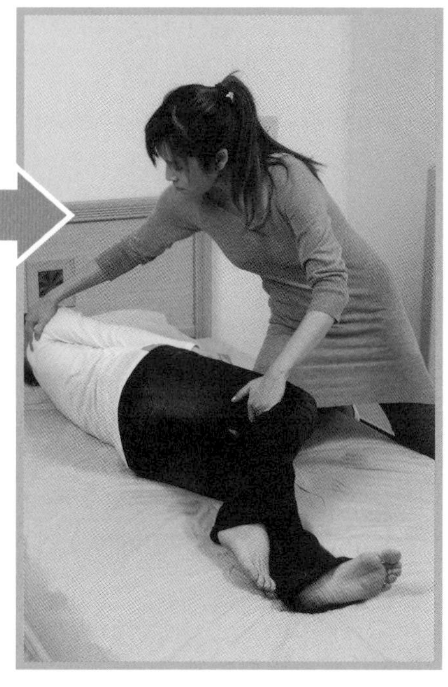

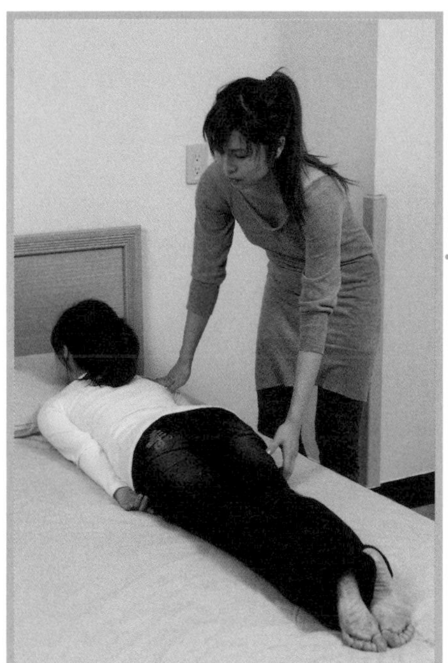

3

持續翻身至俯臥，再將原先收在身體側邊的手移出。

Part 1 照護準備篇
Part 2 居家照護篇
Part 3 衛生照護篇
Part 4 行動照護篇

臥床病人的正確擺位

臥床病人除了關節活動之外，「擺位」也相當重要；正確的擺位可預防關節攣縮的發生，讓復健治療發揮更好的效果。

照顧者須注意，規律地改變病患的姿勢，且至少每兩小時翻身一次，若病患可在床上自行移動，則可視情況延長時間。

仰臥

1 頭部須以枕頭支撐，保持頸部微微向前彎曲，胸部維持直挺。

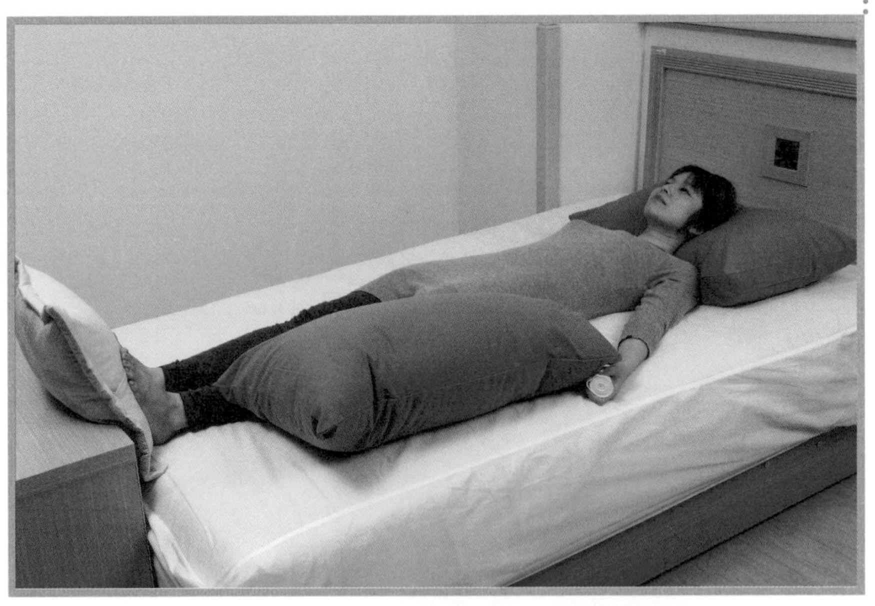

枕頭卡在大腿外側，避免髖關節外轉；腳掌要呈 90° 避免肢體攣縮。

2

兩腿伸直，可用枕頭卡在大腿外側，避免髖關節外轉及髖關節攣縮，此外，也應於膝關節下方放置毛巾捲，如此方能預防膝節過度伸直，並使大拇趾垂直床面，以減少未來步行障礙。

膝關節下方放置毛巾捲

手握毛巾捲

側臥

1

頭部支撐略高於胸部，頸部微微向前彎曲。

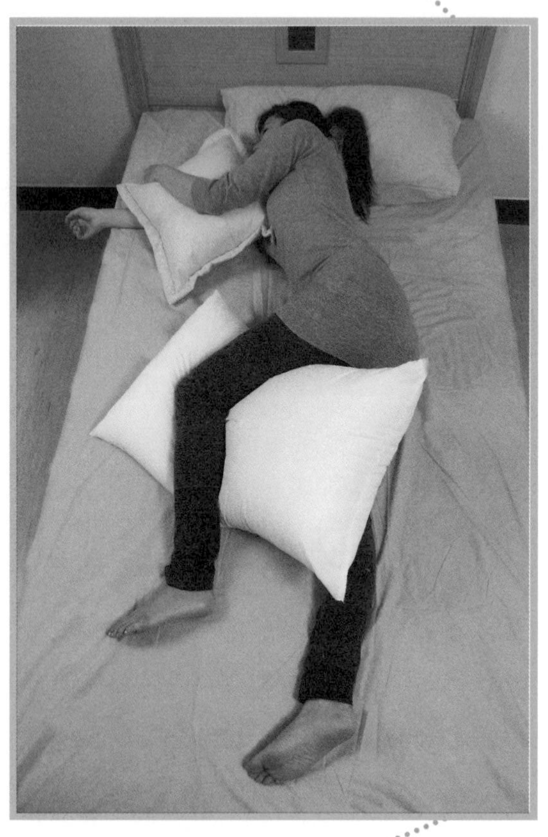

2

將下方的手臂向前拉，與身體保持大約 90 度，避免身體直接壓在肩關節上。兩手間可放一枕頭，讓上方的手可放在枕頭上。

3

兩腿做跨步姿勢，上方腿在前，下方腿在後。上方腿保持舒適的彎曲角度，並且以枕頭支撐（避免大腿內收或內轉），下方的腿則維持大腿伸直、膝蓋微彎。

床上坐姿

1

半臥姿勢容易造成褥瘡的發生，因此應調整床面角度讓病患的髖關節維持在 90 度，且上半身挺直。

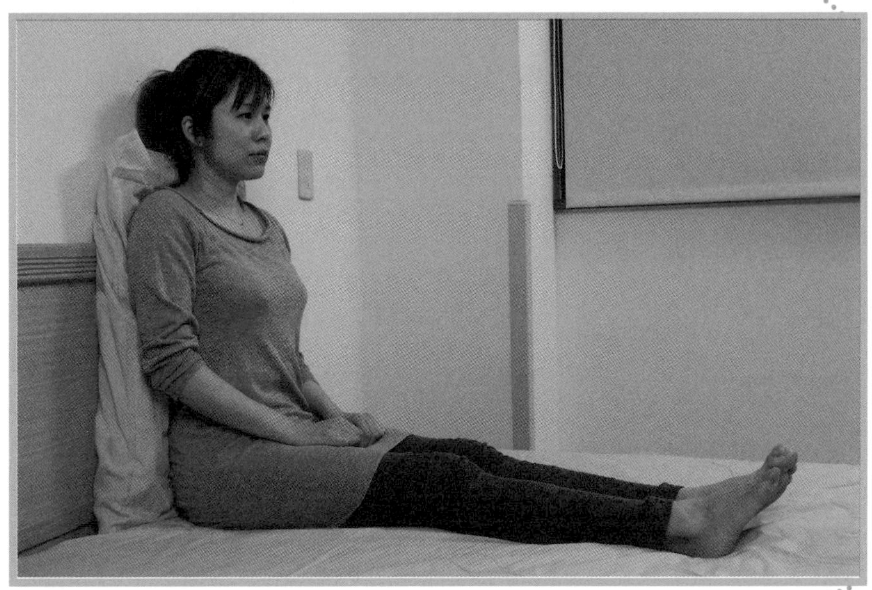

2

如果床面無法調整至垂直角度，則在病患和床頭之間塞滿枕頭以支撐上半身，才可避免出現半坐臥姿勢。

注意事項

- 照護者照顧長期臥床患者，應讓患者以「平躺」、「左側臥」及「右側臥」三種姿勢輪替，白天時應每二小時翻身一次；夜間睡眠時應至少翻身一次。
- 可利用毛巾捲讓患者握住，避免手指關節攣縮變形。
- 側躺時，將受壓側肩及臀部向外拉，避免受壓。
- 側臥時，小腿間可以枕頭支托，但避免雙腳交互壓迫。
- 平躺時，勿將枕頭置於膝蓋下方，避免壓迫造成循環受阻及神經受傷。
- 易受壓及摩擦部位，於翻身時應墊上小枕頭。
- 協助翻身後，應維持床單平整。
- 避免於進食後一小時內翻身，以免患者易產生嘔吐嗆噎的情形。
- 避免壓瘡形成，必要時可使用氣墊床、氣圈或水球等工具，以減輕受壓。
- 皮膚如有破損，視傷口大小，避免或減少患處受壓的時間。
- 翻身時，應同時檢視皮膚有無發紅、破皮現象，以便早期發現早期治療。

留意容易長褥瘡的部位

枕骨處、肩部、兩側肩頰、肘骨、骶骨、腕骨、髂骨、跟骨、踝骨。

文／胡曼文（普洛邦物理治療所院長）
吳孟嬪（台北市立聯合醫院院本部護理部部主任）

褥瘡護理

褥瘡（壓瘡）是長期肢體活動不良的患者〔包括脊髓損傷者、長期臥床、意識不清楚、大小便失禁、有糖尿病或皮膚脆弱、體力衰弱或營養不良的病患〕常見的醫療問題。然而造成褥瘡傷口常見的原因，是因局部皮膚及其下方的軟組織長時間受到壓迫，造成細胞缺氧而壞死的現象。

褥瘡傷口形成後的處理非常麻煩，小則拖延數週傷口才癒合，大則罹患敗血症、截肢或死亡，不但傷身又造成醫療上的負擔和浪費。其實只要患者及其家屬了解並徹底執行預防褥瘡措施，即可避免褥瘡的發生。

預防褥瘡

減少對組織的壓力

1. 照顧者應每 2 小時協助病人翻身，翻身之姿勢分別爲——左側躺、右側躺及平躺。
2. 輪椅使用者需穿鞋，且每小時應變換姿勢；若患者可自行活動，則應每 15 分鐘活動一下身體，例如：將身體前傾減輕臀部壓力。
3. 照顧者應協助病人做肢體、關節活動、以促進皮膚循環和改變肢體負荷的部位。
4. 利用特殊設計的床、床墊、座墊或保護器以減輕壓力，如氣墊床。
5. 輕輕按摩骨突處或其他易受壓部位，增加血液循環。

避免摩擦力

1. 照顧者勿以拉扯病人方式協助病患翻身。
2. 照顧者應保持病患衣物、床單之平整，並讓病患穿著寬鬆衣物。
3. 避免長期抬高床頭超過 30 度，以防身體下滑而摩擦皮膚。

充分營養

補充足夠的蛋白質、維他命、葡萄醣和礦物質——特別是「維他命 A」可降低感染及發炎的機會、「維他命 C」能幫助皮膚的癒合、「維他命 E」可促進血液循環、「葡萄醣」能幫助細胞代謝及傷口復原，「鋅」可以幫助皮膚生長和癒合。

營養攝取均衡，包含 70%的蔬菜和水果，多吃高纖維的食品，少吃多油脂類。此外，每天應飲用 8 ～ 10 杯水，充分的水分可避免皮膚乾燥，讓皮膚保持柔軟，避免抽菸，抽菸會減少皮膚的氧氣分佈而延緩褥瘡的復原。

褥瘡的照護

皮膚發紅時

皮膚發紅時，應用微溫的毛巾輕輕按發紅的部位促進血液循環，如此反覆 3 ～ 4 次，最後記得以「乾毛巾」擦乾水分。

長水泡時

千萬不要弄破水泡，並用消毒過的紗布敷在患部；紗布每天至少換一次，避免發疹，若水泡破裂、水分增多時，更需頻繁更換。

如果褥瘡的部位在薦骨（即臀部的位置），可利用適當大小的產褥用或生理用衛生棉，重疊在紗布上以避免患部受到排泄物污染。

若紗布因過於乾燥而黏在皮膚上，可先用生理食鹽水先將舊紗布沾濕，再取下舊紗布。

糜爛、潰瘍時

化膿或糜爛時要立刻接受醫師治療，並依照醫師的指示擦藥，此外，必須給予營養品補充外，更需要有耐心持續接受的治療。

日常生活的注意事項

沐浴

初期的發紅或脫皮狀況，爲改善血液循環和保持清潔，此時，採用「沐浴」最爲適合，沐浴時應小心勿傷及患部，沐浴後記得要消毒，沐浴時爲了避免弄濕傷口，可使用具有透氣性且防水的 OK 繃。

按摩

已有褥瘡的部位應避免按摩，但可按摩其他部位。

確實記錄

照護者應記錄病患的身體狀況，如褥瘡部位等，且應每天確認，一旦有變化，更必須記錄在照護紀錄表中，在與醫護人員討論時，這些記錄將是最好的依據，也可以讓褥瘡儘早得到更適當的診斷及治療。

褥瘡的緊急處理

保守療法

就是非手術性的療法，第一級褥瘡、第二級褥瘡可用保守療法，其原則是清除壞死組織及不可再受壓。

手術療法

第三級褥瘡、第四級褥瘡可用手術療法。

其他

患部可以照紫外線或雷射，不僅能殺菌，還可以幫助肉芽組織生長。

褥瘡（壓瘡）傷口分級

第一期

當外在壓力解除後 30 分鐘，皮膚仍稍呈紫紅色，此期皮膚完整沒有破損。

第二期

皮膚初見損傷，在皮膚表層會呈現表淺性潰瘍，傷口呈潮濕粉紅，沒有壞死的組織，患者會有疼痛感。

有時會呈現水泡性傷口，有部分皮層可能喪失，但未到皮下組織。

若發現已形成水泡，最重要的就是注意不要讓水泡破掉，以免引起更進一步的感染，可根據醫護人員的指導以消毒紗布覆蓋患部。

第三期

整個皮層喪失，傷口損傷侵入皮下組織，但尚未侵犯肌膜，會出現硬結、焦痂組織及化膿感染的情形、瘻管形成，臨床上可見深的火山口狀傷口，傷口通常已不會痛。

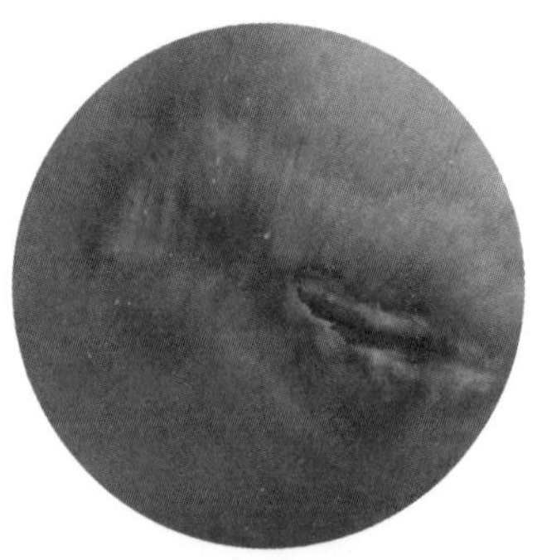

第三期褥瘡

第四期

組織被破壞或壞死深及肌肉層、骨骼、支持性結構，外表像一個深的噴火口，亦會有化膿、感染、瘻管的形成。

文／胡曼文（普洛邦物理治療所院長）

認識行動輔具

正確的輔具，對於失能或有功能障礙者，是增進生活自理功能、幫助克服生理機能障礙，和加強社會參與的好幫手，特別是行動輔具如輪椅、枴杖，更是他們最常使用的輔具。

行動輔具可分成「移動」與「行走」輔具兩類——常見的「移動輔具」爲輪椅、電動代步車等；常用的「行走輔具」是拐杖和助行器；因此，本文將介紹常見行動輔具的規格和特色、使用方式及注意事項。

行動輔具的選擇

輪椅

輪椅是病患經常使用的輔具之一，也是最常出現「選擇不當」的輔具。

爲病患選擇合適的輪椅，須依據身體狀況、使用需求、使用環境、經濟狀況等因素考量。市面上有多種輪椅和配件供選擇，若考慮不周或認識不清而選購了不合適的輪椅，不僅花大把冤枉錢無法獲得預期的效果，還可能造成患者二次傷害，如肌肉痠痛、關節變形攣縮、脊椎側彎和壓瘡等。

一台基本的輪椅，包含：骨架、大小輪、剎車、腳踏板、扶手、座椅、背靠，可視需求增添防傾桿、固定帶和頭靠等配件。輪椅的每一個結構，都有其設計和選擇上的考量。如：折疊式骨架和固定式骨架，前者方便收納但較不穩固，後者是穩固但不易收納。

大致上，輪椅可分爲「一般輪椅」和「特製輪椅」。但無論選擇一般或特製輪椅，購買之前，應由專業人員（如物理治療師、職能治療師或輔具中心人員）評估，再依據評估結果選擇合適的規格、尺寸和配件。

一般輪椅

為量產型輪椅（有些醫療器材行內也會有特製輪椅，對於有些民衆來說，一般輪椅不一定是最常見或最常買到的，而量產型輪椅的意義就是指出其固定規格，不會特別為使用者打造的意思，就如同一般的衣服有S、M、L等尺寸，而特別訂製的衣服則可以為顧客量身訂做）依照輪椅使用者常見的需求所設計，適合短時間需要輪椅的病患使用。

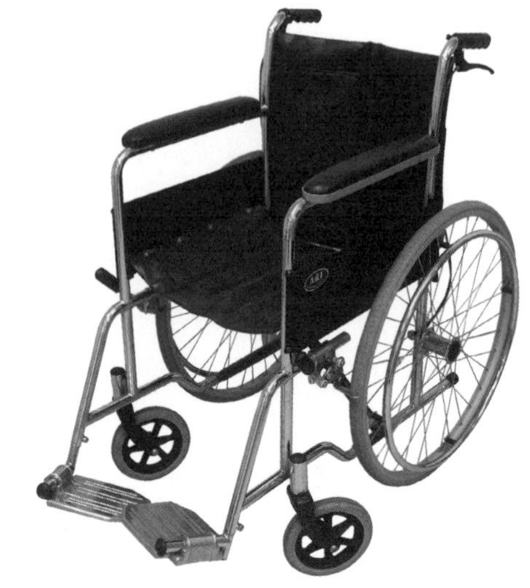

一般輪椅

特製輪椅

當使用者有身體尺寸的特別需求、特殊功能需求（可拆式扶手、可拆式腳踏板）或坐姿擺位上的考量，就需訂製特製輪椅。這種考慮使用者需求所特別設計的輪椅，目前許多廠商都會提供一些常見的特製輪椅，如可斜躺式輪椅、站立式輪椅…等。

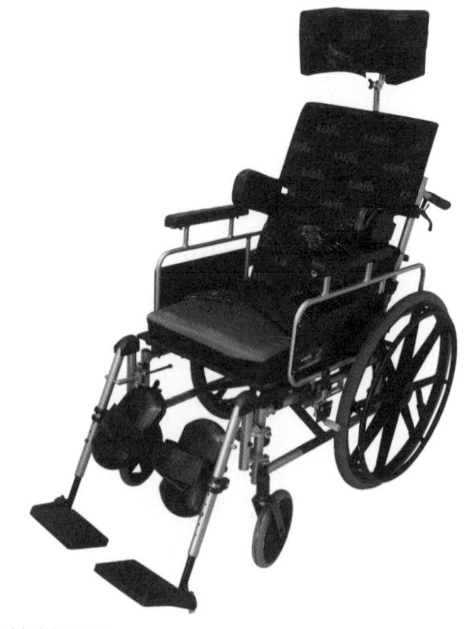

特製輪椅

輪椅尺寸基本測量原則

適當的輪椅尺寸能提供好的舒適度，以下為輪椅尺寸的基本測量原則，但每位使用者之狀況略有不同，最好由專業人員評估再決定。

座寬	臀部最寬處加 2 吋。
座深	臀部後方至膝窩減 1 吋。
座高	膝窩至地面加 1 吋。
背高	肩胛骨下角減 1 吋。
踏板高度	離地 2 吋。
扶手高度	座面至手肘高度加 1 吋。

輪椅使用

上坡、下坡、高度落差、路面凹凸不平、轉位（移至床上或車內）時，使用者須學習適應各種不同地形、身體及輪椅的控制能力。

上坡

使用者身體前傾，保持平衡，以維持推的速度及安全。

下坡

1. 使用者身體保持後傾，以防往前跌倒。
2. 最好由照顧者協助倒退下坡，或由照顧者將手置於使用者之肩膀或胸部處，以防往前傾倒。

上小台階

由照顧者用腳踩壓輪椅後方橫桿，使輪椅前輪跨上階梯，再將後輪推上階梯邊緣。

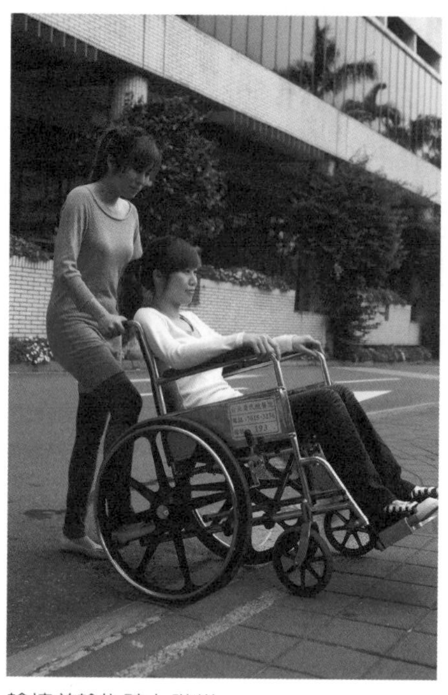

輪椅前輪先跨上階梯

用腳踩壓輪椅後方橫桿

下小台階

使用者背向台階下方，照護者將後輪先滑下階梯後，再將前輪滑下。

路面不平

減速慢行，可抓握兩側扶手，並繫上固定帶。

輪椅轉位

1. 輪椅停在側邊 45 度並煞車。

2. 扶手、腳踏移除。

3. 使用者臀部往前移坐至椅子邊緣，使腳掌對稱地載重在地面。

4. 抓住目標處的把手後站起。

5. 腳旋轉，慢慢坐進目標處。
6. 轉位回輪椅與上述步驟相反，但第一步仍需剎車；若兩處高低落差太大，可用腳凳或轉位板協助。

收折輪椅

拿開座墊、背墊，再拉起帆布或座面。

展開輪椅

用雙手壓椅面兩邊金屬桿向兩邊撐開。

電動代步車亦爲病患經常選擇的輔具；但並非所有人都適合電動代步車，因其座椅的支持性和可調整性較低，使用者必須有較好的坐姿穩定性、移位功能及上肢控制能力，才適用電動代步車。

常見的電動代步車，有三輪和四輪之分——

三輪電動代步車

迴轉半徑較小，易迴轉，但因底面積較小而穩定性較差。

四輪電動代步車

雖不易迴轉，但穩定性較佳。

選購電動代步車之前，應由專業人員事先評估，再依據評估結果購買適合的電動代步車。

行走輔具的選擇

使用行走輔具，主要目的就是輔助步行，減輕或避免受傷肢體負荷身體重量，增加行走時的穩定度和活動範圍，以及加強自我照顧的能力。

枴杖

枴杖是高齡者非常基本的行動輔助工具，一般老年人常用的枴杖，分為「單拐」和「四腳拐」，其個別特色分述於下——

單拐（Cane）

又稱手杖或老人拐，輕巧且攜帶方便，大多可調整高度。

四腳拐（Quadricane）

穩定的底盤四腳及低重心的設計，提高平衡度。其底部面積較大，所以比一般枴杖穩固，多為中風病者使用。然而，四腳拐只適合較慢的步伐，因走快時，其前後腳會產生搖晃，反倒不穩。四腳拐只適合較平坦的地面，當路面不平時，更容易搖晃。

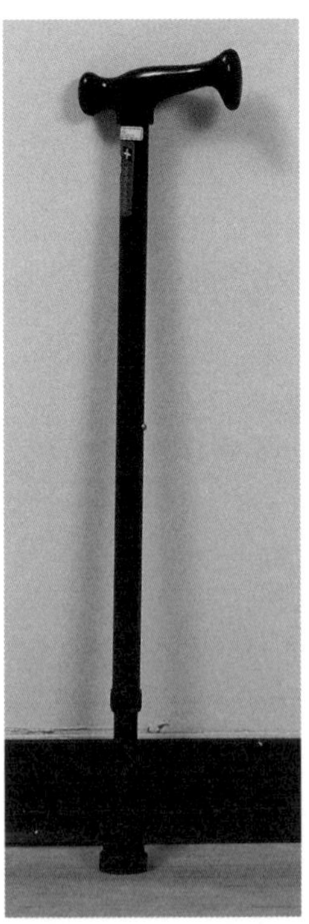

單拐

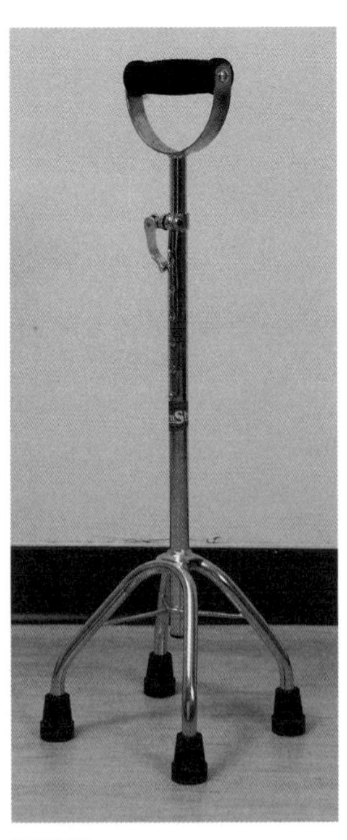

四腳拐

	大四爪的四腳拐	細四爪的四腳拐
優點	· 較穩固	· 較佳的內側穩定性 · 可減少絆倒機會
缺點	· 易絆倒物件、無法上下樓梯	· 無法上下樓梯

適當的拐杖高度

市面上多數的拐杖皆可調整高度，使用者千萬記得，不適當的拐杖高度會讓你產生錯誤的姿勢，進而造成肌肉和骨骼的傷害，並且降低拐杖應有的穩定度。

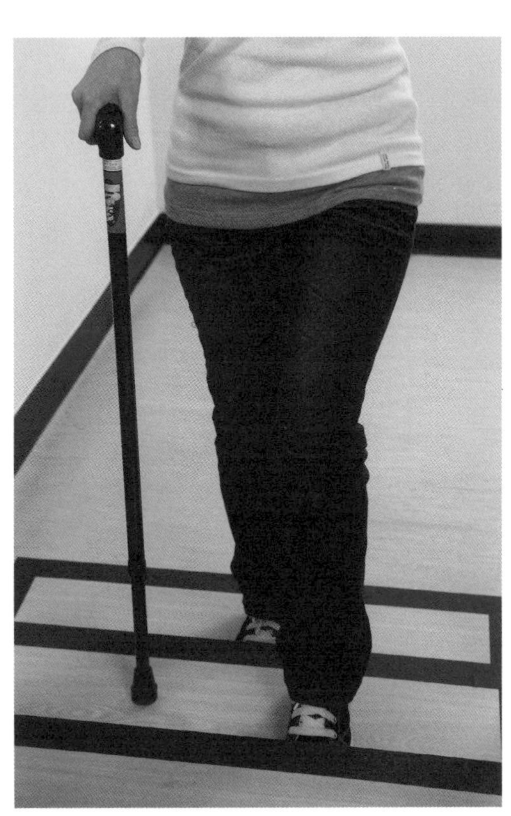

至於，何謂是「適當的拐杖高度」？

從使用者站立且兩手自然下垂時的內側手腕處，量至第五腳趾外 15 公分處，就是適當的枴杖高度。若不確定是否合宜，可請物理治療師、職能治療師或輔具中心人員代爲調整。

手執枴杖上下樓梯

上樓梯

1 能力較好的腳先往上跨一格樓梯。

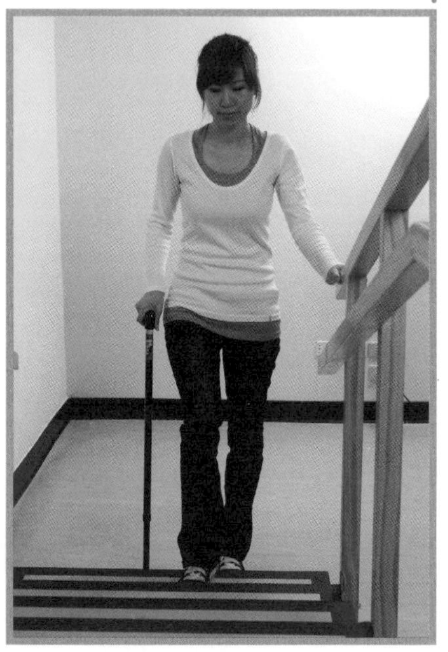

2 枴杖放到上一階梯。

3 最後，能力較差的腳上樓梯。

下樓梯

1
枴杖放到下一格階梯。

2
無力的腳往下跨一格階梯。

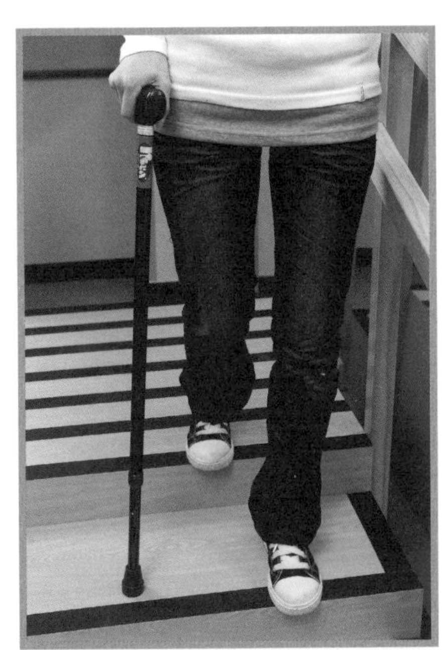

3
最後，換能力較佳的腳。下階梯。

注意事項

1. 上下樓梯切忌勿心急，應慢慢來。
2. 上樓梯時請從健側先上，下樓梯則改患側先下（口訣：天使上樓梯，惡魔下樓梯）。
3. 每上下一格階梯時，雙腳都要放在同一格階梯，方能進行下一個動作。

助行器

當使用者需要藉由行走輔具以支撐更多體重時（也就是說當下肢較無力時），助行器（Walker）為較適當的選擇。

但穩定性越高的行走輔具，越不易轉移重心，故行走速度會越慢；因此，助行器適用於雙下肢無力者、協調較差的患者、骨科術後的老年人或截肢患者，其種類和特色如下：

固定式助行器

這是一般常見的助行器，四個腳架底部均裝有橡皮墊，主在止滑。多數固定式助行器可以摺疊、方便攜帶，可在院外及屋內平地使用，然而因使用時所占空間較大，所以上下樓梯則不合適。另外，使用時雙手必須同時提起助行器，所以「瞬間的站立平衡能力」很重要。

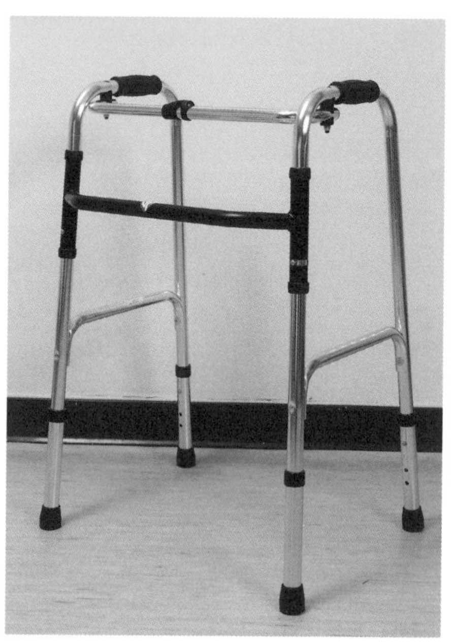

固定式助行器

前輪助行器

雙手無需將助行器抬起，向前推進即可行走，適合瞬間站立平衡能力較差，或上肢無力的病人。缺點是笨重，且不適合上下樓梯。

四輪助行器

與前輪助行器之用途和缺點相同，但提供更快的行走速度，另可加裝剎車與座椅。

助起固定式助行器

與固定式助行器相同，但扶手部分作兩段式高低設計，使用者可利用低扶手協助站起。

助行器與拐杖相同，不適當的助行器高度亦會讓使用者產生錯誤姿勢、造成肌肉骨骼傷害且降低其穩定度。

適當的助行器高度是從使用者站立且手肘彎曲 20 度時的手掌處量至第五腳趾外 15 公分處。同樣的，若不確定是否合宜，可請物理治療師、職能治療師或輔具中心人員代爲調整。

文／胡曼文（普洛邦物理治療所院長）

延緩老化速度的運動

由於年齡的增加，人體各方面機能逐漸產生退化，如神經傳導速度降低、動作反應時間增長、平衡控制不良、骨質流失、肌肉力量減少、關節活動度降低等等。然而，「適當的運動」可以減緩老化的速度，維持生理功能，使老年人或病患的整體生活品質保持在較好的狀態。

依健康情況選擇適合的運動

健康老人

須維持現有體能及健康，避免退化的產生，因此運動方式通常以維持關節活動度及肌肉力量爲主。

衰弱老人

通常要選擇加強矯正及回復健康狀況的運動。

罹病老人

罹病老人（包括長期臥床者），則需根據罹患疾病進行療程，首重於預防併發症的發生。

運動應以「溫和」為主要原則

老人家或病患的運動應以「溫和」為主要原則，常見如：步行類的有氧運動、緩慢且少量的抗阻力運動，以及柔軟度運動，另外太極拳、外丹功、香功等傳統活動，亦為相當適合的運動項目。

此外，根據研究，做家事的活動強度等於「低度運動」，因此，保持愉快的心情做家事，並注意動作節奏性，加大活動範圍，同樣也有健身的效果。但是，日常家務的活動量不足以完全替代運動，所以除了做家事外，老年人還是應該養成正確的運動習慣。

適合的家事：晾衣服、擦窗戶、丟垃圾、撿垃圾、購物、鋪床、疊被。

動得健康・動得安全

步行類的有氧運動

步行類的有氧運動，可以防止動脈硬化、提高呼吸循環功能。可以多利用平時購物、通勤、清倒垃圾等增加步行機會，速度上只要比平時走動速度再加快一些，至有一點喘或稍微流汗的狀態即可，其中又以「上樓梯」慢速運動的效果較佳。

此外，在活動時應特別注意安全、避免跌倒，每天步行建議時間約 30 分鐘。

抗阻力運動

老人容易有下半身肌力不足的問題，藉由漸進式的抗阻力運動，訓練肢體的承重大肌肉，可增進肌力、肌耐力、減少骨質流失並預防跌倒。

抬臀運動

1. 平躺床上，膝蓋彎曲，腳掌平貼床面，臀部抬高，口數 5 秒。
2. 雙手輕放在身體兩側勿出力，後臀部放回床面休息 5 秒。此為一回合。

次數：一天可分早、中、晚各做 5～10 回合。

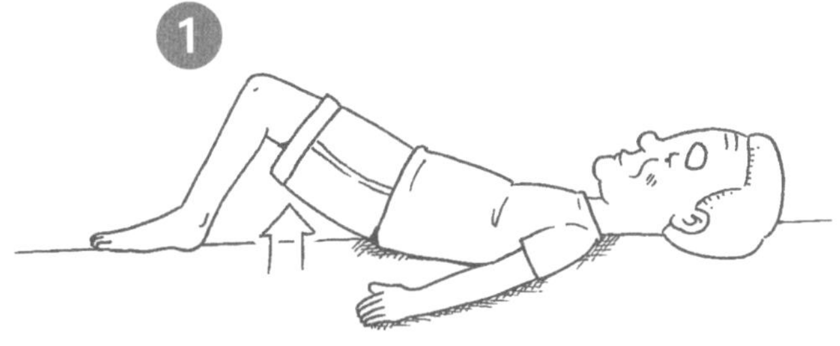

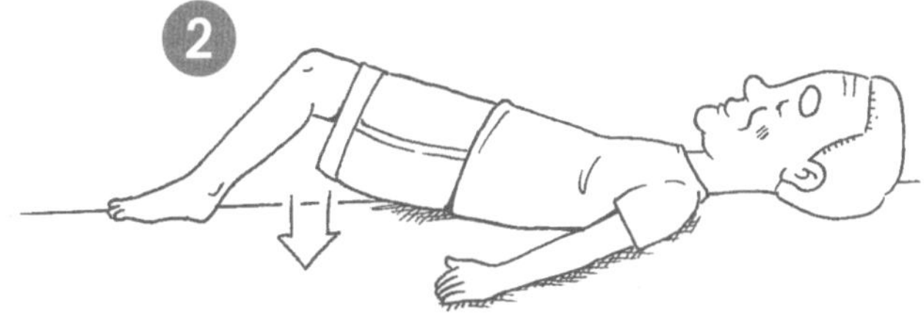

半蹲運動

❶ 先貼牆站立，背部挺直，雙腳併攏，接著膝蓋微彎（約 30° ），持續 5～10 秒鐘。

❷ 回到站立姿勢，休息 20 秒。此爲一回合。

次數：一天可分早、中、晚各做 5～10 回合。

注意事宜：若平衡感較差，須在身體前方放置一張有椅背的椅子，讓手輕扶椅背以幫助平衡。

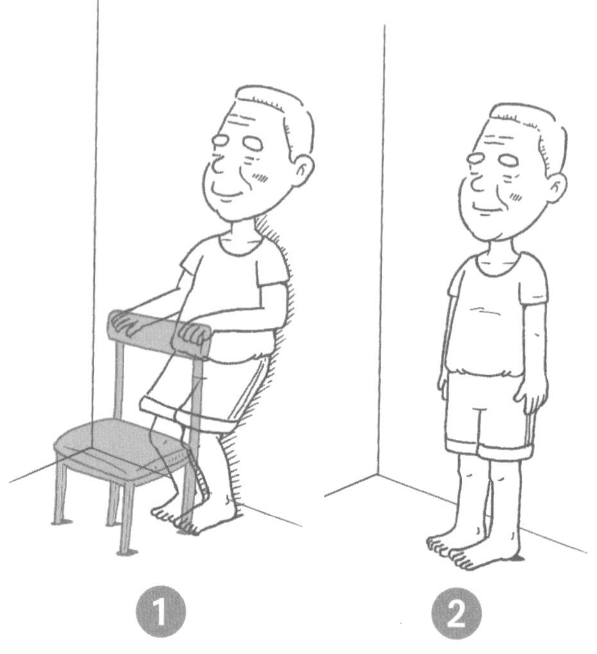

抬腿運動

❶ 貼牆站立，背部挺直，雙腳與肩同寬。

❷ 抬高大腿至膝蓋彎曲 90° （可在腳踝綁上 1～2 公斤的沙包），持續 5～10 秒。左右腳輪流做一次爲一回合須注意保持平衡以免跌倒。

次數：一天可分早、中、晚各做 5～10 回合。

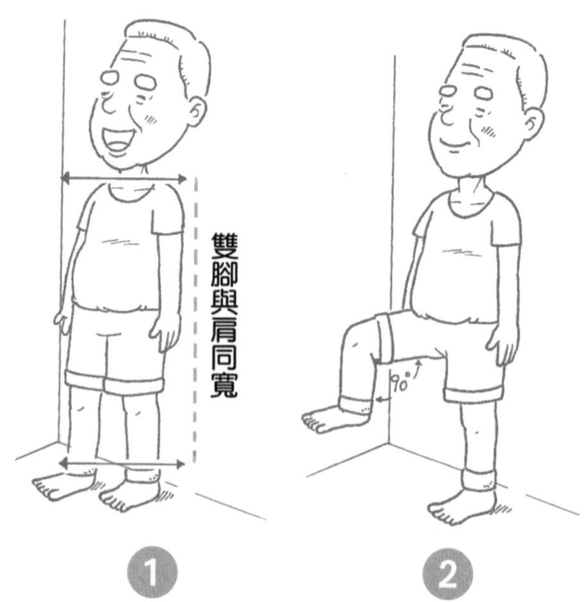

上半身運動

可維持日常生活中的基本活動，如更衣、用餐、沐浴。

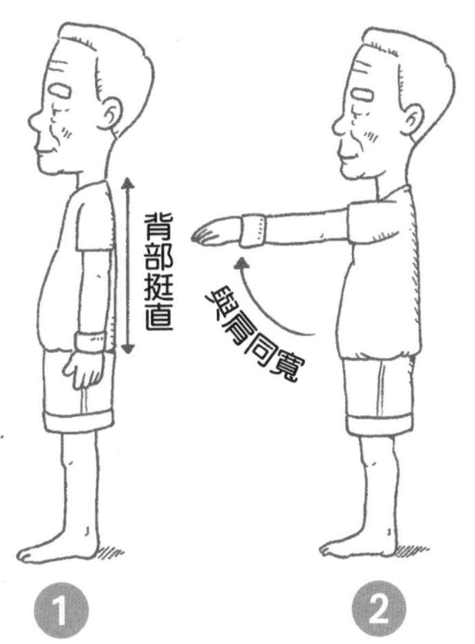

手臂運動

1. 背部挺直。
2. 雙手手臂向前伸直，往上舉至肩膀高度（可在手腕綁上1～2公斤的沙包），持續5秒。此爲一回合。

次數：一天可分早、中、晚各做5～10回合。

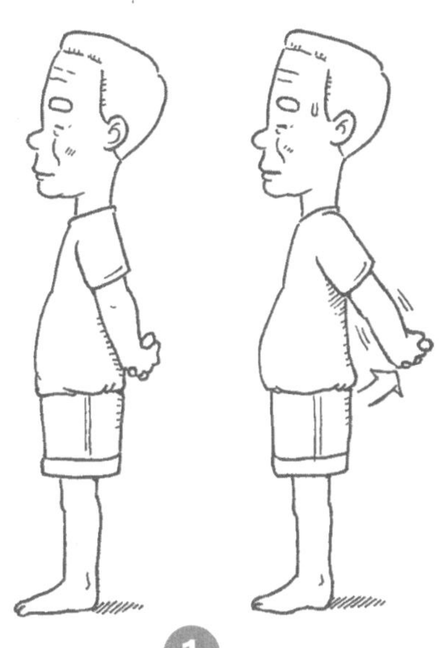

夾背運動

1. 雙手在背後緊握，慢慢往上舉，使肩胛骨往中間集中，持續5～10秒。此爲一回合。

次數：一天可分早、中、晚各做5～10回合。

擰毛巾

1. 雙手握毛巾，做「擰」的動作，持續5秒。
2. 兩手交換方向擰，此爲一回合。

次數：一天可分早、中、晚各做5～10回合。

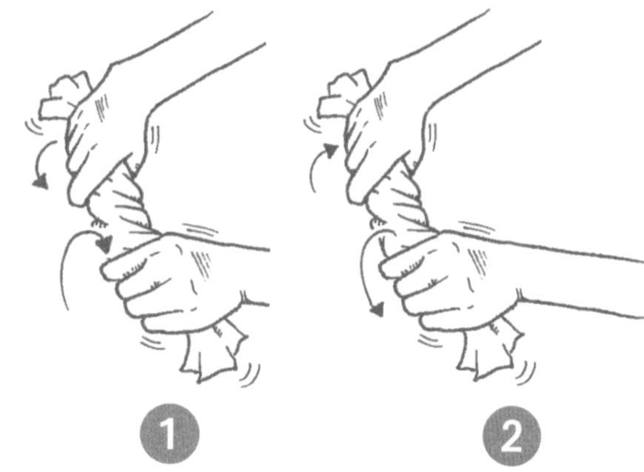

柔軟度運動

柔軟度運動可預防受傷、減輕痠痛並降低跌倒情形的發生，而且，良好的柔軟度有助於保持及改善肌肉及關節的能力，使日常生活動作變得較簡單容易（如剪腳趾甲）。

病患的柔軟度運動，以「輕度伸展」爲主，每個動作應停留5～10秒，重複2～3次。伸展時，肌肉感到輕微疼痛或緊繃即可，若過度伸展容易造成肌肉受傷，須特別注意。

頸部

採坐姿，雙手交叉抱頭，將頭部輕輕下壓，使下巴往胸口靠近。

胸肩部

1. 採站姿，面向牆角或門框。
2. 張開雙手手臂至肩膀高度，手掌貼在牆或門上，利用上半身前傾的力量伸展。

上背部

1. 採站姿，左手臂往右肩靠近。
2. 右手抓握左手肘，將左手向右肩靠近。（右側反之亦同）

兩側軀幹

❶ 採坐姿，兩手交叉抱頭，手肘與肩部平行。
❷ 伸展右側時，左側手肘往左側的骨盆靠近。（左側反之亦同）

腰部

❶ 採坐姿。
❷ 上背前傾彎曲，慢慢將頭部和腹部向兩腿之間靠近。

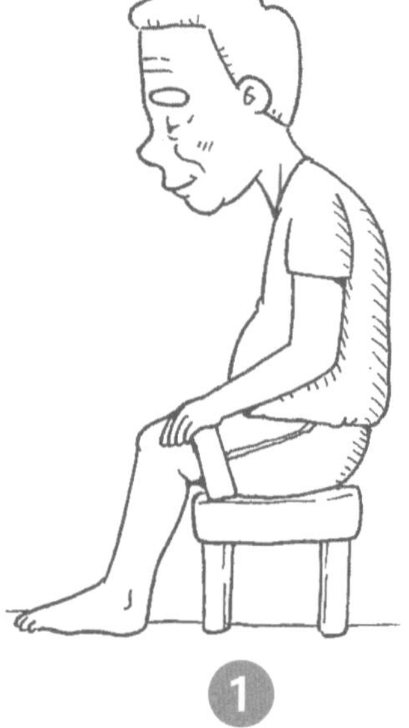

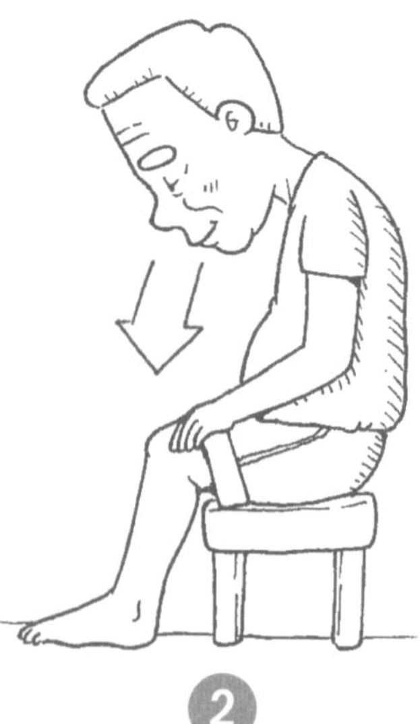

前側髖部及大腿

❶ 採站姿，伸展右側時，右腳向後彎曲。

❷ 左手抓右腳踝或腳掌往臀部靠近，右手可扶牆面或椅背以維持平衡。（左腳反之亦同）

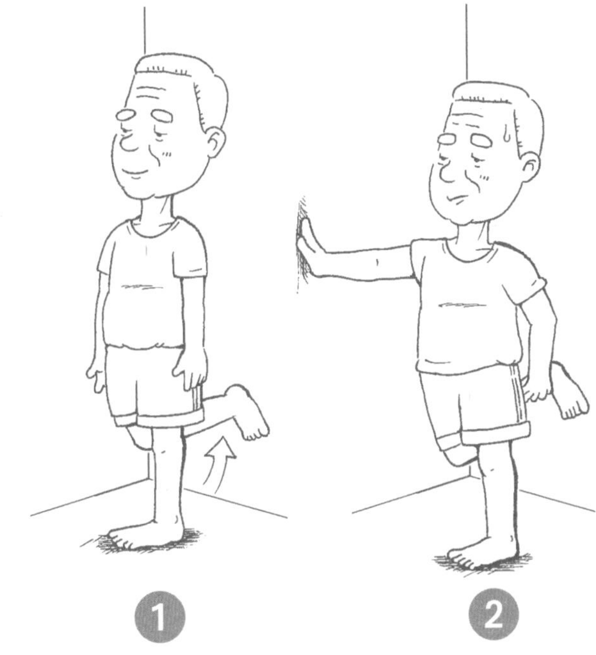

內側大腿

❶ 盤坐，腳掌併攏，腳跟盡可能往臀部靠近。

❷ 雙手抓握腳踝上方，利用手肘，下壓大腿靠近膝蓋的位置。

外側大腿

1. 雙腳先伸直後坐於地面上。
2. 伸展左側時，左腳彎曲並將左腳掌置於右膝外側。
3. 左手撐在左後側地面，右手肘壓住左膝外側以穩定左膝，身體向左後邊旋轉。

後大腿及小腿

1. 伸展左側時，右腳在前，做弓箭步。
2. 左腳維持膝蓋打直、腳跟平貼地面，腳尖直直朝前，利用右腳膝蓋彎曲使胸部前傾至左側後大腿及小腿緊繃。（右腳反之亦同）

文／高崇蘭（台北榮民總醫院復健醫學部部主任）
胡曼文（普洛邦物理治療所院長）

長期臥床者的復健運動

長期臥床不動的病患，很容易有關節攣縮變形的問題，因此，照護者在照顧病患時應協助其及早進行關節活動，不僅可以維持或增加病患關節最大活動度，促進其血液循環，預防關節攣縮變形，還可藉由關節運動促進運動反射，讓病患及早領會運動的感覺。

認識復健運動

一般而言，只要患者的生命徵象穩定，傷口癒合完全，那麼即可以開始進行復健運動。

然而復健步驟，初期應以輕量、防止關節攣縮的活動爲主，漸漸加上輔助性的阻力運動，以加強肌肉力量。待肌力恢復到一定程度後，即可加入肌耐力的訓練。

復健醫師的選擇

一位合格的復健醫師，須於醫學院畢業並取得西醫師執照，進入專科訓練醫院接受四年完整的住院醫師訓練後，經學會專科醫師考試通過，始可獲得復健專科醫師證書。

目前復健專科領域並沒有次專科制度，但是在醫學中心各醫師也可依個人志趣分為神經復健科、骨骼關節復健科、老人復健、兒童復健等等。患者或家屬在選擇復健醫師時，須先了解醫師專長，以尋求最合適的專業醫療。

關節活動 8 大原則

1. 關節活動愈早執行愈好。
2. 先熱敷關節，使肌肉放鬆後再進行。
3. 從「近端」開始往「遠端」關節執行（由手臂往手掌）。可活動的關節，都要包括在內。

4. 若遇阻力不可強行扳動肢體，須漸進式增加各關節角度，以免造成傷害。
5. 關節運動須持續執行，每天執行 2 ～ 3 次，每次約 10 分鐘，每個關節活動 5 ～ 10 次，並在末端角度停留 5 秒鐘，如果已經有關節角度受限，應停留 30 秒鐘。
6. 儘可能鼓勵病患自行出力活動，照顧者只協助補足不夠的角度。
7. 關節活動不能在肌肉鈣化、異位性骨化、剛開完刀、骨折或脫臼的部位執行。
8. 當病人出現全身冒汗、臉色蒼白的症狀時，須立即停止。

如何避免肢體萎縮

身體活動有助於呼吸、循環、消化及骨骼肌肉的功能。長期臥床病患的肢體有許多障礙阻止了身體的活動，因此，照顧者應竭力協助病患彌補這些問題。

1. 應儘早執行床上關節運動，以降低麻痹及僵硬的現象。
2. 運動前可先熱敷肢體，使關節肌肉放鬆。
3. 運動時須支托關節及肢體。
3. 依各關節的正常範圍，每天至少運動兩次。
4. 宜採緩慢而漸進的方式。

關節運動

肩關節運動

肩屈曲的動作

仰臥姿勢下，手掌朝內，雙手向前高舉至 180 度，儘量往耳邊靠。

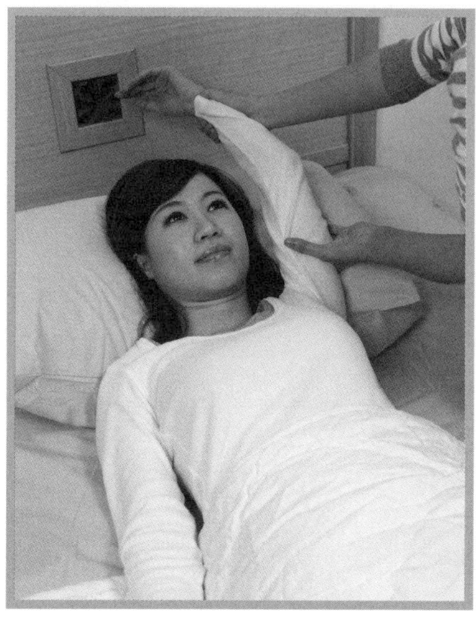

肩伸展的動作

連接肩屈曲的動作，手掌朝內，回到身體旁。必要時側臥或俯臥，讓手臂往背後做角度較大的伸展。

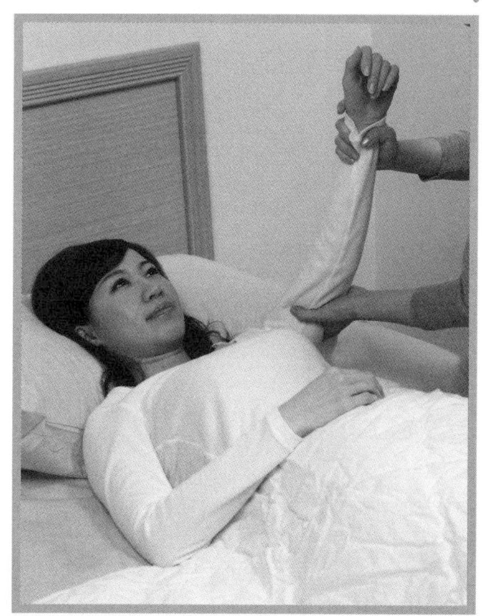

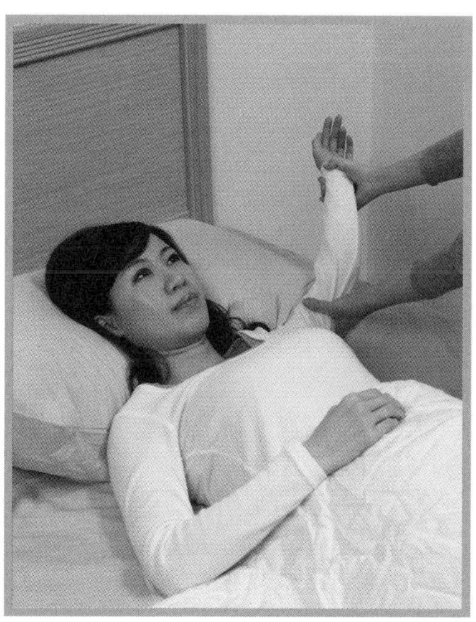

肩外展的動作

仰臥姿勢下，手掌朝上，手臂由身體側面移到頭邊。

肩內收的動作

連接肩外展的動作，手臂經側面回到身體側邊。

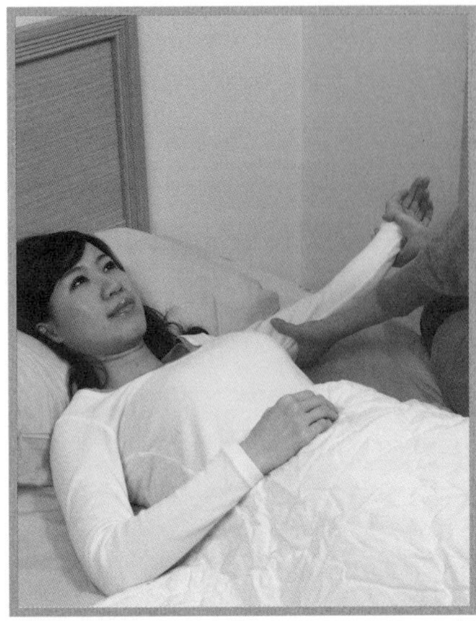

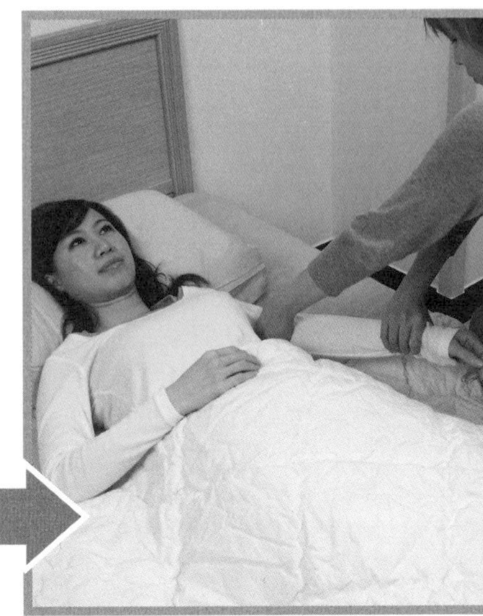

肩外旋轉的動作

仰臥姿勢下，手臂向側邊舉至肩膀高度，手肘彎曲成90度，手指朝上、掌心朝內，前臂往頭的方向轉動。

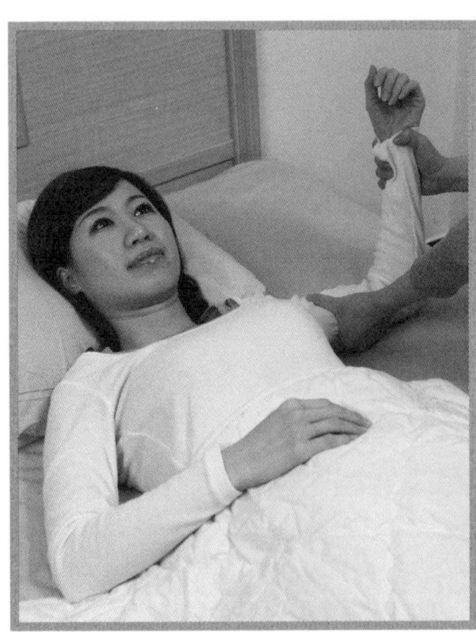

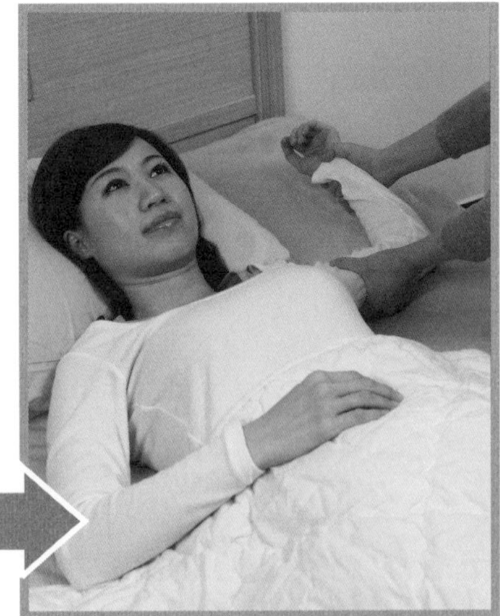

肩內旋轉的動作

手臂向側邊舉至肩膀高度，手肘彎曲成 90 度，手指朝上、掌心朝內，前臂往腳的方向轉動。

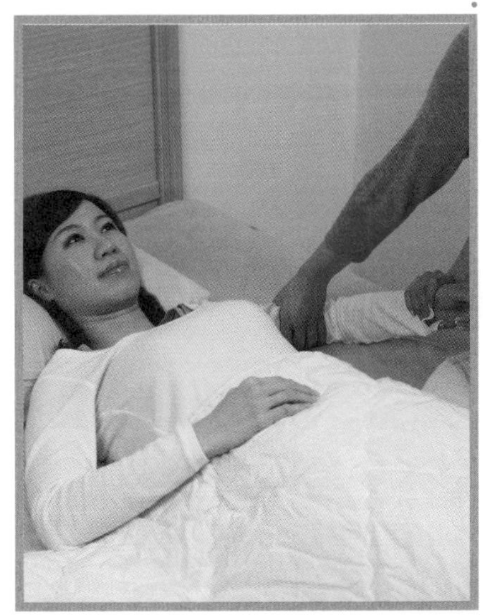

肩水平內收

仰臥姿勢下，手臂向側邊舉至肩膀高度，手肘彎曲成 90 度，手指朝上、掌心朝內，手臂越過身體向另一肩移動。

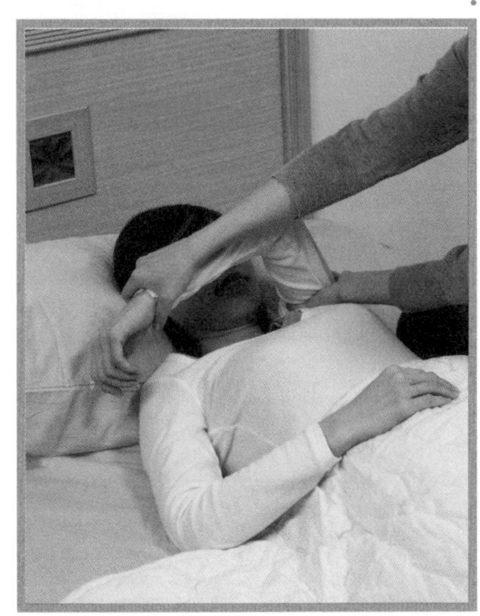

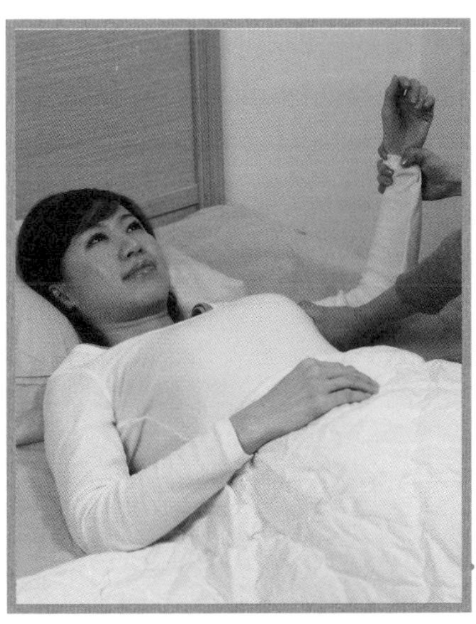

肩水平外展

仰臥姿勢下，手臂向側邊舉至肩膀高度，手肘彎曲成 90 度，手指朝上、掌心朝內，手臂儘量往背側移動。

肘關節運動

肘屈曲與伸直

仰臥姿勢下，手掌朝上，彎曲手肘使前臂與上臂靠近，再將前臂帶回原來位置。

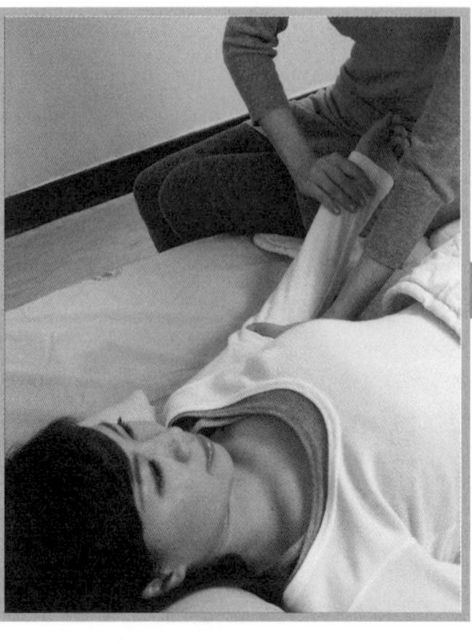
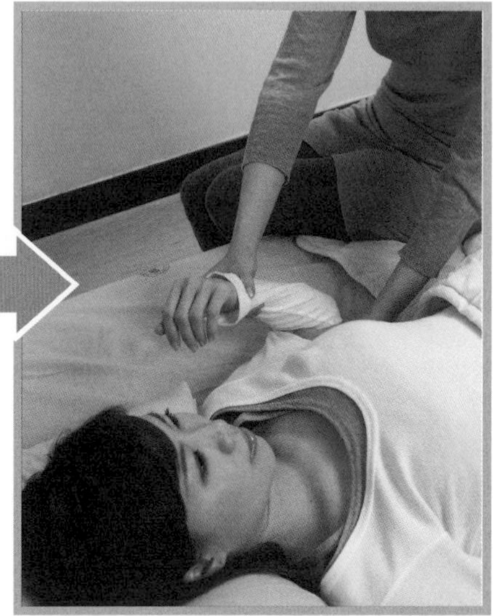

前臂旋前與旋後

仰臥姿勢下，手掌朝上，手肘固定不動，旋轉前臂使手掌朝下，再回復到手掌朝上。

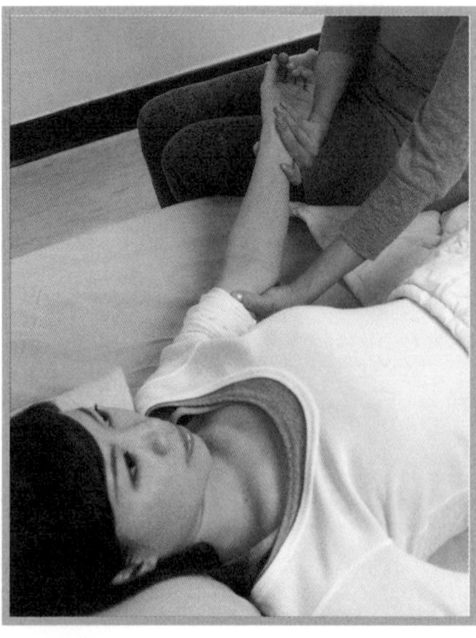
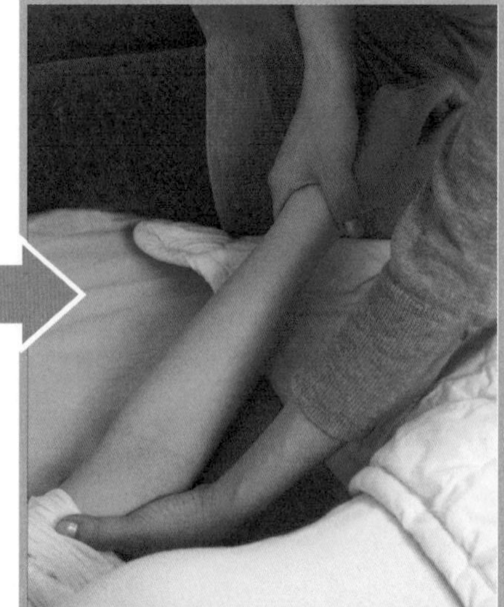

腕關節運動

腕屈曲

前臂旋後下，手腕向手心方向彎曲。

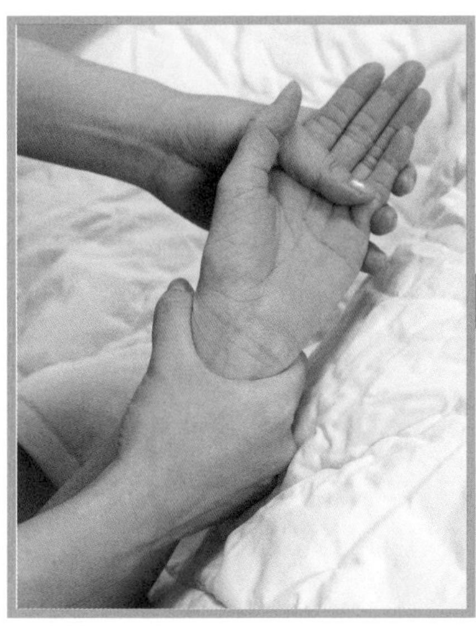

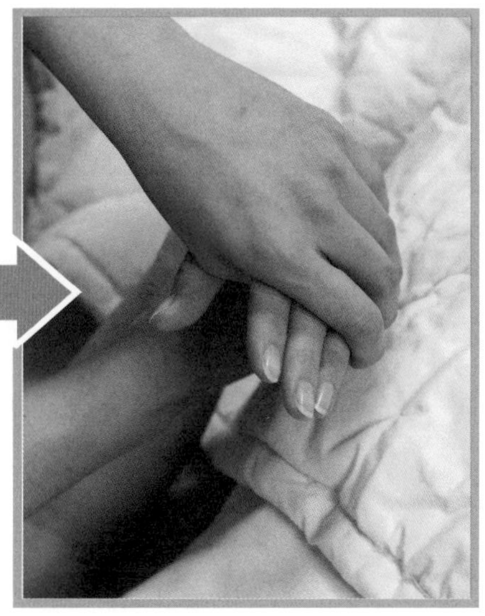

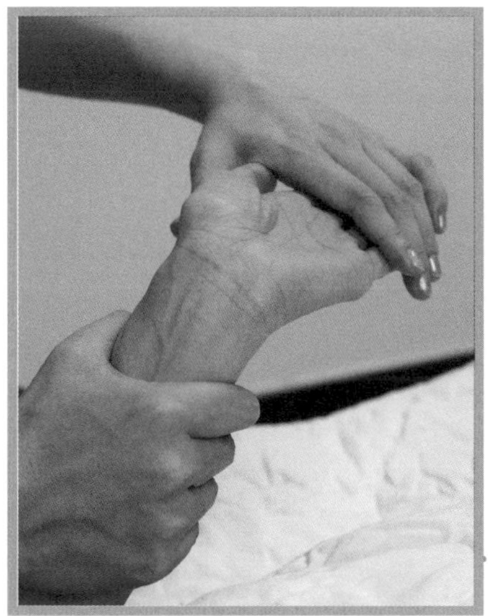

腕伸直

前臂旋後下，手腕向手背方向彎曲。

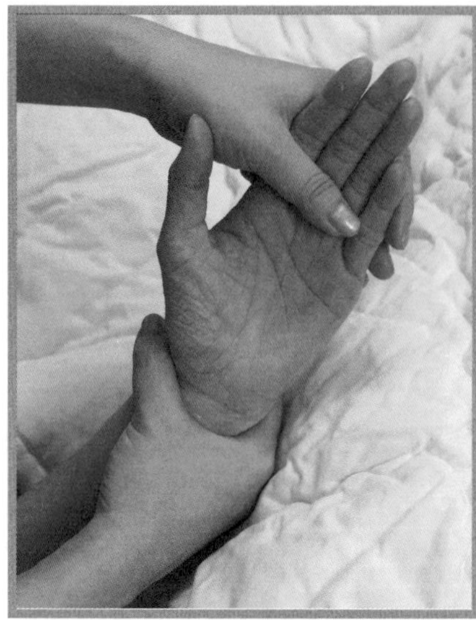

橈側偏移

前臂旋後下，手腕向大拇指側彎。

尺側偏移

前臂旋後下，手腕向小拇指側彎。

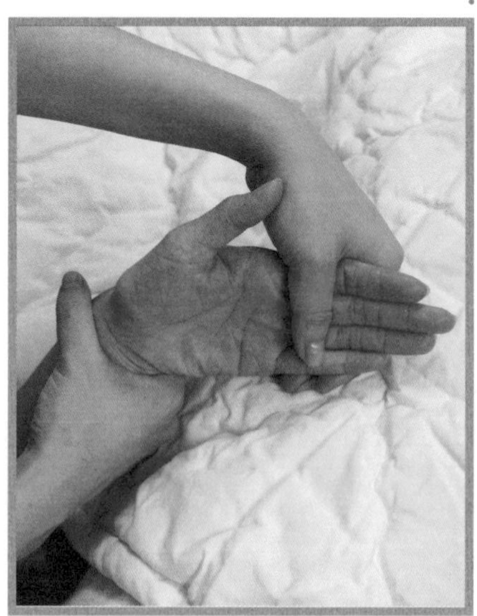

手指關節運動

手指屈曲與伸直

手掌握拳，再完全打開。

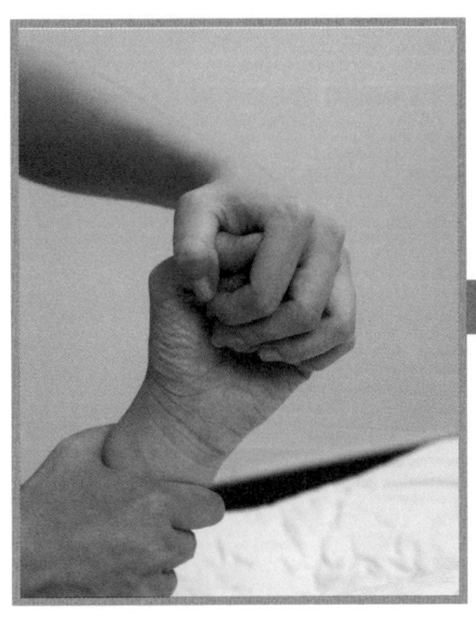
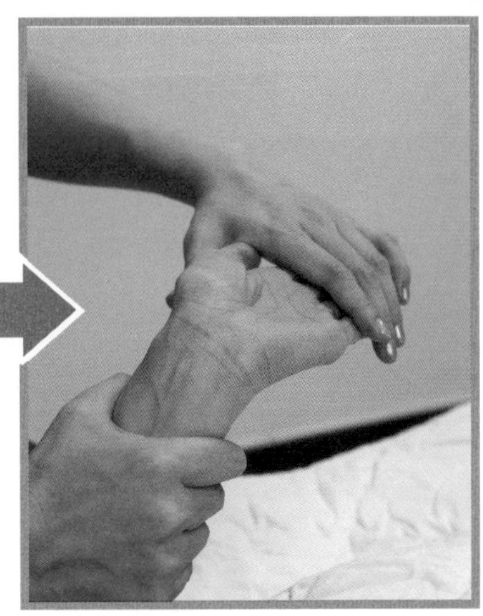

手指外展與內收

手指做完全打開的「五」的手勢，再併攏。

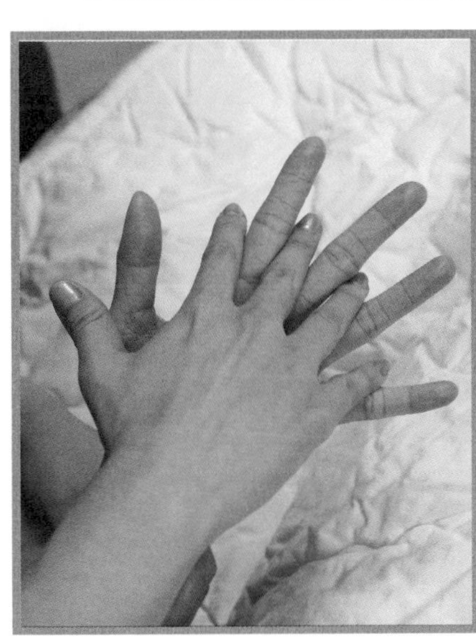
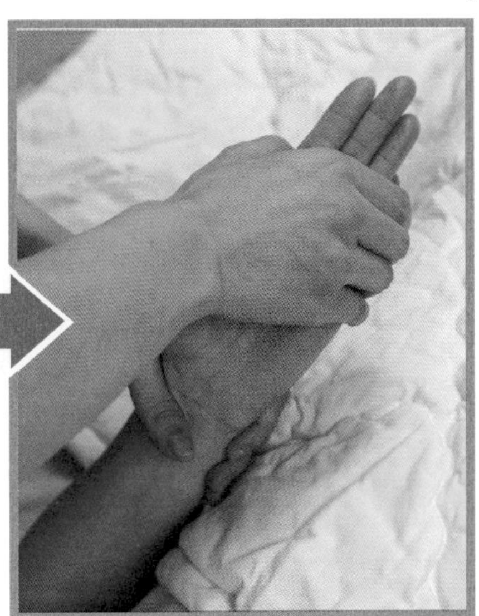

大拇指屈曲與伸直

做四指敬禮的動作，再回到「五」的手勢。

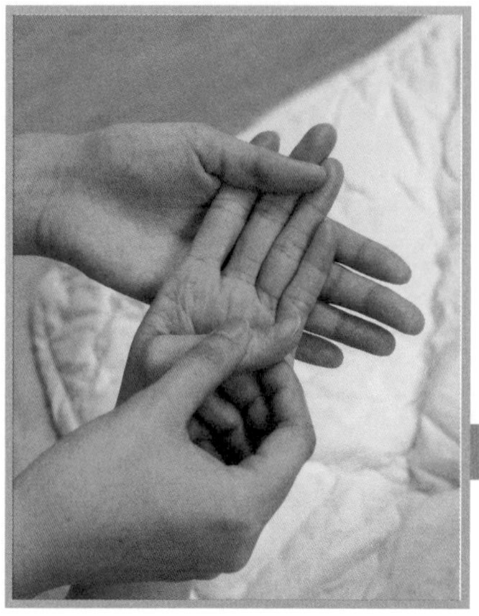
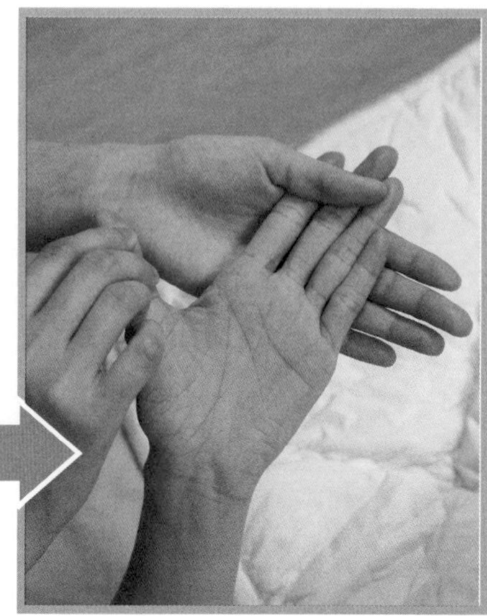

大拇指外展與內收

手指併攏，大拇指往垂直手心的方向移動，再回到五的姿勢。

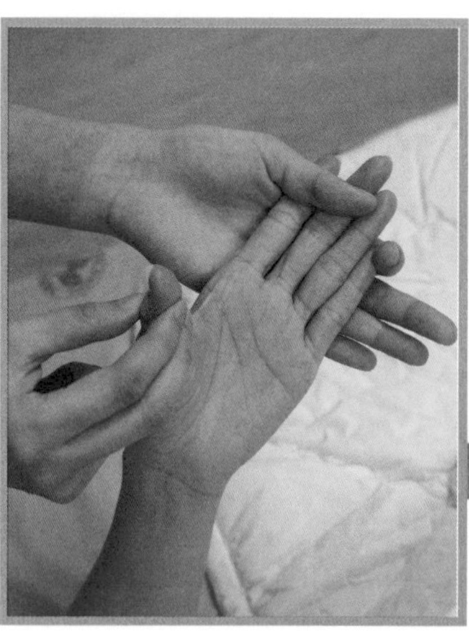
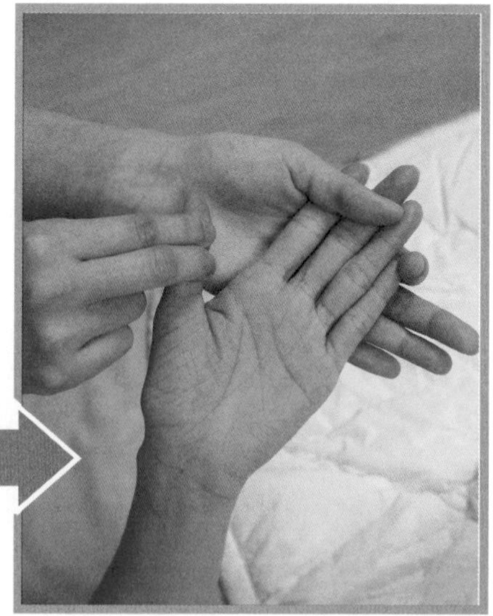

髖關節及膝關節運動

髖關節屈曲、膝關節屈曲及伸直

仰臥下，將腿往胸部貼近，再回到伸直的姿勢。

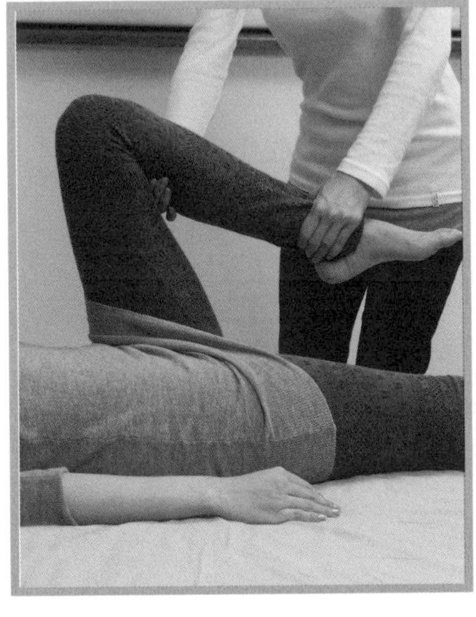

髖關節伸直

側躺時，將大腿向後移動。

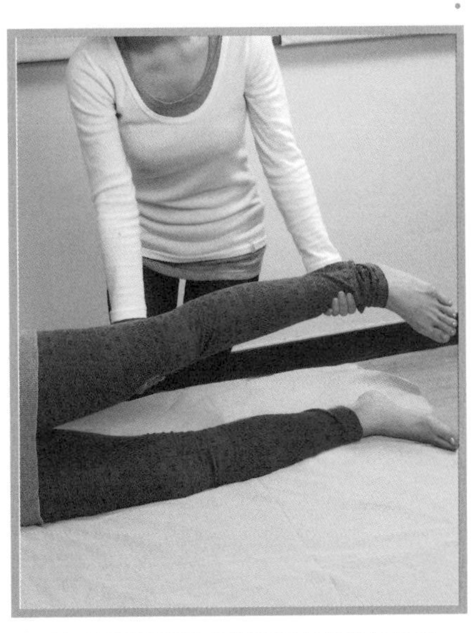

髖關節外展與內收

仰臥下，將大腿往身體外側移動，再回到身體中間位置。

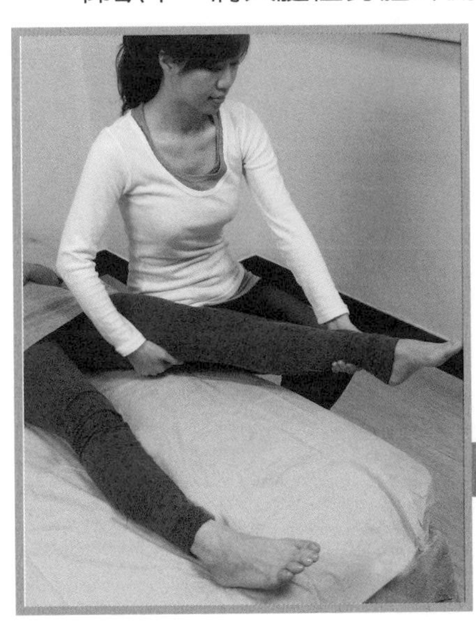

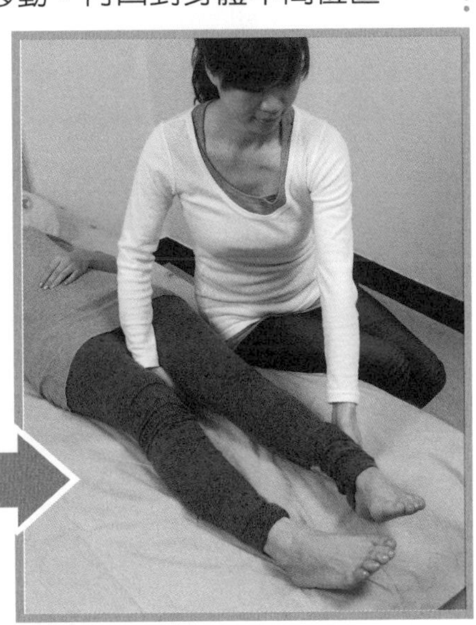

髖關節內轉與外轉

將髖關節和膝關節彎曲成 90 度，固定膝蓋和大腿，將小腿往身體外側和內側移動。

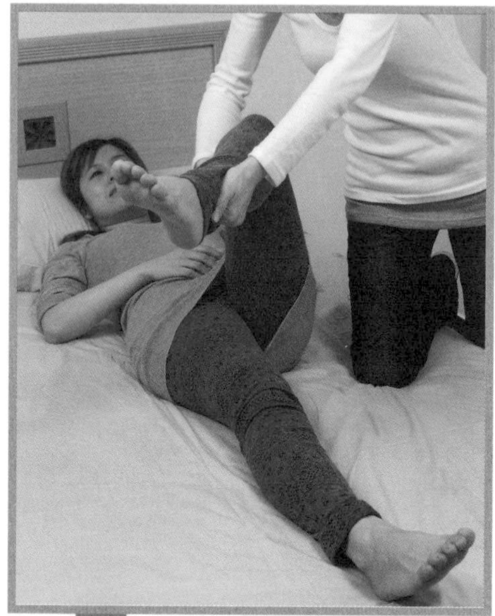

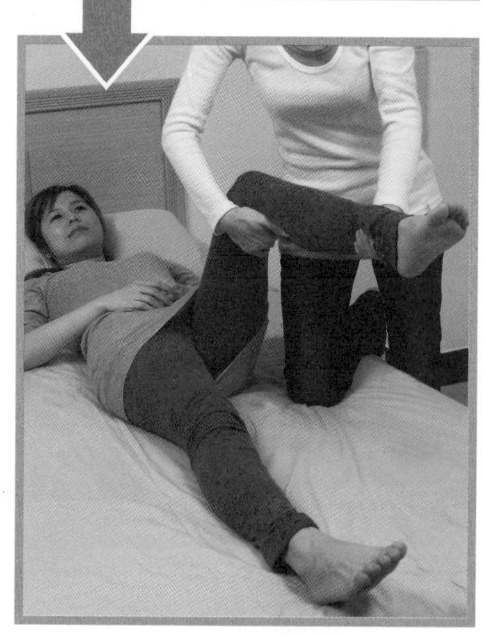

踝關節運動

踝關節背屈與蹠屈

將腳踝往小腿的方向移動，再往腳底方向移動。

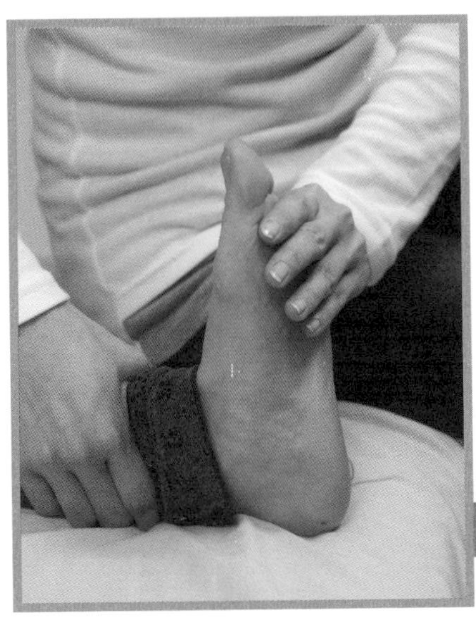

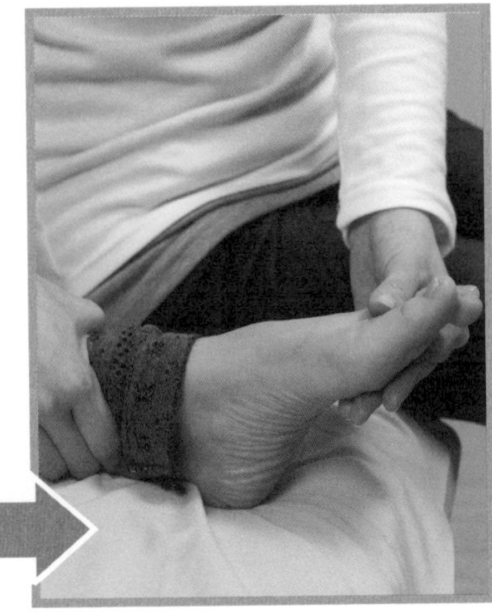

踝關節內翻與外翻

將腳踝往身體內側移動，再往身體外側移動。

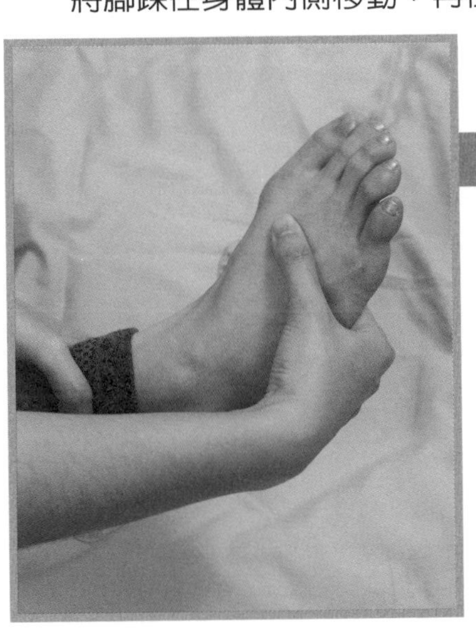

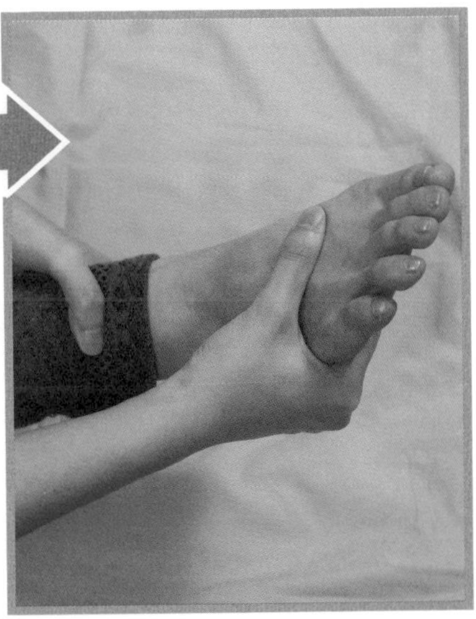

腳趾關節運動

腳趾關節屈曲與伸直

將腳趾頭往腳底方向活動，再往腳背方向活動。

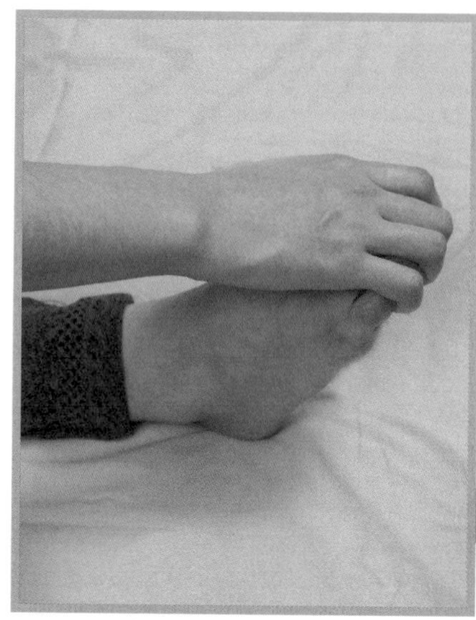

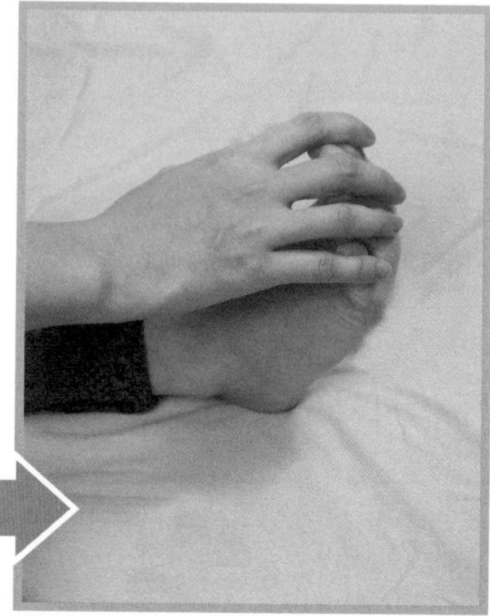

腳趾關節內收與外展

將腳趾頭做「五」的姿勢，再將腳趾頭併攏。

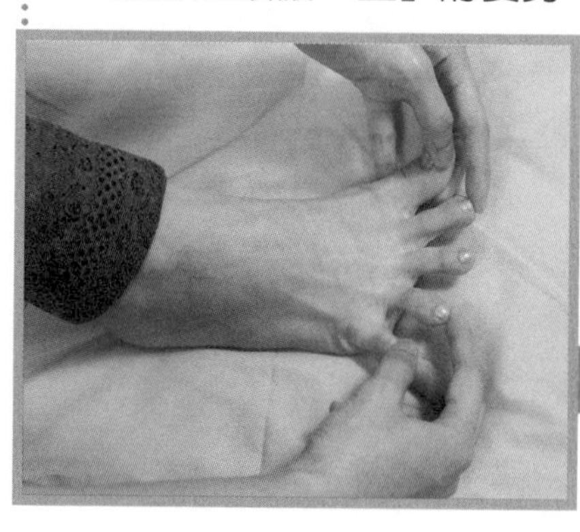

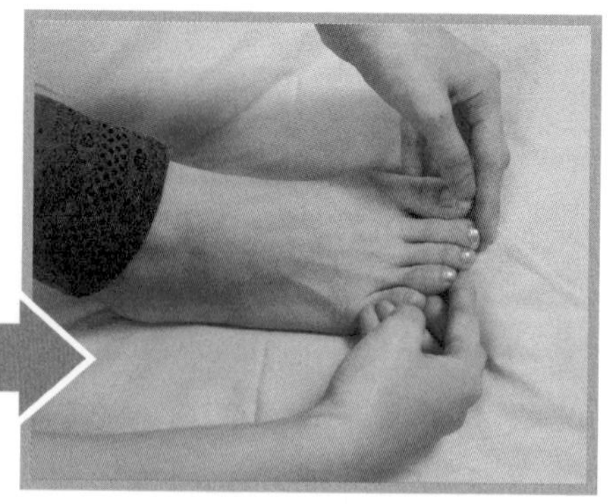

文／高崇蘭（台北榮民總醫院復健醫學部部主任）
　　胡曼文（普洛邦物理治療所院長）

預防跌倒的行動方案

跌倒，不僅是老年人常見，也是導致老年人健康問題的主要原因之一。

根據統計，每年約有一半的65歲以上老年人會發生一次跌倒，而每十次跌倒，就會有一次造成嚴重傷害，且跌倒發生率，會隨著老年人年齡的增加而相對提高。跌倒也是我國65歲以上老年人事故傷害的第二大死亡原因，主要是引發肱骨、腕骨、骨盆及髖關節骨折，甚至頭部外傷、顱內出血、硬腦膜下出血、脊椎損傷、軟組織損傷等，造成嚴重的醫療後果和重大的經濟成本損失，因此，預防老年人跌倒也是居家照護最重要的議題之一。

常見跌倒的原因

老年人因老化使得功能減退，容易出現骨質疏鬆、視力及聽力不良、下肢無力及行動變慢等情形，因此即使輕微跌倒，也很容易發生骨折，一旦骨折，除了容易造成日常生活獨立功能喪失、生活品質降低外、也增加家屬照顧負荷、住院及死亡的機率。

內因性

身體機能的老化（平衡感、視力、協調度變的較差）、疾病的影響（包括：中風造成的半側偏癱、巴金森氏症的腦部基底核退化、糖尿病的末梢神經病變等）、姿態性低血壓造成的暈眩、退化性關節炎、使用鎮靜安眠藥物、性別（因女性平衡感較男性差，故女性銀髮族較容易發生跌倒等）。

外因性

環境（包括照明昏暗、地板溼滑、行走的動線有物品堆積、門檻與階梯過高、地板不平）、衣著（老年人因骨質疏鬆的問題，導致身高下降，但仍穿著以前的衣服，褲腳往往過長，常造成絆倒）、意外傷害（如：尿急走太快）而發生跌倒的情形。另外，有些老年人因害怕再次跌倒，而限制自我活動，漸漸失去了獨立活動的能力，使得身體功能也愈來愈差。

減少危險因子

了解各種可能造成老年人跌倒的因素後，要如何降低跌倒的可能性，最重要的是依據原因來改善。

跌倒是可以預防的，主要需從「環境安全」與「改善平衡」著手──

環境安全

光線充足、避免眩光

- 夜燈柔和以免造成眩光。
- 樓梯處加裝雙向開關。
- 將電燈開關裝在伸手可碰觸的地方，並在臥室和浴室內裝置夜燈。

地面

- 應盡量簡潔、保持通道暢通，將電話線和電線隱藏或固定，並把延長線從走道上移開，以避免絆倒。
- 避免小地毯放在大地毯上，如果小地毯是放在光滑的地面上，應在地毯下放置防滑襯以固定地毯。
- 保持地板面乾燥。

下床方法

- 採「漸進式」的下床活動，搖高床頭，使病人慢慢的從臥式改爲坐姿，確定沒有不舒服後再緩慢下床。
- 下床或改變姿勢時，動作應放慢。
- 爲方便病患下床，可先拉起照護者遠側之欄杆，勿拉起兩側的欄杆，以免妨礙病患離床活動，但對於意識不清、年老者等，應拉起兩側床欄杆固定好。

合適的家具

- 太低、太軟的椅子（例如沙發）並不適合老年人，「因爲起立、坐下對老人而言是比較困難的動作」，最好有扶手的設計。
- 爲了減輕跌倒的傷害，可在家具的尖銳處加上防撞條或泡綿。
- 避免有輪子或會滑動的傢俱。
- 將常用的物品，如：瓷具和廚具，收放在容易拿取的地方，以避免不必要的彎腰；不要站在椅子上且避免使用上蠟的地板。

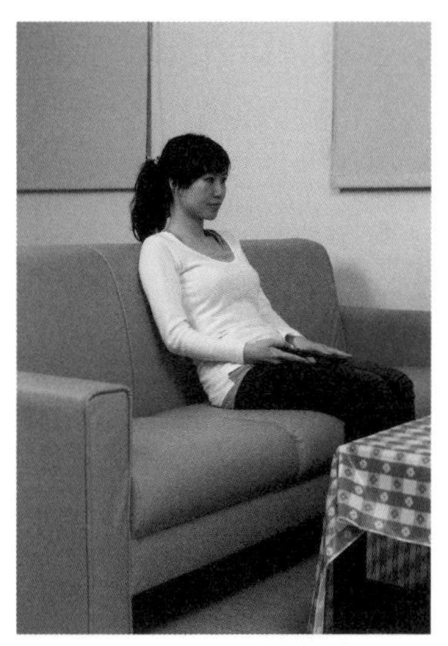

浴室儘量保持乾燥

可裝設截水溝取代門檻或是使用防滑墊；在淋浴間和馬桶牆上裝設手把，讓老年人方便起身、坐下，是並協助較無力的下肢出力及避免滑倒。

洗澡時避免讓老年人攀爬浴缸；坐在穩固、防滑、高度合宜的淋浴椅和手握蓮蓬頭洗澡，較爲安全。

樓梯裝設堅固的扶手且樓梯階高應避免過高

將電燈開關裝設在每個樓梯上方和下方，並在樓梯的最後一階裝設「反光條」。

姿勢轉換時速度應放慢

避免因暈眩或姿勢不穩造成跌倒，盡量使用扶手協助取得平衡。

樓梯應採對比色調

樓梯本體及樓梯面應用不同顏色區隔，避免使用小格子圖案，因小格子圖案和沒有對比色造成的視差，反而會使老人容易跌倒。

必要時使用適當的輔具

- 不要因害羞或怕麻煩，就不使用枴杖或助行器，在有需要時，應多使用。
- 應按照遠、近距離及目視的需求配戴眼鏡，並採用「防碎鏡片」。

合身的衣著

- 太長或太寬的衣服褲子、鞋子老舊或磨損嚴重、鞋子的防滑能力太差，都可能造成老人跌倒的風險；爲家中長輩選購一雙合腳且具有防滑功能的鞋子，就像爲他的每一個步伐都加了保險。
- 盡量穿著合適腳型、低跟及鞋跟穩固的鞋子。

適當的室溫

一般人在 29.4 ～ 32.2℃時是處於最機警的狀態。許多老年人因爲體溫較低再加上身體與免疫力降低，會對低溫狀態特別的敏感，所以老年人的住家室溫應不低於 24℃。

安全的用藥

- 有些藥物可能會引起頭昏眼花的副作用，而增加跌倒的風險，例如降血壓藥、鎮靜劑、安眠藥、肌肉鬆弛劑、利尿劑、感冒藥、抗組織胺等，可與具有老年醫學專業背景的醫師討論，是否更換藥物或是減少藥物劑量。

- 應檢視家中老人的用藥是否有造成跌倒的危險性、或同時服用四種以上的藥物，可以與醫生討論考慮降低劑量或停止服用不必要的藥物。
- 無法避免服用這些藥物時，應提醒長輩在服藥後多休息；在活動時也應放慢腳步，慢慢走。

改善平衡

如果因自身老化而造成跌倒，建議老年人以運動來增進肢體的靈活度並減緩老化。

老年人的運動主要分三個部分──

肌力

最佳的是增強腿部肌力的運動，著重在下肢的大小腿肌肉群訓練，因此，立定式腳踏車、平地走路（走半小時至一小時）、沙包抬腿（每天一次，左右腳正面與側面各抬 10 下）、水中漫步、游泳都是不錯的選擇。

伸展性

由於功能退化，老年人的筋骨與關節都較爲僵硬，因此可以針對大腿、小腿、腰部進行柔軟操、拉筋等運動，多做伸展操，可著重在手腳關節的運動，維持關節靈活度。

平衡訓練

在居家時，可運用走直線訓練平衡感。另外靈敏度不足也是造成老年人跌倒的原因之一，因此建議可以健行、騎腳踏車或是打球（桌球、高爾夫運動）、太極拳、外丹功、土風舞、氣功等，都可以增進肌力，骨骼關節活動力、心肺功能和訓練靈敏度，降低跌倒的可能性。

在眾多運動的選擇下，太極拳因要微蹲及全身上下前後左右重心的移動，對於肌力、耐心、平衡、心肺等功能都有幫助，是一項相當適合老年人的休閒運動。

但若你沒有特殊的運動嗜好，建議可以從「步行」開始，步行是老年人最好的運動，它除了可以增強腿部肌力，還可以刺激全身骨骼，避免骨質疏鬆症的發生。

運動前後的注意事項

暖身運動

如小跑步，約 5 ～ 15 分鐘，讓肌肉溫度升高，以適應較主要的激烈運動。

緩和運動

如放鬆慢跑、走路、放鬆等伸展運動，約 5 ～ 10 分鐘，幫助血液循環，避免暈倒。

預防跌倒 10 大招數

第 1 招：不逞強

凡事按部就班，要牢記欲速則不達的道理，做自己能力所及的運動或日常活動。

第 2 招：不孤單

隨時有家人或照顧者陪伴。

第 3 招：不潮濕

地面隨時保持乾燥。

第 4 招：不翻越

洗澡時避免翻越攀爬浴缸。

第 5 招：不麻煩
不要怕麻煩，如有需要時，仍需使用枴杖或助行器。

第 6 招：不滑動
浴室地面保持乾燥，勿放置會滑動的墊子。

第 7 招：不打赤腳
應穿著合腳、低跟及鞋跟穩固的鞋子。

第 8 招：不黑暗
樓梯轉角或活動的動線保持光線充足。

第 9 招：不雜亂
行走的動線保持整齊，勿擺放不必要的物品。

第 10 招：不損壞
使用的物品隨時保持正常可使用的狀態，不因使用損壞物品造成跌倒的危險。

文／劉秀華（台中榮民總醫院內外科病房護理長）
沈佩瑤（台北榮總高齡醫學中心）

營養照護

根據專家的估計，對於健康的影響力「營養」佔 70%，生活方式佔 20%，其它因素共約 10%。而許多疾病的恢復和療養，更與「營養」息息相關，因此，照護者必須對食物營養及疾病營養療養有所了解，才能給予家人妥善的營養照顧。

認識基礎營養學

在了解各種疾病飲食之前，照護者必須對營養的基本知識及均衡的營養有所認識；在此，先簡要介紹基礎的營養概念。

營養素

營養是健康的根本，而食物是營養的來源，我們的身體需要從食物中獲得四、五十種營養素來維持生活機能。這些營養素包括醣類、脂肪、蛋白質、維生素和礦物質，其中蛋白質（4 大卡／公克）、脂肪（9 大卡／公克）、醣類（4 大卡／公克）三者又稱爲「能量營養素」。

醣類和脂肪氧化所產生的熱量，是日常活動的能量來源；蛋白質爲建構、維持與修補損耗組織的原料；維生素和礦物質是調節代謝與生理機能的物質。

人體所需要的營養素種類繁多，且對每種營養素的需要量也不盡相同。雖然含有多種多量營養素的食物，比只含少量營養素的食物好，但是沒有一種食物含有人體需要的所有營養素。

面對種類繁多的食物，究竟如何選擇才能充分獲得各種營養素呢？答案是，每日從下列「六大類基本食物」中，均衡且多樣化地攝取所需要的「份量」。

六大類基本食物

奶類

作用：奶類可提供鈣、維生素 B_2 及優質蛋白質，其主要功能為建構組織。

建議攝取量：每人每日 1 ～ 2 杯。

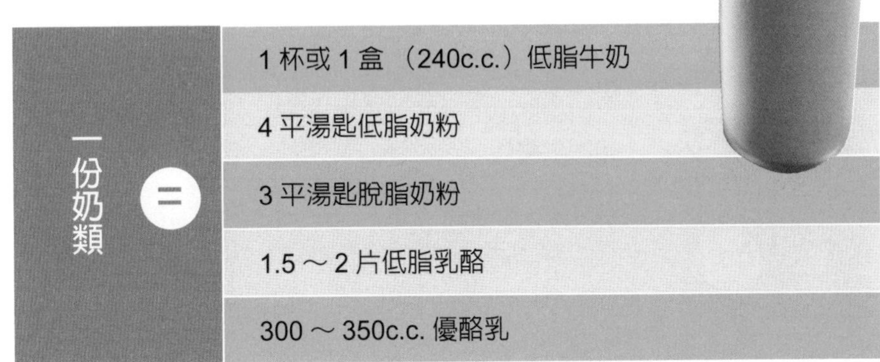

一份奶類 =
1 杯或 1 盒（240c.c.）低脂牛奶
4 平湯匙低脂奶粉
3 平湯匙脫脂奶粉
1.5 ～ 2 片低脂乳酪
300 ～ 350c.c. 優酪乳

豆、魚、肉、蛋類

作用：豆、魚、肉、蛋類含有優質蛋白質、維生素 B 群、礦物質（鐵、銅、鋅等）營養素，具有建構組織及調節生理機能的作用。

建議攝取量：每人每日選擇 5 份搭配。

選擇標準：以富含植物性蛋白質的黃豆製品，以及低脂肪含量的肉類，如魚類、去皮的禽肉和精瘦肉類為佳。

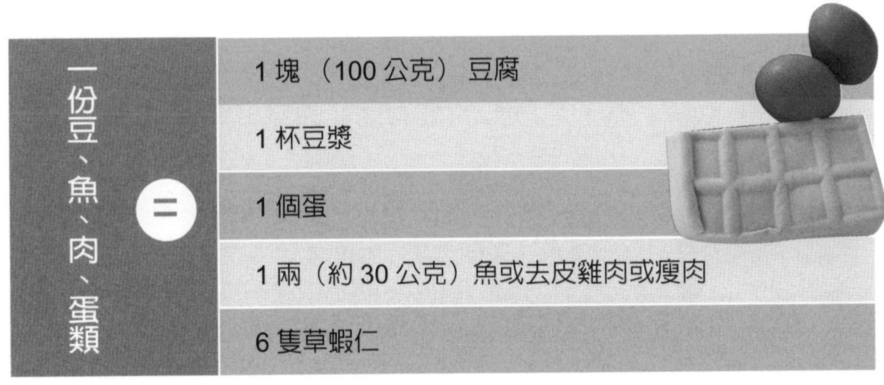

一份豆、魚、肉、蛋類 =
1 塊（100 公克）豆腐
1 杯豆漿
1 個蛋
1 兩（約 30 公克）魚或去皮雞肉或瘦肉
6 隻草蝦仁

全穀根莖類

作用：全穀根莖類可提供醣類及膳食纖維，同時含有蛋白質、維生素及礦物質，而沒有膽固醇，油脂含量也很低，適合作爲每日的飲食基礎。

建議攝取量：每人每日 2.5 ～ 3 碗。

一碗全穀根莖類 =	
	1 碗（200 公克）飯、綠豆、薏仁、地瓜、芋頭
	1 個中型饅頭
	2 碗稀飯、麵線、碗粿、山藥、麵條、馬鈴薯玉米、皇帝豆
	3 碗南瓜
	4 片薄片土司
	4 個小餐包。

選擇標準：建議三餐中至少有一餐吃糙米、雜糧或全麥等全穀類。

植物油與堅果種子類

作用：油脂類可提供身體必需脂肪酸、能量，協助脂溶性維生素的吸收，以及調節生理機能。

建議攝取量：每人每日油脂 4 ～ 5 茶匙，再加 1 份（約 1 茶匙油脂）堅果類。

選擇標準：除了椰子油以外的植物油（因爲椰子油含高量飽和

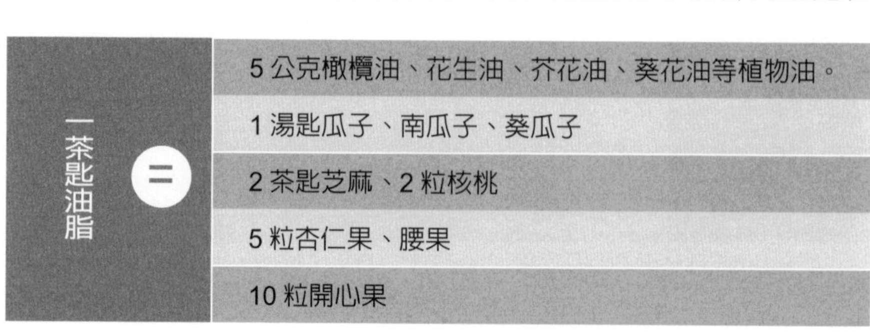

一茶匙油脂 =	
	5 公克橄欖油、花生油、芥花油、葵花油等植物油。
	1 湯匙瓜子、南瓜子、葵瓜子
	2 茶匙芝麻、2 粒核桃
	5 粒杏仁果、腰果
	10 粒開心果

脂肪酸對健康不利），而且每天應包括 1 份堅果種子類，如芝麻、花生、腰果等。

蔬菜類

作用：蔬菜類主要提供維生素、礦物質及膳食纖維。

建議攝取量：每人每日 3 碟，其中至少 1 碟爲深綠色或深黃色蔬菜。

選擇標準：蔬菜類大致分爲紅、橙、黃、綠、藍、紫、白等七色，不同顏色的蔬菜含有不同的維生素、礦物質、纖維及植物性化學成分，

一碟蔬菜的份量	=	3 兩（約 100 公克，半飯碗）菠菜、莧菜、白菜、高麗菜、空心菜、青江菜、小白菜等

所以應盡量多樣化攝取，廣泛選擇各種顏色的當令蔬菜，養成「彩虹攝食原則」。

水果類

作用：水果類可提供維生素 C、維生素 A、礦物質（鎂、鉀、鈣等）、膳食纖維、單醣和雙醣，具有調節生理機能的作用。

建議攝取量：每人每日 2～3 個。

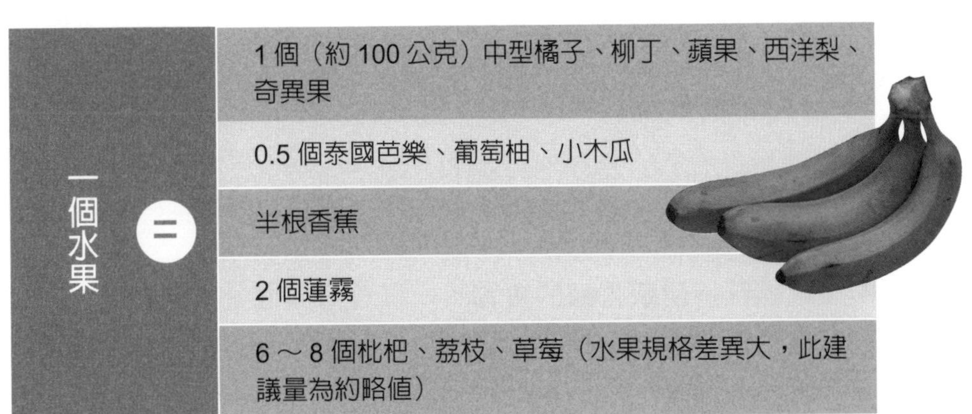

一個水果	=	1 個（約 100 公克）中型橘子、柳丁、蘋果、西洋梨、奇異果
		0.5 個泰國芭樂、葡萄柚、小木瓜
		半根香蕉
		2 個蓮霧
		6～8 個枇杷、荔枝、草莓（水果規格差異大，此建議量為約略值）

選擇標準：各種顏色的水果所含的營養價值不盡相同，所以應廣泛且均衡地選食。

以上飲食指南，適用一般健康的成年人，但因個人體型、活動量大小，及各種年齡層及不同生理狀況，可依個人熱量需求，適度調整全穀根莖類及油脂的攝取份量。

飲食原則

1. **維持理想體重**：維持理想體重，是預防高血壓、糖尿病、心臟病和關節炎等慢性疾病的最好方法；而均衡飲食和適度運動，是維持理想體重的最佳途徑。

理想體重的計算標準

理想體重＝身高（公尺）× 身高（公尺）×22。
在理想體重的 ±10%範圍內，皆為正常體重。

2. **儘量選用新鮮的食物**。
3. **多選用全穀根莖類食物**，並且少吃糖、蜂蜜、甜食及含糖飲料。
4. **多攝取富含膳食纖維的食物**，如蔬菜、水果、全穀類和豆類。膳食纖維可以預防與治療便秘，促進腸道的健康，減少大腸癌的危險，並可幫助血糖及血脂的控制。
5. **少喝酒**：若飲酒，以一日 2 個酒精當量為限。1 個酒精當量，相當於 15 公克酒精。

15 公克酒精含量

15 公克酒精，相當於 360 毫升啤酒、120 ～ 150 毫升紅酒、100 毫升紹興酒、30 ～ 45 毫升威士忌、白蘭地或高粱酒。

6. **少吃調味過重或太鹹的食物**：一日食鹽攝取量不要超過 5 ～ 8 公克，相當於 1 ～ 1.5 茶匙的鹽；其它調味料如：味精、醬油、烏醋、豆瓣醬等，也含有高量的食鹽或鈉。

7. 避免進食過量脂肪，尤其是飽和脂肪和高膽固醇食物。烹調油，宜用植物性油，但也要限量。

常見的高飽和脂肪和高膽固醇食物

- **高飽和脂肪食物**：豬油、雞油、牛油、奶油等動物油，肥肉、雞鴨皮、含棕櫚油與椰子油製品等。
- **高膽固醇食物**：蛋黃、魚卵、內臟（腦、肝臟、腎臟）、蝦膏、蟹黃等。

老年期營養

營養需要量

1. 熱量：由於活動量及肌肉量減少，熱量需求隨著年齡的增加而減少。一般女性一日需要 1,600 ～ 1,700 大卡，男性一日需要 1,700 ～ 1,800 大卡。長期臥床、體重過重或肥胖者，一日的熱量可再減少 300 ～ 500 大卡。

2. 蛋白質：老年人的飲食應該「重質而少量」，以每公斤體重攝取 1.2 公克的蛋白質爲宜。除了要有足夠的量以外，蛋白質的品質也很重要，豆、魚、肉、蛋類和奶類都是高生物價值的優質蛋白質。雞蛋含有豐富的鐵質及卵磷酯，每週可食用 2 ～ 3 個。膽固醇正常者，每週可食用 1 ～ 2 次肝臟，以補充鐵質及蛋白質。

3. 脂肪：烹調宜用植物油。動物性食物宜選擇油脂含量較少者，如去皮雞肉、魚、精瘦肉（豬、牛、羊肉）。

飲食原則

1. 只吃八分飽，不多吃澱粉食品：因醣類食物容易被咀嚼消化，老年人易有攝取過多的傾向。

2. 足夠的優質蛋白質：如牛奶及乳製品、豆漿、豆腐、魚、雞肉、瘦肉等。

3. **攝取足夠的鈣質**：老年人容易發生鈣質攝取不夠，牛奶、大豆製品、魩仔魚、小魚乾等可供給鈣質。
4. **多吃蔬菜和水果**：可獲得維生素、礦物質和纖維質，並可防止便秘、增進膽固醇的排出；若牙齒不好、咀嚼不良，可用果汁機攪碎、用刀剁碎或煮爛，但要連同水果蔬菜渣一起吃。
5. **避免吃太鹹的食物**，以預防高血壓。
6. **少吃動物性脂肪及肥肉**，最好使用植物油，如橄欖油、芥花油、沙拉油、葵花子油、苦茶油等。
7. **不暴飲暴食，不偏食**。
8. **少吃不容易消化的食物**，如油炸食物。
9. **多喝開水**，幫助體內廢物之排泄及排便。

食物製備注意事項

1. **以均衡營養為原則**：依照老人健康狀況以及他的咀嚼及吞嚥能力，調整飲食的成分及質地，如軟質、細碎、糊狀、流質飲食等。
2. **食材的選擇宜多變化**，以不同顏色互相搭配，可促進食欲。
3. **食物選擇以柔軟、清淡為主**：可利用不同的烹調方法及調味，增加味道的變化；烹調方法，宜多用蒸、煮、燉、滷、焗、涼拌，少用油煎、油炸。
4. **少量多餐**：一天以四至六餐爲佳；兩正餐之間可準備簡便的點心，如牛奶麥片、豆花、豆漿沖蛋、奶酪、布丁、水果泥或布丁拌優酪乳等。
5. **選擇新鮮、天然、易消化的食材**；容易腹脹者，要減少韭菜、乾豆類、地瓜、洋蔥等易產氣食物的進食頻率。
6. 高齡者唾液分泌減少、味覺衰退，容易進食過多的鹽分，故烹調時可**運用蔥、薑、蒜、香菜、檸檬汁、枸杞子、紅棗、黑棗、肉桂等來刺激食欲**，以減少鹽、味精、醬油、沙茶醬、豆瓣醬、甜麵醬等高鹽調味料的使用量。
7. 甜食雖然容易入口，但要**留意糖的使用量**。

文／楊雀戀（前台北榮民總醫院營養部主任）

癌症飲食照護

良好的營養狀況，可以使病患有較好的精神和體力來接受必要的治療，減少治療期間的危險及避免合併症的發生。雖然目前沒有特殊的癌症治療飲食，但足夠的營養對癌症病患是絕對重要的。

癌症病患因營養需求量增加、進食減少、各種抗癌治療所產生的副作用，或抵抗力降低造成感染及其他併發症等，容易攝食不足，出現營養不良。而在疾病治療初期，腫瘤控制的原則之下，積極的營養支持及早介，可以有效改善體重下降的情況，爲癌症治療加分。因此，飲食目的在預防或矯正營養缺乏問題，修補身體瘦體組織，減輕治療所引起之飲食相關副作用，以及提升生活品質。

一般飲食原則

1. **飲食均衡**，維持良好的營養及適度活動，以保持體重，增強抵抗力。
2. 癌症治療的副作用，應隨時**依症狀需求調整飲食或營養供應方式**，以免造成營養不良。
3. 攝食不足體重嚴重減輕時（如:減輕體重達平常體重之2%／週，5%／月，7.5%／ 3 個月，10%／ 6 個月），**應積極採用管灌或靜脈營養補充**，以提供足夠的營養。
4. **不聽信偏方**，以免造成飲食不當，引起營養不良。
5. 患者的熱量及蛋白質需求較高，約爲一般人的1.2～1.3倍左右。**若需增加體重，則應考慮提供更多的營養**。若是兒童或有大量腸道切除者，營養需求更高。至於脂肪，則建議小於總熱量的30%，尤其是大腸癌或乳癌患者，較低的脂肪攝取有助於預防癌症的復發。

改善癌症治療副作用的飲食原則與方法

癌症治療過程中可能對進食造成不良影響，因此在食物的烹調上，可參考以下原則與改善方法，使病患能保持適當的營養攝取，維持精神與體力，順利完成癌症的治療。

食欲不振、體重減輕

1. 少量多餐，提供高熱量高蛋白的飲食、點心、飲料或營養補充品。
2. 經常變化烹調方式與型態。使用各種溫和的調味料，提升食物的色、香、味，以增加食欲。
3. 用餐時，優先進食固體食物、高營養濃度的食物，再飲用液體湯汁或飲料。
4. 餐前稍爲散步，作適當的活動，可促進腸胃蠕動；或食用少許開胃食物、遵醫囑服用增加食欲的藥物。
5. 爲補充營養，患者要鼓勵自己努力進食。
6. 遵醫囑服用增加食欲的藥，或補充適量的維生素、礦物質。
7. 在身體較舒適時多攝食，例如接受化療之前，或兩次治療之間。
8. 感覺餓時，隨時進食。
9. 請家人或朋友協助製備食物，以節省體力和時間。
10. 愉快的進餐環境（如佈置餐桌、更換漂亮餐具、欣賞音樂，或觀賞有趣的電視節目）及良好的用餐情緒等，都可促進食欲。
11. 預備隨時可取得的點心、飲料，以方便補充營養。

噁心、嘔吐

1. 清淡、冰冷的飲料，酸味、鹹味較強的食物，可減輕症狀。
2. 嚴重嘔吐時，可經由醫師處方，服用止吐藥物。
3. 避免太甜及油膩的食物。
4. 在起床前及運動前，吃乾的食物（如餅乾或土司），可減少噁心。運動後勿立即進食，以免出現噁心、嘔吐等不適。

5. 避免同時進食冷、熱的食物，否則易刺激嘔吐。
6. 少量多餐，避免空腹或過度飽脹。
7. 飲料最好在餐前 30 ～ 60 分鐘飲用，並以吸管吸食為宜。
8. 接受放射或化學治療前二小時內，避免進食，以防止嘔吐。
9. 注意水分及電解質的平衡。
10. 飯後可適度休息，但不要平躺。
11. 遠離油煙味或異味的地方。

味覺改變

1. 癌病會降低味蕾對甜、酸的敏感度，而增加對苦的敏感性，烹調時可多採用糖或檸檬，加強甜味及酸味，且避免苦味強的食物（如芥菜等）。
2. 選用味道較濃的食物，如香菇、洋蔥。
3. 肉類烹調前，可先用少許酒、果汁浸泡，或混入其他食物中供應，以增加接受性。
4 經常變化食物質地、菜色的搭配及烹調方法，以增強嗅覺、視覺刺激，彌補味覺的不足。
5. 肉類的苦味感，可採冷盤方式或用濃調味料來改善，或以蛋類、奶類及乳製品、豆類及豆製品、乾果類來取代，以增加蛋白質的攝取量。

口乾

1. **以食物促進唾液的分泌**：吃些較甜的食物，或使用類似檸檬水的飲料（不適用於口腔疼痛患者）來增加唾液的分泌；或口含糖果、八仙果或咀嚼口香糖，皆可助於唾液的分泌。
2. **改變食物的選擇及製備方式**：食物製備成滑潤的型態，如果凍、肉泥凍、布丁、椰汁西谷米、珍珠奶茶等。以勾芡方式烹調食物，如燴飯、湯麵類，或將食物拌入湯汁一起進食，均可幫助吞嚥。

其他改善方法

- 常漱口，保持口腔濕潤，防止口腔感染，也可保護牙齒；但不可濫用漱口藥水。
- 使用護唇膏以保持嘴唇的溼潤。
- 每日攝取 8 ～ 12 杯水，並採小口喝水方式，或利用吸管喝水。
- 採小口進食食物，並充分咀嚼。
- 避免用口呼吸。
- 必要時可依醫囑使用人工唾液，以減少口乾的感覺。

口腔潰瘍

1. 選擇質地軟嫩、細碎、冰涼的食物，以幫助咀嚼與吞嚥。
2. 避免刺激性食物，如酒、碳酸類飲料、辛辣、太酸或太黏、醃製、過燙及粗糙生硬的食物，以減低口腔灼熱感或疼痛。
3. 利用吸管進食流質食物，可減少觸碰傷口機會。
4. 嚴重時，改用鼻胃管灌食。
5. 補充維他命 B 群。
6. 進食高熱量、高蛋白食物，以利傷口癒合。
7. 徵詢醫師的許可，於進食前服用止痛藥或使用麻醉性的漱口藥水，以減輕進食時引起的疼痛。

吞嚥困難

1. 儘量選擇質軟、細碎的食物，並以勾芡方式烹調，或以肉汁、肉湯、飲料等來幫助吞嚥。
2. 無法進食足量，可考慮以流質營養品補充營養，或是採用管灌飲食。

胃部灼熱感

1. 避免濃厚調味、煎、炸、油膩的食品。

2. 少量多餐。
3. 經由醫師處方服用抗胃酸藥物。

腹痛、腹部痙攣

1. 避免食用易產氣的食物，如豆類、洋蔥、洋芋、地瓜、青花菜、啤酒、牛奶、碳酸飲料等。
2. 避免食用刺激性的食品（如：咖啡、酒、太冷、太熱、辛辣等食物）或調味品（如：胡椒粉、辣椒醬等）。
3. 少量多餐。
4. 食物溫度不可過燙或太冰冷。

腹瀉

1. 注意水分及電解質的補充，若非腎功能不佳者，可多選用高鉀的食物，如去油肉湯、橘子汁、番茄汁、香蕉、馬鈴薯泥，亦可用運動飲料來補充水分和電解質。
2. 採用低渣飲食，以減少糞便的體積。
3. 纖維含量低的食物，如優格、白米飯或麵條、白麵包、米糊、麥粉、水煮蛋、去脂雞肉、蒸或烤的魚肉、瘦肉、葡萄汁等，及富含果膠的食物，如蘋果泥、香蕉等，皆有緩瀉效果。
4. 減少油膩、高脂、油炸或太甜的食物；腹瀉嚴重時，須考慮用清流飲食，如米湯、清肉湯、果汁、淡茶等。
5. 使用益生菌可增加腸道中有益菌，可改善腹瀉的症狀。
6. 少量多餐。
7. 若飲用牛奶會加重腹瀉，可改用無乳糖的製品。
8. 必要時可使用元素飲食或預解飲食（此兩種飲食是由較簡單的分子組成，可滿足消化吸收不良病患的營養需求，並有利於保持小腸結構的完整。）

腹脹

1. 避免食用易產氣、粗糙、多纖維的食物，如豆類、洋蔥、馬鈴薯、牛奶、碳酸飲料等。
2. 餐中不要喝太多湯汁及飲料，最好在餐前 30 ～ 60 分鐘飲用。
3. 少量多餐。
4. 勿嚼食口香糖。
5. 進食時勿講話，以免吸入過多的空氣。
6. 輕微運動或散步可減輕腹脹感。

便秘

1. 多選用纖維質多的蔬菜、水果、全穀類、麩皮、紅豆、綠豆等食物。
2. 多喝水或含渣的新鮮果菜汁、果汁。
3. 早晨空腹時，喝一杯開水、檸檬汁或梅子汁（prune juice）可助排便。
4. 放鬆緊張、憂鬱的情緒，適度運動，並養成良好的排便習慣。

避免便秘發生，平時應多選用高纖的蔬果。

貧血及維生素缺乏症

1. 大量出血、造血組織損害或造血物質缺乏（如鐵及蛋白質）會引起貧血，所以要針對症狀及因素，給予治療和食物的補充。
2. 遵醫囑補充維生素和礦物質。

文／楊雀戀（前台北榮民總醫院營養部主任）

疾病飲食照護

多數人聽到疾病飲食療法，腦海會浮現「不能吃想吃的東西」、「飲食索然無味」等刻板印象，因此如何在疾病治療的限制條件下，製備營養又美味可口的食物，是許多人關心的問題。

其實，照護者若能花點功夫來選擇食材，花點巧思在烹調方法上，病患仍然可以擁有豐富的飲食生活。

腦中風飲食

腦是極爲複雜的器官，掌管所有的生理與心理的活動，如思考、情緒、行爲、動作等，一旦發生腦中風常伴隨許多後遺症，除了造成個人日常生活不便，也因醫療照顧需要，增加家庭經濟負擔。

腦中風是腦部常見的疾病，危險因子包括高血壓、肥胖、糖尿病、吃重鹹的飲食習慣、抽菸、血脂肪過高、過量飲酒等。

腦中風也是高血壓、心臟病、糖尿病等多種慢性病的嚴重後果，而這些慢性病的發生，與長期的飲食習慣有著密切的關係，因此預防腦中風及二次中風，飲食上可從防治上述疾病著手。

總而言之，在防範腦中風的發生，甚至腦中風發病後的飲食調製與二次中風的預防上，營養療養都扮演著重要的角色。

腦中風的總類

腦中風的發生，通常是因某條供給腦部血液的血管發生阻塞或出血，使得接受此血管供給的腦組織無法獲得充足的血液供應而受損，甚至壞死，進而造成的一些症狀。

腦中風依其可恢復與否，分成二類——

1. 暫時性腦缺血：俗稱小中風或警告性中風，它的發作很突然，通常在二十四小時內可恢復。此類型腦中風因持續時間短暫，症狀輕微如突然覺得暈眩、單側肢體無力、單眼突然短暫失明，但不久後又馬上恢復，所以容易被忽略，但千萬得注意，若不就醫妥善處理，可能在短期內發生嚴重中風（據研究，發生暫時性腦缺血患者，在四十八小時內會發生腦中風機率爲百分之一至百分之八點一，所以暫時性腦缺血發作可視爲腦中風的前兆。發作越頻繁或時間越長者，中風的機率就越高，大約有三成日後會形成腦中風）。

2. 急性腦中風：可分爲缺血性、出血性兩類型——

- **缺血性腦中風**：係因血管或血液內的雜質或血塊被血流沖落，形成血栓，此時若血管已粥狀硬化、管腔變窄，較大的血栓不易通過狹窄的血管，血流就會受阻或中斷，造成腦部組織因缺氧壞死和功能失調。

- **出血性腦中風**：又稱爲腦溢血，係因腦血管破裂，血液流入腦組織形成血塊，壓迫腦組織，嚴重時會造成昏迷，甚至死亡。常見有腦組織內出血及蜘蛛膜下出血兩種，較易發生於血壓控制不良者，其他如外傷、腦瘤等，也會引起腦出血。

預後狀況

據估計，腦中風後的存活者，只有十分之一可以恢復工作；十分之四有輕度殘障，但還可以自理起居飲食；十分之四，則有相當嚴重的後遺症，需人照料；另十分之一，可能需要終生住在長期照護機構中。

飲食原則

腦中風者的飲食重點，仍著重於血壓、血脂肪、糖尿病及肥胖的控制，故飲食原則爲「低熱量、低油和低鈉」。

1. **控制熱量、預防體重過重**：烹調方式多採用蒸、煮、燉、烤，少用油炸、油煎、油炒。
   避免無謂的攝食，少吃零食及含糖或熱量高的甜食、飲料及酒類。堅果類，如花生、瓜子、腰果、核桃、杏仁等，富含礦物質、微量營養素、膳食纖維，而且其脂肪含高量的單元不飽和脂肪或 ω-3 脂肪酸，對血脂肪控制有益，但因脂肪含量及熱量高，宜適量食用，並同時減少烹調用油。
   若爲臥床病人，活動量減少，熱量應酌減，否則易造成肥胖，影響復健過程，若原有體重過重現象，則應予以每日 1,200 ～ 1,500 大卡的低熱量飲食，以達成體重下降。

2. **限制總脂肪、飽和脂肪及膽固醇的攝取**：烹調宜選用含多量單元不飽和脂肪酸的油脂如：橄欖油、芥花油、芝麻油、苦茶油等，但油脂熱量高，過量時易有肥胖，所以仍需要限量。
   此外，應避免使用肥肉、豬油、牛油、奶油及椰子油、棕櫚油等飽和脂肪酸較高的油脂，以及富含膽固醇的內臟類（肝、腦、腎）、魚子、蝦卵、蟹黃等，蛋黃則以「一週 3 個」爲限，因爲這些食物中所含飽和脂肪酸及膽固醇，可使血中膽固醇濃度明顯升高，促進動脈硬化。

3. **飲食中應包含適量的優質蛋白質，以預防蛋白質不足**：紅肉類（牛肉、豬肉、羊肉）含有高量的飽和脂肪酸，宜採用含脂肪較少的蛋白、去皮雞肉和魚類、豆類製品來替換部分的肉類。豆類所含的豆固醇有促進膽固醇排出的作用。

4. **多吃新鮮蔬菜和水果**：蔬果富含膳食纖維、維生素 C 和鉀、鎂等。

維生素 C 可降低膽固醇，增強血管的強度，防止出血。

鉀、鎂有助於血壓的控制；研究指出，飲食中「鉀」的攝取量與中風發生呈「負相關」，且血壓相對較低。

含碘豐富的食物，如海帶、紫菜、蝦米等，可減少膽固醇在動脈壁沉積，防止動脈硬化的發生。

5. 增加膳食纖維攝取量：纖維質是血管及腸道的清道夫，多吃富含纖維質的食物，如新鮮蔬果、糙米、全穀類及豆類，可預防便秘、穩定血糖及降低血膽固醇。建議選擇全穀類為主食，或與白米混合食用。

多吃富含纖維質的食物，可預防便秘，穩定血糖，降低膽固醇。

6. 避免過度調味：調味及烹調宜清淡，避免太鹹、味道太濃、太油、太甜。

攝食過多的鈉離子會增加血容量和心臟負擔，對中風病人不利，所以一日食鹽限 6 公克以下為宜，各種調味料如食鹽、醬油、味精、豆瓣醬、辣椒醬、沙茶醬、甜麵醬、蠔油、烏醋、番茄醬等用量要少，罐頭、醃漬食品、臘味、蜜餞及及加工食品也要少吃。

7. 減少刺激性飲料：咖啡、濃茶含咖啡因，具有興奮作用，使心跳加快，血壓升高，應限量飲用。適量飲酒，雖可幫助血液循環、提升好的高密度脂蛋白，但過量飲酒會造成熱量攝取過多，影響正常飲食而導致營養不均衡，還會影響血壓的控制。若飲酒，每日以 1 ～ 2 個酒精當量為限（1 個酒精當量，相當於 15 公克酒精）。

15 公克酒精含量

15 公克酒精，相當於 360 毫升啤酒（或 120 ～ 150 毫升紅酒、或 100 毫升紹興酒、或 30 ～ 45 毫升威士忌、或白蘭地或高粱酒）。

8. 戒菸：香菸中的尼古丁等成分會導致微血管收縮，阻礙血液循環，增加中風的危險機率。

9. 恢復飲食能力；家屬必須與物理及職能、語言治療師合作，共同協助病患恢復吞嚥、咀嚼、喝水、使用餐具等飲食能力。

10. 預防尿道結石：長期臥床或缺少活動者，體內鈣平衡易發生變化，因此每日鈣攝取不宜過量。

飲食質地的調整

吞嚥困難，是腦中風者常見的後遺症。「吞嚥」是將食物由口腔，經咽部、食道輸送入胃的一連串動作，牽涉到數對神經與肌肉的協調。腦中風發生的部位，若影響吞嚥的神經與肌肉的控制，患者在進食時，食物容易掉入氣管，引起咳嗽，或未能將其排除易導致「吸入性肺炎」，因此患者無法正常飲食，須依其吞嚥能力調整飲食質地，由稠至稀、由軟至硬。

漸進式調整飲食質地

稠糊狀飲食（如芝麻糊、麵茶）是中風病患重新適應食物的優先選擇，再依吞嚥能力訓練逐步調整至軟質（如布丁、蒸蛋、豆腐、菜泥、肉泥）、稠狀液體（如奶酪、優酪乳、奶昔），逐漸增加食物的稀稠度及軟硬度，最後為一般茶水、湯汁（因吞嚥困難者進食茶水、湯汁等水狀食物較容易嗆到）。

1. 稠糊狀飲食：神智清醒但進食時會發生嗆咳者，應給予稠糊狀飲食。

將食物用果汁機或食物調理機打成稠糊狀如肉泥、馬鈴薯泥、芝麻糊、奶酪，或用嬰兒食品如水果泥、蔬菜泥、肉泥等替代，也可太白粉或市售的增稠劑（如快凝寶、輕鬆吞），加入食物中攪拌，以增加食物濃稠度，利於病患進食。

2. **細碎飲食**：有吞嚥功能但咀嚼困難者，可將食物剁碎切細，減少咀嚼的需要，如以絞肉做成小丸子、菜肉粥等。
3. **軟質飲食**：中風康復後可以咀嚼及吞嚥者，宜以清淡、少油膩、易消化的軟質飲食爲主。選擇質地柔軟的食材如魚類、瓜類，或增加燉煮時間，讓食物軟爛，也可將食物切片、切絲、切小丁狀後再烹煮。
4. **灌食**：對於無意識、進食極容易嗆到的吞嚥能力喪失者，可將食物製備成流質形態，或使用市售營養均衡的商業配方，以餵食管灌入胃腸道。

餵食方法

1. 進食要有正確的姿勢，最好採「坐姿」進餐，可坐在椅子上或床沿；無法下床者，不可平躺餵食，須將床頭抬高 60 ～ 90 度，或利用床上桌協助進食。
2. 維持進餐環境安靜：提醒患者專心吃飯，小口小口地吃，慢慢地吞入。
3. 將食物放入健側口中（即沒有癱瘓的一側），確定患者咀嚼吞入後才可再餵食；餵食速度不宜過快，每一口的餵食量也不要過多。
4. 吞嚥動作遲緩者，進食濃稠液體比稀薄液體容易而且安全，因爲稀薄液體較容易造成嗆到的危險。
5. 若患者出現清喉嚨、咳嗽或嗆咳時，應暫停餵食，並協助患者上半身向前傾，鼓勵咳嗽將食物或液體咳出；此時千萬不要給水，以免嗆入肺內。
6. 進食後，要養成口腔清潔的習慣，並再次確認食物沒有積聚在兩頰的空隙中，以維持口腔衛生。
7. 餵食後，繼續保持坐姿半小時，以防食物逆流。

灌食的注意事項

1. 翻身、拍背、換尿片等都應該在灌食前完成。翻身拍背後，至少等 15 分鐘，待病患呼吸平順了再灌食，而且灌食後 1 小時內勿搬動病患。
2. 管灌飲食的溫度宜在 37 ～ 40° C。已開封或沖泡的食物放室溫下勿超過 2 小時，冷藏保存也不要超過 24 小時。灌食時，讓患者坐起，至少頭與身體維持 45 度。
3. 灌食前應先確認鼻胃管位置，並以空針抽胃內容物，觀察消化情形，若胃餘量大於 100c.c.，暫停灌食，1 小時後後再確認消化情形。
4. 空針回抽的胃內容物，呈咖啡色或紅色等不正常顏色時，若排除不是灌入物的顏色（果汁、藥水）所造成，應請教醫護人員或就醫。
5. 灌食速度不要太快，240c.c. 的容量約需 10 ～ 15 分鐘，可減少病患不適。
6. 灌食中患者若出現劇烈咳嗽、臉色發紫，應立即停止灌食，並聯絡醫護人員或就醫。
7. 對於昏迷或發燒、腹瀉的病人，要特別注意水分的補充，留意進出身體的水份是否平衡。
8. 依營養師設計，盡量以天然食材製作灌食。
9. 市售管灌飲食商業配方種類多，若要採用，宜請教營養師選用適當產品。

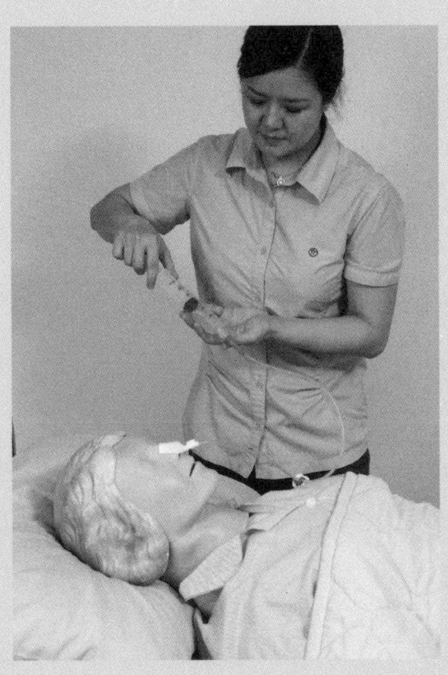

高血壓飲食

健康的生活型態，對高血壓的預防及控制有很大的效益。

根據 2003 年（美國第七次國家聯合委員會 JNC7）的報告建議，健康生活型態：維持理想體重、採用高鉀和高鈣的抑制高血壓飲食（Dietary Approaches to Stop Hypertension, DASH）、減少飲食中的鈉、增加身體活動量，及避免過量飲酒等。

健康生活型態，具有降低血壓的功效，亦可作爲一般預防高血壓的保健方法；對高血壓患者來說，它更是控制血壓不可或缺的重要環節，能有效降低血壓，也能增強降壓藥物的治療效果，對於其他心血管疾病的危險因子，也可一併改善，特別是對於合併血脂質異常或糖尿病，或已具有一種以上危險因子的高血壓患者而言，生活型態調整療法更是別具意義。

飲食原則

導致高血壓的「飲食因素」並不單純，要控制高血壓，並非控制某些單一營養因子（如高鈣、低鈉、高纖、低脂或限制酒精）就能達成，需要一種綜合性的飲食對策，患者的飲食方式必須合乎均衡飲食及「二多三少」的原則──多蔬果、多纖維、少調味品、少加工品及少油脂。

1. 採用「抑制高血壓飲食」（簡稱 DASH 飲食）：DASH 飲食，是富含蔬菜、水果、低脂乳品和堅果，並避免食用含高脂、高飽和脂肪酸及高膽固醇食品的飲食。

這種飲食不但可以預防高血壓的產生，對於高血壓患者而言，其降壓效果甚至達到收縮壓降低 10 毫米汞柱以上，其功效相當於使用一種降壓藥物。

一日的飲食計畫參考（以 1,600 ～ 1,800 大卡熱量為例）：

- 穀類和穀類製品：3 碗／每日
- 蔬菜：2 碗／每日
- 水果：4 份／每日
- 低脂（脫脂乳製品）：2 份／每日
- 瘦肉、去皮雞肉、魚肉：4 ～ 5 兩／每日
- 核果、種子和乾豆類：2 ～ 3 份／每週
- 油脂：1 ～ 2 茶匙／每日
- 甜點：0 ～ 0.5 份／每日

罹患高血脂或糖尿病者，水果一日不要超過 3 份，其餘的以蔬菜替代。雖然蔬果類所含的熱量較五穀主食類低，但大量食用蔬果類時，應適度減少主食類份量，以免攝取過多熱量。

除此之外，儘量減少肉類的攝取（可以豆製品和魚類替代肉類）；飲用牛奶會腹瀉者（乳糖不耐症），可改用優酪乳或優格。

2. 控制體重，並儘量維持穩定：「體重過重」是引起高血壓的重要因素，而減重本身就有降低血壓的效果，體重減輕 5 公斤可使收縮壓與舒張壓分別下降 4.4 與 3.6 毫米汞柱。

體重過重的高血壓患者，若能減輕體重，血壓的控制將會更理想；而且配合減重計畫，降血壓藥物的治療效果也會更好。相反地，體重增加是藥物治療血壓突然失控的常見原因之一。

減重，要以穩定緩和的方式進行，以六個月內減輕 10%體重為目標，並配合減重原則——少脂肪、少糖、多蔬果、規律進食三餐，加上規律運動，使體重慢慢降下來。

減重，必須長時間維持成果，因為反覆減肥會使體重起伏不定，對健康不利。

3. 少食用含鹽（鈉）量高的食物和調味品：鈉的攝取量，宜控制在建議量一日 2.4 公克（相當於 6 公克的食鹽）以下，因此烹調食物時，鹽和味精的使用應少於一般飲食習慣的添加量，才不會超過建議量。

以下是低鹽飲食的要點——

少加工品

加工食品在製作過程中添加了大量食鹽或味精，宜注意食用量。（參見下表）

低鹽飲食要避免的食品

類別	食物
奶類	乳酪
肉、魚、蛋、豆類	滷製、醃製、燻製食品，如滷味、火腿、香腸、燻雞、豆腐乳、魚肉鬆等。 罐製食品，如肉醬、沙丁魚罐、鮪魚罐等。 速食品，如炸雞、漢堡、各式肉丸、魚丸等。
五穀根莖類	重口味或鹹的麵包、蛋糕及甜鹹餅乾、奶酥等。 油麵、麵線、速食麵、速食米粉、速食冬粉等。
油脂類	奶油、瑪琪琳、沙拉醬、蛋黃醬等。
蔬菜類	醃製蔬菜，如榨菜、酸菜、醬菜等。 加鹽的冷凍蔬菜或蔬菜罐頭，如豌豆莢、青豆仁等。
水果類	乾果類，如蜜餞、脫水水果等。 加鹽的罐頭水果及加工果汁等。
其他	味精、豆瓣醬、辣椒醬、沙茶醬、甜麵醬、蠔油、烏醋、番茄醬等。 雞精、牛肉精等。 洋芋片、爆米花、米果等。 運動飲料。

少調味品

高血壓患者一日鈉限量 2,000 ～ 2,400 毫克，相當於 5 ～ 6 公克食鹽。

常用調味品鈉含量的換算表：

5 公克食鹽	=	1 茶匙食鹽
		2 湯匙醬油（30 毫升）
		5 茶匙味精
		5 茶匙烏醋（25 毫升）
		12.5 茶匙番茄醬（60 毫升）
		10 茶匙無鹽醬油（50 毫升）
		2 茶匙半鹽（10 公克）

增加低鹽飲食風味的小技巧

利用烹調技巧和食物選擇，可使低鹽飲食更具美味，如保持食物原味的烹調、善用酸味代用品、少量使用辛香料、酌量使用植物油或堅果、添加天然新鮮的香料、中藥材、低鹽調味料、特殊風味食物等，皆可增加或改善食物風味。

製備低鹽飲食的小技巧──

可利用檸檬增加風味

1. **酸味的利用**：可使用白醋、檸檬、蘋果、鳳梨、番茄、柳丁等酸味物質調味，增加風味。
2. **糖醋的利用**：使用糖醋調味，可增添食物甜酸的風味。
3. **油脂的利用**：酌量使用植物油炒，然後加上檸檬片，可增添食物的風味。

可利用海帶增添食物的美味

4. **甘美味的利用**：使用柴魚、草菇、海帶等甘美味物質來增添食物的美味。
5. **鮮味的利用**：使用烤、蒸、燉等烹調方法來保持食物原有鮮味，可減少鹽及味精用量。
6. **中藥材與香辛料的利用**：可使用人參、當歸、枸杞、川芎、黑棗、紅棗等中藥材及肉桂、花椒、月桂葉、蒔蘿草等香辛料，以減少鹽量的添加。

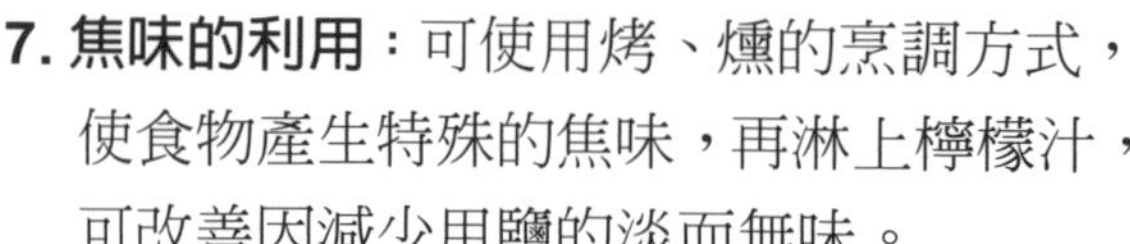

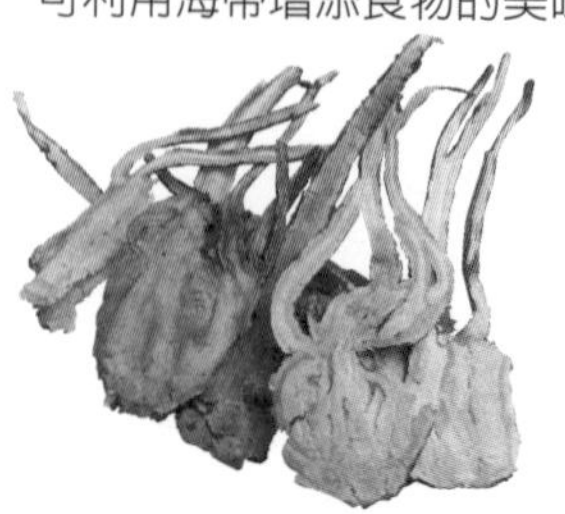
利用當歸減少鹽量的添加

7. **焦味的利用**：可使用烤、燻的烹調方式，使食物產生特殊的焦味，再淋上檸檬汁，可改善因減少用鹽的淡而無味。
8. **低鹽佐料的運用**：利用酒、蔥、薑、蒜、紅蔥頭、胡椒、八角、花椒、香茅、香草片、肉桂、五香、芥末、茴香等低鹽佐料，或特殊風味食物如：香菜、九層塔、洋蔥、金針、金桔、青椒，來變化食物的風味。
9. **利用低鈉調味品**：低鈉醬油或低鈉鹽的含鈉量較低，可用來代替鹽調味，增加食物的可口性，但使用前應先請教營養師，因爲以鉀取代鈉的低鈉鹽不宜使用在有腎臟疾病患者。

飲酒宜限量，一日以二份酒精當量爲限

適量的飲酒，尤其是紅酒，有益健康，但切記「適量」，因爲過量飲酒會升高血壓，且對高血壓的治療產生阻抗作用，因此建議每天酒精攝取量應少於二份酒精當量（相當於30公克酒精）。

30 公克酒精含量

30公克酒精，相當於720毫升啤酒、240～300毫升紅酒、200毫升紹興酒、60～90毫升威士忌、白蘭地或高粱酒。體重較輕者或女性的標準，要降低一半酒精量，一日應不超過15公克。

生活型態

增加身體活動量

規律性運動可使血壓下降，而且經常運動可以消耗熱量，有助於控制體重、降低冠狀動脈心臟病及中風的危險性。另外，運動後可讓人精神放鬆，具有紓解壓力的功效。

高血壓患者只要規律地每天快走三十分鐘，即可獲益，並不一定要從事複雜、昂貴的運動。

對高血壓患者而言，每日進行溫和而持之以恆的有氧活動，是安全而有益的，大多數無合併症的高血壓患者，可安全地增加活動量；但是有心臟病或較嚴重健康問題者，宜請教專科醫師（如心臟科、復健科），進行復健治療計畫。

其他

1. **不吸菸**：吸菸、高血脂和高血壓，並列為冠狀動脈心臟病的三大危險因子。吸菸，會提高心臟血管疾病的風險，所以「不吸菸」是健康的生活方式，尤其是高血壓患者，必須降血壓和戒菸並行，對於減少冠狀動脈心臟病的風險，更具加成效果。

吸菸，會提高心臟血管疾病的風險

2. **紓解壓力**：情緒的壓力，會使血壓急速升高，因此日常生活中應有適當的休閒及娛樂、充足的睡眠。可利用各種放鬆方法，如散步、聽音樂等，以適度解除壓力。

糖尿病飲食

糖尿病，是因爲體內胰島素分泌不正常或功能減低所引起，由於，身體細胞對醣類的利用能力減低或完全無法利用，造成血糖過高，尿中有糖的現象，它同時也影響蛋白質及脂肪的代謝。

此外，糖尿病患者往往有體重過重或肥胖的現象，如果能減輕體重，則可以改善許多臨床症狀，所以「飲食控制」是很重要的計畫。而糖尿病飲食係以「正常飲食」爲基礎，根據患者狀況提供適當的熱量及營養素，以達到控制代謝異常及維持合理體重的一種飲食。

飲食原則

糖尿病患者應學習認識含有醣類的食物種類，以及計算食物醣類含量，並依照飲食計畫，定時定量，不任意增減醣類食物，可幫助維持理想的血糖。

糖尿病飲食是健康均衡的飲食，可與家人一起用餐，但須控制每餐所吃的食物份量，運用食物代換表（請參考，衛生福利部食品藥物消費者知識服務網—食物份量代換表 http://consumer.fda.gov.tw/pages/Detail.aspx?nodeID=73&pid=398）來增加食物的選擇性及變化性，並養成定時定量的飲食習慣。

維持合理體重

體重過重者，若能減輕體重達 5～10%以上，將有助於病情的改善。少吃加糖的甜食、油炸、油煎及油酥等高熱量食物，並且規律性運動，可幫助體重的控制。

個別化飲食

應考量個人的營養需要、疾病類型和治療方式，應請教營養師爲患者設計及建議「個別化的飲食」。

食物所含的醣類「總量」對血糖的影響，勝過醣類的來源或種類

因此，控制每天及每餐中醣類攝取總量，是維持穩定血糖的首要因子。

依照飲食計畫，多選用富含纖維質的食物

如蔬菜、水果、全穀類（燕麥、薏仁、糙米等）、未加工的豆類（黃豆、綠豆、紅豆等），以增加飲食中的膳食纖維量；蔬果應盡量連皮、渣一起食用。

多吃紅豆增加膳食纖維量

不隨意吃含澱粉高的食物

如地瓜、馬鈴薯、芋頭、山藥、玉米、麥角、栗子、毛豆、蓮藕、蓮子、皇帝豆、蠶豆、四神、乾豆類（紅豆、綠豆、黑豆）等，必須按計畫食用，或以其他醣類食物替換。

減少富含飽和脂肪的食物

如肥肉、豬皮、雞皮、鴨皮、動物油（豬油、牛油、雞油、等）、棕櫚油、椰子油、加工食品（香腸、貢丸、蝦餃、燕餃、魚餃等）和全脂乳製品（全脂奶、起司等）。

烹調用油，宜選擇富含不飽和脂肪酸的油脂

含高量單元不飽和脂肪酸的油脂爲佳，如橄欖油、芥花油、菜籽油、苦茶油等。

宜採用清蒸、水煮、涼拌、燒、烤、燉、滷等烹調方式

減少用油量。

少食用高膽固醇食物

如內臟（腦、肝、腰子等）、蟹黃、蝦卵、魚卵、烏魚子等；蛋黃每週不超過 2 ～ 3 個爲原則。

可選用代糖甜味劑代替糖調味

如糖精（Saccharin）、阿斯巴甜（Aspartame）、或醋磺內酯鉀（Acesulfame potassium）等，有研究報導指出，糖精在動物安全性實驗有致膀胱癌的危險性，因此，若使用代糖甜味劑，必須注意建議量。

每日可接受攝取量（ADI：Acceptable daily Intake）

代糖種類	ADI
Saccharin（糖精）	5mg / kg / day
Aspatrtame（阿斯巴甜）	50mg / kg / day
Acesulfame-K（醋磺內酯鉀）	15mg / kg / day

注射胰島素或口服降血糖藥物的患者

應特別注意「誤餐」的問題，並且隨身攜帶糖果，以防止低血糖的發生。當低血糖發生時，要立即進食 15 公克糖（如：3 ～ 4 顆方糖、2 ～ 3 包糖包，或 120c.c. 含糖飲料）。

低血糖的處理：15 / 15 原則

1. 如果血糖值低於 70mg / dl，必須食用含 15 公克糖的食物，相當於 3~4 顆方糖，半杯（120c.c.）果汁或含糖汽水、飲料，或 1 湯匙砂糖或蜂蜜。
2. 若血糖值低於 50mg / dl 時，則須食用含 20 ～ 30 公克糖的食物。
3. 補充 15 公克含糖食物後，15 ～ 20 分鐘後測量血糖，如果血糖值仍低於 70mg / dl，必再食用 15 公克醣類食物，如血糖仍未達正常範圍，應立即送醫。
4. 口服 10 ～ 15 公克葡萄糖，30 分鐘後血糖值約可增加 40mg / dl，但是 60 分鐘後血糖便開始下降，因此低血糖發生時間若距離下一餐用餐時間超過 1 小時以上，則有可能再次發生低血糖，所以必須在 1 小時內用餐或吃點心。

糖質新生作用

酒精抑制糖質新生作用，可能造成低血糖，時間持續長達 8 ～ 12 小時，因此要避免空腹時喝酒，且考慮到酒精可能引起低血糖，所以適量飲酒時不需扣除任何食物的攝取量。

何謂適量飲酒

所謂「適量」飲酒，是指男性每天不超過 2 份酒精當量，女性每天不超過 1 份酒精當量。1 份酒精當量＝ 12oz（360c.c.）啤酒＝ 5oz（150c.c.）釀造酒＝ 1.5oz（45c.c.）蒸餾酒。

若患有胰臟炎、進行性神經病變或嚴重高三酸甘油酯血症等疾病者，則應避免喝酒。

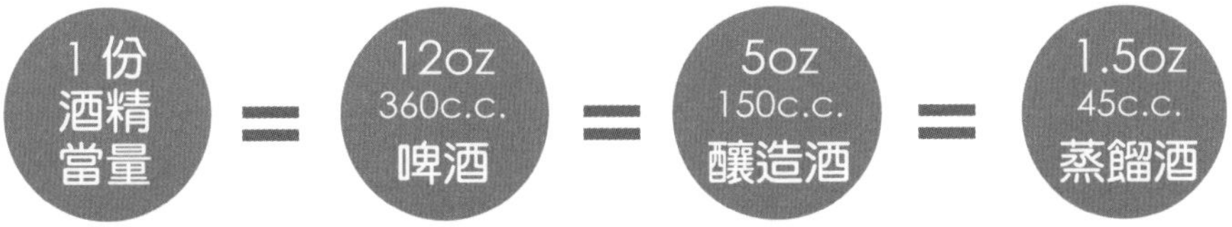

1 份酒精當量 ＝ 12oz 360c.c. 啤酒 ＝ 5oz 150c.c. 釀造酒 ＝ 1.5oz 45c.c. 蒸餾酒

養成良好運動習慣

常規運動有助於血糖、血脂、血壓及體重的控制，糖尿病患者宜養成每週 3 ～ 4 次運動的習慣，且每次 30 ～ 60 分鐘。

至於運動的方式，依個別身體狀況、喜好、年齡、生活型態來選擇，常見適合的運動，如慢跑、快走、游泳等。使用胰島素治療者應避免在藥物作用高峰時運動，最安全的運動時間是餐後 60 ～ 90 分鐘，可預防餐後高血糖及避免運動性低血糖的發生。容易有運動性低血糖者，最好在早上運動，較能在意識清楚時發現任何運動後低血糖情形。

運動時避免低血糖發生

若常規運動計畫外要增加運動時，為避免低血糖的發生，應酌量增加醣類的攝取量。

- 運動時：要攜帶糖或含糖飲料以及糖尿病識別卡，並和了解自己疾病的同伴一起運動。
- 運動後：建議進食吸收較慢的複合性醣類，以減少「延遲性低血糖」的發生。

慢性腎臟病飲食

腎臟發生病變時，無法將人體內新陳代謝後所產生的含氮物質排泄，而堆積在血液中，嚴重時甚至造成體內電解質的不平衡，所以須依病情的不同給予不同的飲食治療，調整飲食中的蛋白質攝取。

一般建議，適量攝取高生理價值的蛋白質食物（如肉、魚、奶、蛋、黃豆製品等），減少食用低生物價蛋白質食物（如五穀、乾豆類等），藉以減少尿素氮產生、減輕尿毒的症狀，並依據血液生化數值來調整飲食中含鈉（鹽分）、鉀、磷、水分等攝取量，以矯正體內水分、酸鹼、電解質平衡，維持適當營養狀況，減少合併症的發生。

飲食原則

慢性腎臟病友應遵從「四低飲食──低蛋白、低鉀、低磷、低鹽」，且不亂吃補，並配合藥物及調整生活型態。

控制蛋白質

早期腎功能不全時，控制飲食中的蛋白質，可以延緩腎功能的衰退，以及減少尿毒的產生。

建議攝取量：建議肉類攝取量酌量減少至每天 2 ～ 4 兩，並參照營養師的飲食計畫。

選擇標準：在每日准許的蛋白質量中，必須有 1 ／ 3 ～ 2 ／ 3 來自高生理價值的蛋白質，如奶類、蛋、魚、肉及黃豆製品，其餘蛋白質才由五穀類及蔬果來提供，所以米、麵、蔬菜、水果不可隨意食用。

低生理價值的蛋白質

有些食物雖然含有豐富植物性蛋白質，但其生理價值低，在限制蛋白質情況下，必須限量食用。

- **乾豆類**：紅豆、綠豆、蠶豆；豌豆仁；黑豆、花豆。
- **麵筋製品**：麵筋、麵腸、烤麩。
- **堅果類**：花生、瓜子、核桃、腰果、杏仁。

足夠的熱量

熱量攝取不足，會引起身體組織蛋白質的分解，增加含氮廢物的產生，而在限制蛋白質攝取的情況下，常導致熱量攝取不足，故應由下列蛋白質含量極低的食物來補充熱量，維持理想體重。

1. **低氮澱粉類**：如水晶餃、涼圓或肉圓外皮、粉圓、西谷米、炒冬粉、藕粉等市售即時食品，或太白粉、番薯粉、玉米粉、無筋麵粉（澄粉）等烹調用裹粉。
2. **精製糖**：如砂糖、果糖、冰糖、蜂蜜、糖果等。
3. **葡萄糖聚合物**：如糖飴、粉飴、糊精。
4. **油脂類**：如橄欖油、沙拉油等。

限鉀飲食

腎臟是排除鉀離子的主要途徑，當腎臟功能衰竭至鉀離子不能有效排泄時，需限制高鉀食物的攝取，因為血鉀過高，可能會造成四肢無力、肌肉痠痛，嚴重則發生心律不整、危及生命等危險。

限制鉀飲食原則如下：

1. **蔬菜類**：蔬菜類富含鉀離子，因此應先用大量清水煮 3 ～ 5 分鐘，撈起過後再以油炒或油拌，以減少鉀含量。避免食用菜湯、精力湯及生菜。
2. **水果**：避免食用高鉀水果及濃縮果汁，且一日水果的份量以二份為限。

每份水果鉀含量表（資料來源：行政院衛生署，台灣地區食品營養成分資料庫）

第一組 0 ～ 100 毫克／份	第二組 100 ～ 200 毫克／份	第三組 200 ～ 300 毫克／份	第三組 ＞ 300 毫克／份
鳳梨	櫻桃、香蕉、荔枝、海頓芒果、柳丁、柿餅、黑棗、紅棗、榴槤、葡萄乾、蓮霧、葡萄、西洋梨、蘋果、葡萄柚	龍眼乾、西瓜、棗子、泰國芭樂、釋迦、白柚、龍眼、酪梨	美濃瓜、哈蜜瓜、木瓜、玫瑰桃、奇異果、聖女番茄、草莓

3. **肉類**：不喝濃縮肉湯、高湯及使用肉汁拌飯。
4. **飲料**：白開水是最好的選擇。避免飲用咖啡、茶、雞精、牛肉精、人參精及運動飲料等。
5. **調味品**：勿使用以鉀代替鈉的低鈉（代）鹽、健康美味鹽、薄鹽及無鹽醬油。
6. **其他**：堅果類、巧克力、梅子汁、番茄醬、乾燥水果乾及藥膳湯等鉀含量高，須特別注意。

低磷飲食

腎臟有調節血中磷濃度的作用，當腎功能下降，排泄「磷離子」的能力降低，血中磷的濃度升高、血鈣下降，進而刺激副甲狀腺分泌，促使骨骼中的鈣質游離至血液中，最後造成骨

骼病變、骨痛。因此，腎功能不全者，早期應適度限制飲食的磷含量，可延緩腎功能衰退、預防腎性骨病變、

1. 含磷高的食物，需酌量使用。

- 乳製品：牛奶、優格、乳酪、優酪乳、發酵乳、冰淇淋等。
- 乾豆類：紅豆、綠豆、黑豆等。
- 全穀類：薏仁、糙米、全麥製品、小麥胚芽、蓮子等。
- 內臟類：豬肝、豬心、雞胗等。
- 堅果類：杏仁果、開仁果、腰果、核桃、花生、瓜子等。
- 其他：健素、酵母粉、可樂、汽水、可可、蛋黃、魚卵、肉鬆、芝麻、卵磷脂等

2. 使用碳酸鈣、醋酸鈣或氫氧化鋁磷結合劑控制慢性腎臟病的高血磷時，必須隨餐一起服用，咬碎與食物充分混勻，才能發揮減少食物中磷的吸收效果。

限鈉飲食

積極控制高血壓，有助於延緩腎病變的進行，此外，攝取過多的鹽分，愈會增加水分在體內的保留量，故須配合「限鈉飲食」。

1. **避免高鹽分加工類食品**：如醃漬品、滷製品、醬菜、罐頭食品、加鹽冷凍蔬菜等，並謹慎使用胡椒鹽、醬油、烏醋、味精、味增、豆腐乳、沙茶醬、辣椒醬、豆瓣醬、番茄醬等調味用品。
2. 多**利用天然食材調味**：如糖、白醋、酒、花椒、五香、八角、檸檬汁、香菜、蔥、薑、蒜等，增加食物的可口性。
3. **外食時可用熱開水過濾多餘的鹽分，**不要再添加其它調味料（如胡椒鹽、辣椒），也不要喝湯。

使用檸檬汁增加食物的可口性

限制水分攝取

慢性腎衰竭病患（特別是第四或第五期），如果有寡尿的現象（一日尿液量小於500毫升），則每日可以攝取的水分（包括飲水、飲料、藥水、點滴、湯汁、水果、食物等），須以前一天（24小時）的尿量加上500～700毫升的水分爲上限，或以每日體重變化不超過0.5公斤，以不出現「水腫」爲原則。

血液透析患者，每日水分可攝取量爲平均每日脫水量及尿量再加上750～1,000毫升，或以兩次血液透析期間體重的增加小於5%爲原則。

腹膜透析患者，建議每天2,000毫升水分。

水分攝取控制技巧

1 用固定容器裝好一天所需的水量。
2. 將檸檬汁加水製成冰塊，口渴時可以含冰塊解渴。
3. 嚼食含檸檬酸的口香糖或糖果。
4. 注意食物中隱藏的水分，如仙草、愛玉、果凍等食物的水分含量很高，必須適量攝取。

避免使用楊桃

有研究資料顯示，腎臟疾患經常使用楊桃會引發腎毒性及神經毒性的危險，因此，慢性腎衰竭或尿毒症、洗腎病人應盡量避免食用楊桃。

- 勿亂用偏方或中草藥以免加重腎臟負擔。
- 遵循醫囑指示，補充適量的維生素及礦物質。
- 如有合併血脂過高的情形，應依循「高脂血症飲食」原則，限制高飽和脂肪、高膽固醇食物。

慢性阻塞性肺疾病飲食

慢性阻塞性肺疾病，是一種慢性無法痊癒，需要長期照護、長期控制的慢性病；除了配合醫師正確服用藥物，患者更需注意生活細節，才能有效控制並延緩疾病惡化。

飲食原則

飲食上，需要提供適當熱量及適時調整蛋白質、脂肪和碳水化合物三大營養素之比例，以維持理想體重及保持瘦體組織與脂肪組織的適當比例，改善呼吸肌肉的功能（包括強度及耐力），避免肌肉的異化作用及減少感染率的發生，但也要避免過度餵食，以免增加患者的心肺負擔。

其他建議指標

- 攝取足夠的水分，不僅可防呼吸道分泌液過於黏稠，使痰容易咳出，也可預防便秘發生。
- 多吃富含纖維及高維生素 C 的食物，如蔬菜、水果等，可增加抵抗力及預防便秘。
- 減少產氣性食物的攝取，以避免脹氣，如洋蔥、甘藍、豆類、瓜類等。

特殊注意事項

- 肺高血壓性心臟衰竭、肺心症和水分滯留的患者，須限制鈉及水分的攝取。
- 使用利尿劑治療者，須注意增加鉀的攝取量。
- 使用糖皮質固醇治療者，須增加維生素 D 和維生素 K 的攝取量。

Part 5 運動照護篇
Part 6 飲食照護篇
Part 7 疾病照護篇
Part 8 貼心收錄篇
Part 9 相關資源篇

攝取足夠的營養素

每日需攝取 5 ～ 6 份蛋、魚、肉、豆類；多以富含 ω-3 脂肪酸的魚類取代部分肉類，例如秋刀魚、鮭魚、鰻魚、鮪魚等。若正餐無法達到足夠攝取量時，應在餐與餐間增加點心，增加熱量的攝取。

避免精緻飲食

過多精製糖類及澱粉類會產生較多二氧化碳，增加肺部負擔，所以要減少精製甜食、含有蔗糖或果糖的飲料、各式糖果或糕餅、水果罐頭等。米飯、澱粉類也不要過量。

米飯、澱粉類不要過量

慎選食用油

油脂代謝產生的二氧化碳較少，可作爲濃縮熱量來源，但須選擇較佳的油脂，如芥花油、橄欖油等。

避免刺激性食物

不要吃刺激性食物，如咖啡、酒、太冷、太熱、辛辣等食物；避免咖啡、酒等刺激性飲料。

規律生活作息，充足睡眠及休息，戒菸。

常見進食問題及改善方法

進食問題	改善方法
食欲不振 厭食	1. 把握一天中食欲最好的時段，攝取優質與量的食物。 2. 少量多餐。多選擇營養密度較高的食物。 3. 進餐前 30 分鐘喝一點酸性飲料，如：檸檬汁，以促進食欲，但以不影響正餐攝取為原則。 4. 食物多變化，製備色香味俱全的食物。 5. 必要時，以口服營養品補充熱量或利用管灌餵食。
進餐時 呼吸短促	1. 用餐時，以鼻導管供應低流速氧氣。 2. 姿勢引流、拍痰及呼吸治療運動等，應在飯前 30 分鐘完成。 3. 進食時，將腳平放地板，肘置桌上，上身前傾，以充分利用輔助肌，並預防嗆食。 4. 進食中，若發生呼吸困難，可先休息片刻並採用噘嘴呼吸直到舒服，再繼續用餐。
腹脹	1. 避免食用易產氣食物，如洋蔥、青椒、甘薯及豆類等食物。 2. 進食時不要說話，以免吸入過多空氣。 3. 適度增加活動量，以促進胃排空。 4. 攝取流質、溫和等胃排空快的食物。 5. 必要時可依醫囑給予促進腸胃蠕動劑，改善腹脹情形。
便秘	1. 攝取適當的膳食纖維和水分，以預防便秘。 2. 必要時可依醫囑給予軟便劑。

胃切除手術後飲食

胃經過切除手術後，因爲胃的容積、消化液的分泌與神經傳導作用的改變，會影響胃的蠕動與消化功能，所以食物的成分與餐次均需作調整，以達到攝取適量營養的目的，避免食後「傾食症候群」的發生，及改善體重下降的問題。

認識傾食症候群

所謂「傾食症候群」，是做過胃切除與腸胃吻合手術後，因為胃容積縮小，或因為失去幽門的調控，大量食糜迅速進入腸內，造成腸腔膨脹，經過神經反射作用，引起胃腸生理功能的失調，會有上腹飽脹、顏面潮紅、心慌、暈眩、顫抖、噁心、腹痛、腹瀉等症狀。

飲食原則

- 由於手術種類、疾病因素、個人情況的不同，得經過訓練與適應，逐漸增加攝食量和食物種類，約需 3 ～ 6 個月的時間才回復正常的飲食。
- 初期須嚴格限制醣類（每日以不超過 100 ～ 120 公克爲宜），避免進食高糖食物（糖、甜食、精製點心及含糖飲料）、澱粉含量高的五穀根莖類及水果類，需按營養師設計的飲食計畫食用；可增加蛋白質和脂肪的攝取量。
- 細嚼慢嚥、少量多餐：可由一天 5 ～ 10 餐開始，一次約 100c.c.，當攝食量逐漸增加，餐次則可減至一天 4 ～ 6 次。
- 固體與液體食物分開食用，間隔時間約 1 ～ 2 小時。
- 儘量少喝酒類及含咖啡因食品，如咖啡、濃茶、可樂。
- 如飲用牛奶有腹瀉現象，請停止食用。

- 全胃切除者應避免生食，如生魚片、生菜沙拉、涼拌菜等，而且要注意食品的衛生。
- 餐後需坐著或斜躺休息以延緩食物進入腸道的時間，減少不適。
- 必要時須遵醫囑補充維生素及礦物質。

全胃切除者應避免生食

術後常見營養問題

- **體重減輕：**少量多餐，增加每餐進食份量。
- **缺鐵性貧血：**多選用富含鐵質的食物，如牛肉、豬肉與內臟等。
- **傾食症候群：**即進食甜食後（太甜的點心或飲料），約 10 ～ 15 分鐘後會出現腹部痙攣性疼痛及腹瀉，脈搏加速、虛弱、冒冷汗、眩暈、噁心、嘔吐等症狀。當發生傾倒症候群時，應立即平躺休息，做幾次深呼吸、放鬆；應避免食用甜食與含糖飲料。
- **延遲性低血糖：**攝取富含醣類飲食後 1.5 ～ 3 小時，出現全身盜汗、顫抖、心跳加速等低血糖症狀，一旦發生此症狀，先進食方糖 3 ～ 4 顆或果汁 120 毫升，以改善低血糖症狀；建議採「低醣飲食」。

大腸直腸術後飲食

食物中大部分營養素和水分在小腸進行吸收，所剩餘的水分即在大腸吸收，最後所形成的產物就是糞便。

部分切除直腸或乙狀結腸者，由於食物殘渣到大腸尾端時，水分仍有部分已被吸收，所以排泄物形狀仍爲條狀。切除左側或右側結腸者，排泄物一般都不成型或質地偏稀。切除整個大腸者，糞便由迴腸造口排出，排泄物呈現液體狀。

接受腸吻合術患者的飲食，一般在術後 1~2 個月內，應採低渣飲食，再逐步轉爲正常的飲食。

飲食原則

大腸直腸手術後一至二個月內，應採低渣飲食

- 術後一至二個月，建議採低渣飲食，以避免腹脹或腸道阻塞；照護者可觀察其排便情形與型態，漸進式的增加纖維質攝取。
- 以均衡飲食爲基礎，選擇低纖維的食物，如去皮去筋的肉類、精緻穀類（如白飯、麵條、土司）、瓜類蔬菜或過濾蔬菜汁；水果方面，則選擇過濾果汁或纖維含量少的水果。
- 適量增加水分攝取，以防止便秘發生。
- 避免植物性纖維、動物筋膠、奶類及其製品。
- 若有腹瀉情形，宜避免油炸、油膩、過甜的食物，同時注意水分與電解質的補充，如運動飲料。
- 若有腹脹的情形，宜避免攝取過多易產氣之食物，如豆類、牛奶、地瓜、糯米與碳酸飲料等。

文／楊雀戀（前台北榮民總醫院營養部主任）

食物選擇表

食物種類	手術後 1～2 個月內可食
奶類製品	無
主食類	所有精緻五穀類及其製品，如米飯、麵條、土司等。
蔬菜類	各種過濾蔬菜汁、去皮及子的成熟瓜類、嫩的葉菜類等。
水果類	各種過濾果汁，纖維含量少且去皮、子的水果，如木瓜、哈密瓜、西瓜、香瓜、蓮霧、新世紀梨等。
豆類及其製品	加工精緻的豆製品，如豆漿、豆花、豆腐、豆乾等。
蛋 類	油炸、油煎烹調的蛋類除外。
肉、魚類	去皮去筋的肉、魚。
油脂類	堅果類除外。
點心類	清蛋糕、餅乾。

特殊飲食照護

認識流質飲食

流質飲食，係指在室溫下呈液體狀的食物，但有些食物如蒸蛋、布丁等雖為固體，但入口即化，廣義上說來仍算流質飲食。

流質飲食包括果汁、果泥、菜汁、菜泥、菜湯、麥精片、米湯、稀飯、攪碎的麵條、無筋絞肉、去皮去骨的魚肉、豆腐、豆花、豆漿、蒸蛋、蛋花、牛奶、布丁、果凍、冰淇淋、淡茶、淡咖啡等。

認識管灌飲食

當病患無法從口進食或進食量達不到營養需求時，可將食物製作成液體狀流質飲食，經由餵食管或造口途徑導入體內，這種飲食稱之為「管灌飲食」。

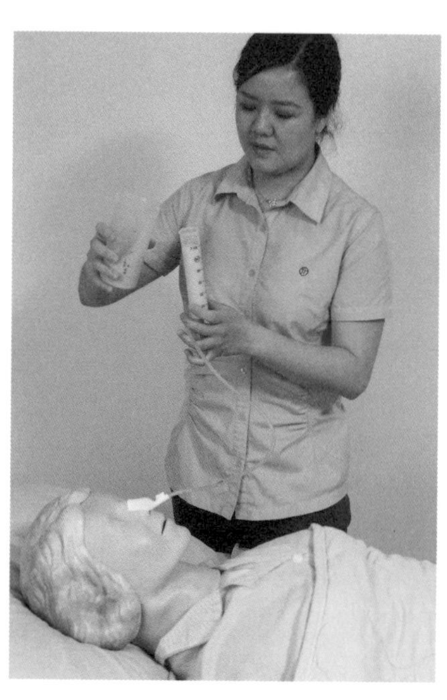

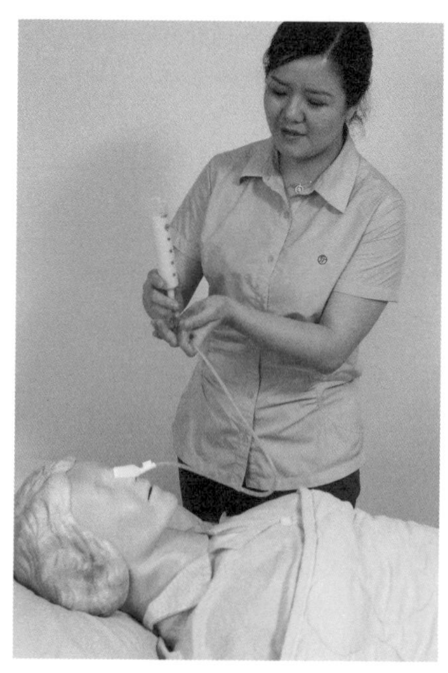

天然食物攪打灌食配方

1. 配方材料

- 主食類：馬鈴薯、南瓜、山藥、糙米粉、五穀雜糧粉、麥片等。
- 蔬菜：胡蘿蔔、嫩葉菜、瓜類等。
- 水果類：新鮮果汁。
- 肉類：絞肉類（豬、牛、雞肉等）、魚、蛋類、脫脂高鈣奶粉、黃豆粉等。
- 油脂類：葵花油或芥花油等健康植物油、黑芝麻粉、堅果。
- 其他：酵母粉、鹽。

2. 配方的製備

- 以天然食物為主，可依喜好及口味選擇食材，但各類材料使用份量，須依個人的營養及疾病狀況調整，請教營養師設計選擇適當的營養素組成。
- 製備過程，要注意食品的衛生，如蛋要煮熟等。
- 製作時應先去除不易打碎的果皮、子、粗纖維和肉類的筋、骨後，將各種食物煮熟後，置於果汁機內，加適量的開水或湯汁及油、鹽（若用現成已烹調的菜餚，應酌量減少鹽量），攪打均勻並過濾。

一次做好一天的量

製作管灌食，可一次做好一天的份量，分裝成數杯，冷卻後存放在冰箱內，每次餵食前取出並溫熱，當日未用完的即應丟棄。

文／楊雀戀（前台北榮民總醫院營養部主任）

▶▶ 癌症

肺癌照護

肺癌爲國人主要癌症死因之首位。其中又以原發性支氣管肺癌（簡稱肺癌）在肺部原發性惡性腫瘤中最爲常見，大多起源於支氣管薄膜或腺體。多在40歲以上發病，發病年齡高峰在60～79歲。肺癌死亡率較高，其平均5年生存率大約10～15%左右。

肺癌的發生率男性爲每十萬人三十九點三九，女性爲每十萬人十九點三五。

症狀

肺癌的症狀，視肺癌所在位置而異；如果它長在氣體出入的通道（支氣管內），會阻塞氣體的出入，並刺激支氣管壁，而造成咳嗽。如果它長在肺的其他部位，那只有靠X光或電腦斷層才能早期發現。此外，肺本身的血流充足，淋巴腺多，加上肺隨呼吸的漲縮，容易就把癌細胞散布出去，即出現轉移的現象。

常見的症狀有咳嗽、痰中帶血、胸部悶痛、呼吸困難、不明原因發燒、聲音嘶啞。合併症包括：氣管壓迫、惡性肋膜積液、惡性心包膜積水、大量咳血、顱內壓增加、癌症高鈣血症、脊髓壓迫症候群、腸阻塞、意識昏迷／抽筋、腫瘤溶解症候群、感染、癲癇、化學藥物引起的急症。

原因

肺癌的直接病因，至今尚未十分確定。專家研究分析指出，遺傳被認爲是引發肺癌的主要內在因素，但有些人雖然有遺傳基因，卻未罹患肺癌，而有些人沒有這種遺傳基因，卻罹患肺癌，其差別可能來自外在因素，亦即經常接觸下列致癌因素的人，比較容易患肺癌。

1. **抽菸**：抽菸為肺癌的頭號禍首，愈年輕開始抽菸、菸齡長及菸癮大的人，罹患肺癌的危機愈大。
2. **吸二手菸**：吸菸會使配偶、家人罹癌危險度提高 30%以上。
3. **空氣汙染**：台灣的肺癌高死亡率地區聚集在高雄、台北、基隆等都會區，這與都會地區受到工業、交通等因素影響，使空氣嚴重污染有關。
4. **烹調時的油煙汙染**：國人習慣以高油溫炒菜或油炸食物，其產生的致癌煙霧，是導致國內女性罹患肺癌居高不下的主要因素之一。
5. **職業**：長期接觸致癌物的環境下工作，容易誘發肺癌。
6. **攝取過多高脂肪食物**：偏好高脂肪食物的人，其罹患肺腺癌的機率比一般人高出 11 倍。
7. **曾患有肺部疾病者**：如肺結核、肺炎、慢性支氣管炎、肺氣腫、矽肺、肺部外傷等。
8. **其他**：缺乏維生素Ａ、機體免疫機能不足、內分泌失調、黃麴毒素、病毒感染等因素，也都有可能誘發肺癌的發生。

飲食須知

飲食上應維持營養均衡，宜選擇營養價值高的食物，如魚、肉、蛋、奶等蛋白質食物，可幫助身體復原。

生活習慣

定期門診追蹤；禁止吸菸並遠離一切會引起呼吸道不適的刺激物，如二手菸、油煙、油漆……等；避免感冒平時應盡量避免出入公共場所，季節變化時應選擇做好保暖措施；在休閒娛樂方面，應主動參加社交活動、病友團體，調劑身心。

在居家照顧中，主導控制的人是病患本身、家人，因此需要病患、家屬主動尋求外界資源，力行居家照顧注意事項，當面對無法處理的健康問題時，應立即尋求專業醫護人員協助與指導，如此方能幫助患者早日恢復身體功能及生活品質，進而重返社會。

呼吸困難與肋間疼痛的即時處理

呼吸困難

當病患出現呼吸困難症狀時，病患、家屬都會感到驚慌，甚至聯想到死亡，因此即時的處理方式，應盡量減輕病患的恐懼、舒緩病患的情緒。

處理方式：評估是否有缺氧的現象，若病患呼吸時出現喘鳴聲，可以依照醫師指示用藥給予支氣管擴張劑、氧氣；應增加室內空氣流通，可使用電風扇吹向病患；教導病患「正確呼吸的技巧」P.333，以增加肺功能；此外，照顧者應維持冷靜、溫柔的態度，可以藉由按摩、輕拍病患的背部，減輕病患的焦慮。

肋間疼痛

處理方式：局部熱敷，每天數次，每次 15 分鐘。在使用熱敷時應先用自己的手腕關節處的皮膚測試溫度，避免太燙、造成灼傷。此外，也可以利用「輕拍」疼痛部位，減緩疼痛的感覺。倘若上述的方法都無法緩解疼痛，可依醫囑使用口服止痛劑來緩解疼痛。

常見的呼吸運動包括橫膈呼吸法、噘嘴式呼吸法、改變呼吸節奏、局部呼吸法。這四種方法都需讓病患處在一個舒服且安靜的環境下練習，上半身可搖高 45 度，使膝蓋放鬆、腹肌放鬆，由淺→深的練習，練習的時間不宜太長，每做三到四個呼呼後，應有一個短暫的休息避免換氣過度。

此外，對於長期臥床或手術過後的病患，建議使用「誘發性肺活量計」，裡面有三個塑膠小球，鼓勵病患做深呼吸，防止肺塌陷。

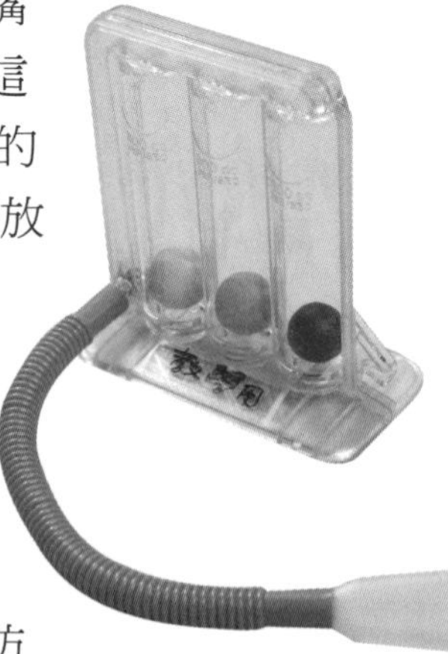

誘發性肺活量計

四種正確的呼吸技巧（運動）

呼吸運動	步驟
橫膈呼吸法	橫膈呼吸法是讓病患放鬆呼吸輔助肌。將手放在胸部下方，請病患緩慢的深吸一口氣。注意輔助肌（如頸部與肩膀的肌肉群）不可用力，讓病患感覺到腹部與胸廓底部脹起，是最有效率的呼吸運動。
噘嘴式呼吸	吐氣時很自然的將嘴噘起，讓氣體由嘴巴緩慢吐出，有助於排除肺內的餘氣，不可用力將氣吐出，例：像吐口水的方法是錯誤的。 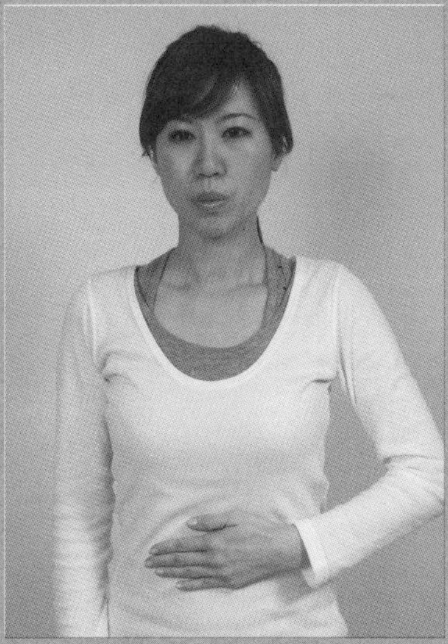
改變呼吸節奏	正常的呼吸下，吸氣時間比呼氣時間大約是 3：5，可使用節拍器或手掌打拍子，讓病患練習 2：4 的節奏，即呼一呼一呼一呼一吸一吸。
局部呼吸法	與橫膈呼吸法一樣，將手按壓在希望擴張的肺葉上。為了擴張肺葉底部，手要放在胸廓下方；為了擴張肺的中部，可把手放在腋下；擴張肺的頂部，手要放在胸廓上方。

文／賈佳平（岡山榮譽國民之家保健組醫師）

▶▶ 癌症

肝癌照護

肝癌是國人常見疾病，死亡率高居第二。肝癌的發生率在男性是每十萬人約有 25 人，在女性是是每十萬人約有 10 人。

早期肝癌不易有症狀，除非病患有定期作超音波檢查及血清甲型胎兒蛋白檢查，否則不易發現；因此，當肝癌被懷疑或確認診斷時多爲癌症末期階段，目前現有的治療以「減輕相關症狀」爲基本原則，病患只要能早期發現、早期診斷，肝癌預後相對過去而言，不僅提升了存活率，也能減緩病情的不適。

分類

肝癌可分爲以下兩種——

1.「**原發性肝癌**」：是指肝臟本身之組織癌化形成的腫瘤。
2.「**轉移性肝癌**」：是指發生於其他器官後而轉移到肝臟的腫瘤。

症狀

肝癌的症狀在腫瘤較小或疾病早期並無特殊的症狀，患者只會出現輕微的易倦怠、上腹部不舒服，待腫瘤變大或晚期，病患才會有黃疸、腹水、體重減輕、右上腹痛、上腹飽脹、食欲減退、肝腫大等現象，少部分病患還會因肝癌破裂出血或食道靜脈曲張破裂出血而求診。

此外，肝癌合併症包括食道靜脈曲張合併出血、肝硬化、腹水、肝性腦病變（肝昏迷）等。

原因

導致肝癌的成因包括慢性病毒性肝炎（B、C 型肝炎）、酒精、藥物（如類固醇、荷爾蒙、動情素）、黃麴毒素（食物中如稻米、玉米、花生等，是較易被黴菌汙染而產生黃麴毒素）、血色素沉積症及肝硬化（任何原因造成肝硬化之後均有機會變化成肝癌）等，均可導致肝癌。

照護須知

噁心、嘔吐混亂

當病人出現噁心、嘔吐，照顧者除可以給予患者服用醫師的止吐藥外，更須評估病人吐出物的顏色、味道、性質、量的多少，且評估嘔吐是否與進食時間有關係等，並於就醫時告知醫師以利判斷。

可用茶葉水，保持病患口腔的清潔以減少異味

吐出物可用深色袋子盛裝以減輕病人的焦慮；保持病患口腔的清潔以減少異味，每餐後或嘔吐後要記得刷牙或漱口（可用茶葉水、檸檬水或漱口水減少異味），若嘔吐出大量未消化的食物，應減少進食量或禁食。

若病患有鼻胃管留置，可以引流（可先將鼻胃管開口打開並連接塑膠袋，再用橡皮筋在接口處綁起來，切記不要綁太緊，易影響引流效果）。

意識混亂

居家照護時，照護者若發現患者有意識混亂、喪失定向力或行為不適當或是遲鈍、甚至昏迷，極有可能出現所謂的「肝腦病變」，早期的肝腦病變表現可能只是晨昏顛倒、情緒亢奮，進而發展到神智不清、重度昏迷，嚴重時甚至會導致死亡。若發現上述症狀應至醫院作進一步檢查。

在診斷及處置肝性病變患者時，應該先找尋是否有誘發肝腦病變的前置因素——如果有，則針對該因素治療就可以改善肝腦病變。這些前置因素包括感染症、腸胃道出血、飲食蛋白質增加、藥物、便秘、代謝性鹼中毒、電解質不平衡、肝傷害及氮血症等。

食道靜脈曲張

所謂「食道靜脈曲張」是指食道壁的靜脈血管異常曲張或腫脹，此時，靜脈內的壓力會高於正常。食道靜脈曲張的血管壁十分脆弱並容易出血，食道靜脈曲張出血會造成吐血及血便，因為出血量往往相當大，死亡率可達百分之五十。一旦出血，治療的目的是盡快止血及維持足夠的血容量；此時應儘速至醫院治療，如果出血不止，可注射血管收縮劑，或使用氣球填塞法，初步控制大量出血後，可於 24 小時內直接對靜脈瘤注射硬化劑；亦可經內視鏡將靜脈瘤結紮而達到止血的目的。

但若病人為癌末病人，且家屬及病人皆不想接受進一步治療控制，可使用深色布墊在床邊，使吐血時的場面比較不像鮮血吐在淺色被單那樣可怕，並在一旁陪伴及安撫病人，以減少病人的焦慮。

其他

照護這類患者時，應盡量減少出入公共場所，以降低感染的機會；此外，也應避免使用止痛藥、消炎藥，以避免上消化道出血；不可擅自服用安眠藥及鎮靜劑、給予高纖維飲食、避免食用高蛋白食物、每日定期排便、禁止飲酒。

文／賈佳平（岡山榮譽國民之家保健組醫師）
周明岳（高雄榮民總醫院高齡整合照護科主任）

▶▶ 癌症

大腸癌照護

國內十大癌症排行榜中，大腸直腸癌的發生率在民國95年由第三升至第二，而其死亡率也高居第三，僅次於肝癌、肺癌。

大腸癌的粗發生率約每十萬人口四十二點一八人，新增病例約每年九千六百零四人，粗死亡率爲每十萬人口十八點零五人。

大腸爲人體消化道的一部分，其前端接小腸，後端接肛門，當小腸與肛門之間的消化道發生癌化現象時就稱爲大腸癌；大腸癌又可細分爲「直腸癌」與「結腸癌」。大腸癌有部分是由瘜肉長大變化而來的，癌變過程約需 5 ～ 10 年的時間。

大腸癌的高危險群包括 50 歲以上的民衆、有家族病史、有個人病史（包括曾經得過大腸癌、慢性發炎性大腸炎、潰瘍性大腸炎、克隆氏病及腺瘤性瘜肉等）、新陳代謝症候群（指腹部肥胖、高血糖、高血壓、高血脂、高尿酸、及血糖異常的綜合病史）。

症狀

最常見的症狀是大便帶血，容易便秘、大便習慣改變或排便後覺得解不乾淨，到後來甚至大便變細，體重減輕、持續性疲勞、腹痛、腹脹、甚至腹水出現。大腸癌的臨床表現，會隨著大腸癌所在位置不同，臨床上出現症狀也不同。

此外，大腸癌因腫瘤長大壓迫，導致腸道出現暫時或永久之阻塞，或因腸道蠕動變差，或因先前治療導致的腸道沾黏，或是糞便阻塞等，出現所謂的「惡性腸阻塞」；此時，病人會有急性腹痛、噁心、嘔吐、便秘、身體虛弱等症狀，病患應盡快至醫院做進一步的檢查與處理。

原因

大腸癌的成因有一部分與家族遺傳有關，但大多是飲食與生活習慣所導致，最常見原因是抽菸、喝酒與習慣高脂肪和低纖維飲食、攝取紅肉等。

便秘

便秘是指大便次數減少、排便困難、大便太乾硬或滲便等。癌末的病患常因爲身體虛弱、纖維質進食量少、腸道阻塞、電解質不平衡或藥物的副作用而導致便秘。

照護時，家屬需幫忙記錄大便的量、質與次數，如病患有便意時，應盡快協助至洗手間或使用便盆椅或以尿布取代；儘可能增加水分及果汁的攝取；每天早上空腹時喝一杯溫水，可增加腸胃蠕動並刺激排便；多攝取高纖維的食物，蔬菜、木瓜、黑棗汁、優格及果凍都是不錯的選擇；儘可能讓病患多作活動，因爲臥床也是導致便秘的因素之一；若因病患有使用嗎啡等易導致便秘的藥物，須按時服用軟便藥以促進排便；若三天仍未解便時，可戴手套並塗上潤滑劑（如凡士林），進行肛門指診，檢查是否有硬便堵在肛門口，若有可輕柔的把硬便挖出後再塞藥或灌腸。

可至藥房購買甘油球灌腸，灌腸時病患側躺，且須盡量忍住便意，直到不能忍再去排便；使用肛門塞劑時，前端先用乳液或清水潤滑，沿著腸壁輕輕推入一個手指的長度，經兩小時有便意感再排便。

文／賈佳平（岡山榮譽國民之家保健組醫師）
周明岳（高雄榮民總醫院高齡整合照護科主任）

▶▶ 癌症

乳癌照護

在行政院衛生署的統計報告中，從民國70年代起，乳癌的發生率或死亡率都有逐年增加的趨勢。據民國83年癌症登記報告顯示，乳癌的發生率爲女性好發癌症的第二位，而每一年約新增2,100位乳癌患者，乳癌的死亡率，在85年時更超越子宮頸癌。

台灣女性乳癌的好發年齡約在40～50歲之間，較歐美國家的好發年齡約提早了十歲；其實，任何成年婦女皆有機會罹患乳癌，且近年來台灣地區乳癌罹患人口有更年輕化的趨勢。

原因

乳癌的可能危險因子爲：終身無懷孕或生產者、長期服用女性荷爾蒙者、曾頻繁患乳房良性腫瘤病及乳房纖維囊腫病史者、初經較早者（12歲前初經者罹患乳癌機率爲其他人之4倍），及晚停經者（55歲後停經者罹患機率爲45歲前停經者的2倍）。

飲食方面，如果青少年時期攝取過高的含脂肪食物或酒精，得乳癌的機率較高，故平時應多攝取蔬菜、水果、橄欖油、維生素A等食物，可減少乳癌發生的機會。

有關遺傳方面，若一等親屬有2位以上在60歲前得乳癌、一位一等親在更年期前得兩側乳癌、母親或外祖母在60歲前得乳癌、或家中有一位一等親在40歲前得乳癌者，終身得乳癌的機會爲17～50%，且爲無此家族史者的2～3倍。

症狀

最常見的症狀爲出現無痛性腫塊，其他症狀還包括疼痛、一側乳房突然變大、皮膚低凹或乳房變形、皮膚潰爛、乳頭變平或凹陷、乳房皮膚變紅、乳頭有異樣的分泌物或腋下腫塊。早期的乳癌往往無症狀，而且觸摸不到，所以需要定期的乳房超音波或乳房X光攝影等檢查，才能早期發現、早期治療。

淋巴水腫

是指於淋巴管損壞和阻塞，造成皮下淤積著含有豐富蛋白質液體；常見因素爲手術摘除淋巴節或放射線治療後所造成。

每日照護時，須先清洗手或腳，清洗時選擇含油性的香皂清潔，避免皮膚過於乾燥，洗完再以溫水浸泡。待擦乾後，仔細檢查皮膚有無傷口，以保持皮膚的完整。清洗完後，每日給予按摩，按摩時宜保持溫暖並注意隱私，讓病患保持放鬆，並除去所覆蓋的衣物。按摩前不需擦乳液，可增加皮膚摩擦力，以便將淋巴液引往身體。按摩後，使用含油性的保養品（例如凡士林或乳液）來保護皮膚。

平時需注意指甲勿剪太短、預防蚊蟲叮咬、穿較寬鬆之衣物、避免燙傷，並且需避免於腫脹的肢體打點滴、抽血或量血壓。

適當的運動可使肌肉收縮，以促進淋巴回流，並且盡量正常的使用腫脹的肢體，或由旁人來被動地使肢體運動，讓淋巴回流。休息時，給予肢體適當的支托，以讓淋巴回流。

傷口護理

癌症傷口的照護對病患及家屬而言，都是相當令人困擾的問題，因爲惡臭與癌症腫脹或敷料包紮所引起的外觀改變都會造成病患的困擾，導致病患沮喪、焦慮、羞愧、窘迫與自我隔離等，病患常會因此隱居在家，造成家庭的進一步困擾。

臨床上，蕈狀併潰爛的癌症皮膚病灶常見於乳癌，癌症傷口的組織因受到腫瘤壓迫與侵犯，以及癌細胞沿著血管與淋巴管擴張造成栓塞，導致傷口組織的血流、氧氣和營養的供應遭到阻礙，導致癌症傷口的組織內微血管的破裂與組織的壞死，並進而導致厭氧細菌的增生，這些生理變化會帶給病患傷口的感染、疼痛、出血、滲出物、甚至會併有惡臭。

傷口照護的主要目標爲——止血、減少臭味、吸附傷口的滲出物、舒適與疼痛控制、外觀。

正確處理癌症傷口

清潔傷口：第一步驟為清潔傷口，建議以「無菌生理食鹽水」清洗，避免對傷口作擦拭性的清洗，因為會導致疼痛與傷口的進一步傷害。

而一些具抗菌效果的溶液，對傷口的刺激會引起病人的疼痛，也對傷口有傷害，建議仍以「無菌水」清洗為佳。

使用特殊的敷料：更換敷料時應避免黏撕傷口造成出血，因此建議使用一些特殊的敷料（如藻膠（alginate）、人工皮 Duoderm 及 Aquacel 等），另一方面更可吸附滲出液，以避免滲出液沾滿病患的衣物或床單。

臭味的處理：癌症傷口的臭味，常會造成病患與家屬心理層面的不良影響，因此處理癌症傷口臭味相當重要。傷口如有感染現象，須對感染進行控制，以減少臭味的產生，同時也可使用臭味吸附劑，例如含活性碳之敷料（actisorb 或 carbonet） 或尿布，或於室內放置活性碳或空氣清淨機。另外，也可於室內裝著沸水的碗內放置其他如醋、香精、咖啡、或芳香油滴，但避免使用過於刺激的香水，以免引起不適。

疼痛的處理：癌症傷口的疼痛可以利用「止痛藥」來止痛，若發生於傷口換藥時的疼痛，可考慮於傷口換藥時以局部性的止痛藥，例如「lidocaine」的噴霧使用。

認識安寧療護與申請資格

醫藥科技不斷進步，國人平均壽命也不斷的延長，然而癌症死亡率不減反增。因此，我們必須協助照護癌症末期病患，減輕他們心理與生理的折磨，以「安寧療護」來提供病人為優先的人本醫療照護。台灣地區的安寧療護，始於民國 72 年由康泰醫療教育基金會成立安寧居家療護。安寧療護服務的目的，是為癌症末期等病患及家屬提供專業服務，輔導其接受臨終事實，經由完整的身、心、靈之關懷與醫療，減輕或消除末期病患的身體疼痛、不適應症或心理壓力，對病患及家屬提供心靈扶持，陪伴病患安詳走完人生最後一程，並讓家屬敢於面對病患死亡，達到生死兩相安的境界。

至於什麼情況可以申請安寧居家療護照護？只要經過醫師診斷為癌症或運動神經元疾病末期患者，病情現況穩定，無需住院，且病患及家屬同意安寧療護理念，並願意接受安寧居家照顧者，皆可申請。

八大非癌末期患者（心臟衰竭、老年期及初老期器質性精神病態、其他大腦變質、慢性氣道阻塞、肺部其他疾病、慢性肝病及肝硬化、急性腎衰竭、慢性腎衰竭）亦可申請。

文／賈佳平（岡山榮譽國民之家保健組醫師）
周明岳（高雄榮民總醫院高齡整合照護科主任）

巴金森氏症照護

根據聯合國的資料，目前全世界至少有400萬人罹患這種疾病，許多知名人物深受其困擾，如拳王阿里、教宗若望保祿與影星米高福克斯等。台灣地區巴金森氏症的盛行率與年齡有關，估計每十萬人口約爲151.42人，六十歲以上族群爲每十萬人口890.72人，台灣大約有18,600名巴金森氏症患者。

由於巴金森氏症病程長，且疾病晚期常呈現嚴重失能狀態，因此將造成醫療資源與社會家庭照顧者的負擔。

定義

原發性巴金森氏症（Parkinson's disease）是一種漸進性且退化性的神經疾病，也是常見的慢性神經細胞退化性疾病之一；其發生率男女比例約2：1。此疾病首先由19世紀初英國醫師巴金森（James Parkinson）所描述，稱之爲「震顫性麻痹」。

病因

原發性巴金森氏症占所有巴金森氏症症狀患者中的九成以上，其主要病因，目前並不清楚，因此稱之爲「原發性巴金森氏症」；目前主流的病理機轉認爲，主要跟腦部分泌多巴胺（dopamine）的神經元大量喪失或退化有關，但並非所有相關神經元均有退化，主要受損區域在腦中深層部位及中腦黑質組織。臨床上，腦部多巴胺神經（dopaminergic neuron）細胞死亡60~80%以上，才會有症狀產生；這樣的病理所見，也是巴金森氏症的特點。

一般而言，大約只有5%的原發性巴金森氏症患者跟遺傳有關，另外的95%患者則是本身存有敏感性基因體質，加上受其他致病因子的傷害，如外界環境毒物暴露與老化等因素，與基因交互作用後，進而造成黑質細胞的退化，造成腦部黑質細胞的退化死亡，進而產生臨床症狀。

症狀

巴金森氏症患者多在 55 ～ 65 歲之間發病，主要症狀爲靜止不動時或走路時手部會產生顫抖、肢體僵硬、動作逐漸呈現緩慢、臉部表情木然（撲克臉）等，而走路時亦會呈現上身往前傾姿勢，上肢擺動減少或消失，步伐呈現小碎步，有時步伐會突然停止無法前進，造成身體往前傾而向前跌倒狀況。

然而大多數患者早期病徵常會自述容易疲倦，但肌力檢查確是正常的，或只是感覺到手部精細動作不靈活，或日常生活活動慢了下來等。一般人常以爲這是老年人衰老症狀，也常會被病患或醫師忽略而延遲診斷，失去治療先機，進而產生許多併發症。

非動作障礙症狀

一般巴金森氏症最常被討論的，大多是動作障礙的症狀，但巴金森氏症患者還有許多非動作障礙症狀，如排尿困難、便秘、姿勢性低血壓、吞嚥困難、流口水和神經精神症狀，包括憂鬱、焦慮、睡眠障礙、幻覺或認知功能障礙退化等。這些症狀有些是疾病造成，有些則是藥物副作用，因此治療過程中，病患、家屬及一位值得信賴且有專業知識能力的醫師，三者應相互合作與信任，這是相當重要的事。

當每一個新的症狀出現，均需要三者（病患、家屬、醫師）好好溝通、處理，以減少患者的痛苦與壓力。

診斷與臨床分期

目前原發性巴金森氏症之診斷，主要依靠巴金森氏症的核心臨床症狀，包含動作緩慢（bradykinesia）、動作不能（akinesia，動作緩慢的嚴重表現）、靜態性顫抖（resting tremor）與肢體僵硬（rigidity），加上神經學檢查來判斷。

臨床上需再排除其他腦部實質病變，如腦炎、腦外傷、腦瘤、常壓性水腦症與失智症等，或是否服用中樞神經毒物或抗精神病藥等所造成的續發性巴金森氏症，才能確認原發性巴金森氏症的診斷。除臨床症狀與神經學檢查外，若懷疑是因上述腦部實質相關病變所造成之續發性巴金森氏症症狀，可加上影像學檢查作爲鑑別診斷，如腦部電腦斷層或核磁共振檢查。另外，核子醫學檢查可搭配標記物質，了解腦中多巴胺（dopamine）的神經退化程度。

巴金森氏症臨床狀況，可根據 Hoehn-Yahr stage 量表區分病程爲 0 到 5 期（如右表）。這是一套跟症狀有關的分期法，但不同期別則跟疾病病程進展速度無關，病患可能在短時間內進展數期，也可能數年均維持在同一期。

危險因子

巴金森氏症目前被認爲是多重危險因子共同影響所造成。許多研究認爲，巴金森氏症是年齡、老化、基因敏感性及環境等因素結合所產生。

合併症

巴金森氏症常見合併症如下——

1. **吸入性肺炎**：巴金森氏患者因吞嚥困難，容易嗆到進而導致吸入性肺炎的危險。
2. **褥瘡**：因活動度下降、肢體僵硬與肌力減弱等，自行翻身能力下降，造成褥瘡產生。
3. **跌倒與跌倒產生的傷害**：如腦出血、骨折和軟組織挫傷等。
4. **焦慮與憂鬱症**：據統計發現，巴金森氏症患者合併憂鬱症比例超過三分之一，由於病患本身意識清楚，卻承受身體不聽使喚的痛苦，加上晚期常見語言困難，產生溝通障礙，均會加重憂鬱症狀產生。
5. **疼痛**：因關節僵硬造成活動時疼痛產生；另外，進食量下降與活動量減少，均造成肌肉與脂肪量下降，加上長期不動產生的皮膚壓迫，均會造成疼痛不適。

巴金森氏症的臨床分期

期別	程度	症狀描述
第 0 級	無症狀	無明顯的巴金森氏病狀。
第 1 級	輕度	症狀僅發生在身體一側。
第 2 級	輕度	症狀發生在身體兩側而無行走困難，不影響平衡。
第 3 級	中度	症狀發生在身體兩側，輕度步態不穩，平衡稍差，日常活動稍感困難，但仍能獨立生活。
第 4 級	重度	症狀發生在兩邊體側，須人協助行走，日常活動明顯感到困難，無法獨立生活。
第 5 級	重度	症狀發生在兩邊體側，臥床無法行動。

治療與處理原則

藥物治療

巴金森氏症藥物治療，目前已有多種藥物可供選擇，最常使用的仍是左多巴（L-DOPA, Levodopa），其他還有多巴胺受體促動劑（dopamine agonist）和單胺氧化酶 B 抑制劑（如 selegiline），而針對顫抖的治療，使用乙醯膽鹼拮抗劑（如 bipiriden, Trihexyphenidyl），也有不錯的效果。

巴金森氏症的藥物治療原則，以改善症狀爲主要目的。但實際上，目前仍無證實有可根治的治療方法，因此在使用藥物治療時，必須注（留）意藥物的副作用。

1. **左多巴**（L-DOPA, Levodopa）：目前爲藥物治療首選；但左多巴會造成噁心感、頭暈、想睡或姿勢性低血壓。所謂的姿勢性低血壓，是指當患者起立時產生頭暈、甚至昏倒或跌倒問題，而少部分人會有幻覺與妄想等副作用。另外，隨著病程演進，藥物效用會隨之衰退，並產生不自主異動症。

2. **多巴胺受體促動劑**（dopamine agonist）：常見副作用，跟左多巴（L-DOPA）類似，如噁心感、頭暈、想睡或姿勢性低血壓，另外也可能出現類似幻覺與妄想等精神症狀。
3. **單胺氧化酶B 抑制劑**：常見副作用為頭暈、口乾、頭痛、噁心和胃部不適等。
4. **乙醯膽鹼拮抗劑**：常見副作用為口乾、排尿困難。另，有時會產生精神紊亂、定向力障礙、暴躁、幻覺及類似精神病的症狀，使用於老年人時尤其必須注意劑量的控制。

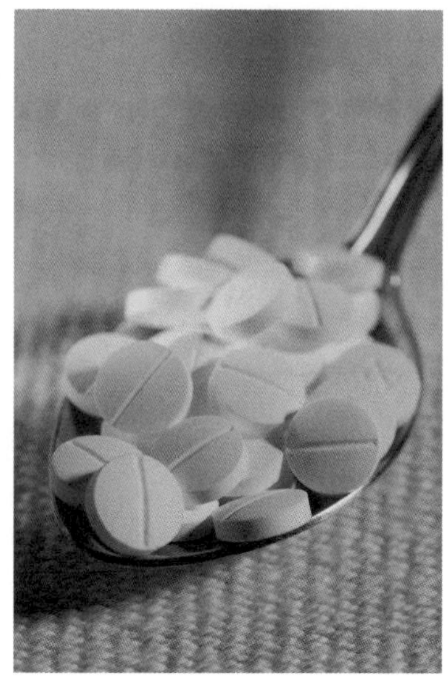
必須留意藥物的副作用

手術治療

巴金森氏症手術療法，自 1940 ～ 1950 年代即有人使用，較之左多巴的治療更早。當時主要是以治療顫抖症狀為主，然而死亡率偏高，也留下一些後遺症，如肢體偏癱等，而因手術技術與併發症問題，加上藥物治療風行而暫時被忽視。直到近十年因手術技術進步和影像學檢查定位的先進，手術治療才又開始風行。

治療方式分為三種——

1. **手術燒灼或切除療法**：對於腦部特定部位進行破壞來治療顫抖或不自主活動等症狀。
2. **腦部深層電刺激術**：仿效燒灼術方式，植入特定刺激器藉由電波刺激腦部神經細胞來控制症狀；
3. **移植手術（幹細胞或胚胎細胞移植）**：但目前仍需要更多的研究驗證。

治療的目的在於改善動作障礙

目前來說，手術治療仍以「腦部深層電刺激術」為前巴金森氏症主要的外科手術方式。不論選擇手術或藥物治療，其目的均一樣，只能提供動作症狀的改善。

手術治療，因為屬於侵入性治療，且對於特定對象效果較好，通常較年輕且因服用左巴胺已經產生併發症而仍對左巴胺有相當反應的患者、沒有其他腦部病變或失智退化，並需確定為原發性巴金森氏症患者、非續發性巴金森氏症患者，符合以上條件的患者，其手術效果較好。

而手術後約 2%患者會產生腦中風或顱內出血，大部分為輕微肢體無力，但症狀會隨時間逐漸減輕。另外，手術的感染風險、手術後暫時局部腦水腫等也需列入評估手術的考慮項目。因此，由於，原發性巴金森氏症患者對藥物反應不錯，治療初期仍以藥物治療為主。

藥物使用須知

1. 藥物治療過程，必須按時服藥，不可中途停止使用藥物，或擅自調整藥物劑量，這樣可能會造成症狀惡化或其他副作用。而且，不穩定的服藥過程，也可能導致加速病情的惡化。
2. 高蛋白飲食會影響左多巴（L-DOPA）藥物吸收，因此，使用一般型左多巴（L-DOPA）相關藥物時，高蛋白飲食建議在飯前服用，以避免食物降低了左多巴的吸收速度和吸收量。但如果患者使用爲「長效釋放劑型之左多巴」，則不受影響。
3. 使用左多巴藥物後可能在治療初期產生腸胃不適症狀，此時大多數可暫時先併用食物服用、增加水分攝取或逐漸增加劑量方式來減緩。
4. 隨著病程進展，藥物治療效果會有減弱現象。另外，亦會產生許多神經精神症狀之副作用，如譫妄、視幻覺、妄想、不自主運動症等，因此必須定期且持續於有經驗之神經內科醫師門診追蹤。

飲食須知

1. 巴金森氏症患者於飲食上並無任何禁忌，但必須盡量給予高纖飲食與足夠的水分攝取，避免便秘產生。
2. 動作僵硬遲緩的症狀，也會影響吞嚥功能，造成吞嚥困難且減緩咳嗽反射，因此常造成營養攝取不足，加上活動量下降，胃口下降，因而體重常逐漸減輕；照護者可每星期監測記錄患者體重，追蹤營養熱量攝取狀況。另外，疾病也常造成嗅覺或味覺喪失，加上藥物引起的噁心感與食欲喪失等，都會影響營養狀態。
3. 進食時應採「直立姿勢」，若已有吞嚥困難，可使用半流質或容易咀嚼的食物，但要避免過度流質以免嗆到。
4. 當患者已經產生吞嚥困難時，需要尋求接受過吞嚥訓練的語言治療師，協助患者的語言與吞嚥訓練。

活動與復健須知

1. 巴金森氏症患者接受復健治療目的爲一提升日常生活功能，強化上肢肌力及關節活動度，減輕張力及過度僵硬情況，及改善疲勞、僵硬造成之疼痛、睡眠狀態、情緒障礙及生活品質。
2. 罹患巴金森氏症早期仍應維持定期運動，如走路、快走、騎室內腳踏車或游泳等。
3. 病程持續進展後，可配合物理治療師設計的復健運動計畫，維持患者的活動量，且漸進式增加肌肉強度，並持續每日活動全身關節，以預防身體關節僵硬及肌肉萎縮。也可配合按摩或溫水浴，放鬆肌肉；但要嚴禁過度運動，避免疲憊及挫折感。
4. 教導患者走路雙腳微開，增加穩定度，並強化軀幹伸展肌群，減少步行時身體前傾姿勢。
5. 配合適當的視覺及聽覺提示（必要時可使用音樂節拍器），藉由提示或節拍提高患者專注力，從而改善他們日常生活動作，並可減少走路時小碎步、足部不易抬起的問題，避免發生跌倒。

6. 若因雙手顫抖導致進食困難或書寫困難，可使用增加重量餐具或文具，也可使用可固定於手上的輔具協助，均可減少顫抖的影響。
7. 對長期臥床或夜晚翻身不便的患者，照護者要協助其翻身，以免發生褥瘡。
8. 患者症狀嚴重時，會產生語言困難，此時建議配合語言訓練，避免溝通困難與挫折，減少情緒障礙產生。
9. 預留時間：患者在日常生活各項活動，都會比以前花費更長的時間，比如刷牙、穿衣、吃飯和洗澡等；照護者可提醒病患早點準備，避免匆匆忙忙，反而造成不安。

環境設備注意事項

巴金森氏症患者的症狀，因以「動作障礙」爲主，隨著病程進展步態穩定度會降低，造成患者容易跌倒，產生併發症的狀況。另外，因爲顫抖、行動緩慢及僵硬等症狀，照護者一定要加強居家環境的改善，才可減少因這些症狀所引發的種種生活問題。

1. 室內照明必須光線充足，尤其臥室與浴廁要有夜燈，避免患者晚上起床因光線不足而跌倒。
2. 室內地板避免使用門檻、滑動地毯、雜亂的電線與物品，免得影響步行；保持走道的暢通。
3. 浴室及馬桶邊須有扶手、止滑墊，以預防跌倒發生。

浴室須設有扶手，預防跌倒

4. 維持寬廣的生活空間：建議患者活動或轉彎時，要採漸進性轉彎或繞圈，不可直接轉彎，以免跌倒。
5. 鞋子應柔軟舒適，完整包覆，並具防滑功能；盡量使用魔鬼氈式鞋帶，避免使用繫綁式鞋帶。
6. 家中物品放置地點，需注意其擺設位置的高低，如電話、餐具、吹風機、電器插頭位置及其他常用生活用品等，盡量放置於患者不需過度彎腰（過低）或是墊腳（過高）才能拿到的位置，減少因平衡不良、肢體僵硬，或柔軟度與延展度不足造成跌倒傷害。
7. 必要時給予患者枴杖或助行器，提供行動時額外的穩定性。

何時該回診檢查治療

以下情形出現時，應要回診檢查：

1. 動作障礙症狀加重時，包括僵硬動作緩慢或顫抖，甚至於無法活動。
2. 出現精神行為症狀時，包括憂鬱、焦慮、睡眠障礙、幻覺或認知功能障礙退化等表現時。
3. 體重下降無法回復時。
4. 服用藥物後產生不適或副作用時。
5. 產生排尿困難、便秘、姿勢性低血壓、吞嚥困難等症狀時，需醫療協助或復健師協助時。
6. 產生合併症時，如吸入性肺炎、褥瘡、跌倒與跌倒產生的傷害及疼痛等。

文／梁志光（高雄榮民總醫院高齡醫學中心主治醫師）

▶▶ 神經系統疾病

失智症照護

全世界人口快速老化，台灣也正式邁向老人國，同時，全世界罹患失智症的人口也正逐年增加中，根據統計，全世界每7秒就會增加一名失智症患者。

很多家庭在面對家人罹患失智症時，往往驚慌、不知如何是好，更不知如何尋求協助與支援。希望藉由本文，讓大家對失智症患者有更進一步的認識與了解，從中獲得眞正的協助。

定義

失智症，是後天的記憶及其大腦功能減退嚴重到足以影響日常生活與功能。當患者被診斷出罹患失智症，表示可能已出現明顯的記憶力衰退、智力喪失、思考障礙、社交和情緒功能障礙，以及異常行爲的出現。

失智症由許多不同原因造成，其中最常見的是阿茲海默氏症（Alzheimer's Disease）；阿茲海默氏症（Alzheimer's Disease），是一個神經退化性的疾病，主要病變是大腦皮質發生萎縮現象，其神經元則出現許多退化性的變化。這種疾病會造成記憶的失去、認知的失調和不正常的行爲。在早期，此疾病常被認爲是正常老化現象而被忽略，直到因病情發展開始出現明顯的認知障礙，包括對環境的壓力及刺激調適能力差，無法處理日常生活事物，才漸漸爲家人注意。此疾病常合併許多非認知功能的症狀，如妄想、幻覺、激動、憂鬱、焦慮、攻擊行爲及睡眠障礙等。

阿茲海默氏症的好發時間在老年期，發生率與盛行率隨年齡增加而上升，病程則有十至二十年之久，而退化是慢慢的、漸行性的，截至目前爲止並無根治的方法。

盛行率

失智症的盛行率會隨著年齡增加而上升，過了 65 歲幾乎每增加 5 歲其年齡別盛行率就會升高一倍。

台灣失智症協會指出，台灣在 2005 年時有近 14 萬的失智症患者，預估 2050 年時約會有 20 萬新增的失智症患者。

常見症狀

失智症最常被注意到的初期症狀是——記憶力減退影響到生活與工作、語言表達出現問題、判斷力變差、東西放錯位置、人格特質與個性改變、無法操作熟悉的事物、時間及空間定向力異常（即喪失時間與地點的概念）、無法抽象思考、情緒及行爲改變、對事物喪失興趣及原動力。

診斷

失智症不只是認知功能和記憶功能的受損，也會影響到社會和職業功能，導致患者的能力嚴重下降。在精神科或神經內科專科醫師通常會藉由評估病史、進行詳細的身體與心智評估，來確立病患是否有失智症。

在「心智評估」，最常用的是簡易智能量表（MMSE）、臨床失智評分量表（CDR）、繪鐘測驗；簡易智能量表（MMSE）及繪鐘測驗是對個案進行施測，需要數十分鐘的時間，速度因人而異；臨床失智評分量表，則是根據家屬所提供的病患記憶力、定向力、判斷和解決問題的能力、社區事務處理、居家和嗜好及個人照料等，評量患者的嚴重度。倘若有需要，醫師會再安排更完整的神經心理測驗，以獲得更多的診斷用資訊。

心智完成評估後，再依病況需要安排血液檢查、生化檢查、腦脊髓液檢查、腦波、腦部電腦斷層、磁振造影、功能性腦照影，如正子斷層造影檢查（PET）來找出不同病因，再針對不同的病因施行不同的治療方法。

四大照護原則

1. 同理心：設身處地爲失智患者著想，試著做到感同身受。當照顧上遇到困難或挫折時，不妨換個角度想，當有一天自己也出現記憶不佳、認知功能退化時，會是怎麼樣的情形呢？有時一轉念，就能改變心境，更能體諒並且幫助失智症患者。

2. 規律性：對失智患者來說，保持作息與事物的規律性，非常重要。例如：定時起床和入睡；固定三餐進食時間；定時提醒或帶患者上廁所；每日運動或每週活動必須有所規畫，並規律地進行。

3. 持續性：對失智患者來說，經常更換物品和照護者，會造成適應上的困難，進而帶來更多的行爲問題。患者對於新的人事物會有適應上的障礙，因此照護者不宜經常更換，盡可能爲同一人。此外，固定的生活環境和擺設等，對於病患情緒和行爲的穩定，都有所幫助。

4. 正面的態度：照護者應盡可能營造一個正面積極、愉快、溫馨的的氣氛，讓彼此相處的時光留下美好的回憶。

飲食須知

失智症患者受到病情影響，進食方面會有幾種狀況──

1. 重複要求用餐：用餐後不久，就要求再吃東西。

處理方式：嘗試溫和地告訴患者，說他剛才已經吃過了，或說食物還在準備中，還沒煮好等等，以轉移他的注意力。若眞的無法阻止，可依照患者的健康狀況，準備一些低熱量的健康零食如蒟蒻等，不僅可滿足患者吃東西的欲望，又不會危害身體健康。

2. 喜愛重口味的食物：有些病患嗜吃重口味食物，或堅持要添加大量的糖或鹽。

處理方式：準備好的食物先不加糖或鹽，端到患者面前時再調味。

鼓勵自行用餐，口頭提起進食步驟

1. 建立規律的用餐時間。
2. 在患者的能力範圍下，盡可能鼓勵他自行用餐，以維持他的基本能力。
3. 照護者準備食物時，要注意食物的質地，避免容易噎住的食物，如饅頭、糕餅等。
4. 餐桌上的東西應簡單化。吃喝的過程看似輕鬆，但對精細動作控制力不佳的病患，卻是很大的困難，常因取食不易造成延長用餐時間、灑落食物，造成失能者心理壓力。適當選用合宜的輔具，除了可以減少用餐時間，也能讓病患動手進食，增加自信心。
5. 依患者失能的程度，調整餐具和器皿，如有需要，加上防滑小桌巾，並使用摔不破的、有邊的塑膠製餐具。
6. 對於失能的患者，有時需要口頭提醒他進食的步驟，例如「張開嘴巴」、「吃一點肉」、「多咬幾下」、「慢慢吞下去」、「喝點湯」等等。
7. 多用「鼓勵」的方式，營造快樂的進食氣氛。

穿著須知

有些患者因爲判斷力的喪失，不會選擇適當的衣物，例如天冷了，仍穿短袖衣服，或天氣熱了，穿著很多件外衣等；因此，照護者必須依照每日氣溫變化，協助患者準備衣物。

1. **衣物選購**：選擇比較容易穿脫款式的衣物，如開襟的上衣，或鬆緊帶的褲子等。
2. **鞋子的選擇**：選擇容易穿脫的款式，需繫鞋帶的鞋子不適合中重度失智症；對於容易跌倒的患者，要注意鞋子是否有止滑功能。此外，拖鞋雖然方便穿脫，但對老年人而言反而不利行走，且會增加跌倒的機會，故不建議失智患者穿著拖鞋行走。
3. **盡量維持其生活功能**：倘若患者能自行完成穿衣、穿鞋的動作，照護者盡可能在旁協助就好，應讓患者保持原本的基本生活功能。

清潔須知

盥洗、如廁，對正常人來說，是稀鬆平常的事情，但對失智症患者來說，每個步驟都需要用到認知功能來執行，原本簡單的動作變成一個不容易的挑戰，所以照護者必須注意一些要點，以避免危險情況發生。

1. 洗澡的時間儘量固定時段跟頻率。
2. 確認水溫是否適當。
3. 為患者準備的沐浴用品，必須是病人所熟悉的，例如肥皂、毛巾等，這裡的熟悉是指不要隨意更換病患經常用的沐浴用品，保持習慣用的廠牌、形狀或味道。
4. 留意患者是否能準確完成沐浴動作。有些認知功能退化嚴重的患者，雖然進了浴室，出浴室時看起來也濕濕的，卻可能只有沖水，沒有執行清潔的步驟。
5. 浴室應加裝防滑裝置，避免跌倒等意外發生。
6. 浴室裡勿放置危險物品，如玻璃杯、刮鬍刀、清潔劑等，要置於患者無法取得之處。
7. 其他：有些失智者會不停對鏡子自言自語，進而干擾日常生活動作的進行，這是因為患者已認不出鏡中人是他自己。如果這對患者來說極為困擾，照護者可將鏡子遮住或移除。

勿讓患者單獨留在浴缸裡

失智患者初步退化時，還可以口頭接受照護者指導洗澡的步驟。當病情持續發展下去，極有可能需要照護者的協助。倘若需要使用浴缸來協助患者清洗身體，千萬記住，勿讓患者單獨留在浴缸裡。

如廁須知

1. 定時提醒患者上廁所，並留意患者能否準確完成如廁的步驟。
2. 留意患者是否出現大小便失禁的情況，並視情況選擇成人尿布等方式來處理。
3. 廁所內應加裝防滑設施（包括加裝防滑扶手，有助於進出浴盆或上下馬桶時扶持、選擇穿著適用於浴室或游泳池的防滑拖鞋、使用浴室防滑條或防滑墊或直接使用防滑地磚）。

適當的給予必要的指令

失智者於初期步退化時，照護者應給予口頭指示，如先脫外面的褲子，再脫內褲，用衛生紙擦拭，沖水等等。倘若病情持續發展下去，極有可能需要照護者進一步的協助。

溝通紀錄

因疾病的關係，照護者與病患很容易發生溝通不良的狀況，然而透過充分了解病情發展及有效的溝通技巧，溝通不良狀況是可以獲得緩解。此外，必要時應請醫師評估患者是否有聽力、視力障礙，必要時以眼鏡或助聽器改善。

1. 充分了解病情：

要知道如何與失智者對話，首先要了解失智症狀對彼此溝通的影響。有些老人失智症患者，會於疾病早期就出現溝通困難，然後隨病情發展而逐漸嚴重。這是因為認知功能受到疾病的影響，書寫及語言說話都會有困難，表達也變得不清楚，有時患者無法想出恰當的字眼或詞句來回應問題。

此外，記憶力不佳，也使得患者出現重複提問或重複回答的情形。有時無法記住你所說的上一句話，導致對過長的指令或故事無法理解。不僅是吸收資訊的時間，連思考回答的時間也變得較長。這樣的溝通困難，對於失智症患者本身帶來很大的挫折感和壓力；當他發現到自己的困難時，他的自尊心會受損，有些人就變得避免說話，進而自我退縮。

當疾病進行到「重度期」時，病患可能會無法使用語言溝通，最後完全喪失說話能力，例如只能說出幾個字，無法形成一個有結構的句子。

所以照護者需要多一些努力與耐性，來加強與失智症患者之溝通。要提醒的是，雖然病患的溝通能力可能下降或最終完全喪失，但他並非植物人，他仍然能維持內在的感情和情緒，只是無法適切表達出來。

2. 聰明溝通的 10 個技巧

- 以樂觀的態度、肯定的方式來跟患者對話。
- 減少外來干擾或噪音，說話速度放慢，咬字清楚，以同樣的字詞重複你的問題。
- 協助開啓話題：失智患者對於話題開啓的能力有障礙。此時，適當地幫忙他開啓話題，有助於對話的開始。
- 給患者字彙和完成句子的時間：對話的步調要慢一些，給予失智患者多一些時間反應跟思考。
- 幫忙他塡補空白：不管是找不到正確的字詞，或是思考不出正確的答案，都會在對話中帶來中斷跟空白；這樣的停頓若是太長，失智患者會感到尷尬挫折或很氣餒。照護者可以巧妙地說些其他的話，來幫忙他塡補空白，減少他的不舒服。
- 巧妙地替他回答：即使是像今天的日期、子女姓名等等簡單的問題，失智症患者都可能忘記。無法想出答案或答錯也會讓他覺得很困窘，不好意思，甚至對自己生氣，照護者可以技巧性地幫他回答，再給予鼓勵。
- 用家鄉話試試：照顧過長輩的人，可能都有相似的經驗——有時使用一般的語言效果並不好，反倒是跟老年人講家鄉話，可以得到比較多的回應，這是因爲失智症影響的是比較近期的，生病後的記憶、過去的記憶受到的影響較小，運用家鄉話帶來的懷舊溫暖，也有助於彼此的溝通。

- 善用肢體語言：由於語言的理解是比較困難的部分，照護者可以運用身體語言及臉部表情、身體姿態等來輔助溝通，試著加上手勢或親自動作的示範，這些都能幫助患者了解你的意思。
- 觀察他的情緒：照顧者應試著抓住著隱藏在患者語言後面的情緒，注意患者的臉部表情，或肢體的小動作，或許經由這些線索，照護者可以猜測個案的想法，進一步協助彼此的溝通。
- 愛是最佳語言：有時患者的障礙太大，試過很多方法仍無法將內容做有效的溝通。照護者應記住眞正重要的是情感的部分，將你的關心與對他的關愛傳達給他，進行一種情感的溝通。

3. 腦部多運動．緩解腦部退化

失智症患者應經常從事對大腦有刺激性的活動，不管是從事心智活動（包括：學習事務與認知等）、創造性的活動（包括：寫作、烹飪、編織、園藝、繪畫、閱讀書報、縫紉等）、或是參與社交活動（包括：同學會、社區活動、公益活動、宗教活動、當志工、打麻將、打撲克牌等），與人群和社區活動保持密切接觸等，對失智症患者的病情都能有極大的幫助。

預防走失的小方法

在家時

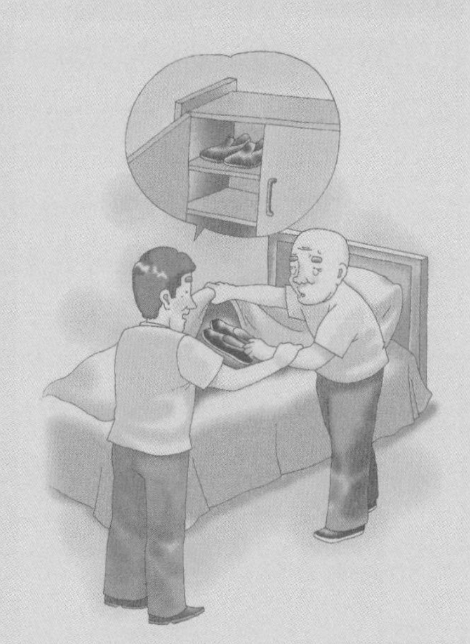

- 可將門鎖拉高設計或將門鎖用裝飾品遮掩住──門上貼壁紙來偽裝，門上掛上掛圖或標語來遮檔。
- 可在門上裝置警鈴或能發出聲響的鈴鐺等。
- 將與外出有關的物品收好（如鞋子、皮包等），避免引發患者想出去的念頭。
- 告知里長、鄰居、守衛甚至是管區員警，家中有失智老人的情形，請大家互相留意。

外出時

- 避免到人多吵雜、擁擠混亂的地方，例如：大型商場、車站等。
- 避開危險性高的地方。選擇溫和的遊樂設施。
- 儘量不要讓他單獨外出。外出時，最好能有兩位照顧者同行。
- 在失智者的隨身物品，繡上聯絡方式，或是佩帶預防走失手鍊、識別卡片，攜帶行動電話。
- 讓他穿顏色鮮豔的衣服，容易被認識與尋找。
- 儘量與患者手牽好一起行動，或是以拉手鍊的方式。
- 乘坐特約交通車或計程車。
- 不要讓患者單獨一個人行動。排隊時讓患者站在照顧者的前面，盡量一起行動。最好是由固定的照顧者進行固定的活動，如安排固定的友伴、安排固定的活動順序、安排固定的活動地點。

文／蔡佳芬（台北榮民總醫院精神醫學部老年精神科主任）

腦中風照護

你知道嗎？35歲以上的成人，每年約有3萬人發生第一次中風，導致死亡或殘疾。其中有十分之一的人一年內會發生第二次，殘障程度會比第一次嚴重，且其中四分之一人死亡。

腦中風是相當常見的疾病，根據國內一項研究顯示——35歲以上成年人的腦中風的發生率，女性爲每年3.32／1000，男性則爲每年4.67／1000。而腦中風所造成的死亡率，高居台灣十大死因第二位，它同時也是造成殘障的主因，令人聞之色變。

腦中風雖然可怕，但可以預防和治療。而完善的中風後照護，也可以減少中風後的併發症，甚至降低再次中風的發生率。以下就讓我們來認識腦中風這個疾病、病發時的處置原則，以及中風後的照護要領。

定義

導致腦中風的危險因子有很多，包括年齡在65歲以上、高血壓、高血脂、糖尿病、心臟病、抽菸、服用避孕藥、肥胖，以及家族有高血壓病史等等。

所謂的腦中風，是指腦血管發生病變，引起腦組織壞死或功能失調；它可概分爲以下三大類——

1. **腦梗塞**：是指血栓堵住腦血管，導致腦組織缺血。
2. **腦出血**：是指腦血管破裂，血塊壓迫正常腦組織。
3. **暫時性腦缺血**：指腦部暫時性缺血而引發中風症狀，但在24小時內完全恢復。

症狀

當患者當出現中風症狀時，更需要懂得即時就醫，而不是不以爲意，以爲發麻、摔跤、看不清楚沒什麼關係。

以下是中風常見的症狀——嘴歪眼斜、一側或兩側肢體無力、痲木、意識模糊甚至昏迷、言語不清、構音障礙（例：說不出話來）、溝通困難、感覺異常（例：感覺有螞蟻在手上爬）、吞嚥困難、流口水、眩暈、嘔吐、頭痛、步態不穩，運動失調、大小便失禁、視力障礙（複視、視力模糊不清、視野缺失）、抽搐、精神上的改變，如情緒冷漠、躁動不安、記憶喪失。

不可輕忽的中風 5 大症狀

美國中風協會將小中風和腦中風的症狀分為五大項——

1. 手腳或臉部突然發麻或無力，尤其是身體的單側。
2. 突然感到困惑，口齒不清，或聽不懂別人的話。
3. 單眼或雙眼視力突然模糊。
4. 突然舉步困難，覺得昏眩，失去平衡或協調。
5. 突然不明原因的頭痛欲裂。

小中風的症狀和腦中風一樣，只是持續的時間長短和嚴重的程度不同。小中風的症狀比較輕微，大多只持續 5 ～ 20 分鐘，而且會在 24 小時內恢復；超過 24 小時就稱為中風。

診治原則

1. **緊急送醫**：腦中風發生後，應緊急送醫，在急診室，醫師會進行初步檢查，包括抽血、驗尿等，以排除低血糖等所產生的類似中風症狀；另外，電腦斷層或核磁共振，可輔助診斷中風的型態、位置與嚴重性。醫師會視病情所需，必要時將進一步安排腦血管超音波或腦血管攝影檢查。
2. **藥物治療**：倘若確認爲「急性腦梗塞」，且在三小時內，到院確診，並符合以下條件者（包括年齡介於 18 ～ 80 歲、電腦斷層顯示無腦出血情形，也無其他不適條件如：血小板過低、血糖過低或血糖過高等），則可考慮血栓溶解劑治療。

另外，若合併腦壓升高，可將床頭抬高 30 度，並給予降腦壓藥物；腦壓高的中風患者，應注意大小便的通暢，避免用力解便，造成腦壓升高的危險，有解尿困難者，須使用導尿管。

3. **其他**：中風後的腦壓升高可能導致意識改變與呼吸障礙，此時可能需插管（氣管內管）治療，以維持呼吸道通暢。有吞嚥困難者，則須使用「鼻胃管」輔助管灌餵食。部分腦出血或腦壓控制不易的中風患者，則視病情所需，得接受進一步「手術治療」。

至於血壓的控制，在急性腦梗塞時不宜降得太低，以免影響腦部血流；腦出血的患者，則應避免血壓急遽升高，導致二度出血。

關於，中風後的復健，在病情許可下，應儘早開始，如此方可獲致最大的復健效果，將中風後的功能障礙降至最低。

急性中風期務必遵從醫師指示・正確服藥

中風患者應配合醫師指示，服用藥物，尤其是中風預防藥物與降血壓藥。常用的中風預防藥物有：血小板抑制劑（如阿斯匹靈）與抗凝血劑（如華法林 warfarin）等。

上述藥物有可能增加患者出血的機率，如皮膚瘀青、腸胃道出血、血尿、牙齦出血等，使用時除嚴密觀察出血症狀外，使用抗凝血劑的患者，必須定期監控凝血功能，必要時應調整藥量。

此外，患者長期使用的慢性病藥物，仍須經醫師檢視調整後，再行服用。急性中風時，避免使用安眠藥，以免影響意識，至於中藥、偏方或其他非醫師開立的藥物，急性中風期皆不宜使用。

中風後的併發症相當多，如壓瘡、肺炎、泌尿道感染、腸胃道出血、餵食嗆到、甚至不慎跌倒等。但若有完善的中風後照護，則可以有效避免以上併發症的發生，以下則是針對中風後的照護重點──

協助定時翻身

腦中風患者，多半有肢體無力的情形，嚴重者活動受限，甚至終日臥床，因此，「定時」的翻身非常重要，可避免壓瘡出現。原則上，進食後半小時內不宜翻身，以免容易有噁心、嘔吐的反應，其他時間至少每兩小時翻身或改變姿勢一次。

1. 必要時可使用氣墊床、脂肪墊或水球等工具，以減輕壓力，避免壓瘡形成。
2. 平躺時，勿將枕頭置於膝蓋下方，避免壓迫到膕動脈，阻礙下肢的血液循環。
3. 側躺時，可以將枕頭墊於背臀部，使身體成側斜姿勢，並於雙小腿之間支托一個枕頭，避免雙腳相互壓迫，影響血液循環。
4. 頭部位置亦需調整，避免頸部屈曲或歪斜。
5. 可配合垂足板或捲軸使用，維持足部適當支托以防垂足。

此外，在翻身時，可配合「背部叩擊」（將五指併攏，稍彎曲呈杯狀，再拍擊患者背部。背部叩擊的目的在於，使濃稠而黏附於支氣管壁的痰液能脫落而易咳出）；若能事前配合蒸氣吸入，軟化痰液，效果更好。

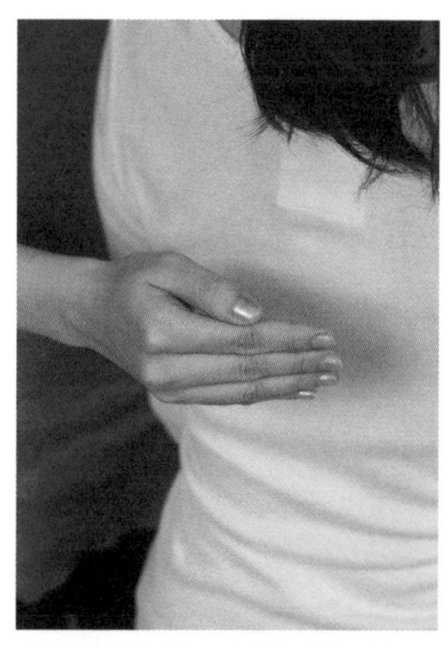
將手握成杯狀，手指保持彎曲。

協助上下床

腦中風患者病情穩定後，若能儘早下床增加活動量，可促進肺部清除分泌物的功能，並增強肌力，預防關節萎縮、泌尿道感染等併發症。協助癱瘓病人上下床，是非常重要的照護技巧；原則上，下床活動宜於進食後 30 ～ 60 分鐘才執行，以免影響消化或導致嘔吐。

1. 下床前，要協助病患做肢體關節的活動，以鬆弛骨骼肌肉。
2. 有人工氣道者，須先予抽痰、解尿或處理完大小便後再下床。
3. 有導尿管引流的病患，下床時應防尿液回流現象（可先將引流管用橡皮筋綁住）。
4. 當病患坐於輪椅上時，應給予適當支托，必要時使用約束衣或床單、枕頭等物固定。
5. 病患下床行走，尤應注意安全，避免跌倒。

鼻胃管與導尿管護理

鼻胃管與導尿管的使用，是照護中重要的課題。

鼻胃管

當患者無法由口進食，需藉由鼻胃管讓食物由鼻孔流入胃內，供給患者營養。

1. **灌食前**：照護者應先備妥相關用品，確認鼻胃管位置無滑脫現象，且上次灌食的消化情形良好，反抽無食物殘留。
2. **灌食時**：應讓患者半坐臥，不可平躺，以免食物溢出而噎著；此外，食物倒入灌食空針後，應將空針提高 30 ～ 60 公分，好讓食物緩緩流入。
3. **灌食後**：要再加灌 30 ～ 50 cc的開水，以清理管壁上附著的食物；最後再將鼻胃管的開口蓋妥即可。

導尿管

導尿管的使用，必須特別注意尿管的固定與清潔。

1. **固定**：男性的導尿管，固定於下腹部；女性的導尿管，應固定於大腿內側。翻身或移動時，避免導尿管受壓、扭曲或拉扯。
2. **清潔**：爲預防泌尿道感染，每天早晚必須執行導尿管清潔護理 1 ～ 2 次。
3. **更換**：一旦尿管堵塞或患者有泌尿道感染情形，要立即更換尿管；至於尿袋，宜兩週更換一次。

照護腦中風患者，相當辛苦，照顧者必須長期付出心力、勞力，以及愛心與耐心。然而，照護工作做得好，可減少併發症，讓患者恢復得快，將是照護者最好的回報。除此，與醫護、營養、社工等專業人員時常討論、諮詢，彼此打氣、相互配合，這條照護之路將走得更平安、快樂，這才是患者眞正之福。

協助的復健運動

許多研究都顯示出中風病人的患側肢體需要有大量的功能性活動，才會有恢復的成果，故除了醫院的治療，居家的持續復健，也是很重要的一部分。

以下提供一些常見的居家復健活動以供參考，建議病患盡可能的在安全且能力所及的範圍內練習。但病患的身體狀態與能力因人而異，所以病患和家屬應遵循治療師的專業意見與教導，方能達成復健目標。

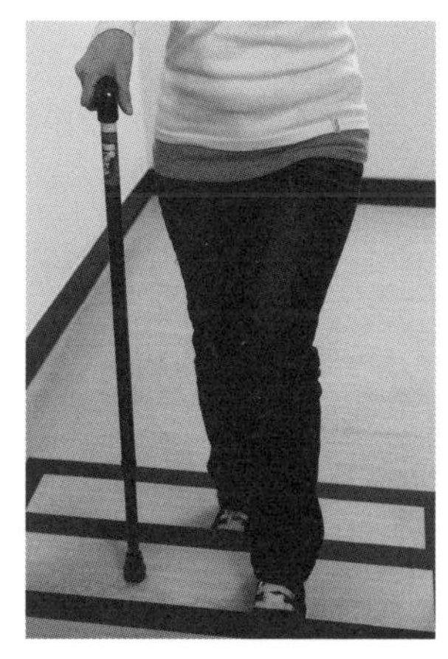

1. **登階運動**：利用家中樓梯或是小型的台階，讓病患在有扶手或是沒有扶手的情況下，練習上下台階的運動。
此運動可以幫助病患訓練下肢肌力、平衡能力以及身體重心轉移的能力，應依據病患的身體狀況，增減上下台階次數。
2. **踩踏運動**：當病患有下肢水腫問題時，可以將病患的下肢以枕頭墊高，並請病患配合腳掌做踩踏的動作，以增加血液和淋巴回流，降低水腫。

3. **散步**：在戶外行走的能力包含行走速度、行走耐力、跨越障礙物、走不平穩的地面和上下坡步行等等。
   根據病人的能力和治療師的囑咐，可以讓病患加強上述的行走能力，使病患有機會回歸社會生活。
4. **固定式腳踏車**：騎乘固定式的腳踏車或上下肢腳踏車，可以幫助病患增加肌肉力氣、心肺耐力和手腳的協調性。不過必須非常注意病患的安全和心跳呼吸，避免意外發生。
5. **毛巾操**：中風病患的健側手利用毛巾帶動患側手，根據病患情況，可以做關節活動運動、肌肉伸展或是做雙手上舉、擦背動作以練習肩膀周圍肌肉的穩定性。
6. **轉珠**：若病患的手部功能已練習至細部動作，建議病患可以利用老年人常用的大顆玉珠或是石珠，以單手練習兩顆珠子同時轉動的動作，增加手指功能的協調性。

聽（讀）懂中風患者說的話（字）

腦中風依照病變的部位不同，患者會有程度不一的語言障礙或吞嚥能力。大腦中風造成的「失語症」可分為三種類型——

1. **大腦控制語言的感覺區受損**，所以患者會聽不懂別人說的話，但自己卻可表達、可說話。
2. **大腦控制語言的運動區受損**，患者可聽懂別人說的話，但卻不能表達。
3. **聽不懂別人說的話，也講不出話**。

而失語症的程度和大腦中風的範圍有關係，剛中風後一個月是治療的黃金期，在恢復上會比較快。

中風後的病患，大約要 1 ～ 2 年的復健時間，而治療失語症、教導語言的學習，也需要大約一年多的時間，如果中風範圍擴大，復原能力和大腦再教育能力也會變差，依照病患個別身體狀況，則有可能需要更久的時間。

在語言治療師開始訓練之前，要先釐清患者是否是失語症或只是講話表達不清楚而已，如果只是表達上不清楚，那主要針對訓練舌部的動作和吞嚥能力即可。

若是失語症，則可以利用家中日常生活用品引導病患認識物品名稱，例如：鍋子、拖鞋、電視、果汁等，並教導如何去讀或是製作小紙卡、圖卡，或是聽喜歡的歌曲等，用學習語言的方式來慢慢幫助患者恢復語言的能力。

如果病患是聽的懂但說不出話，那家中可準備白板與白板筆，讓病患可使用此工具達成溝通的目的。

當病患出現失語症，其後續的復健上是一條辛苦且漫長的道路，在重新學習語言的過程中，剛開始有可能一個星期就只學會一個字、一句話，內心一定充滿挫折、自尊心低落，這時候，家庭成員的鼓勵與耐心的陪伴是病患在學習與復健上的一大支持，給予信心，告訴他：「別急，慢慢說」，並給予病患勇於開口說話的機會，慢慢的恢復日常生活並回歸到社區。

如何預防再中風

1. **遵從醫矚按時服藥**：中風患者應配合醫師的指示服用藥物，尤其是中風預防藥物與降血壓藥，常用的中風預防藥物有血小板抑制劑（如阿斯匹靈）與抗凝血劑（如華法林 warfarin）等。上述藥物有可能會增加患者出血的機率，如皮膚瘀青、腸胃道出血、血尿、牙齦出血等，使用時除嚴密觀察出血症狀外，使用抗凝血劑的患者，另需定期監控凝血功能，必要時調整藥量。
2. **控制血壓**：在急性腦梗塞時血壓不宜降得太低，以免影響腦部血流；腦出血的患者，則應避免血壓急遽升高，所以要控制好血壓，避免導致二度出血。
3. **清淡飲食**：飲食上不能再像以往一樣大魚大肉，過多的膽固醇與三酸甘油酯容易造成血管阻塞，增加心臟的負擔，所以飲食上要以清淡、多攝取蔬菜水果為主，多一點纖維，少一點油脂。
4. **其他**：戒除抽菸與喝酒，養成良好的運動習。

Part 5 運動照護篇
Part 6 飲食照護篇
Part 7 疾病照護篇
Part 8 貼心收錄篇
Part 9 相關資源篇

換季或日夜溫差大要特別注意保暖

季節交換時或日夜溫差大特別容易引起感冒，不僅如此，當寒流來臨時有誘發腦中風的危險！

因此，患者在季節交換時更該注意衣物的保暖——衣物的選擇以舒適、保暖棉質的質材為主，外出活動時可穿著較容易排汗、透氣的衣服，避免運動後流汗悶在衣服裡，並帶著一件薄外套，天氣涼了就可搭配穿，既能防曬也能防風。

中風時立即放血有用嗎？

部分中醫或民俗療法主張初次中風患者可於送醫前先於十指指尖（即十宣穴）放血，可降低中風嚴重度甚至保命；然而，這項放血療法尚未經過臨床試驗證實其療效，其背後的理論根據亦無定論，建議一般民衆遇到疑似中風時，還是儘速送醫、及早診斷治療為宜。

腦中風可分為「缺血性」與「出血性」兩種——缺血性中風的部分個案，若能把握黃金三小時內，經臨床醫師評估後給予血栓溶解劑，能有效降低中風嚴重度及後遺症；因此，一般民衆切勿輕易嘗試指尖放血療法，以免延誤黃金治療期。

此外，有一種少見的「原發性多血症」，由於血液本質的改變，可能導致中風，此類患者若能遵照醫囑，每個月定期放血一次，每次約放 500c.c.（和上述指尖少量放血不同），能有效預防再次中風。

文／陳韋達（衛福部基隆醫院副院長）
胡曼文（普洛邦物理治療所院長）
沈佩瑤（台北榮總高齡醫學中心）

▶▶ 呼吸系統疾病

氣喘照護

氣喘是常見的胸腔疾病；氣喘疾患平常未發作時其症狀通常較輕微，常因突然接觸過敏原、刺激物、化學物質、用藥不當、運動、情緒反應等等而發作，其中又以病毒引起呼吸道感染（俗稱的感冒）最爲常見。

定義

氣喘是一種「可逆性」呼吸道的阻塞，亦就是說給予藥物治療或避免過敏原即可恢復呼吸道阻塞現象。

在臨床上，將老年人的氣喘依疾病持續的時間分爲兩類——

1. **遲發性氣喘病**：即氣喘病於年紀大時才發作，患者較少出現異位性體質，其肺功能較佳且對支氣管擴張劑反應較好。
2. **早發型氣喘病**：多在年輕時即患氣喘病，早年時沒有好好控制氣喘，且持續到老年；亦或是雖然年紀大才發作，但因病人不自覺或醫護人員的誤診，導致延誤病情。這類病人往往肺功能較差，肺功能惡化較快，且對支氣管擴張劑反應較差。

症狀

氣喘的症狀常常不盡相同，常見的氣喘前兆症狀，包括——

1. **尖峰吐氣流量下降**：近兩、三天尖峰吐氣流量早晚變異性相差 20%以上，或是低於最佳值 80%。
2. **慢性咳嗽**：尤其是夜晚咳痰。
3. **呼吸困難、胸部悶悶的、呼吸淺快、喘鳴**。
4. **疲倦、眼睛發癢、流眼淚、喉嚨癢或疼痛**。

診斷

氣喘患者於疾病穩定期時接受「肺功能檢查」，檢查時醫師會請病人吸入短效乙二型交感神經興奮劑，約 15 ～ 20 分鐘後，在請病人用力呼氣一秒，此時容積必須增加12%以上，而且大於200毫升以上，（這表示氣喘病患比慢性支氣管炎患者吸入短效乙二型交感神經興奮劑有更大的療效）；也是與慢性支氣管炎區分的好方法。

照護須知

發病須知

當氣喘發作時請保持冷靜，並放鬆肌肉，可採取放鬆技巧，若你已知道是哪一種氣喘激發物所引起，請將激發物（如貓、狗…）去除。

用藥須知

按處方指示服藥，病患勿任意停藥或增加劑量，且應了解藥物的用法、劑量、作用、及副作用等；外出時應隨身攜帶口含式噴霧劑。

吸入短效支氣管擴張劑，可於一小時內使用三次，吸入短效支氣管擴張劑後5～10分鐘後，應觀察尖峰吐氣流量，若仍低於個人最佳值的80%，但比吸入短效支氣管擴張劑前進步20%，可再吸一次短效支氣管擴張劑，5～10分鐘後若仍低於個人最佳值的80%，病友應立刻請家人、朋友、親戚或鄰居幫忙送醫。

認識峰速計

峰速計可以測出尖峰呼氣流速：即是受測者用力快速呼氣時，氣流瞬間呼出的最高速度；當尖峰呼氣流速愈低，表示氣道阻塞愈嚴重。

而峰速值在最佳値的60%以下時，表示病況危險。峰速値介於60%～80%時，表示需要小心。峰速値在最佳値的80%以上時，表示情況良好安全。

呼吸調整技巧

調整呼吸也是一項重要的方法，氣喘病友可以利用腹式（圓唇式）呼吸來調整呼吸，呼吸時記得放鬆肩膀，用鼻子吸氣，待腹部凸起後，慢慢噘嘴、吐氣、直到腹部凹下；記得每次吐氣時間應爲吸氣時間的 2 ～ 3 倍。

戒菸

有抽菸習慣者應戒菸，平時應避免處在菸霧區、通風不良等公共場所。

居住環境須知

如果經濟能力許可，應選擇適宜的居住環境，此外，由於台灣的氣候較潮濕，平時應使用除濕機、空氣濾淨器，並定期（約 1 ～ 3 個月）更換濾網。

避免接觸過敏原及其他有異味或刺激性物質（如香水、樟腦丸、殺蟲劑、油漆及灰塵）。而柑橘類水果（如橘子、柳丁、柚子）較易引發過敏反應，應盡量少吃。

生活習慣須知

適度的運動與休息，避免過度勞累及熬夜。流行性感冒季節，應提早施打流感疫苗，且應避免與上呼吸道感染者接觸；冬天時應做好保暖措施，在室內行走可穿著室內拖鞋，以避免腳底接觸到冰冷的地板，外出時最好戴上口罩或圍巾，保護口、鼻、頸部或使用暖暖包。

急症發作怎麼辦？

氣喘病友應清楚知道氣喘發作時的早期徵兆與尖峰吐氣流量區域分法，以便能在發作時早期予以治療。此外，氣喘病友遇到下列情況時立即返院治療，如上呼吸道感染（如喉嚨痛、感冒、發燒、咳嗽不止等）、呼吸不順暢，甚至呼吸困難等…。

文 / 沈秀祝（高雄榮民總醫院內科部神經內科主治醫師）

▶▶ 呼吸系統疾病

慢性阻塞性肺疾病照護

根據世界衛生組織資料顯示，全世界共有六億人口面對慢性阻塞性肺疾病（Chronic Obstructive Pulmonary Disease, COPD）的威脅；慢性阻塞性肺疾病已是全球十大死因之一。

在台灣根據調查，國內40歲以上成人的慢性阻塞性肺疾病盛行率達16％；而慢性阻塞性肺疾病，通常包含慢性支氣管炎與肺氣腫兩種疾病，是一種變性的疾病。

定義

慢性阻塞性肺疾病是一種長期慢性功能退化且無法恢復之呼吸道阻塞，致使氣體無法通暢地進出呼吸道的疾病，臨床上將它分爲慢性支氣管炎、肺氣腫──

1. **慢性支氣管炎**：是指連續兩年以上，且每年皆連續3個月以上，咳嗽都帶有多量黏痰即可稱之。然而，慢性支氣管炎即便未處於急性發作期，肺功能仍會持續惡化，且平時即有痰多、喘等現象，因此，一旦呼吸道遭受到細菌感染，將會引起膿痰，導致症狀加劇的現象。

此種疾病好發在長期抽菸的病人，它的致病機轉多爲長期細支氣管慢性發炎、黏膜增厚與分泌細胞過度增生及分泌，造成呼吸道不可逆狹窄，所以即使吸入支氣管擴張劑，效果都不佳。

2. **肺氣腫**：是指某些肺部慢性疾病，其中極大多數是由慢性支氣管炎引起，造成終末細支氣管遠端（呼吸細支氣管、肺泡管、肺泡囊和肺泡）的氣道彈性減退，過度膨脹、充氣和肺容積增大，或同時伴有氣道壁破壞、支氣管內壁腫大，肺泡破裂形成大的氣囊的病理狀態，產生纖毛活動受損、黏液分泌物增多、咳嗽、吐氣困難、不易有效咳嗽等症狀。

症狀

1. **常見症狀**：哮喘、慢性咳嗽、咳痰、呼吸困難、咳血、疲倦、意識不清、發燒、嚴重時心臟功能受損導致下肢水腫。
2. **缺氧症狀**：睡不著、頭痛、發紺、昏睡。

併發症

1. **呼吸衰竭**：嚴重時需插入氣管內管並使用呼吸器幫助呼吸。
2. **慢性肺心症**：肺動脈高壓會引起右心室、心房擴大，最後導致右心衰竭。
3. **營養不良**：因呼吸困難而大量消耗能量，再加上長期食欲降低，容易導致營養不良。
4. **氣胸**：肺泡破掉，空氣跑進肋膜腔所致。
5. **易感染肺炎**：患者較易感染肺炎。
6. **睡眠呼吸中止症**：有部分病患會在睡眠中發生低血氧的狀況。

藥物治療

病患長期接受藥物控制，常使用的藥物有支氣管擴張劑、祛痰劑、類固醇、抗生素（若懷疑有細菌感染時，需使用抗生素治療）等。

氧氣治療

必要時依醫師的指示評估使用氧氣治療，一般約每分鐘 2 公升爲單位，預防缺氧的合併症。

戒菸

防止肺功能繼續惡化，最重要的根本方法。

清除痰液的方法

1. 咳嗽方法：先用鼻子深深吸一口氣，屏住呼吸數秒鐘，吐氣時身體向前彎曲，用手壓迫腹部，增加咳嗽力量再咳出痰液。咳痰比拍痰更有助於分泌物的清除，所以咳痰的訓練是很重要的。

2. 拍痰及姿位引流：將手掌併攏成杯狀或使用叩擊器，有節律的拍打叩擊或震動胸壁，正確的拍打聲爲「鼓聲」，每一部位拍打約 5 分鐘，拍打時手腕彎曲，交替的拍打在胸廓上，有利鬆動附著於呼吸道上的分泌物，使分泌物易於排出。但叩擊部位應避開胸骨、脊椎、肝臟、腎臟、脾臟及乳房。

呼吸再訓練

圓唇呼吸

1. 放鬆心情。
2. 用鼻子吸氣，短暫閉氣。
3. 噘起嘴唇慢慢呼出氣體，就好像吹蠟燭一樣。
4. 呼氣的時間約爲吸氣時間的2倍（吸—吸—吐—吐—吐—吐）。

2

3

腹式呼吸

❶ 用鼻子深吸氣，使腹部突起，做短暫停留。

❷ 收縮腹部，噘起嘴唇慢慢呼氣，呼氣時間應是吸氣時間的2倍。

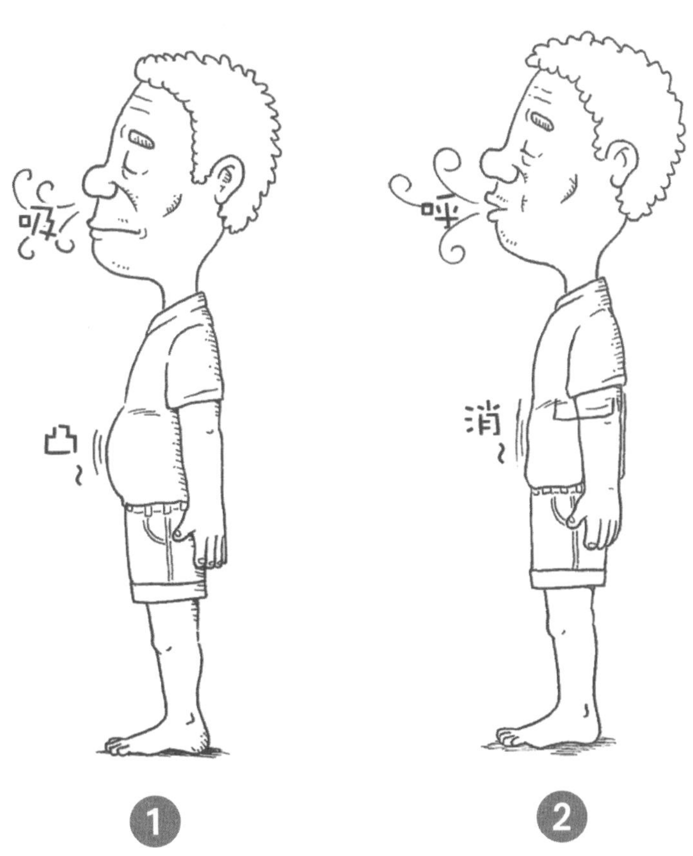

呼吸運動

頭頸運動

❶ 坐在椅子上，用鼻子吸氣，吸氣時將雙手置於腦後。

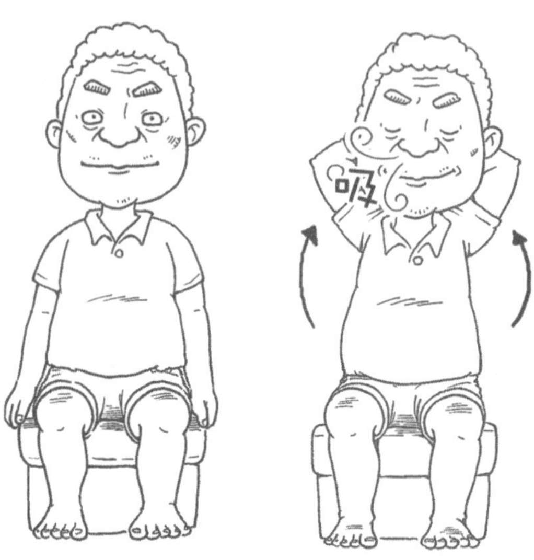

❷ 噘起嘴唇慢慢吐氣，此時，將右手肘彎至左側膝蓋（使肺內的氣體吐出一半），然後再坐正，將剩餘的空氣吐出。

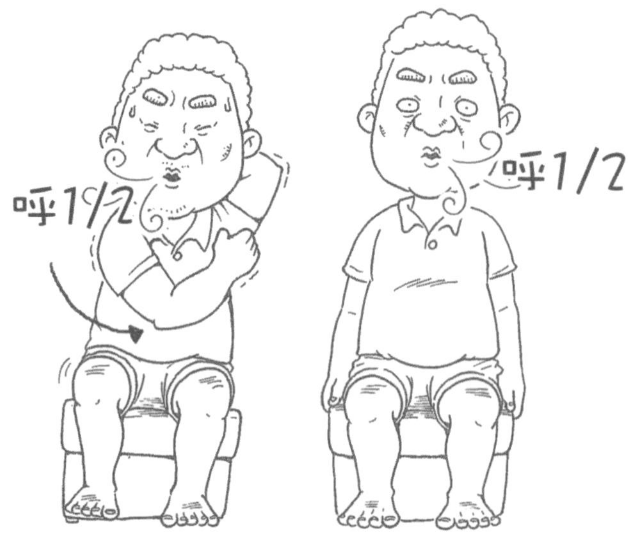

上肢運動

❶ 坐在椅子上，腳平踩地板，雙手置於身旁，鼻子吸氣，雙手慢慢平舉與肩同高。

❷ 吐氣時雙手慢慢放下，鼻子吸氣，雙手慢慢向前儘量伸直。

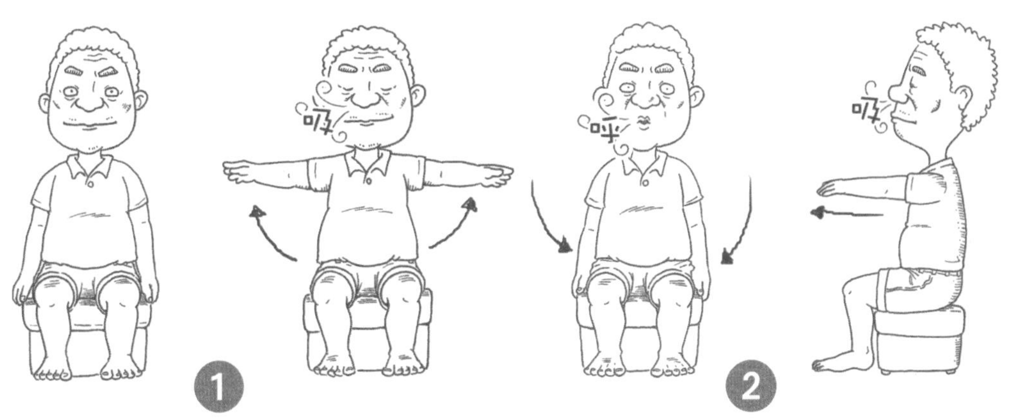

❸ 吐氣時雙手慢慢放下。

❹ 鼻子吸氣，將雙手置腦後，噘起嘴唇慢慢吐氣，雙手慢慢放下。

下肢運動

❶ 坐在椅子上，鼻子吸氣時右腳慢慢伸直。

❷ 噘起嘴唇吐氣時，右腳再慢慢收回。

❸ 鼻子吸氣，將雙手置於腦後，噘起嘴唇吐氣。

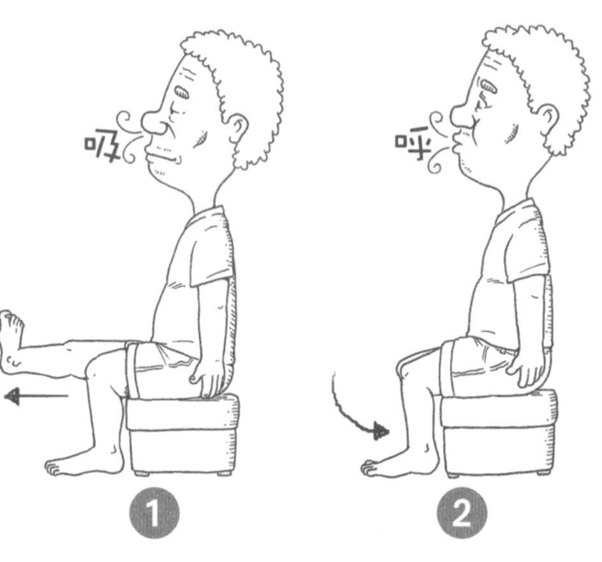

❹ 鼻子吸氣將雙手再置於身旁。

❺ 左腳慢慢伸直，噘起嘴唇吐氣時左腳再慢慢收回。

4

5

急症發作的緊急處理

1. 支氣管擴張劑：合併乙二型交感刺激劑和抗膽鹼藥物增加劑量或頻率，使用氣流驅動的噴霧器或是吸入輔助器。

支氣管擴張劑使用注意事項

交感神經類藥物：如 Berotec 定量噴霧吸入器，少部分的人會有心跳加快、心律不整、顫抖、精神亢奮、失眠等情形。

抗膽鹼類藥物：如 Atrovent 定量噴霧劑，少數會有口乾、頭暈、頭痛、腸胃不適等現象。

2. 配合類固醇使用：口服或噴霧劑。

類固醇的使用注意事項

定量型噴霧劑：如：Pulmicort、Flixotide，少部分的人會有口腔咽喉的念珠菌感染，因此，每次使用完畢應清潔口腔。

文／沈秀祝（高雄榮民總醫院內科部神經內科主治醫師）

紅斑性狼瘡照護

全身性紅斑狼瘡，是華人好發的自體免疫疾病，主要影響年輕女性，男女性之比例爲一比九。

全身性紅斑狼瘡，在臨床上並不少見，國人之罹病率約爲75 / 100,000；然而，隨著診斷及醫療的進步，紅斑性狼瘡患者的存活率已大大提升，大多數病患的症狀多能獲得穩定控制，只需定期門診追蹤。

病因

全身性紅斑狼瘡其致病原因，包括先天基因異常與後天環境的因素（如女性荷爾蒙、情緒壓力、藥物、病毒、紫外線等），引起抗體攻擊自己的器官的自體免疫現象。

症狀

常見的症狀包括臉部蝴蝶狀紅斑、光敏感、口腔潰瘍、肋膜積水、關節炎、蛋白尿、精神病、貧血、白血球或血小板過少和免疫學檢查異常。其他的表現尚有──不明原因發燒、肌痛、容易掉髮、雷諾氏現象（兩側肢端小動脈痙攣，導致間歇性蒼白、紫紺）和血管炎等。

至於，老年發作的紅斑性狼瘡，在臨床表現上合併較多的乾燥症、肋膜積水和肺部病變，較少腎臟發炎或腦部的影響。另外，也需要考慮因藥物（如部分高血壓藥物、治療心律不整藥物與抗結核菌藥物）引起的紅斑性狼瘡。

診斷

由於此病是一種全身性的變化，醫師診斷時須做很詳細的問診及理學檢查，再配合血液學、血清學及尿液檢查，才能了解病人當時的狀況。

治療

紅斑性狼瘡除了藥物治療外，更須注意患者整體健康狀況，追蹤是否有疾病本身或藥物產生之後遺症，並予以治療。

牙齒照護

紅斑狼瘡病患常合併乾燥症，因此，容易有口水分泌不足的現象，進而造成牙齒問題，因此，應每 2 ～ 6 個月定期看牙醫，並定期自我檢查有無牙齦發炎的症狀，如牙齦出血、腫大、發紅或過度敏感等。

營養照護

飲食照顧上必須兼顧營養均衡及充足，才能以最佳的身體狀況對抗疾病。

食物種類繁多，要達到均衡飲食，每天要吃六大類食物，包括五穀根莖類、水果類、蔬菜類、奶類、肉魚豆蛋類、油糖鹽類，避免生食，包括生魚片和生菜沙拉等，以減少沙門氏菌感染的風險。

對紅斑狼瘡病患可能有害的飲食，包括高熱量、高蛋白、高脂肪（尤其是富含飽合脂肪及 Omega-6 多元不飽合脂肪酸）、鋅、苜蓿芽等；相反地，多攝取含 Omega-3 脂肪酸的深海魚油、月見草油、亞麻仁、脫氫異雄固酮（DHEA，是人體腎上腺所分泌的一種荷爾蒙，經周邊組織酵素轉化後可形成雄性素、雌性素、黃體素），可能對疾病的控制有所幫忙。

狼瘡病友是骨質疏鬆的好發族群，如果再加上年齡的因素，發生骨質疏鬆的機率將大幅上升；預防方法為鈣質的補充（每天 1,200 毫克），須同時補充維生素 D，（每天

800～1,000單位），增加負重運動（如散步、太極拳等），須戒除菸、酒、咖啡等會降低骨質的食物，這對狼瘡病友有非常大的幫助。

此外，若有狼瘡腎炎，必須限制蛋白質的攝取，以延緩腎功能繼續惡化；有水腫現象時，必須採低鹽飲食，避免醃漬加工品、速食品等；不可使用低鈉鹽或薄鹽醬油。烹調時，爲減少用鹽量，可利用蔥、薑、蒜、番茄、鳳梨、檸檬等來入菜，可增加食物風味。

由於，服用類固醇藥物會影響體脂肪的分布，常會造成肥胖，所以患者應限制高熱量飲食（少甜、少油等高熱量食物）；同時，需搭配適當運動，每次運動約30分鐘，每週至少3次，運動的選擇以有氧運動爲宜，如快走、游泳及散步等。

防曬措施

根據國內統計，約有30%的紅斑性狼瘡病人的皮膚在曝曬紫外線後造成疾病惡化。除此之外，常用於治療狼瘡的重要的抗瘧疾藥物奎寧，容易引起光敏感，也就是服藥後經陽光曝曬，可能造成皮膚變黑甚至視網膜上黑色素沉積，造成視力模糊等的不良影響，因此，每個狼瘡病友都應注意防曬的問題。

狼瘡病友應儘量避免正中午時外出；早上十點至下午二點，陽光的紫外線最強，對皮膚的傷害力最大，而一年中，陽光中的紫外線以三月至十月特別高。

若必須在烈日下活動，最好能穿有領的長袖衣服，戴上至少帽緣寬十公分遮陽帽，並使用陽傘、口罩、手套來保護容易曝曬的部位，並配戴可以阻擋紫外線的太陽眼鏡，以灰色、琥珀色或墨綠色的鏡片，並選擇有抗UV之款式較佳；即使在車內、屋內的窗戶旁邊，或多雲的天氣時，仍需防曬。

狼瘡病友應養成使用隔離霜或防曬品的習慣，記得，接觸陽光前二十分鐘，曝露的部位就要先塗上防曬品，才能有效防曬；紅斑性狼瘡病患應選用SPF15以上的防曬品；流汗或游泳時，則應選用防水性強的爲佳；在戶外活動超過二個小時，要補擦防曬品。

此外，有些食物會增加光敏感的風險，如木耳、芹菜、白蘿蔔、九層塔、大茴香的葉子、當歸等，都應該儘量避免。

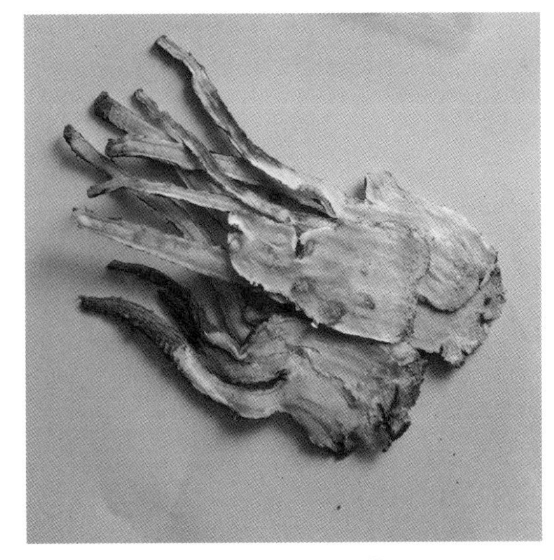

紅斑性狼瘡應該儘量避免食用當歸

紅斑性狼瘡並非絕症！其病程與服藥後的副作用，每人不盡相同，當副作用出現時，請不要驚慌，只要多加留意自己身體的變化，定期檢查，按時服藥，病情可以得到良好的控制。

何時該緊急就醫？

紅斑狼瘡急症，包括急性溶血性貧血、肺動脈高壓、急性狼瘡腎炎、狼瘡中樞神經侵犯與腹部血管炎，需住院接受治療。

若紅斑狼瘡患者出現不明原因胸痛、氣喘、發燒、泡沫尿、全身水腫、少尿、血壓過高、無法解釋的頭痛、精神異常與腹部疼痛，必須儘速就醫診治。

文／陳一銘（台中榮民總醫院醫學研究部轉譯醫學研究科主任）

▶▶ 免疫系統疾病

類風濕關節炎照護

類風濕關節炎，是一種慢性且持續性的關節發炎疾病，主要影響四肢的關節，也會侵犯頸椎及顳顎關節等，亦可能影響身體其他器官，如眼睛、皮膚、肺部、心包膜和血管等。

症狀

類風濕關節炎的臨床症狀，在初期有大約三分之一的病人，以局限在一個或數個關節發炎來表現，三分之二的病人只有一些不典型的不適，例如疲倦、噁心、全身無力、骨頭肌肉隱隱作痛，之後才出現關節滑囊膜發炎。

長期的關節發炎之後，類風濕關節炎會引起特定的關節變形，進而造成日常生活功能受到限制。

老年發作的類風濕關節炎病患，在疾病的早期較多以「急性關節炎」來表現，而且影響以大關節爲主（包括肩關節、膝關節等），和一般年輕發作型的類風濕病人以手腳小關節影響爲主不同。

類風濕關節炎最常見的關節症狀是疼痛，且活動時會疼痛加劇；此外，容易有關節僵硬的現象，經常出現於長時間不活動之後，例如清晨剛睡醒時。

診斷

類風濕關節炎的診斷，依賴病患的臨床症狀、關節 X 光檢查與血清類風濕因子。

不過，老年發作的類風濕關節炎病患，其血清類風濕因子有較高的比率會呈現陰性，造成診斷上的困難，因此近年來常利用新一代的抗環瓜氨酸（anti-CCP）抗體，來輔助早期診斷類風濕關節炎。

類風濕因子的檢查

類風濕關節炎中有 1 / 5 的病人，類風濕因子為陰性，臨床上稱為血清陰性之類風濕關節炎。

類風濕因子亦會出現在其它非類風濕關節炎等疾病，如乾燥症、C 型肝炎、慢性感染等；因此罹患關節炎的病人若抽血呈現類風濕因子陽性，不一定是類風濕關節炎；反之，類風濕因子陰性，也不一定不是類風濕關節炎，在類風濕關節炎的診斷要件中，類風濕因子陽性只是七個項目中的一項。

治療

類風濕關節炎的治療，主要包括藥物治療、復健治療與手術治療，然而最重要的是「早期診斷」與「積極治療」，在發病一年內的黃金時機必須將病情控制下來，以免關節受侵蝕變形。

1. **藥物治療**：類風濕關節炎的藥物治療，可分爲四大類——非類固醇消炎藥物、類固醇、改變病程的抗風濕藥物，以及「生物製劑」（近十年來類風濕性關節炎治療的最新進展），其中的「腫瘤壞死因子拮抗劑」如恩博（Enbrel）、復邁（Humira）可以特別改變類風濕性關節炎不正常的免疫系統，使關節的發炎減少，降低骨頭被類風濕性關節炎蛀蝕的風險，改善症狀，減少因爲關節腫痛帶來的日常生活功能喪失，增加生活品質。
   生物製劑的療效，使用在類風濕關節炎患者身上，沒有年齡上的差異，但要特別注意引起感染的副作用，包括 B 型肝炎復發與潛伏肺結核的感染；其施打方式，和糖尿病患者打胰島素針劑一樣，爲「皮下注射」；恩博每周施打一至兩劑，復邁則每兩周施打一劑。病患或家屬可以在醫護人員教導之下，自行施打，或在家附近的醫療院所請醫護人員幫忙打針。
   另有一種熱門的新藥，主要針對免疫系統的 B 細胞，如莫須瘤（Mabthera），其過去被用來治療淋巴瘤，但後來發現在類風濕性關節炎病人也有明顯療效，目前健保已給付在類風濕關節炎病人對「腫瘤壞死因子拮抗劑」反應不佳的二線治療。它的注射和前兩者不同，半年內只需施打兩次，採「點滴」注射方式，之後再由醫師判斷在六至九個月之後再次注射。

值得注意的是，雖然生物製劑對關節發炎的療效很顯著，但不建議冒然停用原本已在服用的免疫調節藥物，以免造成病情惡化。

2. **復健治療**：適當的物理治療和適當的運動，可改善關節的活動度、增進血液循環，及加強關節相關肌肉的力量、增加肌腱與韌帶的柔軟度，進而改善身體關節的功能。

在進行關節活動時，應慢慢地進行每個動作，避免動作過大或關節轉動太快；關節動作的次數應慢慢增加，如要放鬆緊繃的肌肉或肌腱，應儘量伸展相關部位，嘗試保持同一姿勢約 5 ～ 10 秒，再慢慢放鬆。

3. **骨科手術治療**：類風濕關節炎的治療，主要依賴藥物及物理治療，但有些情況如肌腱斷裂或關節嚴重變形時，需轉介至骨科醫師，以及外科手術治療，如此可幫助患者恢復活動能力。

目前類風濕關節炎的治療，已可減少長期關節腔的蛀蝕，增進病人的生活品質，所以患者、家屬應與專業醫師共同配合，才能達到最佳的治療效果。且隨著治療的進步，類風濕關節炎病患因急症求醫的情況已大幅減少，但如果發生單一或少數關節持續腫痛數周以上，則應考慮感染性關節炎或本身類風濕關節炎引起。此外若病患在接受生物製劑治療期間，發生不明原因的發燒、咳嗽，則可能有潛伏感染，包括結核菌的感染，應儘速就醫，以免延誤病情之診斷與治療。

文／陳一銘（台中榮民總醫院醫學研究部主治醫師）

▶▶ 循環系統疾病

高血壓照護

高血壓，簡單的說，就是血壓上升高過正常的標準。

老年人高血壓具有以下幾個特性——高血壓的比例特別高、大部分老年人的高血壓以「單獨收縮期高血壓」爲主、老年人因爲併發有各種慢性疾病的機會較高，所以老年人高血壓的藥物治療考慮較爲複雜。

定義

高血壓，簡單的說，就是血壓上升高過正常的標準。人體因爲年齡的老化，會逐漸出現動脈硬化的現象，動脈硬化的結果會導致血管的彈性變差，無論有無高血壓，因此，人們均會因爲這個老化現象而造成血壓的變化。

中年過後，收縮壓會逐漸上升，且隨著年齡的增加而持續上升。至於舒張壓，中年後便逐漸上升，但過了五、六十歲後會逐步下降，但由於收縮壓隨著老化而持續的上升，因此造就老年人高血壓的比例非常的高，且有四分之三的老年人其高血壓是所謂的「單獨收縮期高血壓」（Isolated systolic hypertension）也就是說僅有收縮壓超過高血壓的標準，而舒張壓仍維持在正常範圍內。

治療

臨床研究指出，良好的血壓控制可以讓高血壓患者中風機率降低 35%～40%，心肌梗塞的機率降低 20 ～ 25%，心臟衰竭的機率則可降低達 50%以上。

整體而言，高血壓患者需要在飲食與運動上有嚴格的控制，但是依據現代的高血壓控制標準，大概都必須使用「藥物治療」來達到控制目標；因此，藥物選擇必然是高血壓控制當中重要的一環。

根據美國「高血壓預防、發現、評估與治療」的全國委員會第七屆學會報告指出，高血壓依照其嚴重度分期的整體治療建議如下——

	收縮壓（毫米汞柱）	舒張壓（毫米汞柱）	生活方式調整	藥物治療
正常血壓	小於 120	且小於 80	維持	無需用藥
高血壓前期	120 ～ 139	或 80 ～ 89	必須調整	一般無需用藥
第一期高血壓	140 ～ 159	或 90 ～ 99	必須調整	需考慮用藥
第二期高血壓	大於等於 160	或大於等於 100	必須調整	可能需兩種以上藥物併用

高血壓的控制目標

高血壓的控制標準，一般是指血壓值控制在 140 ／ 90mmHg 以下；若是糖尿病或腎臟病病患，血壓值要控制在 130 ／ 80mmHg 以下。不過，八十歲以上的高血壓病患，由於目前世界上對於這個年齡層以上的老人血壓控制標準還有爭議，血壓控制的目標可能必須因人而異設定目標，這個部分的考量必須與醫師（特別是具有老人照護專業）討論。

高血壓的居家照護，包括以下幾個原則──

定期門診追蹤，規則服藥

許多人擔心，高血壓的藥物吃多了會產生依賴性，或增加對腎臟的傷害；這也是造成患者沒辦法規則服用降血壓藥物的重要原因。然而，高血壓藥物基本上都需要持續地服用，其重要原因並不是高血壓藥物造成依賴性，而是高血壓本質上是個慢性病，也就是可以控制但無法根除的疾病。

許多病患沒有辦法單純靠生活習慣調整（極度缺乏運動與不健康的飲食型態，如：高油脂、高鹽的食物）便達到血壓控制，然而，無論有沒有服用降血壓藥物，生活作息的調整在任何一期的高血壓控制都非常重要。

由於現代的高血壓藥物都是長效劑型，如果沒有規律服藥的話，很容易使血壓的起伏更大，引起其他心血管疾病的併發症（如中風、心臟衰竭）。

自行監測血壓，並記錄給醫師參考

居家測量血壓的準確度與操作的標準程序有很大的關係，因此測量血壓時有幾點項目是必須要注意的──

1. 居家血壓測量需要固定時間：一般而言，清晨是一天中血壓最高的時間，入睡後則是血壓最低的時候，因此，居家血壓測量應固定時間，並且記錄起來給醫師參考，以利藥物調整。
2. 測量血壓需要在最輕鬆的狀況之下，休息五分鐘以上，再行測量。
3. 血壓測量應選擇兩手較高的一側，並以該側所測量到的血壓做爲後續治療控制的監測標準，但若兩手測量的血壓相差過多（10～15 毫米汞柱）則須尋求醫師的協助。

4. 水銀血壓計與電子血壓計的準確度是一樣的，但是，需測量上臂，測量手腕的血壓計較不準確，此外，測量的結果與束袋的鬆緊有很大的關係。
5. 血壓會隨身心狀況（如生氣、緊張、焦慮）與壓力而有變化，所以若因一時身心狀況而血壓上升，應先短暫休息後再測量，而不是急忙地多吃一顆血壓藥。

維持健康的飲食習慣

1. 高血壓病患的飲食方式必須均衡，並符合「二多三少」原則：多蔬果、多高纖（糙米、大麥、燕麥、堅果）、少油脂、少調味料（少糖、少鹽、少味素）、少加工食品（如臘肉、鹹魚、香腸、罐頭等）。
2. 油脂的選擇需以多元不飽和脂肪酸含量較高的爲主（如葵花油或橄欖油）。
3. 一日飲食中含鈉量以不超過 2.4 公克爲主，相當於食鹽 6 公克。
4. 完全禁止吸菸。
5. 適當的酒精攝取；男性一天的酒精攝取不應超過 30 cc的酒精（相當於啤酒約 700 cc、紅酒約 200 cc、威士忌 70 cc），女性的部分需視體重適量的減少。

養成運動的好習慣

1. 運動以有氧運動爲原則，但必須有適當的強度（如第 3 點的運動內容），若無法確定個人的運動強度，可與醫師討論後決定。
2. 運動的時間每天至少三十分鐘，每週至少三次（可以增加到五次）。
3. 運動內容以游泳、快步走、慢跑、韻律舞、騎腳踏車等爲主。劇烈運動對於心血管疾病的幫助不大，可能有害（因爲劇烈運動是屬於無氧運動，無助於心肺功能的提升，反可能因爲過度劇烈的運動強度造成心臟缺氧或是心律不整）。
4. 運動的強度以維持微喘與流汗的程度。若單次運動無法持續三十分鐘以上，最多可分爲三段（每段十分鐘）進行。

維持理想的體重

居請參照 Part6 飲食照護篇之維持理想體重（P.290）。

保持情緒的平穩與規律的生活

避免過度用力的情況（如避免用力解便、提重物等等）

文／陳亮恭（台北市立關渡醫院院長）

▶▶ 循環系統疾病

缺血性心臟病照護

心臟病是一個廣義的名詞，它包括相當多的疾病，有缺血性心臟病（通常也等於冠狀動脈心臟病，不過，有時心臟缺氧的現象並不完全僅導因於三條冠狀動脈的堵塞，其他較小的微血管狹窄也可能造成缺氧）、高血壓性心臟病、動脈硬化性心臟病、辦膜性心臟病、風濕性心臟病及心律不整等。

心臟病最令人害怕的地方，在於可能發生「猝死」的情形，因爲心臟病可能會突然的發病而導致死亡，若沒有妥善的事前診療，一般人很容易忽略心臟病突發而導致死亡的可能。

定義

在所有的成人心臟病之中，最常見的是「缺血性心臟病」，其最常見症狀是心絞痛；相較於兒童較常見的先天性心臟病多因爲生長發育過程中所產生的缺陷所導致，缺血性心臟病這個成人最常見的心臟病則多是因爲動脈硬化所造成的血管狹窄、心臟缺氧所造成。

就像身體所有的器官，心臟提供各器官含氧血液的同時，也需要給自己提供含氧的血液。心臟的含氧血液靠著三條冠狀動脈供給，當冠狀動脈出現狹窄而阻斷血液對心臟的氧氣供應時，就會引起胸悶、胸痛，心肌更可能因爲缺氧的狀況而影響心臟的收縮，使心臟不能正常地輸出血液，有時甚至會損害調節心臟節律的傳導系統，引起心衰竭或心律不整而導致死亡。

一般而言，冠狀動脈阻塞在百分之八十以下的話，流經冠狀動脈內的血液並無明顯變化，此時對於一位靜止狀態的患者來說，心肌所需要的血流尚不受影響；但若患者處於在「運動狀態」時，狹窄的冠狀動脈就無法供應充分的血流需求量，此時便會出現心肌缺氧的現象。

症狀

臨床上，冠狀動脈阻塞典型的表現會在運動時感到胸前發生持續性緊迫感、胸悶，如胸口有大石般的不適。此種症狀發作時，往往迫使病人停下手邊的工作、運動，才能得到舒緩。這種胸悶不適的感覺，臨床上稱爲「心絞痛」，一般持續時間是五至十五分鐘，如果持續超過十五分鐘以上，心肌梗塞發生的機率會相對提高，必須立即就醫。

必要時應緊急送醫治療

心臟缺氧發生的原因雖說多與冠狀動脈狹窄有關，但有時是血管痙攣所造成的暫時性狹窄或是因為其他因素造成的缺氧現象，此時多可以採用休息及使用舌下含片達到緩解。

但若是因為冠狀血管內動脈硬化的斑塊剝落造成冠狀動脈完全堵塞，便無法透過休息與舌下含片的使用而緩解，此時必須要立刻緊急就醫。否則冠狀動脈的阻塞將造成該心肌細胞的壞死，嚴重時可能造成病患的死亡。

而心肌梗塞，是冠狀動脈心臟病患者最大的威脅，因爲可能造成猝死的結果；心肌梗塞發作時，往往有以下幾種常見的症狀——

1. 胸口或身體上半部（包括頸部及下巴）有壓迫感。
2. 胸口或身體上半部，出現疼痛、灼熱或緊迫感。
3. 胸痛超過三十分鐘以上，用舌下含片依舊無法緩解者。
4. 有消化不良或無法呼吸的感覺。
5. 冒冷汗。
6. 噁心或嘔吐。
7. 暈眩。
8. 嚴重的疲倦感等。

照護須知

由於冠狀動脈心臟病，可能發生嚴重的後果，所以必須與醫師充分合作，共同治療，以預防心肌梗塞的發生。至於，平常照護原則，應以控制危險因子（包括戒菸、控制血壓、血糖、膽固醇等等）為主，以及服用抗血栓的藥物（如阿斯匹靈）；至於，治療冠狀動脈心臟病的相關症狀，則有乙型交感神經阻斷劑、硝酸鹽類以及鈣離子阻斷劑等藥物治療。

1. 與醫師合作，配合進行相關的藥物與非藥物治療（如運動與飲食控制）。
2. 患者應完全戒除抽菸的習慣。
3. 救急之舌下含片（NTG）應放在伸手可以拿到的地方或隨身攜帶。
4. 發生心肌梗塞發作症狀時，且無法透過舌下含片而舒緩，應立即請人撥打「119」請救護車前來。
5. 維持適量的運動：雖然冠狀動脈心臟病的患者在運動上有較多的顧慮，但適量的運動可以鍛鍊心肺耐力、降低血壓和血脂，並促進血液循環、新陳代謝，有助於冠狀動脈心臟病的控制。
6. 採取治療性飲食內容調整。

冠狀動脈心臟病患的運動原則

1. 宜採漸進原則：必須視個人能承受的程度與醫師建議來決定。
2. 運動強度的基本建議為：參考基本的心跳決定（意即病患平時靜止休息時的心跳）。沒有特殊症狀者，可斟酌自己的運動耐受能力；若已發生過心肌梗塞者，運動強度建議為基本心跳增加 20 次為限（如原本休息時的心跳為每分鐘八十跳，則運動時的心跳宜在每分鐘一百跳以內）。
3. 運動時間：可採間歇方式與漸進模式，每次 3 ～ 5 分鐘，並依照病患的耐受力休息 1 ～ 2 分鐘。一天的總運動時間，必須與醫師討論，但基本建議為每日約 20 分鐘。
4. 暖身運動：縱使，運動強度較低，但運動前的暖身，與運動後的緩和運動，絕對不能輕忽，以預防運動傷害。尤其激烈運動後，若未經緩和運動而突然靜止，可能誘發心律不整與其他心臟疾病，故應確實執行緩和運動。

冠狀動脈心臟病患者的飲食原則

1. 降低飽和性脂肪至每日總熱量的 7%以下，總膽固醇攝取每日 200 毫克以下；油脂的選擇上，應選用植物性油脂。
2. 膽固醇的控制：宜多食用植物性食品；控制動物性蛋白質來源；減少食用蛋黃、內臟等食物。如此可控制在每日膽固醇食用量 200 毫克以下。
3. 食用植物性固醇（每天 2 公克）及水溶性纖維（每天 10 ～ 25 公克）。

植物性固醇

結構與膽固醇類似，具有抑制小腸對膽固醇吸收的功能；一般膳食中，植物固醇的來源為植物性食物，如：黃豆油、玉米油、米糠油、葵花籽油及堅果等。

水溶性纖維

指的是可溶於水中的纖維質，如：果膠、豆膠、植物黏膠、海藻多醣體及半纖維素等，主要存在於乾豆或豆莢類、燕麥片、各類水果中。

文／陳亮恭（台北市立關渡醫院院長）

▶▶ 循環系統疾病

心臟衰竭照護

造成心臟衰竭的可能原因有很多，包括：冠狀動脈疾病、高血壓、瓣膜性心臟病、心肌病變、心肌炎、甲狀腺疾病、心律不整和酗酒等等，所以每一種狀況都會使得心臟衰竭的治療與照護都有所差異。

以下是針對一般心臟衰竭的照護觀念提供建議，而非以特定病因所造成的心臟衰竭。

定義

所謂心臟衰竭，是各種心臟疾病的最終共同表現。由於各項心臟疾病發展成爲心臟衰竭需要一定的時間，所以心臟衰竭常發生在老年人身上，而這些老年人往往也罹患多重慢性疾病，因此照顧起來的問題也變得複雜。

症狀

心臟衰竭的症狀來自於心臟，包括──下肢水腫、喘、體重增加、尿量減少、咳嗽、胃口變差、心悸、低血壓、肢體冰冷、疲倦及運動耐力下降等。心臟衰竭症狀的發生原因，來自於心臟收縮功能不佳，導致心臟無法提供出足夠的血量供應身體所需，並形成心肌肥大、心臟擴張、靜脈血液回流不順暢，所以，水分攝取的控制在心臟衰竭的控制有絕對的重要性。

而心臟衰竭的嚴重性，可分爲四級──

第一級：生活完全不受影響。

第二級：日常生活不受影響，但劇烈運動時會出現疲倦、呼吸困難、心悸或心絞痛等症狀。

第三級：從事日常的輕微活動也會出現疲倦、呼吸困難、心悸或心絞痛等症狀。

第四級：即便躺在床上或站著不動時，依然會出現疲倦、呼吸困難、心悸或心絞痛等症狀。

級數	身體活動受限程度	表現的症狀
第一級	不受限	一般的身體活動不會引起任何不適
第二級	輕度受限	從事日常活動（如爬 3 層樓梯會喘）
第三級	明顯受限	從事日常輕度活動（如爬 2 層樓梯）會出現呼吸急促
第四級	任何身體活動都會不舒服	躺在床上，或站著不動時，也會感覺呼吸困難

心臟衰竭的居家自我照顧，與高血壓、心血管疾病相當接近，但是需特別著重水分與鹽分的控制。

規律服藥

由於心臟衰竭患者往往具有多重疾病與高齡的特性，按時服藥是一個非常重要的原則，切勿自行停藥、更改藥物劑量或亂服成藥。若欲自行服用營養食品，也必須與醫師討論。

此外，心臟衰竭可能由多種疾病造成，因此病患必須針對原有的疾病進行妥善的控制。

水分控制

水分控制是心臟衰竭控制的一個關鍵。過多的水分攝取會增加心臟負擔，造成下肢水腫及肺積水情形；所以，一般建議每天水分攝取應少於 1,500 cc（包含飲食部分），儘量避用食用水分過多的食物與蔬果。

限制鹽分

過多的鹽分會造成水分過分蓄積於體內，進而增加心臟負擔；整體而言，心臟衰竭的病患一天的鹽分攝取勿超過 3 ～ 5 公克（約一小茶匙）。

然而，許多民眾會忽略其他的調味料所含的鹽量，因而增加心臟衰竭控制的困難。一般含鹽量高的食物，包括雞精、麵線、運動飲料、罐頭食品、醬瓜、醬菜、煙燻肉類、速食包、蜜餞與各式調味醬料等。

飲食重點

宜攝取均衡食物，定時定量，多吃纖維素及新鮮食物，少吃高脂肪及高膽固醇食物。

由於心臟衰竭患者往往是具有多重疾病的老年人，除了控制水分與鹽分之外，老年人由於嗅覺與味覺的退化，烹調方式上需要巧思，以避免病患因為味覺退化而添加過多的調味醬料；同時，也應避免飲用刺激性飲料，以免刺激自律神經，導致心悸不適的症狀。

體重測量

量體重是心臟衰竭患者居家照護中最簡單的自我監測方法，藉由體重的變化，推估身體水分滯留的程度。

正確的量體重方式為，每天早上起床、上完廁所後，盡量穿著相同數量的衣服，再進行測量，以免因為衣物的差異而影響判斷，並將其數值記錄下來，以提供醫師參考。

規律運動

規律運動可改善心肺功能，以減少心臟負擔；運動的種類，可依照呼吸費力的程度作調整，考量心肺耐受性的情況下，散步可能是最佳的運動，若病患無法站立運動，可採取坐姿運動，例如坐在椅子上抬腿或是練習以手撐起上半身等簡易的有氧運動。

戒菸戒酒

基本上心臟疾病的患者均不應抽菸，乃至於二手菸也是一樣。菸對於心臟的影響非常的大，公共衛生的調查發現抽菸是冠心病一個相當顯著的危險因子，對於所有類型的心臟病，抽菸均造成嚴重的負擔，都應該要避免。酒精的攝取，可能會造成血壓與心跳的起伏較大，所以也應戒除。

其他

病患必須注意保暖，避免暴露於過冷的環境；洗澡時應避免過冷或過熱的水溫，且泡熱水澡的時間不宜過長（一般建議以不超過 15 分鐘爲原則），且起身應緩慢，以避免低血壓乃至於暈倒。

心臟衰竭患者應立即就醫的狀況

1. 若體重每日增加 1.5 公斤，可能是水分過度滯留，必須回診告知醫師。（每日量體重，依照病患飲食與排泄的水分差異來判斷。）
2. 如果出現呼吸急促、咳嗽、腹部腫脹與下肢水腫，表示心臟衰竭程度可能加重，可能必須立即就醫。
3. 女性心臟衰竭患者，若要懷孕必須特別小心，因為懷孕會增加心臟的負擔，可能加重懷孕時的風險。而婦女在懷孕期間血流量可能增加達 50%，對心臟的負擔極重，一般而言心臟衰竭嚴重度第三級以上便不太適合懷孕。

如果心臟病的婦女在懷孕時出現體重過度增加、呼吸急促或下肢水腫便必須考慮心臟衰竭加劇的可能性，需要立即就醫。

文／陳亮恭（台北市立關渡醫院院長）

肝炎照護

肝炎可分爲「病毒性肝炎」和「非病毒性肝炎」——

病毒性肝炎，主要包括A、B、C、D、E型肝炎；非病毒性肝炎，主要由酒精及藥物造成。

定義

所謂「肝炎」是指肝細胞受外來因素的影響（如病毒、酒精、藥物）而造成肝細胞的損傷；若肝炎持續六個月就稱爲「慢性發炎」。

肝炎的種類及傳染途徑

病毒性肝炎

A 型肝炎

由 A 型肝炎病毒引起，主要經由受汙染的食物與水源傳染，潛伏期大約一個月左右。其急性期的死亡率約 0.1%；不會轉變成慢性 A 型肝炎。

A 型肝炎	
IgM anti-HAV AbA	代表最近曾得到 A 型肝炎；存在時間很少超過 6 個月以上
IgG anti-HAV Ab	代表感染過 A 型肝炎病毒，其可終生存在體內；另一方面，也可能代表曾接受過 A 型肝炎疫苗注射，身體已有免疫力，此種因疫苗而獲得的抗體可存在體內數年

B 型肝炎

由 B 型肝炎病毒引起，主要經血液及性行爲傳染，潛伏期約兩個月左右。

有三分之二的受感染者，症狀常常很輕微或甚至根本無症狀，另三分之一的患者，會有關節疼痛發炎或出現皮疹等前驅症狀，接下來會有倦怠、肌肉痠痛、噁心、厭食等非特異性症狀，之後可能會出現黃疸的症狀；大部分患者會在六個月內完全康復。

患者體內的 B 型肝炎抗原（HBsAg）若在六個月後仍然持續並未消失，即成爲「慢性 B 型肝炎帶原者」。

嬰兒感染急性 B 型肝炎約 85 ～ 90％會轉變成「慢性 B 型肝炎」；但成年人感染後很少會變成慢性 B 型肝炎。此外，若夫妻或情侶中若有一人爲 B 型肝炎帶原者，另一人應該去檢查是否有 B 肝抗原及 B 肝抗體，若沒有 B 型肝炎抗體應及早接種疫苗。

B 型肝炎	
HBsAg	B 型肝炎表面抗原，常見在急性感染的早期或慢性感染
Anti-HBs Ab	具免疫力，常見於接種 B 型肝炎疫苗後，或急性 B 型肝炎感染之恢復階段
IgM anti-HBc Ab	急性 B 型肝炎或慢性 B 型肝炎的急性發作
IgG anti-HBc Ab	並不代表已具免疫力；在急性和慢性 B 型肝炎皆可被發現
HBeAg	呈陽性，代表病毒複製力相當旺盛，具有高度傳染力，可見於急性 B 型肝炎早期和某些慢性 B 型肝炎帶原者
Anti-HBe Ab	不代表具免疫力；常見於急性 B 型肝炎恢復期和某些低傳染力的 B 型肝炎帶原者

C 型肝炎

由 C 型肝炎病毒引起，主要經由輸血、使用未消毒的針頭或牙科器材傳染；潛伏期約兩個月左右。

急性 C 型肝炎大部分沒有症狀，只有約一成的病患會出現全身無力、倦怠、茶色尿或黃疸等急性肝炎的症狀，但之後約 70％會變成慢性 C 型肝炎，一旦，變成慢性 C 型肝炎，將可能演變爲肝硬化，部分病人甚至會產生肝細胞癌。

C 型肝炎	
Anti-HCV Ab	曾受 C 型肝炎病毒感染，且體內大多有病毒存在
HCV RNA	為診斷急慢性 C 型肝炎的重要指標之一

D 型肝炎

由 D 型肝炎病毒引起，傳染途徑與 B 型肝炎相同，常藉由血液、精液（如輸血、藥癮注射者共用針頭，或性行爲）傳染。

D 型肝炎病毒是一種有缺陷的病毒，雖然可以自行複製繁衍，但無法獨自感染宿主細胞。它需要 B 型肝炎表面抗原的配合才具有感染力，因此，臨床上 D 型肝炎病患一定同時感染 B 型肝炎，或是感染 B 型肝炎帶原者。

若是 B 型肝炎、D 型肝炎病毒同時感染，此時有 5％的機會變成慢性 D 型肝炎；若是感染 B 型肝炎帶原者，此時則大約 75％將會轉爲慢性 D 型肝炎。

D 型肝炎	
Anti-HDV Ab	曾受 D 型肝炎病毒感染，但並不代表具免疫力
IgM anti-HDV Ab	急性 D 型肝炎感染的早期標記

E 型肝炎

由 E 型肝炎病毒感染，傳染途徑與 A 型肝炎相同，主要經由糞→口感染，潛伏期約 14 ～ 60 天。它不會轉變成慢性肝炎，但懷孕第三期的孕婦若感染 E 型肝炎，易產生猛爆型肝炎，致死率高達 20%。

E 型肝炎的診斷，是藉由臨床及流行病學上的資料，並經由血清學方法除去其他肝炎致病原。

病毒性肝炎傳染途徑

級數	傳染途徑
A 型肝炎	汙染的食物與水源傳染
B 型肝炎	血液及性行為傳染
C 型肝炎	輸血、使用未消毒的針頭或牙科器材傳染
D 型肝炎	血液及性行為傳染
E 型肝炎	汙染的食物與水源傳染

非病毒性肝炎

酒精性肝炎

酗酒所造成的肝炎，稱之爲「酒精性肝炎」。一般而言，每日飲用八十公克以上的酒精，持續一段時間，就會造成肝細胞的損傷。

酒精性肝炎 · 三階段	
階段 1	大部分長期喝酒的人會產生「酒精性脂肪肝」，但戒酒後多半可以恢復。
階段 2	若持續喝酒，將可能造成「酒精性肝炎」。
階段 3	當造成「酒精性肝炎」，最後甚至會變成「肝硬化」或「肝癌」。

Part 5 運動照護篇
Part 6 飲食照護篇
Part 7 疾病照護篇
Part 8 貼心收錄篇
Part 9 相關資源篇

藥物性肝炎

肝臟是代謝藥物的器官也是解毒器官，負責吸收並分解各種藥物、毒素以及化學物質。臨床上，90%以上的藥物在服用後須經肝臟代謝，因此藥物本身或者其分解物在代謝過中就可能造成肝細胞的損傷而造成肝炎。

常見引起肝炎的藥物，包括口服的抗黴菌藥如療黴舒、某些抗生素、抗結核藥及抗痙攣藥；另外，值得注意的是普拿疼，雖然其不傷腸胃，但服用過量可能會造成急性肝炎。

臨床症狀

1. **急性期肝炎**：可能會噁心、厭食、倦怠、黃疸、發燒、上腹部疼痛，但也有很多病患沒有明顯症狀。
2. **慢性肝炎肝炎**：多半沒有症狀，有症狀者，其症狀多不明顯，如腹脹、胃口欠佳，右上腹悶痛等。

如何預防肝炎

預防 A 型、E 型肝炎的方法

1. 養成良好的個人衛生和飲食習慣：飯前、便後及處理食物前，應用肥皂洗淨雙手。此外，食物及食具要充分洗淨，且不喝生水，不吃生食，不吃路邊飲食及攤販食物，不到餐具處理不完善的餐廳用膳。
2. 供水管線、貯水槽不可緊鄰糞便排放管線，以免水源受到汙染。
3. 沒有A型肝炎抗體的人，若要到環境衛生不良的地區旅行時，應特別注意該地飲食衛生，最好先打免疫球蛋白或疫苗做為預防，較為妥當。

預防感B、C、D型肝炎的方法

1. 避免輸血及共用針頭。
2. 不用別人的牙刷、刮鬍刀，避免使用未經消毒的器具紋身、紋眉、穿耳洞、避免不正常的性行為。
3. 確定自己感染B、C、D型肝炎病毒者，就不應該捐血，以免傳染別人。

預防酒精性肝炎的方法

戒酒是唯一法則。

預防藥物性肝炎的方法

不論是中藥還是西藥，都有一定的副作用，可能影響肝臟功能，因此，服藥時應在醫師的監測下才能使用，切勿自行購買成藥或來路不明的藥品。

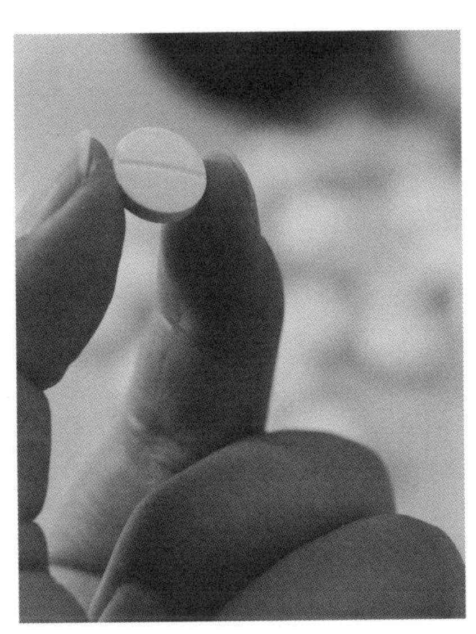

文／彭莉甯（台北榮民總醫院高齡醫學中心高齡醫學科主任）

▶▶ 消化系統疾病

功能性消化不良照護

我們常說「吃飯皇帝大」，吃東西是生活中很重要的一件事；但是，有些人常會抱怨吃完東西之後，腹脹不舒服，這可能就是消化不良的問題。

症狀

臨床上，進食後出現上腹痛、脹氣、打飽嗝、溢酸水，甚至噁心、嘔吐等症狀，都可統稱為消化不良；這些症狀可能在飯後緩解，也可能疼痛加劇，但也可能與進食無關；它們不一定出現在白天，夜晚也可能出現。

原因

消化不良的原因大致可分為以下兩大類——

1. **結構性消化不良**：所謂結構性消化不良，表示可以找到病因，如胃十二指腸潰瘍、胃食道逆流、上消胃道惡性腫瘤、膽囊發炎、胰臟發炎等；而長期服用消炎止痛藥或喝酒，也是常見的原因。

2. **功能性消化不良**：是在抽血、胃鏡、超音波……等檢查後，仍找不出原因，且症狀持續3個月以上，即可歸類為功能性消化不良。

有可能是吃太多刺激性食物，如咖啡、濃茶、辣椒或太過油膩的食物，皆會引起消化不良。抽菸、喝酒以及服用對胃有刺激性的藥物（如阿斯匹靈、非類固醇消炎藥止痛藥）都會引起或加重消化不良的發生。

亦有人認爲，可能是胃部蠕動不正常，造成胃部食物排空的速度過慢而引起。也有人認爲，可能是胃酸分泌過多引起。還有人認爲，是胃腸道對痛覺比較敏感引起。另外，有人認爲可能和精神壓力過大、情緒不佳有關。

照護須知

- 吃東西最好細嚼慢嚥；不要暴飲暴食。
- 如果吃東西後容易有飽脹感，建議少量多餐。
- 酒、咖啡、濃茶、辣椒等刺激性的食物，應儘量避免。
- 避免太油膩的食物。
- 儘可能減少服用阿斯匹靈、非類固醇性止痛劑等易造成消化不良的藥物。
- 必要時應尋求醫師協助：若以上方法皆無法達到症狀的緩解，建議你應到醫院尋求醫師協助，確定腸胃腸道及抽血檢驗若皆無問題，方可請醫師開立藥物以緩解消化不良的症狀。

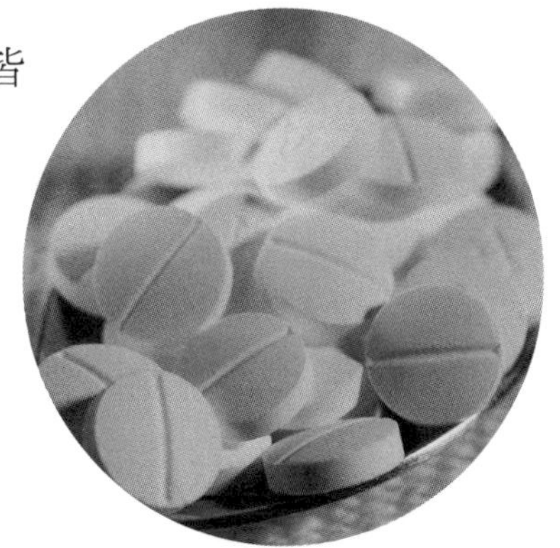

文／彭莉甯（台北榮民總醫院高齡醫學中心高齡醫學科主任）

▶▶ 消化系統疾病

消化性潰瘍照護

在台灣，大約5至10%的人終其一生承受消化性潰瘍的困擾。就年齡層來說，十二指腸潰瘍的年齡層較年輕，約在二十至四十歲左右，而胃潰瘍的年齡層約在四十至六十歲。絕大部分的十二指腸潰瘍爲良性，但大約4%的胃潰瘍爲惡性腫瘤所引起。

定義

所謂消化性潰瘍，是食道、胃、十二指腸等之黏膜受到胃液之侵蝕，形成消化道壁的破損。潰瘍發生在胃叫胃潰瘍，在十二指腸就叫十二指腸潰瘍，僅有少數在食道，其中以十二指腸潰瘍最多，其次是胃潰瘍。

症狀

常見的症狀包括——上腹部疼痛、腹脹、嘔心、嘔吐，甚至出現解血便、黑便等情形。有一點值得注意的是，約5～25%的消化性潰瘍患者是沒有症狀的，只有在大便有潛伏性出血反應時才被察覺。

原因

內在因子

1. 胃黏膜抵抗力不足、胃黏膜的局部缺血，或胃黏膜上皮的再生能力不足等。
2. 胃酸分泌太多、胃蛋白酵素分泌過剩。

級數	胃潰瘍	十二指腸潰瘍
疼痛時間、特徵	常於飯後3小時內，感覺到上腹部疼痛。	空腹時有腹痛現象，進食可緩解疼痛。

外在因子

1. 幽門螺旋桿菌的感染：90%的十二指腸潰瘍、60%的胃潰瘍與幽門螺旋桿菌有關。幽門螺旋桿菌的傳染途徑尚未完全確定，最可能的途徑為「糞－口傳染」，也可能由口和口的接觸而被感染。因此，衛生環境較差的地方，感染率也相對較高；若家中有人感染時，大部分的家中其他成員也會受到感染。幽門螺旋桿菌除分泌許多酵素，藉此破壞胃黏膜表皮細胞，造成胃黏膜發炎、潰瘍。
2. 藥物對胃黏膜的破壞：包括非類固醇發炎止痛劑、阿斯匹林（Aspirin）藥物、類固醇等藥物。
3. 不良的生活習慣：包括抽菸、酗酒、常吃刺激性食物、暴飲暴食等。
4. 過大的壓力，及不穩定的情緒。

診斷

1. **內視鏡檢查法（也就是所謂的胃鏡）**：是目前最常用的方法，診斷準確率可達95%以上；此種檢查方法可診斷潰瘍的程度、位置，同時可做切片檢查及止血。
2. **上消化道鋇劑 X 光檢查**：準確率達 80 ～ 90%。由 X 光片亦可鑑別潰瘍的良性或惡性，但準確度較內視鏡差；然而，自從胃鏡檢查被廣泛使用後，鋇劑 X 光檢查已較少使用。
3. **內視鏡超音波檢查**：較新的檢查法，診斷準確率可達 95%以上，為目前較常用的檢查法，不但能診斷潰瘍，亦可用於惡性腫瘤的診斷。

幽門螺旋桿菌的診斷方法

由於幽門螺旋桿菌與消化性潰瘍有著密切的關係，因此同時診斷「有無幽門螺旋桿菌」亦相當重要。

幽門螺旋桿菌的診斷方法包括血清的 HP 抗體檢測、糞便抗原檢測、^{13}C 尿素呼氣試驗、胃鏡切片檢查等。

4. **細胞學檢查法**：可診斷出經胃鏡取出的病理組織，判斷是否有癌細胞存在；準確率達 85%以上。

治療

1. **制酸劑**：主要功能爲中和胃酸，但無治療潰瘍的效果。
2. **胃黏膜保護劑**：此類藥品包括 Sucralfate、類前列腺素和鉍鹽等，可用來預防與治療消化性潰瘍，但效果有限。
3. **胃酸分泌抑制劑**：包括 H2 拮抗劑、質子幫浦抑制劑等；其中，質子幫浦抑制劑具有強大的抑酸能力，是目前用來治療消化性潰瘍一種最新型、最優越的產品。
4. **幽門螺旋桿菌的治療**：目前，最被推崇的治療方法爲質子幫浦抑制劑併用抗生素的「三合一療法」——
   - 質子幫浦抑制劑
   - 抗生素：Clarithromycin 加上 Amoxcillin
   - 依醫師建議劑量的質子幫浦抑制劑＋抗生素，連續服用 1 ～ 2 週。

照護須知

- 戒菸、戒酒。
- 生活規律，常保持愉快的心情，充足的睡眠。
- 避免使用非類固醇發炎止痛劑、阿斯匹靈（Aspirin）藥物等。
- 勿暴飲暴食，三餐定時定量，且注意細嚼慢嚥。
- 睡前不要吃太多。
- 避免刺激性食物，如咖啡、茶葉等含咖啡因飲料。
- 減少汽水、辣椒、檳榔、糯米及油炸類食物。
- 消化性潰瘍復發率高，必須按照醫師指示服藥，不可因症狀消失就擅自停藥。

文／彭莉甯（台北榮民總醫院高齡醫學中心高齡醫學科主任）

糖尿病照護

據估計，目前全球有一億九千萬名糖尿病患，且絕大多數爲第 2 型糖尿病；在台灣自 1987 年起糖尿病始終高居十大死亡原因的第五名。在國內外的資料都顯現糖尿病的盛行率會隨年齡增加而上升。

糖尿病友可能會出現急、慢性併發症，所以病友本身要注意飲食控制、規律的運動、過重的病友需減重，配合醫師適當的使用降血糖藥物，並注意高血壓、血脂異常及蛋白尿的控制，以減少急、慢性併發症的發生。

定義

糖尿病是一種慢性代謝疾病，主要是因胰島素分泌不足或胰島素分泌有障礙，糖尿病造成的症狀包括血糖過高、碳水化合物、脂肪、蛋白質代謝異常，有時合併急性或慢性併發症。

症狀

有些糖尿病病患，發病時會出現所謂的「三多」（即吃多、喝多、尿多）、「一少」（體重減少）的典型症狀，而另一群病患發病時則沒有典型症狀。

此外，患者還會出現四肢消瘦、視力減退、體重減輕、皮膚乾燥、傷口不易癒合等現象；有些病患偶會因爲皮膚搔癢（腹股溝、婦女外陰）、會陰部容易黴菌感染、手腳麻木、四肢感覺異常、陽痿等，經由驗血檢查才診斷出糖尿病。

值得注意的是，無論國內或國外的大規模調查都顯示，幾乎近四成的病例不知道自己已經罹患糖尿病（undiagnosed diabetes）。雖然在健保人口中，只有少數人口（約 2.5%）是糖尿病患者，但 1998 年健保資料統計卻顯示，糖尿病病患的醫療花費支出占所有醫療支出的 11.5%，且平均每位糖尿病患者的給付金額是非糖尿病病患的4.3倍，而且在花費中只有四分之一是直接用在糖尿病的照護，大多數費用都用在其他相關或不甚相關的疾病及併發症。

盛行率

國內外資料都顯現，糖尿病的盛行率會隨年齡增加而上升，在美國六十歲以上的人口，糖尿病患者男性約占20%，女性約占18%。在行政院衛生署民國八十六年的國民營養調查發現，糖尿病的盛行率在45歲以上的人口爲11%，65歲以上則增爲22%。

分類

糖尿病依據病因區分爲：第1型及第2型糖尿病——

1. 第1型糖尿病（Type 1 diabetes）：又稱幼年型糖尿病，是指胰臟細胞遭受自己身體攻擊自己的細胞，導致胰島素缺乏所引起。另外，當受到感染或因免疫反應或物理和化學傷害後引起胰臟損傷，可能會誘發第1型糖尿病，因胰島素分泌不足，所以需要額外施打胰島素治療。

2. 第2型糖尿病（Type 2 diabetes）：又稱成人糖尿病，佔所有糖尿病病人90%以上。儘管目前確切的致病基因仍未完全確認，但專家都認爲第2型糖尿病有很強的家庭遺傳性，若父母皆患有第2型糖尿病，其兒女的罹病危險率可高達40%。另外，一些與現代化相關的因素，如肥胖、活動量減少和飲食習慣改變等，對第2型糖尿病的發生相當重要。

第一型糖尿病與第二型糖尿病之比較

第一型糖尿病	第二型糖尿病
又稱為幼年型糖尿病	又稱為成人型糖尿病
幼年即發病，不見得是遺傳造成	占糖尿病病人 90%以上，強烈的家族傾向
20 歲以前發病	30 歲以後發病
體重正常	肥胖
酮酸中毒常見	酮酸中毒少見
胰島素不足	胰島素正常或過量

合併症

糖尿病友會出現急、慢性併發症——

1. **急性併發病**：如糖尿病酮酸血症（註1）、高血糖高滲透壓昏迷（註2）和低血糖（註3）等，若不即時予以適當處理，可能造成死亡或產生後遺症。
2. **慢性併發症**：比如眼睛、血管、神經、腎臟病變等，一旦發生之後，常是不可逆的，而且會逐漸進行，最後導致器官功能喪失而死亡。

此外，糖尿病更是目前導致國人失明、截肢和尿毒最重要的原因之一。

註

（1）認識糖尿病酮酸中毒

主要發生於年輕的（第一型糖尿病患者年紀較小）第 1 型糖尿病患者，但第 2 型糖尿病患者也會發生。經常伴有一些誘發因素，較常見的包括感染及中斷胰島素注射等所引起。

糖尿病酮酸中毒的臨床表現，包括虛弱、噁心、嘔吐、腹痛、嗜睡等，嚴重時可導致意識混亂、昏迷及休克。

（2）**認識高血糖高滲透壓昏迷**

發生於第 2 型糖尿病患者，多半是年紀較大者。經常伴有一些誘發因素，例如感染、中風、急性心肌梗塞或使用類固醇等狀況，有些病例則是糖尿病之初發症狀。

臨床上常見的主要症狀為——意識狀態逐漸變差，嚴重時會昏迷及休克；身體檢查可發現脫水現象、血壓降低及心跳加速等症狀。

（3）**認識低血糖**

糖尿病患者接受口服降血糖藥物或胰島素治療，當劑量不適當，或藥物、飲食及運動配合不良時，或肝、腎功能不正常時，都可能產生低血糖。臨床上很常見的狀況是，吃完降血糖藥後，沒有吃東西就跑出去，然後就造成低血糖症狀。

低血糖的症狀有兩種：一是自主神經症狀，例如出汗、饑餓、心悸、手抖等；另一是中樞神經低血糖症狀，例如虛弱、視力模糊、思考障礙、嗜睡、意識混亂、行為怪異等。當病患有這些症狀，且這些症狀在進食後有明顯改善時，就可診斷為低血糖。要小心的是，長時間的嚴重低血糖可導致死亡或永久性的腦部傷害。

糖尿病的合併症

- 血管病變：粥狀硬化（造成下肢缺血壞死）、微血管病變。
- 腎臟病變：腎絲球硬化、蛋白尿、慢性腎衰竭。
- 眼睛病變：視網膜病變（可造成病患失明）、白內障、青光眼。
- 神經病變：肢端麻木、感覺異常。
- 傷口癒合差。

照護須知

糖尿病的照護重點包括——飲食控制、運動、減重及使用降血糖藥物，並要注意高血壓、血脂異常、蛋白尿的控制，以減少慢性併發症的危險因子。

飲食須知

1. 少量多餐，以避免飯後血糖升高的太多，可教導病患飲食的原則（例如：吃一片全麥麵包與喝 1 ～ 2 杯麥片粥所提供的營養素和熱量是相同的）。
2. 選擇多樣食物：如需詳細的食品內容，可上衛生局網站查詢食物代換表。
3. 很多人都會覺得自己得到糖尿病了，一點糖都不敢吃，而吃大量的肉、油炸食品，這是不對的作法，如此反而會增加肝和腎的負擔。
4. 減少零食的攝取，建議病患減少喝酒量，若每日都會小酌，男性以不超過 2 罐鋁罐裝啤酒或是 300c.c. 的紅酒、90c.c. 的威士忌，女性以不超過 1 罐鋁罐裝啤酒或是 150c.c. 的紅酒、45c.c. 的威士忌。
5. 每餐中醣類「總量」勝於「種類」對血糖的影響，也就是說蔗糖比起其他的澱粉類並不會增加較多的血糖。

醣類與單元不飽和脂肪酸應占 60 ～ 70％總熱量；蛋白質攝取約占總熱量的 15 ～ 20％。對糖尿病患而言，若腎功能正常就不需修正其平常的蛋白質攝取量（15 ～ 20％總熱量）；至於微量白蛋白尿患者，建議控制蛋白質 0.8 ～ 1.0 公克～公斤體重；對大量白蛋白尿患者，則控制蛋白質 0.8 公克／公斤體重，可減緩腎病變的進行。

糖尿病患者首要控制飲食中「飽和脂肪酸」與「膽固醇」的攝取：飽和脂肪酸攝取應小於10%，膽固醇的每日攝取量應少於200毫克。此外，也要限制「反式不飽和脂肪酸」攝取；對第2型糖尿病患者而言，若每天長期飲用45公克酒精，更會使血糖代謝變差。

15公克酒精含量

15公克酒精，相當於360毫升啤酒（或120～150毫升紅酒、或100毫升紹興酒、或30～45毫升威士忌、或白蘭地或高粱酒）。

至於，糖尿病患者「鈉」的建議攝取量，與一般人相同，每日不超過3,000毫克（相當於7.5公克鹽）；但對合併有輕度及中度高血壓患者，則建議每日鈉攝取量少於2,000毫克（相當於5公克鹽）。

運動須知

適當的體能活動已被證實爲相當有效、方便可行的慢性病防治措施。運動可維持身體熱量的利用，有助於體重控制，改善心臟血管機能，降低輕和中度高血壓與膽固醇、三酸甘油酯，當然也能提升胰島素敏感度，增加肌肉吸收血中葡萄糖能力而降低血糖，有益控制血糖的恆定。

執行減重計畫

美國糖尿病防治計畫（Diabetes Preventive Program，DPP）已經證實，肥胖、血糖略爲偏高的高危險群者，若能減輕體重4.5～6.8公斤，三年內的糖尿病發生率減少58%。

糖尿病患者運動注意事項

一般而言，運動只要能夠增加心跳率超過靜態基礎心跳數值 20 ～ 30 跳以上，就有顯著的健康促進效益。然而，為了控制血糖，運動時間須持續 20 ～ 40 分鐘，且最好每天維持規律的運動習慣。

合適的運動

- 有氧運動：如快走、慢跑、游泳、騎腳踏車等。
- 傳統健身運動：如太極拳、八段錦、元極舞、外丹功等。

※ 若糖尿病患者體重過重或有下肢關節等問題，可考慮減少下肢關節負荷的運動型式，如水中有氧、游泳、騎腳踏車、划船、椅上運動等。

注意事項

- 儘量避免飯前運動，以減少運動造成低血糖現象。
- 儘量避免在「胰島素作用高峰期」運動（註），容易造成血糖的加成作用，導致低血糖的現象，因此，在運動前先宜攝取適量的碳水化合物，或降低胰島素用量。
- 避免在血糖過高（大於 300 毫克／毫升）的狀態下運動。若在胰島素缺乏，血糖偏高下運動，容易產生「酮體」進而可能導致代謝性酸中毒；糖尿病患者應待糖尿病情穩定後再進行健身計畫。
- 預防運動後導致低血糖情況。糖尿病患者應在長時間運動或激烈運動後，補充點心，且運動當天睡前血糖應在 100 毫克／毫升以上，否則建議補充睡前點心。

（註）如何計算胰島素作用高峰期

注射短效胰島素後的 3 小時，中效胰島素後的 8 小時會達到胰島素作用的高峰期。換言之，假設你在早上 7 點注射短效及中效胰島素，則其作用高峰期會在早上 10 點及下午 3 點。

理想的控制狀態

- **嚴格血壓控制**：高血壓會增加糖尿病之大血管、小血管併發症及死亡率。積極有效的治療高血壓，可以減少併發症及死亡率。一般而言，血壓控制的理想目標爲 130 ／ 80 mmHg 以下，血壓的控制可以經由藥物輔助及生活型態（飲食、運動、減重）的調整來達成。
- **嚴格血糖控制**：定期檢驗血糖。空腹血糖應控制在 110mg ／ dl，糖化血色素（HbA1c）應控制在 7％以下。
- **高血脂之治療**：美國糖尿病協會（2003 年）建議，所有糖尿病患者每年至少接受一次總膽固醇、三酸甘油酯、高密度脂蛋白膽固醇及低密度脂蛋白膽固醇濃度檢查。

高血脂症控制標準

- 低密度脂蛋白膽固醇（LDL）濃度應低於 100 mg ／ dl。
- 高密度脂蛋白膽固醇（HDL）濃度要高於 60 mg ／ dl。
- 三酸甘油酯濃度要低於 150 mg ／ dl。

- **視網膜病變的追蹤**：糖尿病患者會有較高的視網膜病變，所以在糖尿病被確實診斷時，即應接受第一次詳細「眼部檢查」。若檢查結果爲正常，仍應每年定期接受一次複檢。

台灣地區糖尿病照護參考指標（中央健保局照護建議標準）

項目	正常值	檢查目的	檢查頻率
空腹血糖（mg/dl）	70～110	了解一般血糖控制情形	經常性測量，並鼓勵患者自我監測。
飯後血糖（mg/dl）	80～140		
血壓（mmHg）	130～85	監測血壓以預防高血壓及心血管疾病	經常性測量，並鼓勵患者自我監測。
糖化血色素（%）	＜7	三個月內的血糖平均值	每3～6個月一次
膽固醇（mg/dl）	＜200	監測血脂肪的指數以預防血管病變	每年至少一次，有異常者每3個月一次。
三酸甘油脂（mg/dl）	＜150	評估患者的脂肪代謝狀態，以預防心血管疾病	每年至少一次，有異常者每3個月一次，為定期追蹤的必檢項目之一。
低密度脂蛋白（mg/dl）	＜130	又稱「壞的膽固醇」，主要用於監測血脂肪指數並預防心血管疾病	每年至少一次，有異常者每3～6個月一次
高密度脂蛋白（mg/dl）	男性≧45 女性≧55	又稱「好的膽固醇」，主要用於監測血脂肪指數並預防心血管疾病	每年至少一次，有異常者每3～6個月一次
BMI（Kg/m2）	＜27	肥胖指標	隨體重的改變而注意
眼底攝影		及早發現及治療視網膜病變並預防失明	每年至少一次，有病變時需增加檢查次數 。
微量白蛋白尿（μg/min）	＜20	及早發現及治療腎病變預防尿毒症	每年至少一次，有異常時每3～6個月一次 。
足部檢查		及早發現神經、血管病變避免及治療足部潰瘍與感染	平時由患者自己每日檢查雙腳，並視實際需要至醫院檢查。

低血糖的緊急處理

當糖尿病患發生意識狀況改變時，高血糖或低血糖都有可能是引起原因──

- 有意識的處理方式：這時如果患者還有意識，立刻吃 15 公克醣類，例如 120 ～ 180cc（約半杯）果汁、或半罐汽水（可樂）、或 1 湯匙蜂蜜、或 4 ～ 6 顆方糖。
- 無意識的處理方式：若患者已失去意識，應讓病人側臥，以防嘔吐與吸入性肺炎，並立即送醫。

另外如使用 α-glucosidase inhibitor 類藥物（例如：Acarbose 醣祿錠、Miglitol、Voglibose）的患者，若發生低血糖症狀時，必須完全使用「葡萄糖」或「牛奶（乳糖）」，不可使用蔗糖來處理。（因為使用此類藥物，它可以干擾碳水化合物的消化，使醣類吸收速率減慢，而能有效降低飯後血糖值，所以在低血糖症狀時，不能使用蔗糖來處理，如果在治療期間使用含蔗糖食品，例糖果，會引起腸胃不適或腹瀉）。

1. 行政院衛生署國民健康局 - 糖尿病防治手冊

2.American Diabetes Association: Standards of medical care for patients with diabetes mellitus. Diabetes Care 25(1): 213-229, 2002.

3.American Diabetes Association (2000) Consensus development conference on diabetic foot wound care: 7-8 April 1999, Boston Massachusetts. Annual Review of Diabetes: p. 322-32.

4. Harrison’s principle of internal medicine, 15th edition, p2109-2137.

5. Lebovitz HE: Oral therapies for diabetic hyperglycemia. Endocrinol Metab Clin North Am 2001, 30:909-933.

6. 林瑞祥：糖尿病照護品質監測，台灣醫學，2002 年 6 卷 4 期，574-580。

文／林鉅勝（台中榮民總醫院家庭醫學部、高齡醫學中心科主任）

皮下注射護理須知

治療糖尿病的藥物主要有兩大類，相對於常見的口服降糖藥物，胰島素注射依然是目前最有效降低血糖的治療辦法。

胰島素應注入皮下脂肪，即皮下的脂肪層。如果注射深度太深，胰島素會進入肌肉而快速吸收，但是作用時間無法持續太久（此外，注射肌肉會使疼痛感加重）。如果注射深度不夠，胰島素會進入皮膚，因而影響胰島素的起效時間和作用時間。

皮下注射護理

準備用物

胰島素空針、長效胰島素、短效胰島素、酒精棉片、皮下注射記錄單。

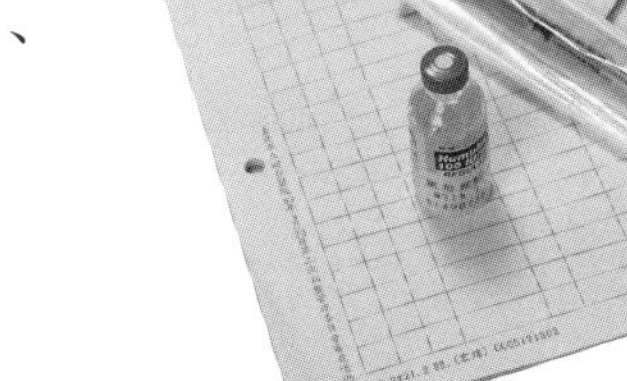

步驟

1. 洗手。
2. 將胰島素從冰箱取出（如果瓶上有保護蓋，應先拿掉）。
3. 使用酒精棉片將胰島素上的橡皮擦拭乾淨。
4. 將胰島素瓶放在手掌心中，左右慢慢搓揉，如此可將胰島素混合均勻且能使胰島素加溫，可減少注射時之不適。
5. 依照醫囑指示，抽取適當劑量的胰島素。
6. 準備病患，將欲打針的部位露出並評估該部位是否適宜注射。

❼ 以酒精棉球由內朝外呈螺旋狀擦拭消毒注射部位後，等候5～10秒，至酒精完全乾。

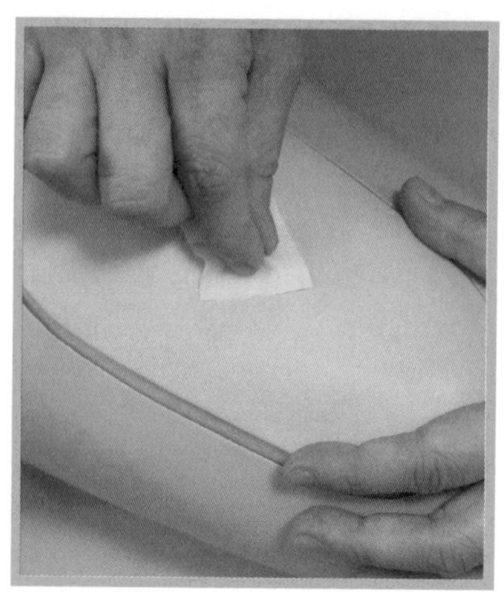

❽ 體型瘦者可以一手捏起注射部位，另一手持針呈45度角將針頭快速插入；體型胖者者則可以一手將注射部位撐開呈緊繃狀，另一手持針呈90度角將針頭快速插入。

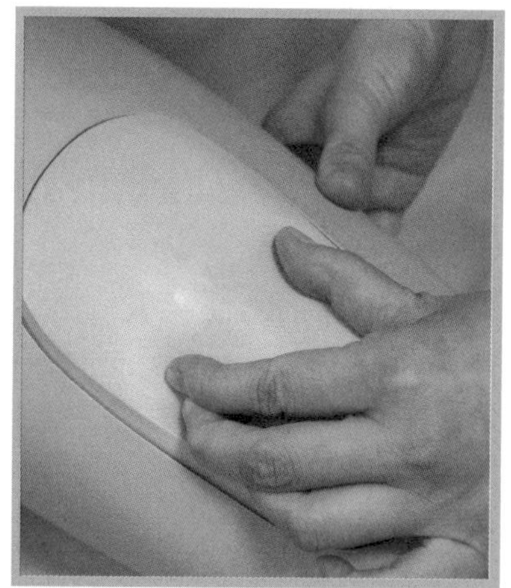

體型瘦者捏起注射部位

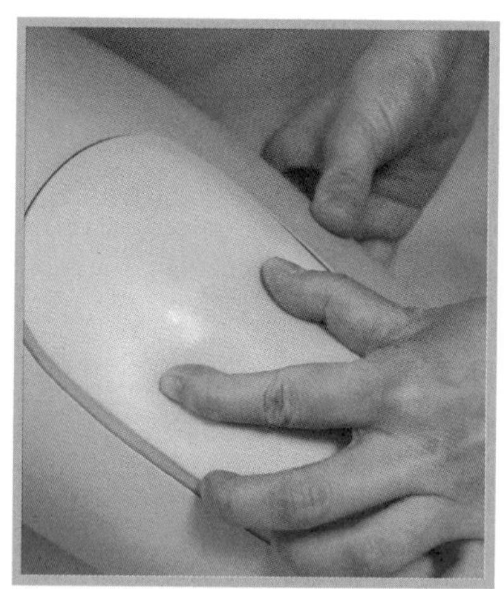

體型胖者撐開注射部位

❾ 針頭進入適當位置後要回抽，確認無回血才將藥物推入。

⑩ 將針心完全推下，使胰島素全部注入皮下脂肪與肌肉間的間隙。

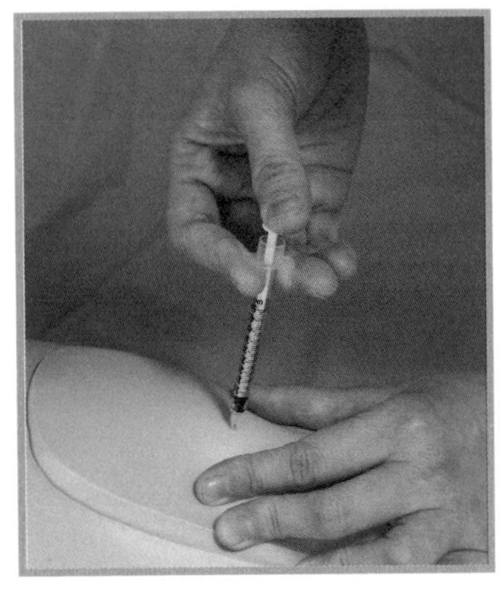

⑪ 將針頭拔出，然後以酒精棉球輕壓住注射部位數秒鐘，避免出血。

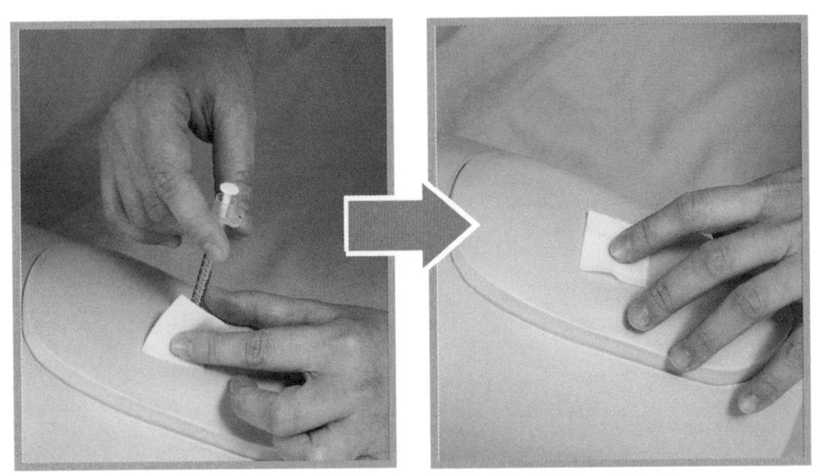

⑫ 注射後應在胰島素注射輪換表上做好記錄。

認識筆型注射器

現在市面上也出現了形狀似筆的胰島素注射器，筆身內可裝置內含胰島素（200U）的卡式瓶，筆的上方有一旋轉鈕，用以設定注射的劑量，裝上丟棄式的針頭後，即可注射胰島素。

使用胰島素注射筆可免去攜帶藥瓶與抽藥的過程，而且外觀呈筆狀，在注射時較不引人注意。

胰島素的保存

1. 不可用力搖晃藥瓶。
2. 未開封的胰島素藥物需避免高溫及陽光照射，不需冷藏保存，但開瓶後就需冷藏保存。
3. 胰島素藥物可冷藏但不可冷凍，準備注射前先取出胰島素置於室溫，避免注入冰冷的胰島素。
4. 外出時，應避免將胰島素置於溫度高的車廂或行李箱中。
5. 若原本澄清的胰島素出現混濁物或沉澱物應予丟棄而不繼續使用。

注意事項

1. 留意藥物是否在有效期間內且有無異常沉澱，抽取胰島素若爲混濁製劑，要將藥瓶置於兩手掌間滾動，直到完全均勻。
2. 若需抽取二種不同的胰島素製劑時，應先抽取澄清的短效型胰島素，再抽取混濁或中長效型的胰島素。此時氣泡會佔據注射器，在抽取較長效型胰島素之前，應先清除這些氣泡，雖然這些氣泡對身體並不會有不良的影響，但是會造成胰島素劑量不準確。
3. 將胰島素藥物推入後不可按摩注射部位，以避免藥物吸收速度加快。
4. 胰島素的注射以上臂、腹部、大腿外側及臀部等部位輪流施打，以防脂質萎縮與增生。爲了獲得穩定的胰島素吸收和作用，在同一個注射區內注射次數不要太頻繁，注射太頻繁易引起注射部位皮下組織的傷害，而同一部位最少能隔 2 ～ 3 週才可重覆注射。
5. 注射部分如有紅、腫、熱、痛及腫塊情況發生時，應避開注射此部位。

文／沈佩瑤（台北榮民總醫院高齡醫學中心）

老年慢性腎病照護

老年慢性腎病是全世界的趨勢，在實施全民健保以來糖尿病與老年人口的增加、心血管疾病存活率提高、透析醫療科技的進步及透析病患存活期延長，慢性腎病的照護需求增加；而末期腎衰竭經由血液透析，出現新的議題，如增加生命存活、精神社會的適應問題。如何藉由居家照護來降低慢性腎病的發生、延緩透析時間、照護透析所須的技巧，顯得更爲重要。

定義

慢性腎臟病的定義是腎臟損傷或腎絲球過濾率小於 60 毫升／分鐘／ 1.73 平方公尺，時間持續 3 個月以上。而末期腎疾病或末期腎衰竭則定義爲腎絲球過濾率小於 10 毫升／分鐘／ 1.73 平方公尺。

盛行率

台灣約有 200 萬人罹患慢性腎臟病，平均每 10 名成人就有 1 人罹病。在美國，中度慢性腎臟病佔全人口 8%，老年人罹患慢性腎臟病更高達 20 ～ 40%。此外，老年末期腎衰竭近幾十年一直在增加。

症狀

早期絕大多數都是只有泡沫尿、蛋白尿，甚至毫無任何症狀，中期則有高血壓，血清尿素氮及肌酸酐上升，晚期則除了血壓上升外，水腫、虛弱及倦怠（貧血的症狀）亦會出現，再嚴重則出現噁心、嘔吐、食欲不振及呼吸困難等症狀，除此之外仍有搔癢、歇不住腳症候群、抽筋、腹部絞痛、昏睡等症狀。

分成身體、心理、社會、精神及心靈（Bio-psycho-social-spiritual）各方面的需求——

身體方面

包括疼痛及症狀的處理、性功能喪失、飲食限制、身體形象改變、血液透析及腹膜透析。

- **疼痛**：可依照醫師指示給予止痛藥；切勿自行購買或服用止痛劑，以免腎臟功能急遽變化。
- **搔癢**：可使用潤膚霜、抗組織胺、光治療等方式止癢。
- **歇不住腳症候群**：治療則視症狀而定，一般只要按摩、熱敷、吃點止痛藥都有助症狀緩解，而適當的運動、少喝咖啡、酒、菸也可減輕症狀；較嚴重的病患，可考慮藥物治療。
- **抽筋、腹部絞痛**：可使用奎寧或穴位按壓。奎寧，提煉自金雞納皮，爲一種生物鹼，具有苦味，由於身體在接受到這種苦味時，會刺激唾液及胃液的分泌，促使食欲增加和幫助消化，另外還有阻斷副交感神經接受器的作用，抑制腸蠕動過快，但吃過量，也會引起腸絞痛。
- **昏睡、低血壓、噁心、呼吸急促、水腫等**在家無法處理的問題，應盡快就醫。最好能與自己的醫師討論，並盡速做適切處置。
- **性功能障礙**：建議夫婦一起參與性生活諮詢，讓專家開導病人思想，增強其生活信心，必要時可以藉由藥物的輔助。
- **飲食限制**：避免太鹹及油膩的食物，可諮詢營養師，設計飲食控制計畫，延緩腎功能惡化。

- **身體形象改變**：可由家人獲得支持或和精神科醫師、心理師溝通。

- **血液透析及腹膜透析**：病患和家屬可在透析過程中，和護理人員學習如何照顧透析管路導管，以及因透析所引起的不適症狀。

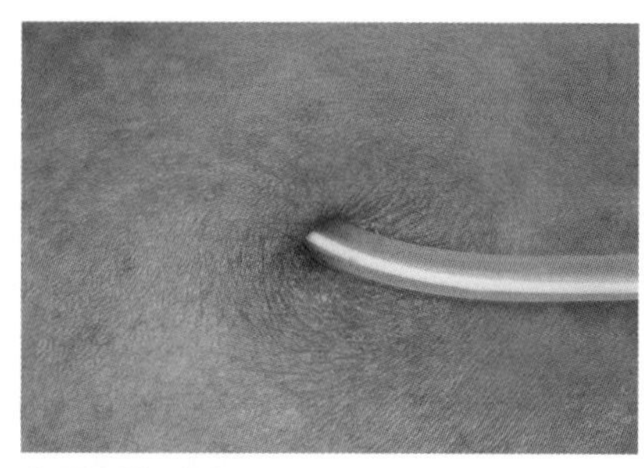
腹膜透析導管

心理方面

包括憂鬱、焦慮、對疾病和治療的不確定性；可以尋求親友支持，並與醫師或醫療團隊討論未來末期腎臟病的替代療法。

社會方面

包括失業、角色互換、依賴照護者和透析機器、缺少旅行的自由，除藉由家人支持或精神科醫師、心理師溝通外，可申請社會補助，培養其他的興趣，或藉由參加病友團體，分享醫療照護經驗與心路歷程。

精神及心靈方面

包括面對自己和他人死亡，及文化差異等方面。家人的支持與親情慰藉，是與病魔抗衡的最大助力。

護腎 33 贏得腎利人生

面對慢性腎臟病，其年齡和糖尿病，是最主要決定預後之因子，但最常見死亡原因為心血管疾病。因此，行政院衛生署國民健康局，目前在推動「護腎 33 贏得腎利人生──驗尿、驗血、量血壓」，居家照護主要定期測血糖、量血壓、飲食控制和避免其他併發症。

1. 老年慢性糖尿病腎病，糖化血色素控制理想範圍在 8 ～ 8.5%。
2. 血壓維持在 140 ／ 90 毫米汞柱附近即可，不要太高或太低。
3. 血色素維持在 11.0 ～ 12.0 間。
4. 定期回診：驗尿、驗血和避免其他併發症。

是否需接受透析治療

據統計，透過飲食上嚴格的限制，以及一些特殊營養的補充，約有七成的病患，可延緩進入透析的時間。

若選擇延緩透析，則病患和家屬更要和醫師配合，處理一些不適的症狀。

對於末期透析病患，一旦選擇停止透析，從停止透析到面臨死亡，平均約 10 天左右，因此對於此類病患，末期照護（end of life care）更突顯其重要性。最好能在疾病早期，便開始討論病患對生命末期照護的期望，以便更能幫助病患及家屬做出適切的決定。

文／翁碩駿（台中榮民總醫院腎臟科主治醫師）

尿失禁照護

一般而言，絕大部分的尿失禁，都能藉由治療獲得明顯的改善，然而許多病患面對尿失禁時都覺得難以啓齒，或將其視為正常老化的過程，以致於沒有辦法獲得適當的治療，因此，照護尿失禁的第一步就是，找泌尿專科醫師確定診斷，及找出最適合的治療方式。

定義

尿失禁是指無法控制膀胱，造成不自主的漏尿，從輕微的尿液滲漏到完全無法控制膀胱都有可能。尿失禁有可能發生在所有的年齡層，一般而言，隨著年齡增加發生的機會也會跟著升高，大約每十位老年人就有一位有這樣的困擾，特別是長期照護機構的老年人，據統計超過一半的人都可能有這個問題。

症狀

造成尿失禁的原因很多，如果是因為膀胱過度活躍，可能會突然感覺到一陣強烈的尿意，同時有害怕漏尿的感覺，接著產生漏尿的情形，這種尿失禁稱為「急迫性尿失禁」。

如果是因為骨盆肌肉無力，可能會在大笑、打噴嚏或提重物時發生漏尿，這種情況稱作「應力性尿失禁」。

另外，像是攝護腺肥大或因為神經受損造成膀胱尿液解不乾淨，也會有漏尿的問題，不僅如此尚包括藥物、便秘或行動不便去廁所有困難等等，亦都可能會造成失禁。

容易發生尿失禁的族群

高齡（65歲以上）、女性、自然分娩與生產次數較多、基因遺傳、肥胖、吸菸、認知功能下降、憂鬱症、糖尿病、中風、接受攝護腺癌治療等。

合併症

尿失禁對病患的身心狀況都可能產生不良的影響，包括造成尿路感染、皮膚的刺激發炎與褥瘡，或因爲急尿、夜尿而影響睡眠或造成跌倒，同時也可能影響病患的社交活動以及自我觀感，甚至導致憂鬱的情緒。

照護須知

面對尿失禁，照護的第一步就是尋找醫師確定診斷，並找出最適合的治療方式。此外，你的醫師可能會建議一些方法以減少或治療尿失禁——

- 避免酒精及咖啡因的攝取。
- 減少晚間的水分攝取，以避免夜尿。
- 保持正常的體重：最近的研究顯示，過重及肥胖的婦女經過減重治療後，尿失禁頻率明顯減少 。
- 多吃蔬菜水果、適度運動及飲水，以避免便秘造成的尿失禁。
- 骨盆肌肉運動：練習強化骨盆底肌肉的運動，即「凱格爾運動」。
- 膀胱訓練：可訓練急迫性尿失禁的病患拉長如廁的時間間隔。
- 藥物或手術治療：醫師會根據不同的尿失禁類型及病患的情形，選擇最適合的藥物治療方式、特殊的裝置（如子宮托）以及手術等方法。
- 其他：在居家自我照護方面，建議穿著容易穿脫的衣褲，便於如廁；也可採用一些設計給失禁患者用的護墊，保持乾爽。此外，床邊可準備便盆椅或尿壺，給行動不便的病患使用；在外出時，記得隨身準備乾淨的換洗衣物，以備不時之需。

認識凱格爾運動

作法

先找出控制排氣（放屁）的肌肉，這就是控制排尿的骨盆肌肉，收縮這部分的肌肉 10 秒，再放鬆 10 秒，每個循環做 10 ～ 20 次，每日做 3 個循環。這種運動可以增強骨盆底肌肉的力量。

注意事宜

- 在收縮骨盆底肌肉時，腹部、臀部以及大腿的肌肉應該是放鬆的。
- 一般大約需持續練習三個月，才會看到較明顯的效果。

認識膀胱訓練

膀胱訓練是藉由逐步增加兩次排尿間的間隔，以改善頻尿、急尿的症狀。

作法

開始時，以病患平常最短的排尿間隔、或以兩小時的間隔為基礎，當在排尿間隔之間出現急尿感，先站著不動或坐下，放輕鬆，深呼吸分散注意力，等待急尿感消失後，再緩步至廁所排尿。以此方式逐步增加排尿間隔的時間，直到排尿間隔可達 3 ～ 4 小時。

文／賴秀昀（國立台灣大學醫學院附設醫院新竹分院老年醫學科主任）

退化性關節炎照護

關節是支撐人體活動的部位，關節功能良好，人生是彩色的；關節功能盡失，人生是黑白的。

五十歲以上的中老年人，每四人就有三人受到「退化性關節炎」困擾，七十歲以上的老人，更超過九成。女性發生的機會較男性患者高二至三倍，關節炎惡化的速度也比男性快。如果關節曾受過嚴重損傷，亦會增加該關節發生此病的機會。缺乏運動或過度運動，都對關節老化有絕對的影響。

肥胖過重者，因易使關節承受較大的壓力，罹此病的機會亦比正常人高；另外，必須經常屈膝工作、久站、或搬運重物者，也會較早出現退化性關節炎。

原因

關節內充滿著潤滑的關節液，關節骨末端則包覆著軟骨，提供關節活動時的緩衝及潤滑功能。隨著年紀漸長，關節活動不斷的摩擦，造成軟骨發炎磨損，加上體內荷爾蒙的改變、體重過重、過去關節曾經受過傷，以及包覆關節的肌肉力量減弱等種種因素，使得退化性關節炎成爲老年人常見的關節炎，尤其以「膝關節」最爲常見。另外像是手指、脊椎及髖關節炎也很常見。

若接受X光檢查，早期的退化從X光片可能看不太出來，但隨著疾病的進展，從X光片可看到關節邊緣長一些骨刺，關節腔也會變得不對稱的狹窄。

症狀

最開始的症狀是，常常在運動或上下樓梯時，感覺關節疼痛，或早晨醒來以及久久不動時，覺得關節特別僵硬。這種僵硬感通常活動一下就會比較緩解，一般不會持續超過三十分鐘。

一般來說，早上的症狀較輕微，經過一整天的使用後，可能容易出現疼痛的症狀。

隨著關節炎的漸漸嚴重，僅僅輕微的活動也可能會感覺關節疼痛，嚴重時甚至連休息也會疼痛。此外，關節可能產生變形、腫脹，或壓迫到附近神經，造成患者行動上極大的不方便，影響日常生活自我照顧的能力，甚至因爲疼痛擾亂了睡眠或心情。

治療

出現關節不適症狀時，患者首先應該尋求醫療幫助，以確立正確診斷。若確診關節不適是由於退化性疾病所引起，雖然截至目前爲止醫學上並無法將它完全治癒，但有些方式可以緩解不舒服的症狀。

- **復健與藥物治療**：復健治療，可以減輕患者的疼痛，再搭配口服止痛藥或局部塗抹痠痛藥膏，將可以減輕關節的不適。

常用的止痛藥物，包括乙醯胺酚（acetaminophen，常聽到的「普拿疼」就屬於此類藥物）、或非類固醇類消炎止痛藥。非類固醇類消炎止痛藥，對於腎臟與腸胃有較多的副作用，腎功能及曾有腸胃潰瘍的病患，必須謹愼使用。

另外，疼痛較厲害時，醫師也會使用鴉片類的藥物來緩解患者的疼痛；它可能的副作用包括噁心、頭暈及便秘；若對口服的藥物反應不佳，也可以考慮關節內注射類固醇或玻尿酸的治療方式。

若關節炎已嚴重影響到患者的生活功能，且對以上治療都反應不佳，可以考慮手術治療，依據疾病不同的嚴重程度，常採取的治療方式包括關節鏡手術或是置換人工關節，當然，術後的復健也是不可或缺的，病患與家屬應事先與醫師做詳細的討論以選擇最適當的治療。

照護須知

爲了保護關節，患者應該維持適當的體重，以減少關節的負擔；此外，適度的伸展與有氧運動，可強化肌力並幫助穩定關節，也是很重要的運動，患者及家屬應事先請教復健醫師或物理治療師，幫助規畫適合的運動。

日常生活

在生活上，要減少過度使用關節，避免讓關節受傷，並且使用適合的枴杖，以減少關節的負荷。此外，可以穿戴市售或量身訂做的護膝，幫忙增加支撐力以及膝關節的穩定度，以減少疼痛。

居家方面，可嘗試將日常工作分成小段逐步完成，減少關節的負擔，同時適切的分配活動與休息的比例，並減少環境的障礙，以預防跌倒傷害。

留意紅腫現象

當關節有急性紅腫時，不一定是退化性關節炎，應該立即尋求醫師的診斷及治療。

最後，照顧者也要鼓勵患者積極尋求醫療協助，以減少疼痛，並且以正向的態度面對疾病。而家人與朋友的支持，則是患者非常重要的力量。

文／賴秀昀（國立台灣大學醫學院附設醫院新竹分院老年醫學科主任）

骨質疏鬆照護

六十歲以上的長輩，大約有一成的男性及三成的女性有骨質疏鬆的問題。

由於女性在停經後骨質會快速的大量流失，因此美國預防服務工作小組建議65歲以上的婦女應該接受骨質密度檢查，而有較高風險發生骨質疏鬆症相關骨折的婦女，則應提早從60歲起，定期接受篩檢。美國全國骨質疏鬆症基金會的專家也建議男性在70歲之後進行骨質密度檢查，另外，長期服用類固醇或是罹患類風濕性關節炎的患者，也建議接受篩檢。

定義

骨質疏鬆是一種骨頭強度變差的疾病，使得患者容易發生骨折；常見的骨折部位爲髖骨、脊椎骨、和手腕骨，不過任何部位的骨頭都有可能發生。

常見的高危險群

1. 女性。

2. 高齡。

3. 體型瘦小。

4. 有骨質疏鬆症的家族史。

5. 賀爾蒙減少或內分泌異常，如停經、甲狀腺機能亢進。

6. 鈣質及維生素 D 攝取量不足。

7. 長期使用類固醇或抗癲癇藥物。

8. 吸菸。

9. 飲酒過量。

10. 缺乏活動或長期臥床。

11. 類風濕性關節炎患者。

症狀

骨質疏鬆通常沒有症狀，常常要等到骨折時才發現，然而一旦骨折，對患者以及其生活品質將造成難以抹滅的影響。

髖關節骨折往往需要住院手術，而且會影響行走的功能，使患者喪失獨立生活的能力，最終可能導致死亡。

脊椎骨折則可能造成身高變矮、嚴重背痛、脊椎變形、駝背等後遺症，對生活產生很大的不便。

診斷

雙能量 X 光吸收儀的檢測是檢測骨質健康最好的方法，英文名稱是「DXA」，是一種輻射量很低且沒有侵入性的檢查，檢測的部位通常包括兩側髖骨及脊椎骨。至於超音波測定骨質密度只能作爲參考，不能用來診斷骨質疏鬆，還是必須請教醫師做進一步的診斷。

檢驗值的意義

- T 分數爲 0 至 –1 間，表示骨質密度與健康年輕人的平均值差不多。
- T 分數介於 –1 至 –2.5 之間，表示骨量減少。
- T 分數小於 -2.5，就是罹患骨質疏鬆症。

照護須知

飲食建議

由於亞洲人常有乳糖不耐的問題，往往無法從乳製品獲得足夠的鈣質，乳製品以外鈣含量較多的食物包括——杏仁、芝麻、深綠色蔬菜、罐裝帶骨沙丁魚、罐裝帶骨鮭魚、蠔、大豆、及豆腐等；維生素 D 含量高的食物包括蛋黃及海魚等。

適度的活動

身體活動對於預防骨質疏鬆及預防跌倒也很重要，包括走路、慢跑、跳舞、游泳、打太極拳等。

預防跌倒

預防跌倒是避免骨折很重要的一環，大部分跌倒是發生在室內，因此居家環境的安全必須特別留意；平常應穿防滑的鞋子、家裡避免放置踏墊或小地毯、通往浴廁的走道應維持暢通、浴室要加裝防滑扶手、居家活動空間的地面維持淨空，避免散落的電線或物品、要有良好的照明，另外，也應定期檢查視力以改善視力障礙，並與醫師討論盡量減少會造成頭暈不穩的藥物。

浴室要加裝防滑扶手

攝取鈣片

爲了維持健康的骨骼，年齡五十歲以上的長輩，每天應該攝取 1,200 毫克的鈣質以及 800 ～ 1,000 國際單位的維生素 D。

若已有骨質疏鬆的情形，應與醫師討論，選擇適合的藥物治療。目前常使用於治療骨質疏鬆的藥物有雙磷酸鹽類、選擇性動情激素受體調節劑、降鈣素、副甲狀腺素、以及金屬鍶等。

文／賴秀昀（國立台灣大學醫學院附設醫院新竹分院老年醫學科主任）

白內障照護

白內障是目前引起老年人可治療性失明的最主要原因，與青光眼或是黃斑病變會引起永久性視力喪失的疾病不同，它是可以藉手術而重現光明的。早期的白內障只造成視力模糊或屈光度數變化，可藉由更換眼鏡稍微改善症狀，等白內障嚴重影響到工作或日常生活時，便是接受白內障手術的時機。

隨著手術設備、技術及人工水晶體材質的進步，白內障手術的安全和術後視力恢復，皆能達令人滿意的程度。

定義

白內障是因水晶體混濁，導致視力障礙的一種疾病。

眼球結構中，黑眼珠最表面的透明蓋子是角膜，而水晶體是位於瞳孔後方，介於虹膜與玻璃體之間。在正常的情況下水晶體是澄淨透明的，其形狀與功能與放大鏡相似，主要功用在於屈光，作用就好像照相機的鏡頭，當光線通過角膜後須經水晶體的折射才能將影像清晰的呈現在視網膜上，如同將光線聚焦在底片上一樣。

如果水晶體變混濁時，光線無法完全透過，就會引起視覺上的障礙。就像是照相機鏡頭被哈了一口氣，阻擋了光線通過而造成影像模糊，這就是所謂的白內障。

盛行率

據統計資料顯示，國人罹患白內障的機率，五十歲以上有60%，六十歲以上有 80%，七十歲以上則超過 90%，所以老年性白內障是老年人很普遍的疾病。但是現代人長時間使用電腦、觀看電視，導致用眼過度，近視度數偏高，使得白內障有年輕化的趨勢，目前三十至四十多歲的白內障族群比例正在攀升，而患者總數量也在增加中。

分類

白內障通常可分爲先天性與後天性兩大類——

後天性的白內障包括最常見的老年性白內障及因眼球外傷（穿刺傷、高熱、電擊）；眼內疾病（如虹彩炎、青光眼、色素性視網膜病變、高度近視）；全身性疾病（糖尿病、甲狀腺疾病、腎臟疾病）或藥物（類固醇）所引起之白內障。

其中老年性白內障是一種老化的現象，發生的原因不明，隨著年齡增加，水晶體會慢慢發生硬化、混濁的情形，如同年紀大了會有白頭髮一樣，這種現象屬於老年變化的一部分。它可能在幾個月內快速形成而影響到日常生活的視力，也可能在幾年之內慢慢產生而僅引起視力的些微降低卻不影響生活品質。

症狀

白內障主要的症狀是漸進性視力減退，不痛不癢，但是總好像隔著一層毛玻璃看東西，模糊不清，且初期並不會有紅腫疼痛的感覺。除了視力模糊外，也可能有單眼複視、畏光、眩光、色彩失去鮮明度、和晶體性近視度數增加時，須時常更換眼鏡度數等。有時白內障患者的近視度數增加反而有助於近距離閱讀書報，而不需戴老花眼鏡，這種現象稱爲「第二春之視力」。

但是當白內障嚴重到一定程度的時候，已經無法藉由更換眼鏡度數來改善視力，除了看遠的視力受到影響，近距離的視力也無法應付日常閱讀所需。

當白內障發展至「過熟期」，不僅視力下降至只能感覺到光線的地步，也可能伴隨青光眼或葡萄膜炎等併發症的發生，眼睛會發紅及感到異常疼痛，如果病人無法得到立即適當的處理，將導致永遠失明。

Part 5 運動照護篇
Part 6 飲食照護篇
Part 7 疾病照護篇
Part 8 貼心收錄篇
Part 9 相關資源篇

治療

目前尚無藥物、眼藥、注射劑或其他非手術方式可以治療或預防白內障；雖然臨床上會使用白內障眼藥水，其作用充其量只能延緩白內障的進展。截至目前爲止，「手術」仍是唯一可以恢復視力的方式。

至於，何時該接受手術治療，當白內障嚴重到影響個人的工作及日常生活，便是考慮接受手術的時機了。雖然手術是唯一可以治療白內障的方式，但我們可以藉由良好的生活型態及防護，避免白內障的惡化。

照護須知

日常生活

患者外出時應養成配戴抗紫外線的太陽眼鏡或一般眼鏡，同時以均衡飲食，增加血中胡蘿蔔素，維生素 C 及 E 等抗氧化劑的濃度，並避免抽菸，有助防止或延緩白內障的進展。

水果內含維生素 C 及 E

在工作或運動時，要特別注意眼睛的安全防護，預防外傷性白內障。

患有糖尿病的患者要好好控制血糖，若有眼睛疾患者應遵循醫師之指示追蹤用藥。

定期接受視力檢查

40 歲以上成人應注意眼睛的健康及視力狀況，定期到眼科做視力檢查。

認識白內障手術治療

白內障手術並沒有年齡上的限制，原則上只要病人覺得視力模糊，已經造成工作或日常生活上的困擾，而且經過眼科醫師詳細的眼睛檢查確定其視力下降與白內障相關，即可考慮接受白內障手術治療。目前健保支付白內障手術的標準是大於 55 歲的成年人，不滿 55 歲的白內障患者可以依其程度申請健保給付或採取自費手術。

傳統白內障手術是利用開刀將整個白內障取出，傷口大有縫線、術後散光較重，視力恢復期長。目前白內障手術大多在局部麻醉下，施行「超音波晶體乳化術」。手術藉由 2.2 公厘甚至 1.8 公厘的角膜微切口將超音波晶體乳化儀的探頭穿入混濁的水晶體，先利用探頭的超音波震動頻率將混濁的晶體乳糜化成碎片，再由探頭頂端將碎片吸除乾淨，接著植入軟式摺疊式人工水晶體，手術時間約 20 分鐘。因為傷口小不須縫線，不易造成額外散光，且組織傷害少，復原時間短，患者術後可快速恢復視力、回歸日常生活。只是在局部麻醉下，手術進行中患者不可移動頭部、咳嗽、打噴嚏、說話，要與醫生密切合作，手術才能順利完成。小孩、意識不清楚或無法合作之成年人，須全身麻醉進行手術。

近年來，以「飛秒雷射」輔助「超音波晶體乳化術」稱為「飛秒雷射白內障手術」或「飛秒雷射白內障前置手術」，是現今白內障手術的高規格技術，屬於自費醫療。指的是白內障手術從製作角膜微切口，一直到分解硬化的水晶體這一段過程，都利用「飛秒雷射」來取代傳統手術刀具，之後的步驟仍需搭配超音波晶體乳化術。優點在於精準飛秒雷射取代醫師手持鋼刀或鑽石刀做角膜微切口切割，雷射切口使術後傷口密合度高、減少傷口感染機會，也降低術後傷口造成的異物感；在「水晶體前囊撕除」的步驟，則藉由飛秒雷射取代醫師手撕前囊，製造出精準完美的圓形前囊口，提高人工水晶體置入後的穩定性；而且在超音波乳化晶體前利用飛秒雷射先做「水晶體分割」，可減少超音波的震動能量，術後的角膜水腫更少、視力復原更快。至於植入的人工水晶體，其功能是取代白內障手術時移除的混濁水晶體，具備良好的生物相容性，能有效降低手術後的不良反應，並維持穩定的視力品質。隨著科技進步，人工水晶體除了能過濾紫外線和藍光，加強眼睛保護的效果，為因應對於術後視覺品質的要求，人工水晶體除了矯正近視、遠視、散光讓患者有清晰的看遠視力，「多功能人工水晶體」還可達到改善老花，減少術後配戴眼鏡的效果。各式人工水晶體有不同的功能與適應性，應依照專業詳細的術前檢查與自身生活視力需求與醫師充分討論評估，選擇最適合的人工水晶體置入。

文／蔡馨儀（晶亮眼科診所院長）

青光眼照護

青光眼是導致不可逆失明之首要病因；根據流行病學的研究推測，預測 2010 年全球罹患青光眼的病人數約六千萬，因之導致雙眼失明的人口將超過 840 萬人。

定義

青光眼是一種視神經病變，在臨床上的表現爲視神經凹盤擴大、神經纖維損傷及視野缺損。

分類

青光眼可分爲「原發性青光眼」或因其他病變所產生之「續發性青光眼」，原發性青光眼又可依隅角鏡檢查的結果分爲「隅角開放性」與「隅角閉鎖性」青光眼。

- **隅角開放性青光眼**：指前房液排出部位之小樑網組織型態正常。
- **隅角閉鎖性青光眼**：指小樑網組織被虹膜遮蔽而可能影響前房液之排出。

原因

青光眼視神經病變，是視神經纖維損傷與視網膜神經節細胞凋亡的結果，但其致病機轉尚未十分清楚，目前推測有兩大致因——

- 眼球內壓力上升，直接壓迫視神經纖維及視網膜神經節細胞，致其受損。
- 視神經血流供給不足或不穩定，如心跳過慢、血管不正常收縮等，致視神經纖維及視網膜神經節細胞受損，所以，即使眼壓在正常範圍內，也可能罹患青光眼。

定期接受青光眼篩檢

青光眼的盛行率會隨著年齡增加而上升（先天性青光眼及續發性青光眼除外），故建議 40 歲以上的族群，應定期接受青光眼篩檢，以期早期診斷早期治療。

尤其有家族青光眼病史，或高血壓、心血管疾病患者，都屬於青光眼的高危險群，更要提高警覺；如果等到視力模糊等症狀發生時才就醫，往往視神經的損傷已相當嚴重了。

症狀

青光眼的可怕之處，在於該疾病難以自我察覺。除了急性青光眼發作時，因眼壓急速大幅上升，可能有視力模糊、頭痛等症狀，青光眼的早期症狀僅周邊視野缺損，中心視力良好，故患者不易自我察覺。

治療

青光眼的治療，目前唯一確定有效的方式為「降低眼壓」，將眼壓控制在平穩且理想的範圍內，以減少視神經損壞的速度；然而已壞死的視神經節細胞則無法因降低眼壓起死回生。

降低眼壓的處方，包括使用眼藥水、口服藥、雷射及手術。除了「隅角閉鎖性青光眼」患者，建議在診斷確定時就接受「周邊虹彩雷射造口術」；「先天性青光眼」以手術治療為主；其餘青光眼治療之首選方法仍以「使用眼藥」為主，藥物使用必須持續且定時，並應定期追蹤視神經結構及功能的變化，以確認病情是否穩定，有無需要再進一步降低眼壓。

- **藥物**：藥物治療可能會出現一些副作用── 藥物主成分或其中的防腐劑，可能會引起眼球局部的副作用，如刺痛感或過敏反應；前列腺素類似物藥水，可能導致眼睛充血、眼睛周邊皮膚色素沉積等。

  此外，某些眼藥（β-blocker，乙型阻斷劑；交感神經甲型促進劑）會有全身性副作用，可能影響脈搏、血壓，造成呼吸不適，或抑制中樞神經系統而有頭昏、嗜睡等症狀。

口服藥（acetazolamide）的副作用，則有手指腳趾刺痛、麻木感，或頭腦昏沉、食慾減低，或引起腎結石。病患必須讓醫師了解既有之疾病，以便醫師選用合適的藥物。

- **雷射及手術治療**：雷射及手術治療其主要的目的在改善或新增房水排流管道，以降低眼壓。手術治療可能發生一些併發症（如白內障或感染），但產生嚴重併發症至視力永久損傷之機率不高。

  雷射及手術治療後會依所達成之眼壓降低幅度決定是否須再併用藥物治療。

手術治療的適應症

- 藥物治療反應不佳。
- 藥物治療產生難以忍受的副作用。
- 使用藥物後，雖眼壓控制良好，但視野及視神經仍持續惡化，懷疑眼壓的控制不夠平穩。
- 病患未能遵照醫囑用藥及回診，導致視神經及視野漸趨惡化。

照護須知

青光眼患者除了按時點藥、定期回診，還有下列生活習慣必須注意——

避免危險因子

某些血管因素與青光眼的發生與惡化有關，包括高膽固醇、血管硬化、高血壓、低血壓、貧血、偏頭痛、雷諾式現象（Raynaud’s phenomenon 即手腳容易冰冷，其意謂有周邊血管收縮的現象）等，故除了按時點藥以外，應同時請內科醫師控制這些危險因子。此外，若使用類固醇類藥物時，須更加注意眼壓的監控。

飲水

短時間內喝下大量的水分，可能造成短暫的眼壓上升；雖然，青光眼病患雖毋須因此而限制水分的攝取，但建議以「少量多次」的原則，增加飲用次數，減少每次飲用的量。

- 「隅角閉鎖性青光眼」患者，應避免長時間待在暗室、情緒激動，或趴臥的姿勢，因這些因素可能引起眼壓上升甚至是青光眼的急性發作。

情緒與壓力

巨大的情緒或工作壓力，對眼壓的控制可能有不利的影響。

運動

1. 適量的運動可能可以降低眼壓，但是某些特殊青光眼患者（如色素性青光眼的患者），必須注意運動後眼壓會有短暫性上升的現象。
2. 在淺水的區域游泳，對眼壓的影響微乎其微。但要注意，若是跳水、潛水，或瑜伽之倒立動作，則可能使眼壓有相當程度的上升，對於視神經已有相當損害的青光眼患者，可能對視神經產生進一步的傷害。
3. 青光眼患者的視野若有相當程度的喪失，在玩某些球類運動時，如網球，要更小心被球擊中的可能及其對眼睛帶來的傷害。

總而言之，盡量保持規律的生活、充足的睡眠、適當的運動、健康的飲食習慣、不抽菸、盡量抒解生活中的壓力，出外旅遊時記得按時用藥等，就是對青光眼最好的保養。

洪伯廷，劉瑞玲 (民 95) ，青光眼 100 問，台北市，立德文化。

文／柯玉潔（台北榮民總醫院眼科部青光眼科主任）

精神疾病

老年憂鬱症照護

根據台灣一項本土研究資料顯示，國內65歲以上老人罹患憂鬱症的比率高達12～20%。「憂鬱症」可說是老年人最常見也影響最大的身心疾患之一。憂鬱症是一種嚴重、持續與調適不良的疾病，其嚴重程度雖有輕重之分，但對日常生活及思考運作產生的影響卻相似。

原因

身心疾患很少是單一因素引起，對老年人來說，自然老化的影響、身體上的各種病痛及家庭社會支持的改變，都可能是罹患憂鬱症的促發原因。亦言之，老年人在老化過程中，身心都會受到影響──

- **腦力減退**：包括記憶力、定向力、抽象思考能力、領悟力、判斷力都會變差，導致處理日常生活所需的各種事情，變得比從前差或需要別人的幫助。從腦科學的角度來說，年紀大時，腦部退化，神經細胞凋零，掌管情緒的神經化學系統自然也受到影響，血清素系統及正腎上腺素功能降低，都讓老年人比較容易憂鬱。
- **知覺變差**：老化不只影響腦部，知覺也會衰退。一般以為，老化的明顯標誌就是視力變差或聽力變弱，其實不只這兩者，連味覺、嗅覺等都有受影響，其中以視覺、聽覺影響最大，會導致老年人對外界的感受力降低，連帶影響老年人的自尊心，降低對社交生活的興趣。
- **自我形像變化**：年紀變大、外貌變老、裝假牙、拄枴杖、頭髮花白等，這些對自信心與自尊也有影響。
- **獨立性改變**：由於衰老、病痛、體力變差、行動力降低，老年人的活動能力受限，社交活動跟著變少，覺得自己能掌握的東西愈來愈少。

- **分離與失落**：老人此時期，兒孫輩正值青壯年，正是求學就業的離家期；另一方面，會經歷到同輩好友、配偶或親人的逝世，對老年人來說，都是重大的「失落」。
- **自尊心降低**：綜合諸多因素，如果老年人的銀髮生活沒有適當的規劃，不難想見，老化將會影響老年人的自信心和自尊心。
- **疾病**：老化另一常見問題是，罹患各種慢性疾病，這也是老年憂鬱症的重要危險因子之一，尤其是中風、失智症、巴金森氏症和某些癌症等等。其中病痛所帶來的不舒服，是造成憂鬱症的常見原因。
- **藥物**：某些藥物如降高血壓藥、類固醇等，會造成情緒波動，產生憂鬱症狀。
- **家庭社會方面**：老人退休後，固定的社交和人際活動減少，退休前擔當職位時被重視、被尊敬的感覺消失，社經地位改變再加上自主經濟能力降低（可能因疾病的關係，而把金錢的掌管轉移至兒女身上造成），都可能讓老年人有種無價值感，覺得不再被需要。再加上現代社會家庭結構改變，子女數目變少，又多為雙薪家庭，每個人各自忙碌，老年人在家中的支持少了許多，常常感到孤獨。以上都是憂鬱症的促發因素。

診斷

根據 DSM-IV（精神疾病診斷與統計手冊，美國精神醫學學會出版）1994 年第四版，憂鬱症應包括下列症狀，並符合 1 或 2 以及～ 9 中四項，且持續時間兩週以上。

1. 經常感到情緒低落、沮喪或絕望。
2. 對日常活動皆失去興趣或樂趣，如以往每日必看的報紙新聞、電視節目以及參與的一些社交活動、宗教團聚及休閒活動，此時變得完全沒有興趣、退縮。
3. 胃口不佳、體重顯著減輕，或食欲增加、體重顯著增加。

4. 失眠或睡眠過度。
5. 精神狀態呈現激昂或遲滯，例如：變得不想說話，反應變慢，思考呆滯，動作也變得遲緩。
6. 常感到疲勞或缺乏活力。
7. 無價值感或過度不適當的罪惡感，如覺得自己沒有用，認爲自己是子女的負擔，只會給別人添麻煩。
8. 思考無法集中、注意力減退或猶豫不決。
9. 反覆地想到死亡或已有一詳細自殺計畫。

除此，有些病患還會出現一些身體症狀，如疲倦、全身無力、便秘、身體痠痛、腸胃不適等，病患經常擔心得了某種不治之症，產生慮病現象，遍求各科名醫及門診看病檢查，結果顯示卻都正常。這種輕型憂鬱症狀因表現憂鬱情緒不明顯，再加上以身體症狀來掩飾，臨床上叫做「隱匿性憂鬱症」。

然而，老年憂鬱症的症狀與一般憂鬱症的表現，的確不同，若醫師經驗不足或未能細心詢問病史，很容易忽略它的存在。

合併症

「焦慮」是老年憂鬱症常見的合併症之一。倘若家中老人突然變得擔心某些小事，或經常坐立不安，家屬就要注意是否有憂鬱症隱藏在後。

另外，憂鬱症的主要症狀如體重減輕、睡眠不佳等，在老年人身上可能進一步惡化成營養不良，甚至造成神智混亂等合併症。

此外，若過去無飲酒習慣的老人，最近開始以喝酒作爲排解情緒的方式，也可能是憂鬱症的徵兆之一。

請留意以下症候

- **身體疾病症狀與憂鬱症狀難以區別**：例如，癌症患者會有疲累、胃口不好等問題，這點跟憂鬱的症狀極爲類似，此時應注意是否有其他新症狀出現，或是對醫療處置反應不佳，或症狀超出原本的預期。這時家屬應常常陪伴患者，及聽聽長期照顧患者的醫療團隊的意見。

- **老年人較少直接表達憂鬱的感受**：一般來說，老年人可能會因爲不好意思，或不擅表達情緒，而大大減少了向親人或醫師直接表達憂鬱心情的機會。這時，照護者應該委婉、主動地引導老年人表達他的心情。照護者可先以自己或其他朋友做例子，來澄清長者是否有興趣減少或情緒不佳的情況。然後，再進一步詢問是否有消極的想法，包括低自尊、無望感、無助感、過度自責內疚以及自殺意念等。
- **老年人有較多的身體抱怨**：如疼痛、眩暈、耳鳴、胸悶、胃腸不適及泌尿方面的問題，這些究竟是生理疾病或心理症狀，有時的確難以區分，倘若經過一系列檢查都無確定病因，必須考慮其有憂鬱症的可能。
- **易與老年失智症混淆**：老年憂鬱症與失智症，兩者關係密切，有時不易區別。許多老年人就醫時會抱怨記憶力變差，東西放哪裡馬上就忘掉，朋友的名字也記不起來，擔心自己得了失智症，但因其日常生活功能還正常，這時可以請醫師進行「神經心理智能測驗」，若結果正常，並無記憶力嚴重障礙的症狀，就應懷疑是否受到憂鬱的影響。

老年性憂鬱症應立即送醫治療情況

- 妄想、聽幻覺：當長輩出現妄想、聽幻覺等症狀時，家屬應儘快帶其就醫，必要時必須仰賴藥物治療來控制病情。
- 僵直症狀：出現不吃、不喝、不動、不說話，肌肉呈僵直狀，有點像木頭人或機器人；不吃、不喝、不動，對老年人來說，可能會對生命健康帶來危險，必須及時就醫，先處理生理症狀，再進一步治療憂鬱症。

老年人精神抑鬱量表（Geriatric Depression Scale）

在以下問題圈出「是」或「否」作為你的答案	（在過去二星期中）	
	1	0
1. 基本上，你對你的生活滿意嗎？	否	是
2. 你是否減少很多活動和嗜好？	是	否
3. 你是否覺得你的生活很空虛？	是	否
4. 你是否常常感到厭煩？	是	否
5. 你是否大部分時間精神都很好？	否	是
6. 你是否會害怕將有不幸的事情發生在你身上嗎？	是	否
7. 你是否大部分的時間都感到快樂的嗎？	否	是
8. 你是否常常感到無論做什麼事，都沒有用？	是	否
9. 你是否比較喜歡待在家裡而較不喜歡外出及不喜歡做新的事？	是	否
10. 你是否覺得你比大多數人有較多記憶的問題？	是	否
11. 你是否覺得「現在還能活著」是很好的事嗎？	否	是
12. 你是否感覺你現在活得很沒有價值？	是	否
13. 你是否覺得精力很充沛？	否	是
14. 你是否覺得你現在的處境沒有希望？	是	否
15. 你是否覺得大部分的人都比你幸福？	是	否
總分＝		

老年自殺防治

- 不要怕談論：很多人都怕提出「自殺」這個字眼，不願提也不敢與個案討論，尤其在面對長輩時，死亡的話題更是禁忌。其實技巧性的詢問或討論，往往可以提早化解危機，並提供適時的幫助。
- 辨識危險的訊號：研究資料顯示，多數企圖自殺的人都曾在事前發出訊息，倘若我們能對這些訊號有所警覺，或許就能適時地幫助他。

自殺的危險訊號

- 言語方面：藉由語言或文字，直接或間接表達想死的念頭，或常以死亡為話題表示告別之意，例如：「我不想活了」、「那已經不要緊了」、「我不會再引起任何麻煩了」…等。
- 思想方面：悲觀消極、自我嫌棄、無價值感、覺得自己不該活在世上等。
- 行為表現：表情淡漠、不在意外表打扮，有時顯得激動、坐立不安，人際疏離、注意力不集中，有些人還會伴隨酗酒或濫用藥物，睡眠與飲食狀況混亂，常獨自徘徊，寫遺書或準備自殺用具。

處理方式

- 首先應了解個案對自殺的看法與可能性，進一步找出他打算用何種方法自殺，評估這些方式的致命性與可行性。照護者應及時移除可能的危險物品。
- 傾聽與陪伴：「傾聽」比說更重要，過多的說理，反而會給個案更多的壓力。照護者應用傾聽、接納、不批判的態度來同理他。傾聽與陪伴，對於情緒的緩解非常重要。
- 支持與鼓勵：給予具體的承諾與幫助，讓他不要有無望的感覺。表達你願意幫助他，讓他覺得自己並不孤單與無助。表達他對你的重要性，肯定他，讓他覺得有人需要他，他是有用及有價值的。
- 必要時應考慮送醫轉介精神科門診，尋求專業醫師的協助，以期妥善治療憂鬱症。民間的心理諮商機構，如生命線（1995 請救救我）、張老師（1980 依舊幫你）…等，可以用作緊急求助的管道。

緊急處理自我傷害

當長輩出現自我傷害的舉動時，此刻家人要避免進一步刺激，應儘量以言語安撫他，並迅速移除可能自我傷害的危險物品，若有受傷情形，必須立即送醫，必要時可打 110 求援。

照護須知

一般人對老年憂鬱症有許多誤解，認爲老年人本來就較孤單、寂寞，因此憂鬱是「正常老化」現象；其實，老年憂鬱症與其他年齡層憂鬱症一樣，需要被關心，甚至需要進一步治療。

用藥須知

老年人的藥物治療，需要家屬的適時叮嚀，並且協助他準備藥物，記錄服藥的反應，提供給醫師做參考。

生活照護

藥物只是治療老年憂鬱症的一環，家屬對患者的身心支持同樣非常重要。家屬可以從改善知覺障礙開始，對於知覺有障礙的老年人，配戴助聽器、新的老花眼鏡，改善其知覺，對老人的身心調適會有相當程度的幫助。此外，家屬應多予支持、鼓勵老人，加強他們生活的動力——接納、運用同理心，以讚美與尊重的態度讓老年人感受到眞正的被關懷與被尊重。

家屬應多陪伴老人，協助他們了解、接受分離與失落的事實，並充當他們與現實社會之間的橋樑，鼓勵老人多與人接觸，參加活動，可藉由安排一些適合的活動，協助他們重建自我尊嚴與信心。

文／蔡佳芬（台北榮民總醫院精神醫學部老年精神科主任）

▶▶ 其他

行動障礙照護

有行動障礙的老年人，無論是暫時性或長期性的行動障礙，主要治療目標都在增進其日常生活獨立自主的能力。透過復健訓練，可有效提升老人的身體活動功能，讓生活更有尊嚴及品質。

定義

所謂行動障礙，是指腿部或足部的功能降低，導致行動能力受到影響，病患需使用輪椅或輔具來幫助行走。

分類

造成老年人出現行動障礙的原因，可分爲暫時性及永久性兩類——「暫時性的行動障礙」通常爲骨折或關節置換手術後，有一段時間無法行走自如；「長期性的行動障礙」則多是因腦部受損導致終身的行動能力降低。

暫時性行動障礙

老年人最常發生暫時性行動障礙的時期，通常發生在下肢骨折內外固定，及膝關節、髖關節置換後；因傷口癒合需要一段時間，爲保持傷處的穩定，或減輕疼痛，故患者會有一段時間（依情況而定）無法自由的活動。

然而，這種暫時性障礙雖可以因爲傷口恢復、疼痛降低而解除，但老年人恢復力較差、活動力較低，常在暫時性障礙期的制動情形下，造成肌肉力量大幅降低、關節活動度減少，漸漸變成長期依賴輪椅或其他輔具。因此，當家中老人有暫時性行動障礙時，照顧者必須謹慎小心加以照護，並進行復健治療，以期恢復原有行動能力。

下肢骨折

當骨頭遭受外力撞擊或因骨質疏鬆，而發生斷裂或裂痕，稱之爲骨折。

根據骨頭斷裂後是否穿出體表，可分爲「開放性骨折」與「封閉性骨折」。而依照骨頭破裂的程度，又可分成「一般性骨折」和「碎裂性骨折」。

老年人最常因「跌倒」造成股骨頸和股骨轉子間的一般性或碎裂性骨折，此類型骨折大都須要手術鋼釘鋼板固定或人工關節更換以減少後遺症，恢復時間約需 12 週以上。這段期間內病患需臥床一段時間，故容易產生四肢及軀幹無力和關節活動受限及攣縮的情形，甚至發生嚴重致命的併發症，如肺栓塞、肺炎、褥瘡、泌尿道感染…等。

根據研究報告指出，老年人髖部骨折後，死亡率高達 40%，五年的存活率只剩 20%。所以，當家中有老年人發生下肢骨折情況時，須依照醫師及物理治療師的囑咐，進行長期的復健以回復肌力、保持關節活動度和肌肉柔軟度且降低疼痛，讓病人儘早下床活動，以減少長期臥床的併發症，並盡快恢復以往的功能，避免日後再次跌倒。

髖關節置換

當髖關節因退化、發炎或風濕性疾病產生磨損，或有骨折、缺血壞死情況時，可能需要執行髖關節置換手術。

依其病況的不同，有不同類型的置換方式，如：半人工髖關節或全人工髖關節。

然而，不論何種髖關節置換方式，與下肢骨折的情形類似，病患都需要一段臥床期。此段期間內，病患可能出現活動範圍不足、活動自由度受限、肌力退化等狀況，甚至發生預期之外的患肢縮短或增長，造成日後的長期性行動障礙。

因此，手術後應盡快在物理治療師的指導下，漸進式的增加下肢活動幅度，透過復健運動，使患者復原速度增加，慢慢恢復大部分的日常活動，並增強髖部的肌肉力氣。

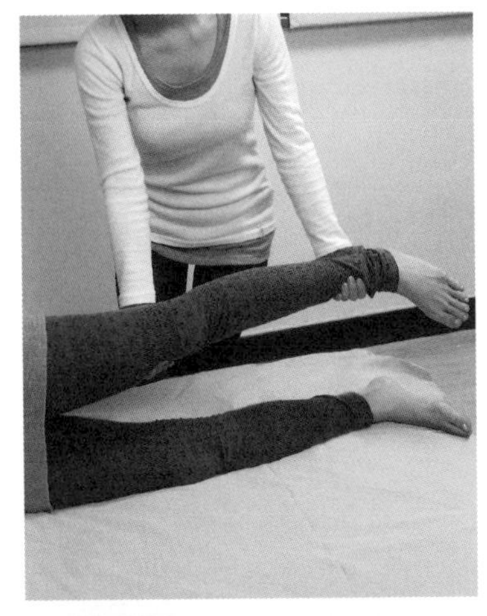

膝關節置換

患有退化性關節炎或類風濕性關節炎的病人，常會有膝關節中的軟骨被破壞、形成骨刺、關節痛、腫脹、局部溫度提高、關節僵硬、變形和活動能力下降等情形。

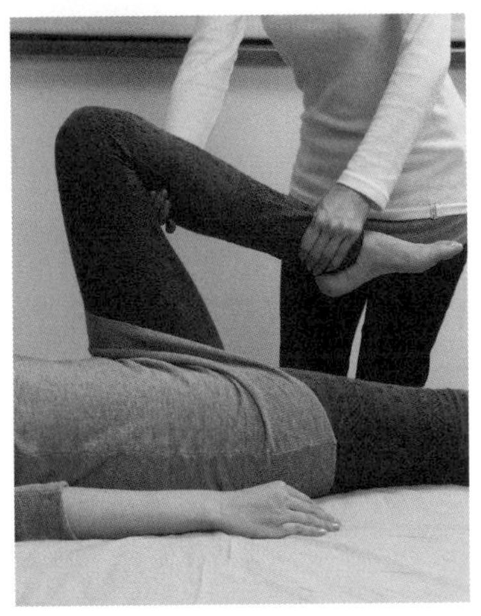

若服用止痛藥和改變活動形式的方法無法解決以上情形，可考慮做「全膝關節置換手術」。它和髖關節骨折、髖關節置換手術不同的是，全膝關節置換的病人通常在術後 2 ～ 3 天即可利用拐杖或助行器下床行走，故其臥床時間較短，影響層面較小，但亦須及早開始物理治療運動，以增加膝關節活動度、減少膝關節組織攣縮、加強膝關節周邊肌肉力氣，加快康復的速度。

長期性行動障礙

中風和巴金森氏症，是老年人出現長期性行動障礙的主要成因——大腦的損傷或退化造成不可逆的傷害，導致患者無法完全恢復以往的行動功能。

因此，當老年人出現長期性的行動障礙時，照顧者必須持之以恆地進行醫院或居家復健，以增進或維持患者日常生活功能，並避免長期臥床的併發症。

中風

中風，是因爲腦中栓塞或出血而造成的腦損傷。當中風發生時，必須立即確定中風原因並進行治療，且一旦病況穩定就應開始積極復健治療。

不同部位的腦中風，有不同的病徵，所以不是每位中風病患都有行動障礙的問題。但是，一旦中風病人出現行動障礙，絕對必須在發病後六個月內，即復原黃金期，積極加以復健。

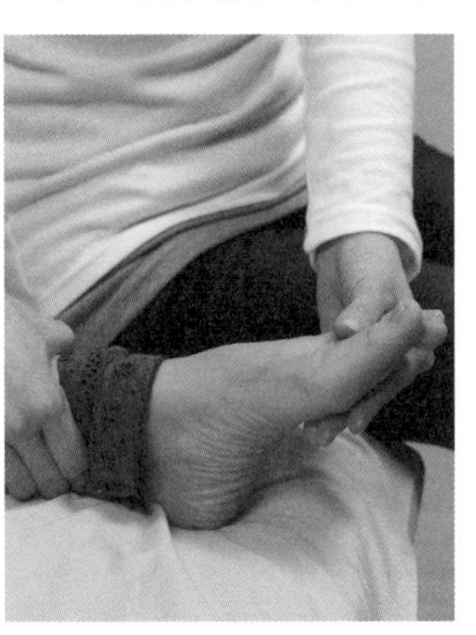

下肢復健運動，強調在空間和身體知覺恢復、肌肉力氣增強、關節活動度維持以及平衡的訓練。除了運動之外，治療師還會利用輔具幫助且教導病患完成日常生活活動。因爲老年人中風後必須長期復健才能增進或維持功能，故出院後，病人依然需要進行居家復健，維持生理機能減少退化的可能性。

巴金森氏症

巴金森氏症，是好發於老年人的一種神經退化性疾病，其核心症狀爲靜態性抖動、肢體僵硬、步態不穩。其中「步態不穩」是造成行動障礙的主因；病患因身體重心向前傾斜且動作緩慢，所以步伐跨步不大，但整個人卻一直向前衝。

透過「物理治療」，訓練病患的平衡能力和肌肉力氣，再加上重複性的行走練習，可以幫助病患維持身體的活動功能，減輕行動障礙的程度。

文／胡曼文（普洛邦物理治療所院長）

▶▶ 其他

長期臥床照護

在所有居家照護患者中，「臥床患者」最需要長期接受照護。而導致臥床狀態的原因有很多，常見的疾病是：中風、多發性關節炎、癌症及慢性疾病等；一旦長期臥床，將導致患者身體各器官功能的損傷，也更加重照顧者的負擔。

導致失去行動能力常見疾病

系統分類	常見導致失去行動力之疾病
神經系統	· 腦中風 · 巴金森氏症 · 失智症 · 周邊神經病變（常見為糖尿病所導致）
肌肉骨骼系統	· 骨質疏鬆症 · 骨折（尤其是髖關節或股骨骨折） · 風濕性關節炎 · 截肢（如：糖尿病周邊血管病變所引起等）
心血管系統	· 嚴重心衰竭 · 冠狀動脈心臟病 · 周邊動脈阻塞性疾病
呼吸系統	· 嚴重慢性阻塞性肺病
其他疾病	· 營養不良 · 因急性疾病導致臥床過久，或因疼痛降低活動力導致之體能退化（Deconditioning）。 · 憂鬱症 · 嚴重疾病：如癌症、嚴重感染如肺炎、敗血症等。 · 藥物副作用：如鎮靜安眠藥及高血壓藥物，這些藥物因有暈眩或低血壓等副作用，故需與醫師討論後服用。

臥床的影響

長期臥床對於患者的影響，不止於生活功能障礙與照顧上的需求，還會影響身體與心理功能。

皮膚系統→褥瘡

臥床太久若沒有適時翻身，皮膚長時間受到壓迫，將造成局部組織缺血進而出現皮膚潰爛、壞死的情形。發生褥瘡的部位大多是骨骼突出的地方，如薦骨、兩側髖關節等部位，若再加上營養不良、大小便失禁，不僅傷口不易癒合、容易造成傷口感染，甚至會產生嚴重併發症如敗血症、死亡；因此適時的翻身、營養均衡，保持傷口周圍乾燥及乾淨是非常重要的。

肌肉骨骼系統→肌耐力喪失、骨折

長期臥床的病患，四肢關節肌肉容易出現攣縮情形，導致關節活動度受限；此外，長期臥床患者因負重活動減少，會增加嗜骨細胞的活化，加快骨質流失的速度，因而增加骨質疏鬆症的機會，也提高骨折的風險。

心血管系統→姿勢性低血壓、周邊靜脈栓塞

臥床病患不僅四肢肌肉會漸漸萎縮無力外，心臟肌肉的收縮力也會逐漸下降，爲了持續身體各器官所需的血液及氧氣，心臟的負擔也會愈來愈大。而且，臥床過久會產生心血管反射退化，對於姿勢的改變造成的血壓下降不敏感，而容易發生「姿勢性低血壓」。

而周邊骨骼肌收縮力下降，會造成靜脈血流不易回流，鬱積於下肢，增加周邊靜脈栓塞的機率，提高形成血栓的風險。

呼吸系統→肺葉塌陷、呼吸道感染

因肺部疾病的影響，再加上長期臥床或仰臥姿勢，限制了胸部擴張程度，導致肺的容積降低。而仰臥姿勢也造成「無效咳嗽」，導致肺部清潔能力下降，增加分泌物並形成膿痰，提高下呼吸道感染及肺炎的機率。

胃腸系統→營養不良、便秘

臥床或行動力不足將減緩胃腸道的蠕動，加上因腹部肌肉虛弱與營養不良，進而影響腸胃收縮能力，造成糞便不易排出，產生「便秘」與「腸阻塞」等現象。由於活動量減少，造成每日所需熱量跟著下降，新陳代謝速率變慢，患者會出現胃口不佳、不願進食的情況，造成養分供應不足，如此惡性循環將降低病患之活動能力。

泌尿系統→泌尿道感染、尿道結石

長期失去行動能力會影響泌尿道的排空能力和減少排尿，造成尿液鬱積現象，提供細菌孳生的機會，造成「泌尿道感染」與「尿道結石」。

精神心理狀態的影響→焦慮、憂鬱、睡眠障礙

行動力下降不僅影響患者的社交能力，也會減少患者的感官刺激而改變平時熟悉的生活方式與所扮演的社會角色，又因日常生活功能受到限制，導致出現精神行爲的症狀，如焦慮、憂鬱或睡眠障礙…等。

注意事項

臥床患者常因生活功能受到影響，出現意識障礙與身體功能障礙，造成必須維持臥床的狀態，因而出現身心皆需照護等問題。此外，由於患者表達能力出現困難，照顧者必須針對以下常見問題來評估患者的狀態——

意識障礙

意識，指個體對外界的認知狀態。正常時，意識是清晰，呈覺醒狀態。意識障礙，是指意識狀態出現異常，如譫妄、幻覺、嗜睡、意識不清及昏迷等，症狀包括：注意力與集中力低、思考遲滯、甚至昏迷等嚴重狀態。

當病患有意識障礙時，照護者可藉由疼痛刺激來評估，包括按壓胸骨、以筆壓指甲床、按壓斜方肌等。

1. 正常的意識狀態：對外界的反應是清楚、機警的，能夠聽得懂別人說的話，對外來刺激有適當反應，例如東西掉落地上時會有驚嚇反應。
2. 嗜睡：呼叫、推動、疼痛刺激可將病患叫醒，進行一些簡單的交談和動作；但刺激停止後，病人又開始入睡，反應較慢，表情呆板。
3. 木僵：活動明顯減少。若要引起患者反應，必須使用疼痛刺激，其反射動作雖正常，但反應不適當、變慢、喃喃自語且內容不清，甚至沒有反應。
4. 昏迷：對疼痛刺激沒有反應，沒有隨意動作，也沒有意識。

生命徵象

生命徵象包括：體溫、脈搏、呼吸和血壓，是顯示目前身體狀態不可或缺的指標，且每個數值都不是獨立的狀態，反應著身體狀態的改變。照護者可參照如下「生命徵象正常值」，以評估病患的生理狀態，如有異常應記錄下來，供醫師了解並參考。

1. 體溫

	正常範圍	平均值
腋溫	36.0 ～ 37.0℃	36.5℃
口溫	36.5 ～ 37.5℃	37.0℃
肛溫	37.0 ～ 38.1℃	37.5℃

2. 脈搏：正常值是一分鐘跳動約 60 ～ 100 下／分。

3. 呼吸

	正常範圍
青年人	20 次／分
成年人	16 ～ 20 次／分
中年人	16 次／分
老年人	14 ～ 16 次／分

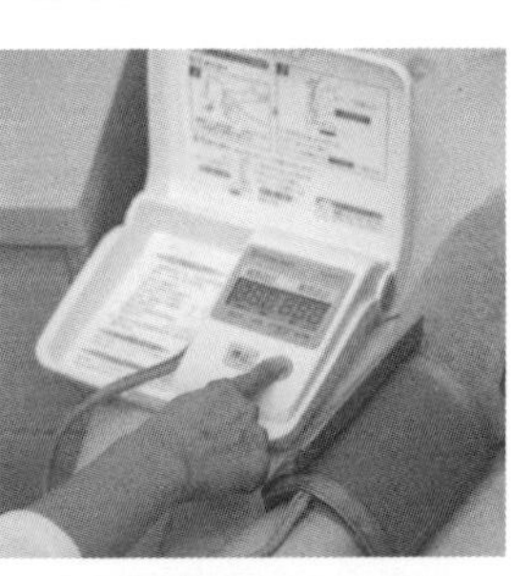

4. 血壓

（依據 1999 年世界衛生組織的指引）

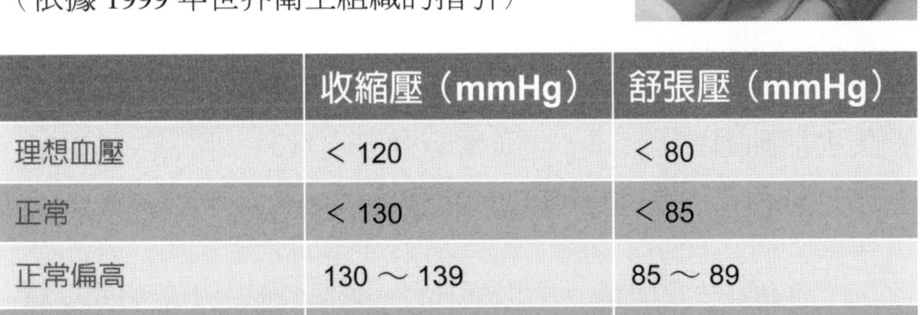

	收縮壓（mmHg）	舒張壓（mmHg）
理想血壓	< 120	< 80
正常	< 130	< 85
正常偏高	130 ～ 139	85 ～ 89
異常	≧ 140	≧ 90

尿失禁

所謂的尿失禁是指尿液不自主地漏出，無法用意識控制排尿動作。照護者必須從患者的排尿中，記錄和評估其尿失禁情形——是否在咳嗽、打噴涕時發生？是否可以一次尿完或是持續性滴尿？以及排尿的頻率與次數等。（詳見 P.429）

食欲不振

所謂的食欲不振是指沒有想吃東西的欲望。食欲不振者，容易感到疲勞倦怠，要注意的是，食欲不振有可能伴隨某種疾病而發生，如胃腸疾病患者最容易出現食欲不振，如果不能充分攝取營養，會影響疾病的復原及組織的修復。

要釐清食欲不振，須評估患者三個月內有無急慢性疾病、腸胃不適，導致不想進食的原因，現在進食的情形與之前進食情況相互比較，是否有消化、咀嚼或吞嚥困難，情緒是否有特別亢奮或憂鬱的情況，這些都可能影響到食欲，導致進食量越來越少。

營養狀態

指病患目前營養的情形；照護者可從病患的身高、近三個月體重、BMI（基礎代謝率）、腰圍、手臂圍、小腿圍、抽血的情況（包括血色素、白蛋白、膽固醇、三酸甘油酯）等，也可從與病患的談話中了解近三個月內的進食情況，是否有食欲不佳、消化、吞嚥、咀嚼困難，每天吃什麼食物、進食量有多少，蛋白質的攝取量，是否有壓瘡，是否攝取足夠的水分等。

失去活動力

以廣義來說，其並無一定的解釋，以狹義來講，可稱之爲疲倦。

疲倦，也可能是一種心理上的感覺或身體上不舒服的反應。有些藥物的副作用會影響身體而導致疲倦。照護者可從患者近期是否有急慢性疾病（如跌倒、暈眩、肝方面的疾病等）、營養情況、情緒、家庭因素等，了解病患爲何疲倦與失去活動力。

常見併發症與預防

吸入性肺炎

吸入性肺炎，是臥床患者最常見的的併發症，常見於嘔吐後吸入嘔吐物及胃酸，或因吞嚥功能障礙而將口咽分泌物、食物或水吸入肺中。

不論是口咽分泌物或嘔吐物一但吸入肺中會造成嚴重的感染，照顧病患時應特別注意吸入性肺炎的發生。

預防方法

預防吸入性肺炎，最重要的是避免嗆咳。如何避免嗆咳呢？使用鼻胃管餵食時，就要注意鼻胃管是否在胃裡，如果鼻胃管已滑脫，被照護者在被餵食時便可能會有嗆咳的情況發生，而造成吸入性肺炎。

治療吸入性肺癌

1. **護理照護**：時常清理鼻腔分泌物並抽痰，必要時可加些化痰藥物或蒸氣吸入以利痰液排出。
2. **物理性治療**：請病患側臥，將有病灶的肺置於上方，然後拍打以利痰液排出。
3. **藥物治療**：依個人情形由醫生決定是否需抗生素治療。

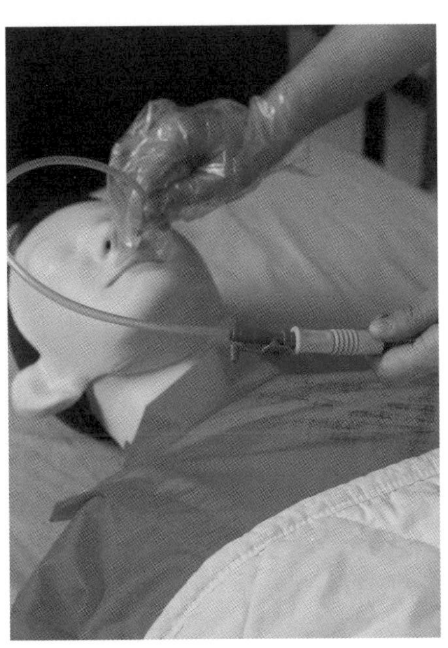

營養不良

營養不良，是一個普遍但又不易處理的問題，可能與病患長期臥床、食欲不佳，營養吸收不良等有關。

預防方法

照顧營養不良的患者，在飲食上要注意兩大事項——

1. 鼓勵病患少量多餐、選擇多樣食物並安排舒適的進餐環境、增加食物調味以增加食欲等。
2. 給予患者高熱量、高蛋白食物。若患者有吞嚥困難，可以利用麵條、麥片粥、布丁、豆花、奶昔等較滑嫩且好吞嚥的半固體及流質食物；若患者無法由口進食，在管灌牛奶的選擇上可多添加高蛋白奶粉和補充熱量的糖飴。

脫水

脫水，是因爲水分攝取量不足，或水分流失到無法滿足身體的正常運作。臥床病患可能因天氣太熱、照顧者給水量不足、嚴重的嘔吐與腹瀉，造成脫水情形。

預防方法

1. 最簡單的方法是增加水分攝取，但要注意攝取量，太多有可能造成水腫；所謂需適當的水分是指一天應攝取約2,000～3,000 cc，但還是要視病患病況來取決給水量。
2. 照護者必須記錄與監測患者每日排尿量。
3. 病患若有脫水問題，需補充喪失的水分及電解質；但要注意，含糖運動飲料要加水稀釋才能讓患者喝，避免腹瀉情形加劇。

泌尿道感染

泌尿道感染，是泌尿道內有細菌存在而引起的感染，可發生於膀胱、尿道、腎臟及前列腺部位。根據統計，女性因尿道較短，比男性更容易有泌尿道感染的問題。絕大部分的泌尿道感染，都是經尿道到膀胱或到腎臟。

此外，超過 65 歲的老年人其泌尿道感染的機率較其他年齡層爲高。理由爲──

1. 老年人的器官退化，抵抗力降低。
2. 內分泌改變。老年婦女因女性荷爾蒙分泌量減少，使得陰道局部組織黏膜乾澀、脆弱，易滋生細菌，而老年男性體內具有殺菌力的攝護腺分泌亦有減少的現象。
3. 老年人常有慢性疾病，如糖尿病、中風的老年人，常因合併神經性膀胱病變，造成尿液無法解乾淨，感染機率也相對增加。至於，有嚴重器官障礙、長期臥床的病人，其泌尿道感染的機率更高。臥床病患若長期放置導尿管，也會增加泌尿道感染的機會。

預防方法

1. 保持個人清潔衛生。女性上完廁所擦拭時衛生紙要由前擦到後。
2. 多喝蔓越莓汁與多吃酸性食物，使尿液酸化，降低泌尿道感染。
3. 最重要的還是多喝水、不憋尿，預防重於治療。
4. 如果已經感染了，最重要的是配合醫師的抗生素治療且多喝水，有助於沖刷尿道上的細菌，不留在身體內造成發炎。

褥瘡

臥床太久若沒有適時翻身，皮膚長時間受到壓迫，將造成潰爛、壞死甚至深到皮下組織、肌肉與骨頭的情形。

預防方法

1. 每天檢查骨突處皮膚有無紅腫破皮的現象。
2. 大小便後以清水清潔皮膚，再用乾毛巾擦乾，保持皮膚的清潔與乾躁。
3. 皮膚太乾，可用乳液或凡士林滋潤。
4. 對於長期臥床或活動有障礙的病患，可進行「被動運動」，且至少兩小時翻身拍背一次，順便檢查受壓部位有無發紅或破皮，並按摩受壓部位。
5. 使用氣墊床或枕頭，墊在易受壓部位（臀部、肩膀及骨突處）。移動時，盡量不要用推或拉的力量，可用抱或抬的方式以避免皮膚受損；床單必須保持平整，避免皺摺突起，減少褥瘡發生的機率。

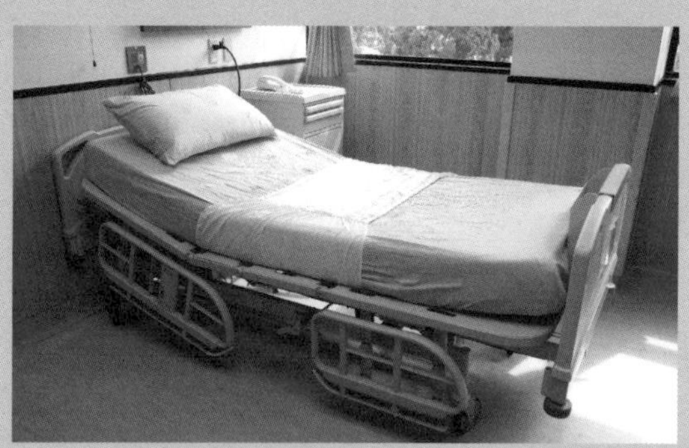

床單必須保持平整，減少褥瘡發生。

緩解方法

1. 如果已產生褥瘡，應請教醫護人員傷口照護技巧。
2. 必要時可進行手術擴瘡，移除感染的組織，以幫助新生組織的生長與癒合。
3. 鼓勵病患攝取高蛋白（蛋、奶、肉類）、高熱量及含豐富維生素C（番茄、深綠色蔬菜）的食物，以利傷口的癒合。

便秘

一般指排便困難、排便次數少，或大便太硬、太乾等情況；食物中纖維素不足、水分攝取不夠、缺乏運動、壓力、憂鬱等，都是造成便秘的原因。

預防方法

1. 增加水果（如鳳梨、香蕉等高纖水果）、蔬菜等含纖維質的食物。
2. 適當的補充優酪乳，促進腸道蠕動。
3. 增加水分的攝取。
4. 多運動。
5. 養成定時排便的習慣。通常，早餐後一小時是最佳時機，即使沒有便意，也試著安靜坐在馬桶上 10 分鐘，養成習慣後就會定時解便了。
6. 避免緊張和焦慮，多喝溫熱開水，都有助於腸道的蠕動。

緩解方法

若便秘超過三天，可使用瀉藥或浣腸劑，但不可長期使用，以免養成依賴性。

尿失禁

所謂的尿失禁是指對於無法由意識來控制的漏尿情形（詳見 P.430 ～ 431 尿失禁之照護重點。）

疼痛

疼痛，是一個主觀的感受，會讓人有不舒服、不愉快的感覺。病患表達疼痛，不只用口語方式，諸如臉部表情、不敢移動身體等特徵，都可以觀察到患者感覺疼痛的訊息。因此，照護者如何幫助患者預防疼痛，並在疼痛產生後協助緩解，更是重要的課題。

預防方法

1. 適當且適時的翻身擺位。

緩解方法

1. 移除疼痛的刺激，如改變長期臥床病患的體位。
2. 阻斷疼痛的傳導，如經皮膚電刺激、局部打麻醉劑。
3. 分散注意力、聽音樂、按摩和自控式止痛裝置等。

指出疼痛指數

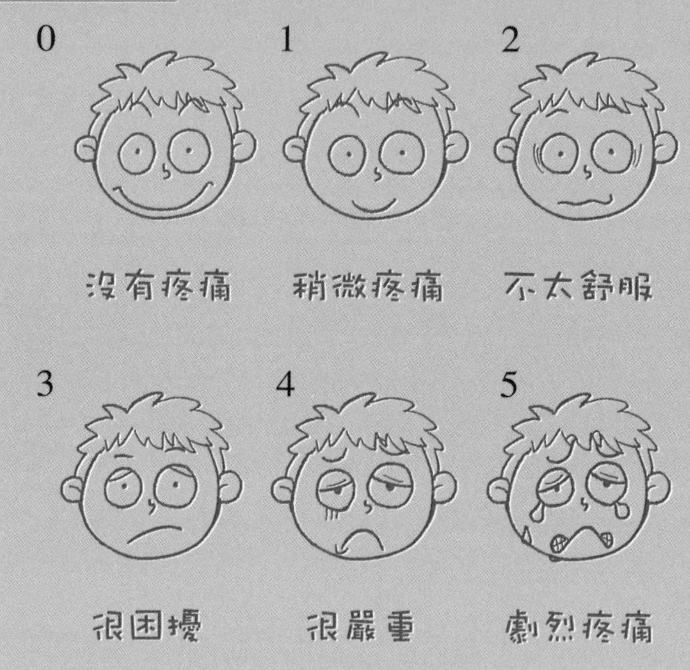

譫妄

譫妄，指急性認知能力下降、意識障礙、注意力缺損、知覺異常（多爲視幻覺）等精神表現爲特徵的病症。造成譫妄的原因很多，如肺炎，泌尿道感染，電解質不平衡，藥物副作用等；一旦發生譫妄，病患死亡的機會將明顯增加，因此照顧者若發現病患出現譫妄的情形，應儘早至醫院求診，找出造成譫妄的原因，及早處理。

照顧方法

1. 接觸病人時，用簡單語句溝通，用熟悉的名稱稱呼，談論病患熟悉的事情。
2. 使病患降低混亂感，用平穩和關心的態度幫助病患。
3. 提供安靜的環境，增加室內明亮度，減少過多的噪音與訪客，保持良好的休息與睡眠。
4. 從視線範圍內接近病患，以降低不安與焦慮。
5. 可在室內擺放大時鐘和日曆、以前熟悉的照片，增加定向感。
6. 維持充分的休息和睡眠，儘量避免藉由藥物幫助睡眠。
7. 清除身邊危險物品，包括小刀、玻璃等尖銳物品。
8. 避免使用繩子約束病患，必要時，使用床欄杆以保護病患，以避免病患翻身跌倒摔落。

室內擺放大時鐘增加定向感。

文／彭莉甯（台北榮民總醫院高齡醫學中心高齡醫學科主任）
沈佩瑤（台北榮民總醫院高齡醫學中心）

家庭醫師

你是否有過掛錯號、找錯科醫師的經驗？假如你有位熟悉自己健康背景的醫師，就能得到最方便、省時、省錢又親切的服務。而家庭醫師就擔負有這項功能，協助照顧全家人的健康。

認識家庭醫師

在專科醫師制度完整與健保制度完善的台灣，人民享有全世界最高的醫療自主性，想看哪一科的專科醫師就隨時可以就診，沒有任何限制。因此，民衆習慣依照自己的疾病別與可能影響之器官來找尋各專科醫師。然而，一個家庭中包含了嬰幼兒到年邁的長者，如果依照各種疾病別或器官來就醫，將會使得一個家庭的醫療照護支離破碎，甚至於相互衝突而形成傷害。

「家庭醫師」並不單只照護個人，而是以「家庭」爲照護對象，提供整體性的醫療照護，並且能長期的陪伴，提供繼續性的照護，在各疾病與家人間提供協調性的照護，並能提供預防性的健康照護，以避免疾病之產生及早期診斷與治療。

因此，家庭醫師爲全家人的醫療保健顧問與主要的健康照顧者，提供完整與專業的健康照護。除了醫病關係，家庭醫師更是值得信賴的好朋友，最瞭解全家人的身心健康狀況，足以處理各種常見的疾病，成爲家庭的健康守護者。

誰需要家庭醫師

- 罹患慢性疾病（如高血壓、心臟病、糖尿病等）、心理疾病（如失眠、憂鬱等）。
- 各項疾病預防的相關健康諮詢。
- 疫苗接種及預防保健服務和其他預防性的健康照顧。
- 依病患需要轉診至其他專科醫師或轉介其他社會相關資源。

合適的家庭醫師如何找

瞭解家庭醫師的訓練專科背景

家庭醫師的功能主要是能夠提供全家整體性、繼續性的照護，並且能提供各種醫療資源以提升全家人的生活品質。因此，家庭醫學科專科醫師的訓練過程注重在學習一般常見疾病的診斷與處理，並且瞭解各種預防保健的運用時機與方式，以期能提供全家人各種常見疾病的處置，而非著重於單一器官或疾病的深入研究。

訓練過程中，「小兒」與「婦產」更是家醫科專科醫師所必備的訓練，因此，對於各年齡層與性別，皆有一定的能力能處理常見問題。其他內、兒科醫師如有相當之訓練背景或經驗，也是可以成爲合適的家庭醫師。

家庭醫師的可近性

家中成員的健康大小事皆可找家庭醫師處理或諮詢，也因此，家庭醫師的可近性相當重要。最好找一位在住家附近的家庭醫師，以方便在臨時有症狀想求救時，很快就能找到醫師幫忙，不必請大半天的假去看病，也不必忍受到大醫院看病時的掛號隊伍長、等待時間長、等藥時間長的過程。

而現在醫院分科太細，要到大醫院看病還要先自己想好要看哪一科，常常會出現等了老半天，卻掛錯科別的現象出現。因此，找好自己的家庭醫師，就不需自己考慮要掛哪一科，全由家庭醫師幫忙判斷處理。

是否有提供配合的轉診診所及醫院網絡

健保局自 93 年 9 月起推動「家庭醫師整合性照護制度試辦計畫」，由同一地區 5 ～ 10 家健保特約西醫基層診所與該地的健保特約醫院共同組成「社區醫療群」，以醫療群的群體力量，提供給會員家庭周全且持續性的基層醫療服務。

此外，如果患者需要轉診，家庭醫師可以協助轉介到合適的醫療院所或科別就醫，減少就醫時間與金錢上的浪費。

民眾可以「家戶」為單位免費加入，選擇參與試辦計畫的診所醫師，登記為家庭醫師。如何瞭解自己住家附近的哪些診所有提供「家庭醫師整合性照護」服務，可撥打專線電話：0800—030598，或上健保局網站：http://www.nhi.gov.tw/ 查詢。

家庭醫師必備的條件

提供高品質的醫療保健服務

目前國內基層診所醫師的素質相當整齊，92%的台灣開業醫師具有完整的專科醫師資格。家庭醫師除了取得專科醫師資格外，之後每年還要接受一定時數的繼續教育，以更新醫學知識和技術，因此，家庭醫師可以提供高品質的醫療保健服務。

提供各種健康檢查及詳細的健康報告

除了有身體不舒服看醫師外，家庭醫師也須提供給身體健康的民眾各種的健康檢查，並能依其報告，建議個別化的健康飲食與運動。

提供疾病預防及診療服務

家庭醫師須具備預防醫學的觀念，在疾病產生之前，就能提供一定的預防方法，並且，能夠提供即時的預防針注射服務，與各項預防保健服務，以達到減少疾病產生的效果。

能隨時掌握你的病情和適切的服務

家庭醫師會幫你把過去和現在的各種疾病及用藥經驗詳細記錄，熟知你的個人生病史與用藥史，讓你的病情可以更快速地被掌握及治癒。

提供醫學新知及健康最新資訊

當家人有任何醫學上的問題或不解時，都可以直接找家庭醫師詢問，而家庭醫師本身因需要持續接受繼續教育，並且對於新的健康資訊也會主動了解，因此，可以提供患者醫學新知及健康最新資訊。

提供國際旅遊健康諮詢

我國國人時常會出國洽公或旅行，但每個人的身體狀況不盡相同，每個國家的疾病疫情也不一樣，因此，可以事先詢問家庭醫師旅遊地是否有流行病？需不需要接種預防疫苗？要不要攜帶預防藥物？甚至是本身有慢性疾病的民眾也可請教家庭醫師，如果到了旅遊地突然病發，有哪些醫院可以臨時就醫、取藥等資訊。一位好的家庭醫師須具備有國際旅遊健康基本知識，以提供民眾出國前的國際旅遊健康諮詢。

提供家庭危機處理和家庭疾病照顧

家庭醫師的特色是以家庭爲單位，提供整個家庭整體性且持續性、協調性、預防性的健康照顧，也因爲是以家庭爲中心，所以更能掌握整個家庭是否在某些疾病方面有比較明顯的家族史，未來就可以儘快讓其他家庭成員注意到健康的維護。

能與你建立長久的友誼關係

家庭醫師因爲最了解各個家庭成員的健康，並且長期地爲每個人的健康把關，自然會與家庭建立長久的友誼關係。

文／林宜璁（台北板橋榮譽國民之家保健組醫師）
　　周明岳（高雄榮民總醫院高齡整合照護科主任）

家庭藥局

每當，被照護者出現身體不適狀況時，照護者、家屬第一反應往往是將病患送至醫療院所進行檢查與評估。但是，萬一被照護者臨時不小心因某些原因而受傷，那麼，家中的急救箱就可以派上用場。

急救箱內容

常見急救箱必備用品清單包含以下三種類型——

敷料類

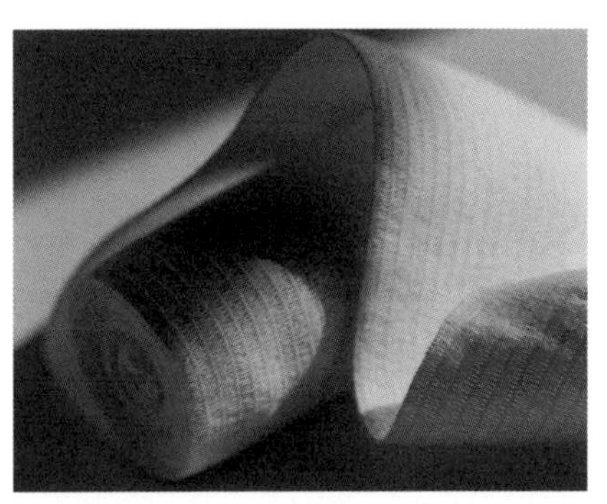

- 消毒紗布：敷蓋傷口。
- 消毒棉籤：用以沾藥水清洗傷口或消毒之用。
- 消毒棉花：用以沾藥水清洗傷口或消毒之用。
- 透氣膠帶：固定敷料用。
- 繃帶：固定敷料與包紮傷口用。
- OK 繃：固定敷料用。

藥品類

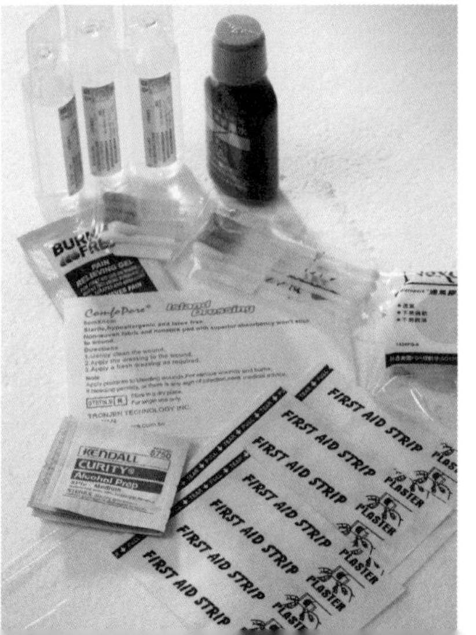

- 優碘藥水：殺菌消毒使用，不含刺激性且可預防傷口感染。
- 雙氧水：具有消毒和除臭的作用，使膿、血塊及壞死組織鬆動脫落，具刺激性，塗抹在傷

口上易影響癒合，留下疤痕，不建議使用在有傷口的組織中。

- **止痛退燒藥**：具有止痛、解熱、抗發炎的作用，用於輕至中度的疼痛緩解
- **75%藥用酒精**：具有殺菌作用，可直接擦拭消毒器械，也可用於浸泡消毒器械使用。
- **生理食鹽水**：清洗傷口或是清洗器械使用。
- **氨水（1～2%）**：塗擦於昆蟲（如：蜜蜂）咬傷部位，有消腫作用。
- **凡士林**：具有防水與保濕功能，可用於輕微小傷口止血，或緩和流鼻血症狀使用，因同時具有保持皮膚濕潤功用，也可阻擋傷口與空氣中細菌的接觸，而降低感染機會，另外對於年長者皮膚乾燥搔癢亦有保濕作用，除此之外亦可作為嬰兒量肛溫時之潤滑使用。

工具類

- **體溫計**：測量體溫。

- **剪刀**：剪繃帶或衣物。

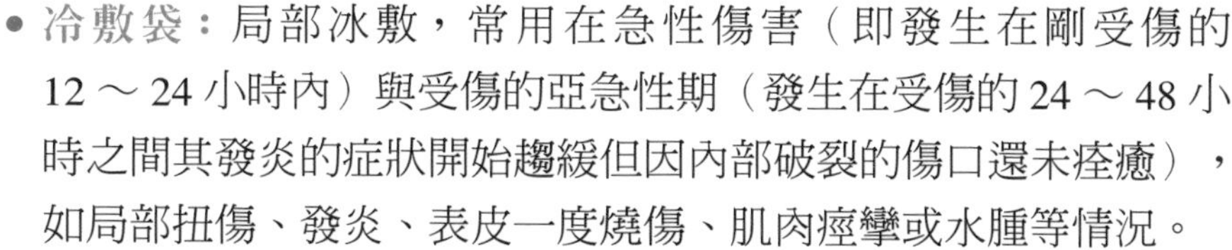

- **冷敷袋**：局部冰敷，常用在急性傷害（即發生在剛受傷的12～24小時內）與受傷的亞急性期（發生在受傷的24～48小時之間其發炎的症狀開始趨緩但因內部破裂的傷口還未痊癒），如局部扭傷、發炎、表皮一度燒傷、肌肉痙攣或水腫等情況。
- **熱敷袋**：熱敷多用於受傷的慢性期使用（即發生在受傷後的48小時之後的發炎，症狀已無妨礙行動，但其腫脹還未消除加速腫脹的消除使用），可促使血管擴張、體溫升高、增加身體代謝率，促進肌肉結締組織（如韌帶、關節囊、肌肉傷害）的恢復。但使用時需避免於傷害仍處在急性期時使用。
- **骨折固定夾板**：骨折固定用。
- **三角巾**：可用於各種患處之固定與包紮。
- **止血帶**：用於受傷部位之加壓、止血。

- **壓舌板**：可用於手指、腳趾處等小關節骨折後緊急固定，或是可用於刺激喉頭引發嘔吐反射。
- **安全別針**：固定三角巾等物品。
- **彎盆**：用於放置物品
- **手電筒與備用電池**：用於黑暗處方便照明與緊急備用之電力。

常用資訊

急救箱除了應附上上述的醫療用品外，也應在急救箱的外側或家中明顯的位置（如客廳等），貼上常用的相關醫療資訊——

- 常用醫療通訊方式：包含醫院或診所電話、家庭醫師電話、急救車聯絡方式，或緊急聯絡人方式等。
- 常規口服藥物使用方式與可能之副作用。
- 製作急救醫藥用品清單，並註明各物品保存期限。
- 附固定夾板、三角巾或止血帶使用方式。

注意事項

- 急救箱應放置於兒童無法拿取的地方。
- 急救箱需放置於固定位置避免遺忘，且內部物品也須有固定位置，排列整齊以方便使用，且定期整理、補充或丟棄內部物品。
- 注意敷料與藥品保存方式、期限或有效日期。
- 敷料或棉花、棉籤等若拆封後須小心密封或固定更換，並保持外包裝的清潔乾燥。
- 需清楚標示急救箱內容物和物品使用說明。
- 急救箱內亦可添購居家常用或特別需要之藥物。
- 冰枕與體溫計等物品可準備兩隻備用。

文／梁志光（高雄榮民總醫院高齡醫學中心主治醫師）

▶▶ 家人必知緊急醫療照護

緊急就醫須知

當照護的病人突然出現身體不適，多半是因爲病情惡化，或遭受感染、外來刺激…等所致。由於病人無法適切表達，須由照護者觀察並決定處置，因此讓家屬或照護者心生畏懼，不管任何狀況一律送至醫院急診處理。

其實照護者貼身照顧病人，應最清楚事發前後相關因子，倘若在狀況發生的同時如能做快速而基本的評估與處理，是可以減少不必要之急診就診，也能讓需要醫療介入的狀況得到適切的處理。

此外，照護者或病患家屬若能與居家護理師或醫師保持暢通的聯絡管道，可以在事情發生的時候先獲得快速的處置建議。

需要就醫的情況

若病患需送急診，家屬應攜帶平日紀錄單以及病患使用藥物紀錄，提供急診室醫療人員評估參考。另外，病人本身之前若曾對於心肺復甦術等侵入性治療表達不接受的意願，甚至已簽署文件，也應一併攜帶相關文件並於到達急診時向醫療人員提出。

至於，病患哪些情況照護者或家屬需提高警覺，常見的有生命徵象改變、急性疼痛、管路不通、滑脫、跌倒…等。

生命徵象改變

生命徵象包括人的意識狀態、呼吸、體溫、脈搏（心臟）跳動、血壓、血糖值等。突然的生命徵象喪失需要聯絡緊急救護網（即撥打 119）送醫，但若是在三分鐘的等待過程內，能有效地進行心肺復甦術，可增加急救成功機會。

Part 5 運動照護篇
Part 6 飲食照護篇
Part 7 疾病照護篇
Part 8 貼心收錄篇
Part 9 相關資源篇

意識狀態改變

引發意識狀態改變的原因很多，若爲半天內突然的變化，都需要就醫評估。如爲糖尿病患者，可先行測量血糖值，尙有意識或有鼻胃管之低血糖（低於 80 ～ 90mg ／ dl）病人可先予以餵（灌）食（方糖、牛奶等），並於 20 ～ 30 分鐘後測量是否回升。若低血糖爲第一次發生、最近反覆發生、對餵食反應不佳、或意識不清者，都應立即送醫。

呼吸、體溫、脈搏變動

呼吸／體溫／脈動之波動，可能爲濃痰阻塞、傷口惡化或其他感染跡象。照護者可先審視當日進食飲水及翻身拍背活動紀錄是否有所更動，脫水或沒有拍痰、被蓋太厚…等，都可能引發以上狀況。若照護者給予適當的處置後，數小時內情況能持續惡化，或合併其他生命徵象改變，都應考慮送醫。

血壓變動

血壓會因測量時間、病患情緒等因素而有所不同，照護者應與平日持續性紀錄做比較。若無搬動或情緒波動卻出現血壓突高或低（例如收縮壓／舒張壓高於 200mmHg ／ 100 mmHg 或低於 100 mmHg ／ 60 mmHg），並有意識變化、胸痛胸悶、肢體偏癱無力、或兩側肢體血壓差距過大等現象，則需送醫。

如爲單獨血壓變化，可先安撫並使鎭靜休息，於 10 ～ 20 分鐘後再重新測量一次。血壓偏低者若意識清楚可給予水分補充；至於血壓偏高者是否適合用降壓藥物，則務必事先與醫師討論後方可使用。

急性疼痛

突發之疼痛不適可能代表某特定器官之變化。由於病人可能無法用言語表達疼痛部位，而是以焦躁不安、脈搏變化、血壓變化或痛苦等表情等表現。

疼痛爲常見身體症狀，此處所指急性疼痛與原本就常發生的慢性疼痛需要作一區分，有時是因爲疼痛控制不足所致，而非眞正新的急性狀況。

急性腹痛合併生命徵象之變動，値得特別注意，若同時出現嘔吐、腹瀉、大便出血、小便出血、腹部僵硬等症狀，應送醫處置。

胸悶、胸痛常爲突發的，可劇烈，也可能隱隱約約；有心血管缺氧、高血壓病史者，可於舌下含硝化甘油片，五分鐘後在觀察病人的症狀，若連續服用兩次藥物，症狀都無法改善，則要送至急診處置。

管路不通、管路滑脫

一般常見之三管爲鼻胃管、氣切管、尿管；管路不通與管路滑脫爲長期照護病人送急診的主要原因之一。

氣切管

氣切管滑脫或阻塞最爲緊急，若爲部分滑脫，運送過程中宜想辦法將留在內部之部分固定住，直到醫療人員接手。

尿管

尿管阻塞不通，可能造成尿液自尿道隙縫滲出，可先檢查看看是否是管線扭曲或壓迫；沒有尿液收集至尿袋，有時可能會滲尿、也可能是沒有尿液製造（可壓迫下腹部是否腫脹，並測量血壓是否明顯變化）。

尿管壁沉積物增加也很常見，但若沒有合併出現發燒、下腹疼痛、血尿、或其他生命徵象變化，可以適量提高水分攝取，或在下次更換尿管後予以觀察；第一次出現明顯沉積物，可委託居家護理師評估是否取尿液檢體檢驗。

管路滑脫的處置

尿管、鼻胃管若滑脫，可聯絡居家護理師前往重置；居家護理師每次更換鼻胃管時，照護者可以和護理師確認置入長度，若病患鼻胃管滑脫長度少於 5 公分，照護者可試著回推，嘗試失敗再聯絡護理師或送醫。

跌倒

長期照護的病人平日活動的時間較少，甚至爲臥床不動，但仍有可能在少量活動、或被搬送、移位時摔倒或身體任何部位遭受撞擊，特別要注意若爲頭部直接撞擊、骨頭關節明顯移位斷裂等、意識或血壓等生命徵象立刻改變、嚴重傷口，則需送急診處理。其他狀況則可先予觀察及安撫，注意撞擊處與疼痛處之保護，視情況變化而送醫治療。

其他

感染症狀

典型的感染症狀，如發燒、畏寒發抖、身體部位出現紅、腫、熱、痛的現象、意識變化等。然而，由於病患免疫能力降低，又常有多種管路在身上，且有多種慢性感染，加上多爲老年人，在感染初期往往不見所謂典型的感染症狀。

因此，當病人出現精神不濟、食欲變差、尿量減少、痰液變濃重混濁、持續微燒，即可能出現感染的問題，照護者應先聯絡居家護理師評估，或直接送醫處理。

腸胃道症狀

- 吐血、便血：若爲少量且稍後自動停止，則可於測量生命徵象後先予觀察。單次便血可能爲痔瘡破裂，清潔肛門後可塗抹凡士林於肛門口，減少復發機會。
- 嘔吐、腹瀉：常與感冒同時出現，嚴重的嘔吐、腹瀉，或者是噴射狀嘔吐，需送醫評估處置。

文／陳怡村（前台北榮民總醫院高齡醫學中心主治醫師）

認識長期照顧 10 年計畫 2.0

隨著台灣人口的快速老化，生活功能障礙的比率也隨之增加，這些生活功能障礙者或無法自我照顧能力者，除了急性的醫療服務外，也需要長期照顧的服務。

因此，政府參照一些已發展國家對於長期照顧服務的規劃，於 2008 年推出我國長期照顧十年計畫，並於 2017 年起推動長照 2.0，擴大服務對象，擴增服務項目，以提供生活失能者所需的在地化、多元連續及整合式長期照護服務。並且，於各縣市皆設立單一窗口「長期照護管理中心」，統籌長照資源分配。

所以，當家中有 65 歲以上老人、55 歲以上原住民、50 歲以上失智患者或領有身心障礙手冊者，只要是有生活失能之情形，皆可通報各縣市的「長期照護管理中心」，或撥打專線 1966，會有個案管理師到家中做評估。

長期照顧服務

- **照顧服務**：包含居家服務、日間照顧、家庭托顧服務等，依個案長照失能等級第 2~8 級補助服務額度，補助額度從每月 10,020 ～ 36,180 元不等，民眾部分負擔爲一般戶 16%、中低收入戶 5%、低收入戶 0%。
- **專業服務**：針對長照等級 2 級以上，經照顧管理專員評估後有恢復生活之潛能或有特殊及專業技巧指導需求之家屬，透過專業人員如醫師、護理師、物理治療師、職能治療師、心理師等至家中提供服務，並與照顧服務共用補助額度。
- **喘息服務**：當主要照顧者身體不適，照顧負荷大，或必須外出辦事而短暫離開個案時，提供替代性照顧人力，以減輕家庭照顧者的照顧壓力，提昇主要照顧者的生活品質，其補助額度依長照失能等級第 2~8 級不同，各補助一年爲 32,340 元或 48,510

交通服務—復康巴士

設籍當地縣（市）領有身心障礙手冊之身心障礙者，依各縣（市）規定，服務內容和收費標準有所不同，需事先電話預約及確認。

元，民衆部分負擔爲一般戶 16%、中低收入戶 5%、低收入戶 0%，並以一年爲使用年限。

- **輔具及居家無障礙環境改善：**經照顧管理專員評估爲長照失能等級第 2 級以上者，符合購買或租賃輔具條件，其補助爲 3 年 40,000 元，民衆部分負擔爲一般戶 30%、中低收入戶 10%、低收入戶 0%。
- **交通接送服務：**服務對象爲低收入戶、中低收入失能老人，每日最高補助一餐。
- **交通接送服務：**經照顧管理專員評估爲長照失能等級第 4 級以上，協助長照使用者往返居家至醫療院所 (含復健) 之交通接送補助，每月補助額度依各縣市類別不同爲 1,680 ～ 2,400 元，則民衆部分負擔爲一般戶 21% ～ 30%、中低收入戶 7% ～ 10%、低收入戶 0%。
- **喘息服務：**當主要照顧者在短期時間內因爲健康、工作或是想要規劃旅遊，又擔心家人無人照顧時，可以使用喘息照護，將被照顧者暫時交給機構照顧。可混合搭配使用機構及居家喘息服務，輕度及中度失能者每年最高補助 14 天，重度失能者每年最高補助 21 天。機構喘息服務另補助交通費每趟新台幣 1,000 元，一年至多 4 趟。
- **經濟補助：**以台北市社會局爲例，包括敬老福利生活津貼（於國民年金開辦後停止適用，原領有敬老福利生活津貼之長者，於國民年金開辦後，符合請領資格者，改依國民年金法規定按月發給老年基礎保證年金 3,000 元）、中低收入老人特別照顧津貼（鼓勵家人照顧家中失能老人，使老人可在家中安老，並減輕照顧者因照顧老人而無法外出就業的經濟負擔，每月補助照顧者 5,000 元）、低收入戶生活補助（依照低收入戶類別，提供生活扶助）、中低收入老人生活津貼（家庭總收入平均每人每月在 25,241 元以下者，每月發給 7,759 元。家庭總收入平均每人每月超過 25,242 元，但在 34,321 元以下者，每月發給 3,879 元，110 年度領有院外就養金之榮民如符合中低收入老人生活津貼資格，每月發給 2,290 元）。服務內容、補助項目與補助金額，依各縣市社會局標準有所不同，可向當地縣市社會局洽詢相關服務。

特殊權益

認識身心障礙手冊

根據「身心障礙者權益保障法」的規定，具有下列條件者可以申請身心障礙手冊，並享有各項法定福利。

適應對象

- 第一類：神經系統構造及精神、心智功能
- 第二類：眼、耳及相關構造與感官功能及疼痛
- 第三類：涉及聲音與言語構造及其功能
- 第四類：循環、造血、免疫與呼吸系統構造及其功能
- 第五類：消化、新陳代謝與內分泌系統相關構造及其功能
- 第六類：泌尿與生殖系統相關構造及其功能
- 第七類：神經、肌肉、骨骼之移動相關構造及其功能
- 第八類：皮膚與相關構造及其功能

至指定醫院掛號，持身心障礙鑑定表掛醫師門診 (疾病相關科別)，由醫師進行第一階段身心障礙鑑定 (bs 碼)，再由功能評估師進行第二階身心障礙功能評估 (de 碼)，鑑定完成後由醫院送件至衛生局審核，後續由戶籍地之社會局評估團隊需求評估，再由社政機關核發證明。

符合申請身心障礙鑑定者需備齊最近三個月內一吋照片3張、國民身分證（未滿14歲者得檢附戶口名簿）、印章至戶籍所在地區公所申請辦理身心障礙鑑定（委託他人代爲申請者，另應帶受託人之身分證及印章），並於區公所申領身心障礙鑑定表後逕至鑑定醫院鑑定。

認識重大傷病卡

經特約醫療院所醫師診斷確定屬於健保局公告之重大傷病時，即可檢具重大傷病證明申請書、醫師開立30日內的診斷書正本、身分證或戶口名簿正反面影本，向「健保各分局」提出申請，亦可委由「醫院」代爲申請。

就診原因若符合全民健保重大傷病卡之範圍者，可享醫療費用免部分負擔。

身心障礙福利

經申請具有身心障礙手冊後，可享有相關規定之福利，整理如下——

1. 綜合所得稅減免：身心障礙特別扣除額每人 200,000 元。
2. 免徵使用牌照稅：專供身心障礙者用以代步之特製三輪機車與汽車，免徵使用牌照稅。
3. 公保、勞保、全民健保保費之補助：依照不同嚴重度可申請補助保險費四分之一至全額不等。
4. 搭乘公共交通工具優待：身心障礙者及其監護人或必要之陪伴者一人搭乘國內公共交通工具半價優待，並優先乘坐。
5. 免費停車證：身心障礙者或其家屬一人得依規定申請一張身心障礙者專用停車位識別證。
6. 休閒設施優待：身心障礙者及其監護人或必要之陪伴者一人進入風景區、康樂場所或文教設施半價或全免優待。
7. 領有身心障礙手冊人士之子女就讀國內公立或已立案之私立高級中等學校，並具有學籍者，可予以減免學費及實習費。
8. 生活輔助器具補助：如弱視特製眼鏡或放大器、輪椅、拐杖、助聽器及電動輪椅等。

文／周明岳（高雄榮民總醫院高齡整合照護科主任）

機關名稱	地址	電話	傳真
基隆市政府社會處	202 基隆市中正區義一路 1 號	（02）24201122	（02）24272620
台北市政府社會局	110 台北市信義區市府路 1 號（東北區 1 樓）	（02）27208889、市話手機直撥 1999，分機：長照輔具 (1544、1548、1549、1561) 身障輔具 (1556~1558)	（02）27209229
新北市政府社會局	220 新北市板橋區中山路 1 段 161 號	（02）29603456 市話手機直撥 1999	（02）29693894
桃園市政府社會局	330 桃園市桃園區縣府路 1 號 3、4、8 樓	（03）3322101	（03）3340786
新竹縣政府社會處	302 新竹縣竹北市光明六路 10 號	（03）5518101 0919-075-858	（03）5586303 （03）5585868
新竹市政府社會處	300 新竹市中央路 241 號（4、5 及 8 樓）	（03）5352386	（03）5350653 （03）5350830
苗栗縣政府社會處	360 苗栗市府前路 1 號	（037）322150	（037）367213
台中市政府社會局	407 台中市西屯區臺灣大道三段 99 號惠中樓 3 樓（局本部）	（04）22289111	（04）22291819
彰化縣政府社會處	500 彰化縣彰化市中興路 100 號（第二行政大樓）	（04）7264150	（04）7285856
南投縣政府社會處	540 南投市中興路 660 號	（049）2222106	（049）2230276
雲林縣政府社會處	640 雲林縣斗六市雲林路二段 515 號	（05）5522560 0988-640391	（05）5323022 （05）5340615

直轄市、縣（市）政府社會局

機關名稱	地址	電話	傳真
嘉義市政府社會處	600 嘉義市東區中山路 199 號	（05）2254321	（05）2253551
嘉義縣政府社會局	612 嘉義縣太保市祥和二路東段 1 號	（05）3620900	（05）3627532
台南市政府社會局	708 台南市安平區永華路 2 段 6 號 7 樓（永華市政中心）	（06）2991111	（06）2983202
	730 台南市新營區府西路 36 號（民治市政中心）	（06）6322231	（06）6321592
高雄市政府社會局	802 高雄市苓雅區四維三路 2 號 10 樓	（07）3344885	（07）3315940
屏東縣政府社會處	900 屏東市自由路 527 號	（08）7320415	（08）7323085
宜蘭縣政府社會處	260 宜蘭縣宜蘭市同慶街 95 號	（03）9328822	（03）9328522
花蓮縣政府社會處	970 花蓮市府前路 17 號	（03）8227171	（03）8234990
台東縣政府社會處	950 台東市桂林北路 201 號	（089）340720	（089）340643
澎湖縣政府社會處	880 澎湖縣馬公市治平路 32 號	（06）9274400	（06）9264067 （06）9268391
金門縣政府社會處	893 金門縣金城鎮民權路 173 號	（082）318823	（082）320105
連江縣衛生福利局	209 馬祖南竿鄉復興村 216 號	（0836）25019	（0836）22995

（以上資料來源為各直轄市及縣市政府社會局）

各縣市長期照顧管理中心

當家中有家人需要長期照顧時，可以先撥打長照服務專線 1966，尋求長照資源的專業諮詢，將有專員協助您了解適合的長照資源和長照模式。

縣市	服務據點	地址	電話
台北市長期照顧管理中心		台北市 104 中山區錦州街 233 號	（02）2537-1099 長照專線：1966
新北市長期照顧管理中心	板橋分站（板橋）	新北市板橋區中正路 10 號 5 樓	（02）2968-3331
	板樹分站（板橋／樹林）	新北市板橋區中正路 10 號 5 樓	（02）2968-3331
	永和分站（永和）	新北市中和區南山路 4 巷 3 號 2 樓	（02）2246-4570
	中和分站（中和）	新北市中和區南山路 4 巷 3 號 2 樓	（02）2246-4570
	三重分站（三重／蘆洲）	新北市三重區重新路 1 段 87 號 1 樓	（02）2984-3246
	新店分站（新店）	新北市新店區北新路 1 段 86 號 12 樓	（02）2911-7079
	三峽分站（土城／鶯歌／三峽）	新北市三峽區光明路 71 號 3 樓	（02）2674-2858
	淡水分站（淡水）	新北市淡水區中山路 158 號 3 樓	（02）2629-7761
	新莊分站（新莊）	新北市新莊區富貴路 156 號 1 樓	（02）8521-9810
	汐止分站（汐止）	新北市汐止區新台五路一段 266 號 3 樓	（02）2690-3966
	泰山分站（泰山／五股／林口）	新北市泰山區全興路 212 號 3 樓	（02）2900-3616
桃園市長期照顧管理中心	衛生局（總站）	桃園市桃園區縣府路 55 號 1 樓	（03）334-0935
	南區分站	桃園市中壢區溪洲街 296 號 4 樓	（03）461-3990
	復興分站	桃園市復興區澤仁里中正路 25 號	（03）382-1265 分機 503
新竹市長期照顧管理中心		新竹市東區中央路 241 號 10 樓	（03）5355-283 （03）5355-287 長照專線：1966
新竹縣長期照顧管理中心	總站	新竹縣竹北市光明六路 10 號 B 棟 4 樓	（03）551-8101 分機 5210～5221 長照專線：1966
	竹東照管分站	新竹縣竹東鎮至善路 52 號 4 樓（新竹臺大分院生醫醫院竹東院區）	（03）510-1176 分機 11-16
	關西照管分站	新竹縣關西鎮中山路 207 號（關西鎮衛生所）	（03）587-8381
	五峰照管分站	新竹縣五峰鄉大隘村 6 鄰 99 號（五峰鄉衛生所）	（03）585-1263
	尖石照管分站	地址 1：新竹縣尖石鄉新樂村 1 鄰 18 之 3 號（新樂衛生室）	（03）584-2563、 （03）584-2578
		地址 2：新竹縣尖石鄉嘉樂村 2 鄰 61 號（尖石鄉衛生所）	（03）584-1011 分機 238

各縣市長期照顧管理中心

縣市	服務據點	地址	電話
苗栗縣長期照顧管理中心	總站	苗栗市府前路 1 號（苗栗縣政府第 2 辦公大樓）	037-559346 長照專線：1966
	頭份分站	苗栗縣頭份市頭份里顯會路 72 號 3 樓	037-684074
	通霄分站	苗栗縣通霄鎮中正路 16-2 號	037-760161
	南庄分站	苗栗縣南庄鄉東村大同路 17 號 4 樓	037-825767
	獅潭分站	苗栗縣獅潭鄉新店村 130-6 號 2 樓	037-931110
	泰安分站	苗栗縣泰安鄉清安村 2 鄰洗水坑 72 號 2 樓	037-941393
	三灣分站	苗栗縣三灣鄉三灣村 16 鄰和平街 68 號	037-558920
台中市長期照顧管理中心	豐原區站	臺中市豐原區中興路 136 號 4 樓	（04）2515-2888 長照專線：1966
	北區分站	臺中市北區永興街 299 號 6F	（04）2236-3260
	南區分站	臺中市南區工學路 72 號 2 樓	（04）2265-1303
	清水分站	臺中市清水區中山路 92 號 4 樓	（04）2626-0155
	和平梨山分站	臺中市和平區中正路 68 號	（04）2526-5667
彰化縣長期照顧管理中心		彰化縣彰化市曉陽路 1 號 5-6 樓	（04）7278503 長照專線：1966
台南市長期照顧管理中心	中心本部	臺南市安平區中華西路 2 段 315 號 6 樓（臺南市社會福利綜合大樓）	（06）2931-232 （06）2931-233 長照專線：1966
	新營分站	臺南市新營區府西路 36 號 3 樓	（06）6321-994 （06）6323-884
	東區分站	臺南市東區林森路二段 500 號 C 棟 3 樓	（06）2093-133
	佳里分站	臺南市佳里區安東路 6 號	（06）7221-713
	麻豆分站	臺南市麻豆區忠孝路 6 號 4 樓	（06）5711-022
南投縣長期照顧管理中心	總站	南投縣南投市復興路 6 號	（049）2209-595 長照專線：1966
	仁愛分站	南投縣仁愛鄉大同村五福巷 17 號	（049）2803-419
	信義分站	南投縣信義鄉玉山路 45 號	（049）2791-148
	國姓分站	南投縣國姓鄉民族街 42 號	（049）2720-523
	中寮分站	南投縣中寮鄉永昌街 102 號	（049）2693-017
	魚池分站	南投縣魚池鄉魚池街 194 號	（049）2895-513

各縣市長期照顧管理中心

縣市	服務據點	地址	電話
雲林縣長期照顧管理中心	長期照顧管理中心	雲林縣斗六市府文路 34 號	（05）5352-880 長照專線：1966
	北港分站	雲林縣北港鎮北辰路 3 號	（05）783-9527
	虎尾分站		（05）633-4021
	西螺分站		（05）588-0514
嘉義縣長期照顧管理中心		嘉義縣太保市祥和二路東段 3 號	（05）3625-750 長照專線：1966
嘉義市長期照顧管理中心		嘉義市德明路 1 號（本中心位於嘉義市政府衛生局 1 樓北側）	（05）2336-889 長照專線：1966
高雄市長期照顧管理中心（高齡整合長期照護中心）		高雄市苓雅區凱旋二路 132 號	（07）7131-500 長照專線：1966
屏東市長期照顧管理中心		屏東市自由路 527 號（屏東縣政府北棟 2 樓）	（08）7662-900 （08）7662-908
基隆市長期照顧管理中心		基隆市安樂區安樂路二段 164 號前棟 5 樓（安樂區行政大樓）	（02）24340-234 長照專線：1966
宜蘭縣長期照顧服務管理所		宜蘭縣宜蘭市聖後街 141 號	（03）9359-990 長照專線：1966
花蓮縣長期照顧管理中心		花蓮市文苑路 12 號 3 樓	（03）8226-889 長照專線：1966
台東縣長期照顧管理中心		臺東縣臺東市博愛路 306 號	（089）330-068 長照專線：1966
澎湖縣長期照顧管理中心		澎湖縣馬公市中正路 115 號（澎湖縣政府衛生局 1 樓）	（06）9267-242 （06）9267-248 長照專線：1966
金門縣長期照顧管理中心		金門縣金湖鎮中正路 1-1 號 4 樓	（082）334-228 長照專線：1966
連江縣長期照顧管理中心		連江縣南竿鄉復興村 216 號	（0836）22095 分機：8830 ～ 8838 長照專線：1966

資料來源：衛福部長照政策專區（網址：https://1966.gov.tw/LTC/cp-6443-69944-207.html ）

1050310 七版
1060705 八版
1060926 九版
1080211 十版

臺北市長期照顧管理中心個案服務初篩表/轉介單

一、個案基本資料：

個案姓名		身分證字號		電話		生日	民國 年 月 日	性別	
聯絡人		與個案關係		聯絡人電話		手機			
經濟狀況				管路	□無□鼻胃管□氣切□導尿管□造廔□其他 ________				
身心障礙手冊	□無 □有（障別： ，程度： ）			壓傷	□無□有（部位：______，等級：____，大小：_____ cm^2）				
居住地址	市 區 里 鄰 路 段 巷 弄 號 樓								
戶籍地址	市 區 里 鄰 路 段 巷 弄 號 樓								
居住狀況	□非獨居 □獨居（□社會局列冊管理個案 □否）								
看護	□無 □有 （□本籍______小時/天 □外籍______人）								
疾病狀況	□高血壓 □糖尿病□腦中風 □心臟病□失智症□巴金森氏症 □癌症：______________ □其他：__________								

二、欲申請服務之種類：（可複選）＊本項服務申請端視個案所屬轄區之服務據點是否建置完備且開放收案。

□照顧服務（□居家服務、□日間照顧□家庭托顧）	□喘息服務（□居家、□機構、□巷弄）	□居家護理	□居家營養
□小規模多機能（□居家服務□日間照顧□夜宿）	□交通接送服務 □居家吞嚥	□居家物理	□居家職能
□輔具購買及住宅無障礙環境改善服務	□老人餐飲服務 □居家呼吸	□居家醫師	□機構安置
□失智共照(*) □預防及延緩失能照護(*)	□社區整體照顧模式(*)	□其他：______________	

案主（家）主要問題及需求	

三、ADL 失能項目評估：

項目		
1. 吃飯	□需協助	□不需協助
2. 洗澡	□需協助	□不需協助
3. 個人修飾	□需協助	□不需協助
4. 穿脫衣物	□需協助	□不需協助
5. 大便控制	□需協助	□不需協助
6. 小便控制	□需協助	□不需協助
7. 上廁所	□需協助	□不需協助
8. 移位	□需協助	□不需協助
9. 走路	□需協助	□不需協助
10. 上下樓梯	□需協助	□不需協助

四、長者衰弱評估

項目	內容	評分
體重減輕	非刻意減重狀況下，過去一年體重減少 5%以上(先問個案體重和一年前相較差不多還是減少，再問少幾公斤)	□是（1 分） □否（0 分）
下肢功能	可以在不用手支撐的情況下，從椅子上站起來五次	□是（0 分） □否（1 分）
精力降低	過去一週內， 是否經常覺得提不起勁來做事?(一個禮拜有三天以上)	□是（1 分） □否（0 分）

五、IADL 失能項目評估

項目			項目		
1. 使用電話	□需協助	□不需協助	5. 洗衣服	□需協助	□不需協助
2. 購物	□需協助	□不需協助	6. 外出	□需協助	□不需協助
3. 備餐	□需協助	□不需協助	7. 服用藥物	□需協助	□不需協助
4. 處理家務	□需協助	□不需協助	8. 處理財務能力	□需協助	□不需協助

六、照顧者評估、出入院情形：

1. 是否有照顧者	□否 □是(□固定□無固定)	2. 是否 1 週內剛出院	□否□是	3. 是否住院中	□否 □是(醫院_____床位__)

填表單位： 日期： 年 月 日

填表者/轉介者： 電話： 傳真：

接案單位填寫		
	臺北市長期照顧管理中心/________區服務站 照管專員： 電話：	
	接案	核定日期： 年 月 日 補助身份：□低收入戶 □中低收入戶 □1.5 倍以下中低收 □1.5~2.5 倍中低收 □非列冊殘補 □一般戶 核定服務項目：□照顧服務（□居家服務、□日照□家托）□喘息服務（□居家、□機構）□居家護理□居家營養 □小規模多機能□交通接送服務□居家吞嚥□居家物理□居家職能□輔具購買及住宅無障礙環境改善服務□老人餐飲服務 □居家呼吸□居家醫師□機構安置□失智共照(*)□預防及延緩失能照護(*)□社區整體照顧模式(*)□其他：________
	不接案	原 因： □非失能者□已雇用外籍看護，僅申請照顧服務或喘息服務 □其他______________________________
	備註	

臺北市長期照顧管理中心個案服務初篩表填表說明

一、個案基本資料：依照個案實際基本資料作填寫。

●經濟狀況：指一般戶、1.5-2.5 倍中低收入戶、非列冊低收入身心障礙者生活補助、1.5 倍中低收入戶、中低收入戶、低收入戶等。

●獨居-社會局列冊管理個案：指社會局相關單位（老人服務中心、社會福利中心等）將個案列冊獨居，提供必要之協助。

二、●欲申請服務之種類：勾選目前長照十年計畫 2.0 個案所需之服務項目

●案主（家）主要問題及需求：描述案主（家）申請服務需求之問題及狀況，包括生心理狀況、照顧者或被照顧者之情況等等

三、ADL、IADL 失能及長者衰弱項目皆需評估

●衰弱定義：長者衰弱項目 2 分以上且 IADL 項目任 1 項以上需協助。

四、篩選結果：

●接案：符合照管中心訪視評估

照會______區服務站：

服務站	行政區
南區	大安、松山、文山
東區	信義、南港、內湖
北區	士林、北投
西區	萬華、中正
中區	大同、中山

五、填表單位：指填寫初篩表之單位及其聯繫方式

六、處理回覆：受理案件單位之處理情形並回覆原轉介單位

北部區域		
中華民國無障礙科技發展協會附設視障輔具中心 ・聯絡電話： （02）7729-3322	台北市合宜輔具中心 ・聯絡電話： （02）7713-7760	駿成工業社 ・聯絡電話： （02）2922-3523
衛生福利部社會及家庭署多功能輔具資源整合推廣中心 ・聯絡電話： （02）2874-3415 （02）2874-3416	台北榮民總醫院身障重建中心 ・聯絡電話： （02）28757385	台北市南區輔具中心（第一輔具資源中心） ・聯絡電話： （02）2720-7364
台北市西區輔具中心 ・聯絡電話： （02）2523-7902	台北市輔具資源中心（財團法人台北市私立同舟發展中心） ・聯絡電話： （02）28317222	新北市輔具資源中心 ・聯絡電話： （02）8286-7045
行政院衛福部基隆醫院身心障礙醫療復健輔具中心 ・聯絡電話： （02）24292525 #3525或3518	林口長庚紀念醫院身心障礙醫療復健輔具中心 ・聯絡電話： （03）328-1200 #3846	佳音助聽器中心 ・聯絡電話： （02）2595-9637
桃園市北區輔具資源中心 ・聯絡電話： （03）368-3040 （03）373-2028	教育部大專校院視障學生學習輔具中心 ・聯絡電話： （02）8631-9068 （02）7730-0606	基隆市輔具資源中心 ・聯絡電話： （02）2469-6966
桃園市南區輔具資源中心 ・聯絡電話： （03）489-0298	新竹東元輔具中心 ・聯絡電話： （03）552-7000	新竹馬偕紀念醫院復健科輔具服務中心 ・聯絡電話： （03）611-9595
新竹縣輔具資源中心 ・聯絡電話： （03）552-7316	新竹市輔具資源中心 ・聯絡電話： （03）562-3707 #134	羅東博愛醫院身心障礙醫療復健輔具中心 ・聯絡電話： （03）954-3131 #3321

中部地區		
足部輔具資源推廣中心 ・聯絡電話： （04）2539-0112 #732	中山醫學大學附設醫院輔具中心 ・聯絡電話： （04）2473-9595	台中市海線輔具資源中心 ・聯絡電話： （04）2662-7152
台中市南區輔具資源中心 ・聯絡電話： （04）2471-3535 #1177	台中市北區輔助器具資源中心 ・聯絡電話： （04）2531-4200 （04）2532-2843	行政院衛福部豐原醫院醫療復健輔具中心 ・聯絡電話： （04）2527-1180 #3101
南投縣第一輔具資源中心 ・聯絡電話： （049）242-0338 （049）242-0390	南投縣第二輔具資源中心 ・聯絡電話： （049）222-8086	苗栗縣輔具資源中心 ・聯絡電話： （037）268-462~3
教育部大專校院及高中職肢障學生學習輔具中心 ・聯絡電話： （04）2473-9595 #21502、20501	彰化縣輔具資源服務中心 ・聯絡電話： （04）896-2178	埔基醫療財團法人埔里基督教醫院醫療復健輔具中心 ・聯絡電話： （049）291-2151 #4509

南部地區		
台南市永華區輔具資源中心 ・聯絡電話： （06）209-8938	台南市輔具資源中心 （官田服務站） ・聯絡電話： （06）579-0636	雲林縣輔助器具資源中心 ・聯絡電話： （05）533-9620
屏東縣輔具資源中心 ・聯絡電話： （08）736-5455	高雄長庚醫院醫療復健輔具中心 ・聯絡電話： （07）7317-123#6281	高雄市南區輔具資源中心 ・聯絡電話： （07）841-6336
高雄市北區輔具資源中心 ・聯絡電話： （07）622-6730#142	財團法人嘉義基督教醫院輔具研發中心 ・聯絡電話： （05）276-5041#3067	教育部大專校院聽障語障學生學習輔具中心 ・聯絡電話： （07）717-2930#2355
屏東縣輔具資源中心 （屏中地區分站） ・聯絡電話： （08）800-6189	嘉義市輔具資源中心 ・聯絡電話： （05）285-8215 （05）225-4844	嘉義縣輔助資源中心 ・聯絡電話： （05）279-3350

東部地區		
臺東縣輔助器具資源暨維修中心 ・聯絡電話： （089）232-263	花蓮縣輔具資源中心（門諾基金會） ・聯絡電話： （03）8227083 #3190～3198 （03）8237331	宜蘭縣輔助資源中心 ・聯絡電話： （03）935-5583 #21～23
財團法人佛教慈濟綜合醫院醫療復健輔具中心 ・聯絡電話： （03）856-1825#2317		

離島地區		
金門縣輔具資源中心 ・聯絡電話： （082）333-629	澎湖縣輔具資源中心 ・聯絡電話： （06）926-2740	連江縣輔具資源中心 ・聯絡電話： （0836）25022 #305

機構名稱	機構地址	機構電話
財團法人基隆市私立博愛仁愛之家	基隆市暖暖區源遠路 254 號	02-24579909
財團法人台北市私立恆安老人長期照顧中心（長期照護型）（委辦基隆市立仁愛之家養護大樓）	基隆市安樂區安一路 370 巷 1 之 5 號	2-24216299
基隆市私立春暉老人長期照顧中心（養護型）	基隆市信義區深美街 123 號 1-3 樓	02-24663099
基隆市私立尚暉老人長期照顧中心（養護型）	基隆市信義區深美街 121 號 1-3 樓	02-24663098
基隆市私立愛心老人長期照中心（養護型）	基隆市七堵區福一街 162 號 2 樓	02-24524532
基隆市私立松濤老人長期照顧中心（養護型）	基隆市暖暖區東勢街 6-46 號 4 樓	02-24571397
基隆市私立慈安老人長期照顧中心（養護型）	基隆市仁愛區忠 2 路 55 號 4 樓	02-24276592
基隆市私立仁安老人長期照顧中心（養護型）	基隆市仁愛區忠 2 路 55 號 5 樓	02-24276692
基隆市私立逸嘉老人長期照顧中心（養護型）	基隆市仁愛區忠 4 路 13 號 7 樓	02-24288091
基隆市私立康富老人長期照顧中心（養護型）	基隆市信義區教忠街 48 號 1 至 4 樓	02-24669917
財團法人天主教失智老人社會福利基金會附設臺北市私立聖若瑟失智老人養護中心	臺北市萬華區德昌街 125 巷 11 號 1-4 樓及 13 號 1 樓	02-23046715
臺北市私立慧光老人養護所	臺北市大同區寧夏路 32 號 5 樓	02-25582275
臺北市私立福成老人長期照顧中心（養護型）	臺北市中山區松江路 374、380、382 號 4 樓	02-25982507
臺北市私立倚青園老人長期照顧中心（養護型）	臺北市北投區義理街 63 巷 4 弄 7 號、11 之 1 號、11 之 2 號、11 之 3 號 1 樓	02-28283533
臺北市私立聖心老人養護所	臺北市北投區稻香路 321 號 1 樓	02-28913890
臺北市私立中山老人長期照顧中心（養護型）	臺北市萬華區峨嵋街 124 號、124 之 1 號 1 樓	02-23759590
臺北市私立祥寶尊榮老人長期照顧中心（養護型）	臺北市大同區太原路 97 巷 4、6 號 1-5 樓	02-25501118
臺北市私立上上老人養護所	臺北市大安區復興南路 1 段 279 巷 14 號、16 號 1 樓	02-27032223
臺北市私立祥家老人養護所	臺北市內湖區內湖路二段 253 巷 1 弄 1、3 號 1~2 樓	02-27922281
臺北市私立全家老人長期照顧中心（養護型）	臺北市北投區行義路 96 巷 1 號 1-2 樓	02-28761692
臺北市私立康壯老人長期照顧中心（養護型）	臺北市松山區八德路 4 段 203 號、205 號 1、3、4 樓	02-27686697
臺北市私立荷園老人長期照顧中心（養護型）	臺北市士林區葫蘆街 33 號 2~3 樓	02-28163696
新北市私立連城老人長期照顧中心（養護型）	新北市中和區板南路 335 號、337 號 4 樓	02-22479996
新北市私立和樂老人長期照顧中心（養護型）	新北市中和區中山路 2 段 327 巷 11 弄 17 號 5 樓	02-82458131
財團法人台灣基督長老教會雙連教會附設新北市私立雙連安養中心	三芝區後厝里北勢子 22-17 號	02-26365999
財團法人臺北市私立恆安老人長期照顧中心附設新北市私立大同老人長期照顧中心 (養護)	汐止區大同路 3 段 425 號 3 樓、4 樓	02-86488388

機構名稱	機構地址	機構電話
財團法人私立廣恩老人養護中心	新店區北宜路 2 段 579 巷 45 號	02-22173517
新北市私立永瑞老人長期照顧中心（養護型）	新北市新莊區化成路 354 號 4 樓	02-29941223
新北市私立永順老人養護中心	新北市中和區建康路 2 號 5 樓、2 之 2 號 5 樓	02-32340828
新北市私立永康老人長期照顧中心（養護型）	新北市永和區永和路 2 段 209 號 5 樓	02-29283862
新北市私立永恩老人長期照顧中心（養護型）	新北市永和區永和路 2 段 209 號 4 樓	02-29283862
新北市私立双慈老人長期照顧中心（養護型）	新北市中和區中正路 909 號 5 樓	02-82286093
新北市私立仁和老人長期照顧中心（養護型）	新北市中和區連城路 164 號 4 樓、164 之 2 號 4 樓	02-22481607
桃園市私立愈健老人長期照顧中心（養護型）	桃園市龜山區大湖里文三三街 5 巷 5 號	03-3181946
桃園市私立慈園老人長期照顧中心（養護型）	桃園市龍潭區武中路 558 號	03-4700766
財團法人天下為公社會福利基金會附設桃園市私立龍潭老人長期照顧中心（養護型）	桃園市龍潭區高原里 8 鄰南坑路 3-5 號 1-4 樓	03-4116889
公設民營苗栗苑裡社區老人養護中心	苗栗縣苑裡鎮石鎮里 5 鄰石鎮 34 之 5 號	037-743433
宜蘭縣私立品如老人長期照顧中心（養護型）	宜蘭縣羅東鎮興東南路 232 號 6 樓	03-9552379
宜蘭縣私立祥愛老人長期照顧中心（養護型）	宜蘭縣宜蘭市津梅路 73 號號	03-9282777
財團法人天主教靈醫 修女會附設宜蘭縣私立瑪利亞老人長期照 顧中心（養護型）	宜蘭縣羅東鎮北成路 1 段 17 號 2、3、4 樓	03-9512060
宜蘭縣私立静心老人長期照顧中心（養護型）	宜蘭縣羅東鎮興東南路 232 號 5 樓	03-9552379
宜蘭縣私立品如老人長期照顧中心（養護型）	宜蘭縣羅東鎮興東南路 232 號 6 樓	03-9552378
臺中市立仁愛之家	臺中市北屯區軍功里軍功路二段 490 號	04-22390225
臺中市私立清心老人養護中心	臺中市大里區大元里內元路 158 號	04-24864567
財團法人臺中市私立公老坪社會福利慈善事業基金會附設臺中市私立田園老人養護中心	臺中市豐原區南嵩里水源路坪頂巷 8-7 號	04-25220123
臺中市私立皇家老人養護中心	臺中市沙鹿區埔子里正義路 97 巷 30 號	04-26336666
台中市私立玫園老人長期照顧中心 (養護型)	臺中市西屯區福順路 66 號	04-24623902
台中市私立福欣老人長期照顧中心 (養護型)	臺中市北屯區東山路一段 308 號 5 樓	04-24376502
台中市私立麗安老人長期照顧中心 (養護型)	臺中市中區成功路 341 號 3、4 樓	04-22250345
臺中市私立健復老人長期照顧中心	臺中市后里區三月路 5-10 號	04-25570002
財團法人中華基督教福音信義傳道會附設台中市私立信義老人養護中心	臺中市東勢區泰昌里東崎路五段 425 號	04-25888225
財團法人臺灣省私立永信社會福利基金會附設臺中市私立松柏園老人養護中心	臺中市大甲區頂店里成功路 319 號	04-26760180

機構名稱	機構地址	機構電話
財團法人臺中市私立廣達社會福利慈善事業基金會附設臺中市私立廣達老人長期照顧中心（養護型）	臺中市外埔區月眉西路 398 巷 100 號	04-26836161
臺中市私立安宜田園老人長期照顧中心（養護型）	臺中市外埔區鐵山里長生路 425 號	04-26838781
財團法人彰化縣私立廣成社會福利慈善事業基金會附設老人安養中心	彰化縣員林鎮員水路一段 102 巷 76 號	04-8337536
彰化縣私立田尾老人養護中心	彰化縣田尾鄉睦宜村聖德巷 261 號	04-8831262
彰化縣私立新仁愛老人養護中心	彰化市延平路 475 巷 9 號 1 樓、2 樓	04-7119597
彰化縣私立良安老人長期照護中心	彰化縣員林鎮新義街 85 號 3 樓	04-8397555
彰化縣私立主光老人養護中心	彰化縣伸港鄉忠孝路 31 號	04-7980892
彰化縣私立松柏老人長期照護中心	彰化縣溪州鄉榮光村政民路 287 巷 51 弄 5 號	04-8795090
彰化縣私立聖仁老人長期照顧中心（長期照護型）	彰化縣花壇鄉三春村後厝 1 巷 12 弄 36 號	04-7877779
彰化縣私立通堡老人長期照顧中心（長期照護型）	彰化縣花壇鄉中庄村中山路 1 段 40 巷 88 號	04-7877538
彰化縣私立新溪湖老人長期照護中心（養護型）	彰化縣溪湖鎮媽厝里滴底路 89-38 號	04-8821991
彰化縣私立賜福老人長期照顧中心（養護型）	彰化縣秀水鄉陝西村水尾巷 2 號	04-7697439
彰化縣私立友福老人長期照顧中心（養護型）	彰化縣埔心鄉羅水路 49-9 號 1 樓	04-8285720
彰化縣私立寶譽老人長期照顧中心（長期照護型）	彰化縣秀水鄉中山路 589 號	04-7254009
財團法人天主教會花蓮教區附設花蓮縣私立聲遠老人養護之家	花蓮縣新城鄉新城村博愛路 31 號	03-8610075
花蓮縣私立長生老人長期照顧中心（養護型）	花蓮縣吉安鄉東昌村東海 10 街 243 號	03-8542258
花蓮縣私立崇恩老人長期照顧中心（養護型）	花蓮縣吉安鄉東昌村 8 鄰東海 6 街 81 號	03-8522020
花蓮縣私立祥雲老人長期照顧中心（長期照護型）	花蓮縣吉安鄉吉安村 10 鄰中興路 101 號	03-8511095
花蓮縣私立富康老人長期照顧中心（養護型）	花蓮縣吉安鄉太昌村 2 鄰明義二街 28 號	03-8571151
雲林縣私立弘愛老人長期照顧中心（養護型）	雲林縣斗六市十三里 10 鄰十三北路 101 號	05-5518976
財團法人天主教中華道明修女會附設私立福安老人療養所	雲林縣斗南鎮北銘里 15 鄰興北路 99 號	05-5974374
雲林縣私立慈愛老人養護所	雲林縣斗南鎮阿丹里興中 1 號	05-5961134
雲林縣私立雙福佛門老人長期照顧中心（長期照護型）	雲林縣斗南鎮小東里 17 鄰大葉路 152 巷 5 弄 28 號	05-5977899
雲林縣私立伊甸園老人長期照顧中心（養護型）	雲林縣虎尾鎮下溪里大庄 76-16 號	05-6326767
雲林縣私立孝親養源老人長期照顧中心（養護型）	雲林縣虎尾鎮墾地里 1 鄰虎興西八路 368 號	05-5529091
雲林縣私立健群老人長期照顧中心（養護型）	雲林縣虎尾鎮平和里平和路 35 號	05-6362786

優等老人福利機構

機構名稱	機構地址	機構電話
雲林縣私立養生老人長期照顧中心（養護型）	雲林縣土庫鎮忠正里中華路 100 號	05-6624800
雲林縣私立永祥老人長期照顧中心（養護型）	雲林縣林內鄉烏塗村 5 鄰忠庄 58 號	05-5899266
雲林縣私立朝陽老人養護中心	雲林縣斗六市鎮東里大學路 1 段 201 巷 79 號	05-5345039
雲林縣私立石龜老人養護中心	雲林縣斗南鎮靖興里靖光路 37 號	05-5968757
雲林縣私立聖元老人養護中心	雲林縣斗南鎮小東里 17 鄰大業路 125-1 號	05-5968545
雲林縣私立天主教聖家老人長期照顧中心（長期照護型）	雲林縣虎尾鎮下溪里 8 鄰大庄 1-39 號	05-6226830
雲林縣私立永光老人養護中心	雲林縣古坑鄉永光村光興路 20 號	05-5828927
雲林縣私立聖誕老人長期照顧中心 (養護型)	雲林縣古坑鄉麻園村 8 鄰麻園 60 號	05-5823336
雲林縣私立幸福之家老人長期照顧中心 (養護型)	雲林縣二崙鄉崙東村 6 鄰裕民路 22 巷 9 號	05-5980379
雲林縣私立博愛老人養護中心	雲林縣元長鄉長南村中山路 1 巷 22 號	05-7888688
嘉義市私立誠泰老人長期照顧中心（養護型）	嘉義市西區大賢路 148 號	05-2366317
嘉義市私立國泰老人長期照護中心	嘉義市西區育人路 329 號	05-2861126
嘉義市私立博仁老人養護中心	嘉義市西區北社尾路 49 號	05-2372088
嘉義市私立金蓮園老人長期照顧中心（養護型）	嘉義市東區林森東路 875 號	05-2741616
嘉義市私立展順老人長期照護中心	嘉義市東區義教街 585 巷 33 號	05-2783023
嘉義市私立梅香園老人長期照顧中心（長期照護型）	嘉義市東區林森東路 877 號	05-2741717
嘉義市私立宏仁老人養護中心	嘉義市東區荖藤宅 28 之 1 號	05-2318756
嘉義縣私立慈保老人養護中心	606 中埔鄉隆興村枋樹腳 20 之 20 號	05-2537112-3
嘉義縣私立尚愛老人養護中心	624 義竹鄉頭竹村 6 鄰 265 號	05-3418500 05-3418588
嘉義縣私立松柏老人養護中心	604 竹崎鄉緞繻村松腳 1 之 11 號	05-2630201 05-2630583
嘉義縣私立長青老人養護中心	604 竹崎鄉灣橋村 340 巷 22 號之 2	05-2791499
嘉義縣私立養生老人長期照顧中心（養護型）	604 竹崎鄉灣橋村 6 鄰李厝 10-1 號	05-2791700
嘉義縣私立雙福寶慈濟佛門老人長期照顧中心（養護型）	622 大林鎮平林里下潭底 69 號	05-2657899
嘉義縣私立宜家老人長期照顧中心（養護型）	622 大林鎮三村里 1 鄰潭漧 1 之 5 號	05-2955081
嘉義縣私立大林老人養護中心 黃彥滔	622 大林鎮三和里 10 鄰民生路 478 號	05-2654687
嘉義縣私立祥賀老人長期照顧中心（養護型）	622 大林鎮上林里大民北路 15 號	05-2642933

機構名稱	機構地址	機構電話
財團法人嘉義縣私立開元殿福松老人養護中心	623 溪口鄉柴林村 65 之 2 號	05-2691234 05-2694400
嘉義縣私立福安老人長期照顧中心（養護型）	613 朴子市溪口里 10 鄰雙溪口 174 之 20 號	05-3700895
嘉義縣私立祥和老人長期照顧中心（養護型）	614 東石鄉洲仔村 14 鄰洲仔 188 號	05-3703285 05-3703685
嘉義縣私立惜福老人長期照顧中心（養護型）	621 民雄鄉東榮村 3 鄰中庄 21-20 號	05-2263830
嘉義縣私立感恩老人養護中心	621 民雄鄉東榮村中庄 21 之 45 號	05-2266062
嘉義縣私立雙福寶佛門老人長期照顧中心（養護型）	621 民雄鄉建國路 2 段 187-101 號	05-2260899
嘉義縣私立六福老人長期照顧中心（養護型）	621 民雄鄉建國路 2 段 273 巷 12 號	05-2066161
財團法人臺灣省私立台南仁愛之家（康寧園安養中心）	北區公園路 321 巷 8 號	06-2254670
臺南市政府社會局委託財團法人樹河社會福利基金會經營臺南市悠然綠園安養暨長期照顧中心	安平區建平路 2 號	06-2957168
臺南市私立安心養護之家	善化區昌隆里東勢寮 1 之 17 號	06-5835388
財團法人樹河社會福利基金會附設悠然山莊安養中心	台南市關廟區下湖里關新路一段 85 號	06-5954188
高雄市私立新松柏養護之家	高雄市三民區十全二路 323 號 4 樓	07-3229507
高雄市私立德安養護之家	高雄市三民區博愛一路 55 號 11 樓	07-3121010
高雄市政府社會局仁愛之家	高雄市燕巢區深水里深水路 1 號	07-6151439
高雄市私立日光樂家老人長期照顧中心（養護型）	高雄市左營區博愛四路 250 號 2 樓	07-3482999
高雄市私立日賀老人長期照顧中心（養護型）	高雄市左營區博愛四路 250 號 1 樓	07-3482999
財團法人高雄市私立淨覺社會福利基金會附設高雄市私立淨覺老人養護中心	高雄市阿蓮區復安里 9 鄰復安 95 之 70 號 B1-2 樓	07-6333720
衛生福利部南區老人之家	屏東縣屏東市瑞光里香揚巷 1 號	08-7223434 08-7233281
屏東縣私立青山老人長期照顧中心（養護型）	屏東縣內埔鄉東勢村大同路 3 段 134 之 2 號	08-7784928
屏東縣私立無量壽老人養護中心	屏東縣竹田鄉二崙村忠義路 7 號	08-7711752
澎湖縣私立慈安養護中心	澎湖縣白沙鄉中屯村 99 號	06-9931899
澎湖縣私立四季常照養護中心	澎湖縣湖西鄉許家村港子尾 78-16 號	06-9219899
金門縣大同之家	金門縣金城鎮西門里 021 鄰民生路 72 號	082-325052

Dr.Me 健康系列 116B

圖解居家長期照護全書〔經典暢銷修訂版〕

作　　者／台北、台中、高雄榮民總醫院高齡醫學團隊◎ 合著
示範演出／何璇、張凱鈞、藍玉珊
企畫選書／林小鈴
主　　編／梁瀞文

行銷經理／王維君
業務經理／羅越華
總 編 輯／林小鈴
發 行 人／何飛鵬
出　　版／原水文化
台北市民生東路二段 141 號 8 樓
電話：02-2500-7008
傳眞：02-2502-7676
原水部落格：http://citeh2o.pixnet.net
發　　行／英屬蓋曼群島商家庭傳媒股份有限公司城邦分公司
台北市中山區民生東路二段 141 號 2 樓
書虫客服服務專線：02-25007718；02-25007719
24 小時傳眞專線：02-25001990；02-25001991
服務時間：週一至週五上午 09:30-12:00；下午 13:30-17:00
讀者服務信箱 E-mail：service@readingclub.com.tw
劃撥帳號／ 19863813；戶名：書虫股份有限公司
香港發行／城邦（香港）出版集團有限公司
香港灣仔駱克道 193 號東超商業中心 1 樓
電話：852-2508-6231　傳眞：852-2578-9337
電郵：hkcite@biznetvigator.com
馬新發行／城邦（馬新）出版集團 Cite (M) Sdn Bhd
41, Jalan Radin Anum, Bandar Baru Sri Petaling, 57000 Kuala Lumpur, Malaysia.
Tel:(603)90563833 Fax:(603)90576622 Email:services@cite.my

美術設計／鄭子瑀
內頁插畫／盧宏烈
內頁攝影／江建勳
製版印刷／卡樂彩色製版印刷有限公司
初版一刷／ 2010 年 6 月 22 日
初版五刷／ 2012 年 5 月 23 日
暢銷修訂版／ 2017 年 1 月 20 日
2019 暢銷修訂版／ 2019 年 5 月 2 日
2021 暢銷修訂版／ 2021 年 2 月 5 日
經典暢銷修訂版／ 2023 年 9 月 19 日
定　　價／ 600 元

城邦讀書花園
www.cite.com.tw

ISBN 978-626-7268-15-5（平裝）

國家圖書館出版品預行編目資料

圖解居家長期照護全書：當家人生病 / 住院時，需自我照顧或協助照顧的實用生活指南 / 陳亮恭等著 . -- 修訂二版 . -- 臺北市：原水文化出版：英屬蓋曼群島商家庭傳媒股份有限公司城邦分公司發行 , 2023.03

面； 公分——（Dr.Me：HD0116B）

ISBN 978-626-7268-15-5(平裝)

1.CST: 居家照護服務 2.CST: 長期照護 3.CST: 健康照護 4.CST: 老人養護

429.5 112001876